トランジスタ技術
SPECIAL

No.159

チップ・高密度・パワエレ時代に！実測からシミュレーションまで

はじめての回路の熱設計テクニック

CQ出版社

チップ・高密度・パワエレ時代に！ 実測からシミュレーションまで

はじめての回路の熱設計テクニック

トランジスタ技術SPECIAL 編集部 編

第1部 電子回路の熱設計の基礎知識

第2部 放熱器/ファンによる冷却テクニック

CONTENTS

表紙／扉デザイン：ナカヤ デザインスタジオ（柴田 幸男）

▶本書は「トランジスタ技術」誌に掲載された記事を元に再編集したものです.

第1部

電子回路の熱設計の基礎知識

第1部 電子回路の熱設計の基礎知識

第1章 熱設計の必要性とポイントをおさえる

熱の基本的なふるまい

国峯 尚樹 Naoki Kunimine

電子機器を小型化すれば電力密度が増大し温度が上がります．温度が高いほど発熱量が増え，機能停止やパフォーマンスの低下を招きます．また部品の劣化が進んで寿命が短くなったり，熱応力によって疲労破壊に至ったりすることもあります．部品の性能や寿命を確保したり，信頼性を高めたりするには，放熱パターン設計が重要です．本章ではまず熱の基本的なふるまいについて解説します．

熱を理解する はじめの一歩

● エネルギーは100％利用できず，余ったエネルギーは熱になる

電気エネルギーを輸送や変換する際には，100 ％のエネルギーを利用できません．必ず無駄なエネルギーが発生します．**図1**のように水力(水の位置エネルギー)を利用して運動エネルギーを得る場合にも，水力をすべて利用できるわけではありません．水車を通過して落下する水が飛び散って悪さをすることがあります．この余ったエネルギーが熱や音や電磁放射ノイズになるので，苦労して対策しなければならないわけです(音やノイズも最後は熱になる)．

エネルギーの変換や移動に伴って必ず発熱が起こるので，処理スピードの増大とともに発熱量が増えます．

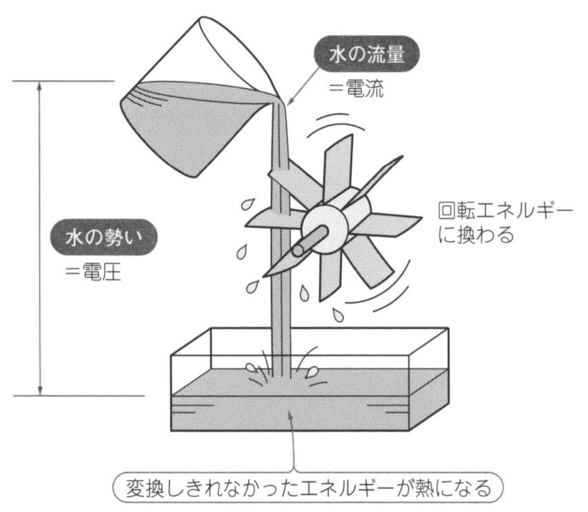

図1 エネルギーは100 ％利用できず，余ったエネルギーは熱になる

● 配線を電気が通るだけで電気エネルギーの一部は熱になる

電流は金属内の自由電子の移動です．自由電子が移動すると金属原子と衝突します．絶対零度(－273.15 ℃)でない限り，原子や分子は振動(運動)しており，温度が高いほどその振動は激しくなります．

自由電子が原子に衝突すると，その振動はさらに激しくなるため，ますます自由電子は通りにくくなります．このため，**図2**に示すように温度が上がるほど銅線の電気抵抗は大きくなります．

配線や部品を電気が流れると電気エネルギーを消費します．電気屋はこれを消費電力と呼びます．しかし，電力が熱に変わって出てくるので，熱屋は発熱量と呼びます．両者は見方が異なるだけです．

熱設計の必要性

● 小型化すれば電力密度が増大し温度が上がる

電子機器の小型化が進むことで，小さいエリアでた

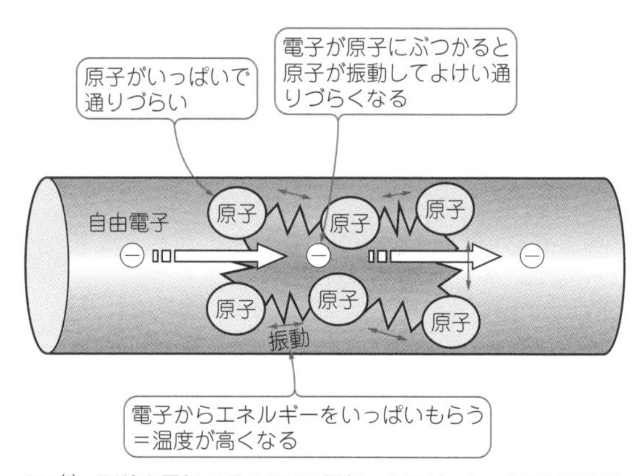

図2[1] 配線を電気が通るだけで電気エネルギーの一部は熱になる

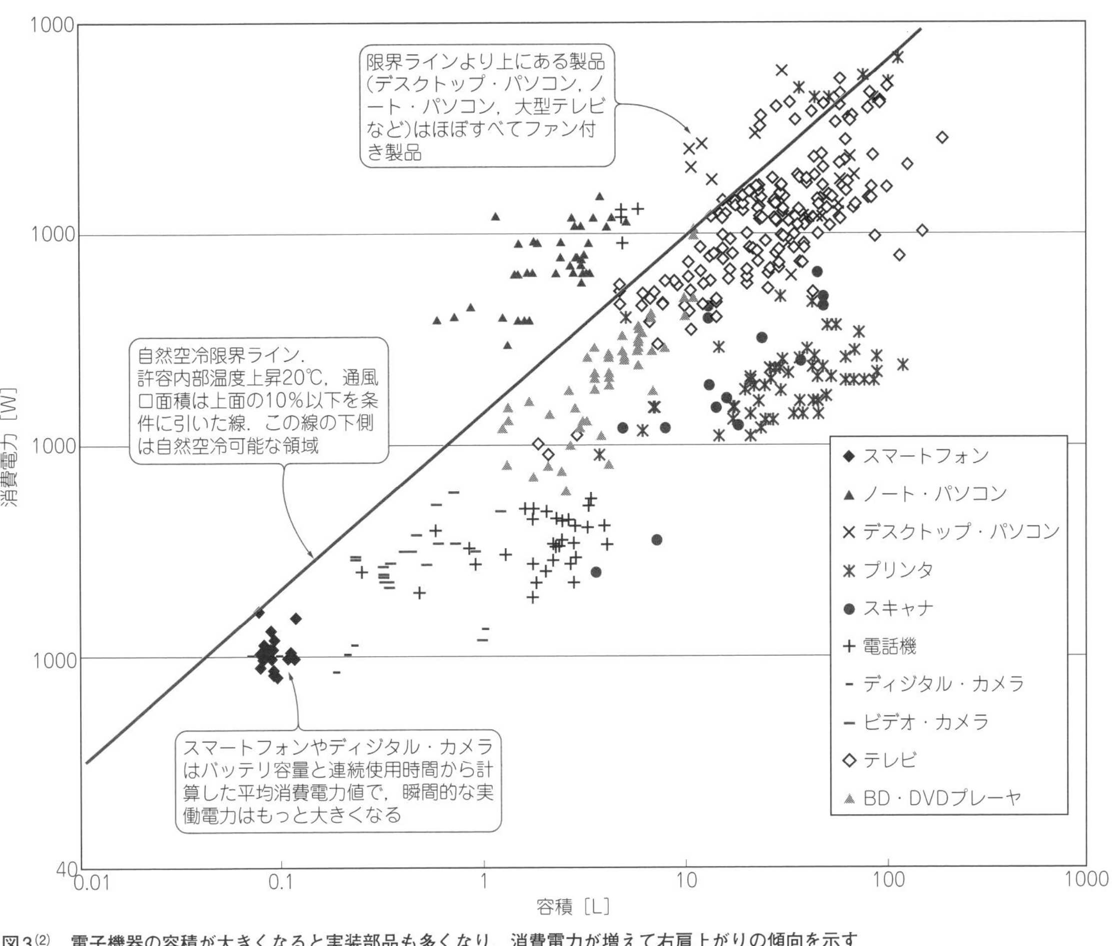

図3(2) **電子機器の容積が大きくなると実装部品も多くなり，消費電力が増えて右肩上がりの傾向を示す**
製品カタログに記載されたスペックから，市販電子機器の容積と消費電力の関係をグラフ化した(基礎データは2012年に集計し，その後新製品を追加した)

くさんの熱が発生します．これを電力(発熱)密度［W/L，W/cm^2］で表します．熱は固体の表面からしか空気に伝えられないので，同じ発熱量のまま小型化(表面積減少)すれば温度は上昇します．

図3に示すのは，市販の民生機器の容積と消費電力をプロットしたグラフです．容積が大きくなると実装部品も多くなり，消費電力が増えるので右肩上がりになります．一方，機器の冷却に可能な限りエネルギーを使わない自然空冷を目指します．自然現象なので放熱能力には限界があります．

図3の赤線は，おおむね自然空冷機器の限界(機器内部最高温度上昇20℃を目安にした線)を表します．この線の下側にある機器は自然空冷可能です．線より上側ではファンが必要です．多くの機器が自然空冷と強制空冷の境目に集中していることがわかります．

技① エレキ・メカ・ソフト一体の動的な熱設計を行う

機器の消費電力は一定ではないので，電力に応じて冷却能力を高めたり(例えば熱いときだけファンを回す)，温度が高くなったら消費電力を下げたりして温度を制御します．

製品価値を落とさずにうまく熱処理を行うには，エレキ，メカ，ソフトが一体となったダイナミックな熱設計が重要です．そのためには，より早い段階で熱を見極める必要があります．これを怠ると出荷間際で泥沼化し開発期間が延びたり，出荷が間に合わなかったり，コストがアップしたりします．最悪の場合は市場に出てから問題を起こすこともあります．

技② プリント基板やケースを冷却器として使う

スマートフォンやディジタル・カメラ，車載機器などファンやヒートシンクが使えない密閉自然空冷機器が増えています．こうした機器ではプリント基板や筐体を冷却器として使います．

配線パターンを使った放熱テクニックや部品レイアウト・ノウハウ，TIM(Thermal Interface Material：

接触熱抵抗低減部材)やヒート・スプレッダ(熱拡散材料),蓄熱材料の活用など,目に見えない巧みな対策が織り込まれます.分解してみると目立った冷却部品がないのにうまく冷やせているという高度な放熱技術で商品を差異化しています.熱設計は製品化を支える不可欠な基盤技術になっており,その中心は機器の筐体からプリント基板に移行してきました.

温度が高くなると起こる問題

● 熱設計の目的…熱を制すれば製品価値が高まる

電子機器に必要な機能には,品質,信頼性,安全性の3つがあります.

品質はスペックに書いてあることが満足できるかどうかです.使用温度範囲が0～35℃と書いてあるのに,30℃で使えなくなったら品質に問題ありです.

信頼性は,これに時間軸が入ります.最初は30℃で使えていたけれど,1年で使えなくなったら信頼性に問題ありです.30℃で使えるけれども,ケースが熱すぎたら安全性に問題ありです.市場でこうした問題が起こらないよう,温度を管理することが熱設計の目的です.

● 温度が高くなるほどもっと発熱量が増える半導体

CPUの消費電力はおおよそ次式で表されます.

CPUの消費電力 $= CV^2fN + IVN$ ……………(1)

ただし,C:コンデンサ容量,V:印加電圧,f:ON/OFF周波数,N:素子数,I:漏れ電流.

素子を小型化してNを増やすとCやVは小さくできますが,Iは大きくなります.マルチコア化すればfは低く抑えられます.

ムーアの法則(半導体の集積率は18カ月で2倍になるという経験則)に従って素子数が増加すると,消費電力は増えます.低電圧化やマルチコア化で消費電力を抑えてきました.

一方で素子数を増やすために素子を小型化すると第2項目の漏れ電流が増加します.漏れ電流は温度が高くなるほど増えます.このため,温度が上がる⇒漏れ電流が増える⇒発熱量が増える⇒温度が上がる⇒…という悪循環に陥り最悪熱暴走に至ります.消費電力が増えればバッテリの消費も激しくなります.

図4に示すのは回路シミュレータを使った熱暴走シミュレーションの例です.周囲温度T_a = 25 ℃の環境下では温度上昇は35 ℃に収まりますが,T_a = 65 ℃では温度上昇は43 ℃,T_a = 75 ℃では定常温度にならずに上がり続けます.T_a = 85 ℃,95 ℃では短時間で熱暴走します.そうならないよう,パソコンやスマートフォンでは常にCPU温度を監視して温度が上がる前に電力制限をかけます.

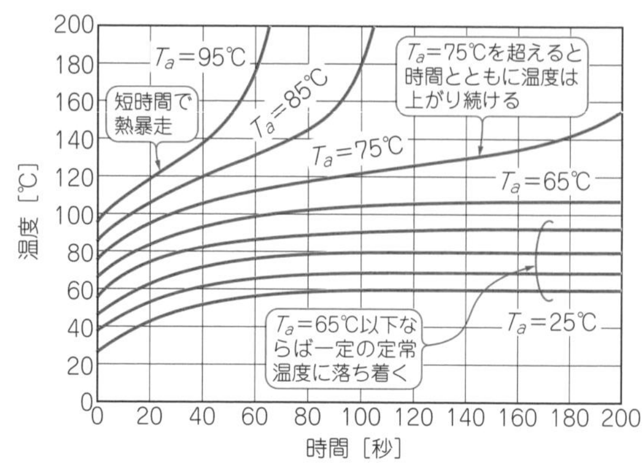

図4[3] **CPUの熱暴走シミュレーションの結果から,周囲温度T_a=65℃以下ならば一定の定常温度に落ち着くが,T_a=85℃,95℃では短時間で熱暴走することがわかる**
回路シミュレータSIMetrixを使用した計算の結果

● 熱設計が不十分だと機能停止やパーフォーマンスの低下を招く

電力制限は温度を優先して機能を落とすため,温度(熱設計の巧拙)が機能を支配していると言えます.

熱設計が不十分だと4K動画の録画時間が短くなったり,バッテリの持ちが悪くなったりします.5Gスマートフォンも動画をダウンロードし続けると4Gモードに切り替わったり,画面が暗くなったり,さまざまな機能低下を招きます.最悪サーマル・シャットダウンやフリーズといった機能停止に至ります.

そのため,ヒート・パイプやベーパー・チャンバなどの冷却デバイスや放熱材・蓄熱材の活用による熱拡散,平準化が不可欠です.

● 温度が10 ℃上がると寿命は半分になる

温度が高くなると化学変化が進みやすく劣化が進行します.アルミ電解コンデンサは,電解液が封口ゴムを透過して蒸散していく速度が上がり,寿命が短くなります.温度が10 ℃上がると寿命は半分になります.

図5に示すように,105 ℃で5000時間保証されている部品を10 ℃低い95 ℃で使えば,寿命は2倍の10000時間まで延びます.

基板の基材であるガラス・エポキシは耐熱温度以下で使っても炭化が進行し,炭化導通といった事故を招くこともあります.筐体やカバーに使うプラスチックも変色や変形することがあります.ほとんどの部品や材料は温度が高くなることで寿命が短くなります.

● 熱応力によって電子機器は疲労破壊する

フィールドで発火発煙事故に至る原因として多いのが熱疲労によるはんだクラックです.無機材料(セラミックやシリコン・チップなど)の熱膨張係数は小さく,金属や樹脂は大きいため,温度変動が大きい部位

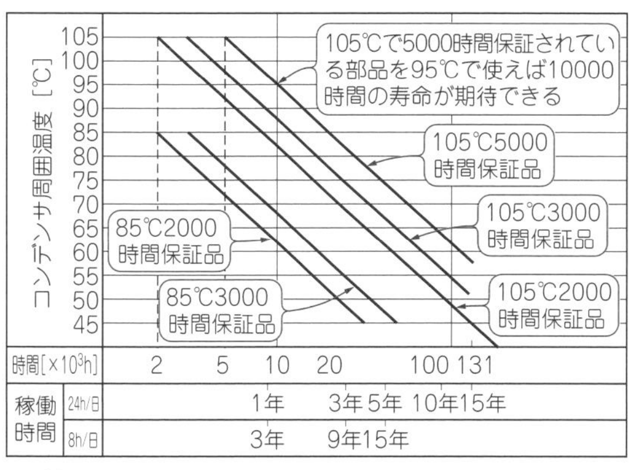

図5(4) **アルミ電解コンデンサの寿命は使用温度と直結しており，10℃温度が上がると寿命が半分になることがわかる**
アルミ電解コンデンサの寿命推定早見表

で両者が直接接合されると温度差によるひずみ(熱ひずみ)が発生して弱い部分が破壊されます．

図6のようにアルミ基板にセラミック・パッケージをはんだ付けすると，伸び縮みしにくいセラミックと伸び縮みしやすいアルミ間をつなぐはんだに亀裂が入ります．ここに高電圧が印加されると，スパークして発火・焼損するおそれがあります．

パワー・モジュールの内部を見ても，チップがセラミック製の絶縁基板にはんだ付けされていたり，アルミ・ボンディング・ワイヤがチップに接合されていたり，熱応力が発生する場所があります．

市場で問題を起こさないよう，電力印加のON/OFFを繰り返すパワー・サイクル試験や温度サイクル試験を行って，出荷前に耐久性を確認します．

● 表面温度が高くなると安全基準から外れる

表1に示すのは，表面温度の安全基準(JIS C 6950 情報技術機器-安全性)です．通常使用時に連続的に保持するハンドル，ノブ，グリップなどが金属でできている場合，その表面温度は55℃以下にしなければなりません．製品の使用温度範囲が0～40℃であれば，表面の許容温度上昇は15℃以下です．

表面がそれほど高い温度でなくても長時間触れているとやけどに至ります．これは低温やけどと呼ばれる現象で，皮膚の温度が44℃程度でも6～10時間(個人

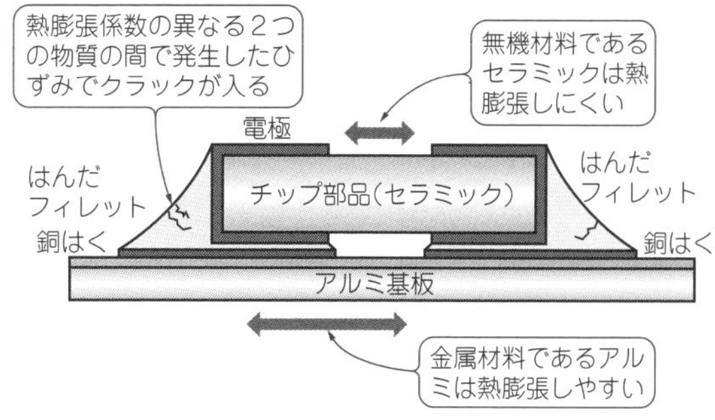

図6 熱膨張係数の大きく異なる材料を固着すると，その間に発生する熱応力によって弱い部分(はんだ)がダメージを受ける
部品に発生する熱応力，熱ひずみの例

差がある)その温度に保たれると，やけどに至ります．

熱を制するには熱のふるまいを知る

● そもそもエネルギーはできるだけ熱にならないようにする

熱も運動エネルギーや電気エネルギーと同じでエネルギーの一種ですが違う点があります．一般にエネルギーは相互に変換できますが，一度熱エネルギーになってしまうと自然に元には戻りません．熱は物質を構成する分子や原子のばらばらの運動，つまり究極までバラけた無秩序のエネルギー形態です．これが運動エネルギーのような秩序のある状態(すべての原子・分子が1方向に移動している)に自然に戻ることはありません．

走っている車にブレーキをかけるとブレーキ・パッドで運動エネルギーが熱に変わりスピードが落ちます．ブレーキ・パッドで発生した熱をかき集めて再び車を走らせることはできません．発電機を回して運動エネルギーを電気エネルギーに変換しておけば，再度モータを回せますが，熱はそうはいきません．できるだけ熱にならないようにするのが最良の熱対策なのです．

● 出た熱は消えない，移動しかできない

熱はエネルギーの一種なのでエネルギー保存が成り立ちます．他のエネルギーに変わらないので，発熱したらそのまま移動せざるを得ません．容器に注ぐ水が

表1(5) **表面温度の安全基準**(JIS C 6950 情報技術機器-安全性)
表面が金属の機器で使用温度(最大)が40℃であれば，人が連続的に接触する表面温度上昇は，55℃－40℃＝15℃以下にしなくてはならない

接触する場所	材質の温度 [℃]		
	金属	ガラス，磁器，ガラス質材料	プラスチック，ゴム
短時間だけ保持または接触するハンドル，ノブ，グリップなど	60	70	85
通常使用時に連続的に保持するハンドル，ノブ，グリップなど	55	65	75
接触することができる機器の外部表面	70	80	95
接触することができる機器の内部部品	70	80	95

排水口から出ていくイメージでとらえるとわかりやすいです．

●「熱は水量」，「温度は水位」のイメージ

図7に示すのは，注水口，容器，排水管で構成される水路のイメージです．蛇口をひねると水(熱)が出てきて容器にたまります．容器にたまっている水量(L：リットル)が熱量(J：ジュール)に相当します．温度［℃］は水位［m］です．容器の大きさが変わると水位(温度)は変わります．しかし，水量(熱量)は変わりません．水位は状態量(状態で変わる)，水量は保存量(保存則が成り立つ)と呼ばれます．

最初は水位0ですが，注水(発熱)して水位(温度)が上がると排水口の水圧が上がり，排水量(放熱量)が増えます．排水量が注水量よりも小さいと水位は上がり続けます．しかし，排水量が増えていくのでやがて排水量が注水量に追いつきます．入り(発熱量)と出(放熱量)がバランスした状態を定常状態と呼び，温度は一定になります．注水量や排水量は時間あたりの水量なのでL/sで表します．熱も同じで発熱量や放熱量はJ/s＝W(ワット)で表します．これらは熱量ではなく熱流量と呼びます．

技③ 温度を一定以下に保つには熱抵抗を下げる

電子機器では温度(水位)を一定以下に保つため，放熱量(排水量)を増やします．そのためには排水管を太くして管路抵抗(熱抵抗)を下げます．

一時的に温度の上昇を抑えるのであれば，容器を大きくする方法もあります．容器の底面積が小さいと水位はすぐに上昇しますが，大きいとなかなか上がりません．容器の底面積に相当するのが熱容量です．熱容量は温度を1℃上昇させるために必要な熱量なので，J/℃(またはJ/K)で表されます．ただし熱容量は時間稼ぎするだけで，容器がいくら大きくても排水管が細ければ，いずれ水位(温度)は同じになります．

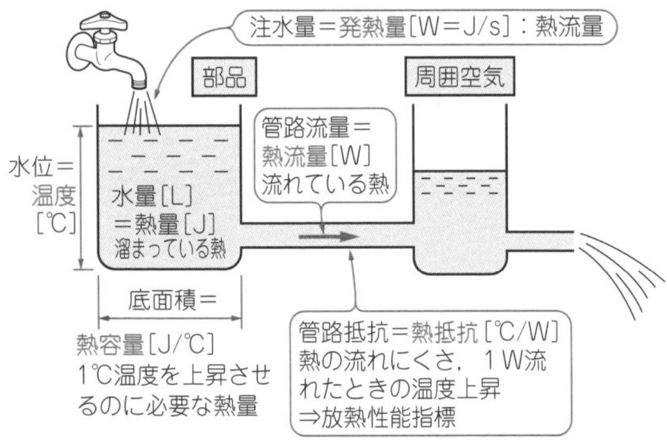

図7　熱は水量，温度は水位，管路抵抗は熱抵抗と置き換えることができる
熱の移動を水に例えた図

技④ 熱は電気回路に置き換えて計算する

熱の移動を水で考えるとイメージしやすくなります．しかし，電子機器では排水管が複雑な上に注水源がたくさん散らばっています．どこからどこに水が流れ込むか，どこの水位が上がるのか見通せません．

そこで，熱を電気回路に置き換えて計算します．

表2に示すように，水(流れ)と熱と電気は相似性があり，いずれもオームの法則が成り立ちます．

電気：電圧(差)＝電気抵抗×電流
熱：　温度(差)＝熱抵抗×熱流量
水：　圧力(差)＝流体抵抗×流量

熱抵抗を電気抵抗のようにネットワークで表現することにより，複雑な熱の移動を電子回路シミュレータで解くことができます．部品が多数実装されたプリント基板も分解していけば，**図8**のように熱抵抗のつながりで表現できます．この回路網にコンデンサ(熱容量)を加えれば過渡熱解析も可能です．これは熱回路網法と呼ばれ，簡易解析手法として活用されています．

熱を制御するポイント

図9に示すように，熱は熱伝導，対流，熱放射(輻射)という異なったメカニズムで伝わります．ただし，大きく分ければ，物質が熱を運ぶか電磁波が熱を運ぶかの2つです．熱伝導も対流も物質が熱を運びますが，物質が動くか動かないかの違いがあります．

表2　水(流れ)と熱と電気は相似性があり，いずれもオームの法則が成り立つ
どれも何かの圧力(ポテンシャル)を与えると流れ(流量)が発生し，その比率は流れにくさ「抵抗」で表される

項目	ポテンシャルP	流量Q	抵抗R
電気	電圧[V]	電流[A]	電気抵抗[Ω]
熱	温度[℃]	熱流量[W]	熱抵抗[℃/W]
流れ	圧力[Pa]	流量[m^3/s]	流体抵抗[Pa・s^2/m^4]

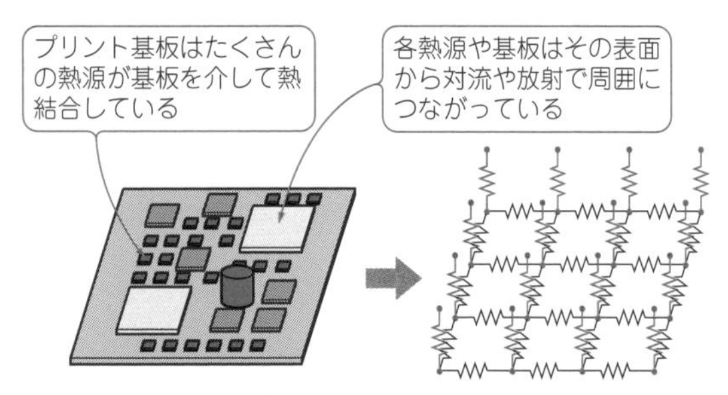

図8　プリント基板を熱抵抗のネットワークで表すと，部品や基板などの固体間は熱伝導，それぞれの表面からは対流や放射で周囲環境につながっている

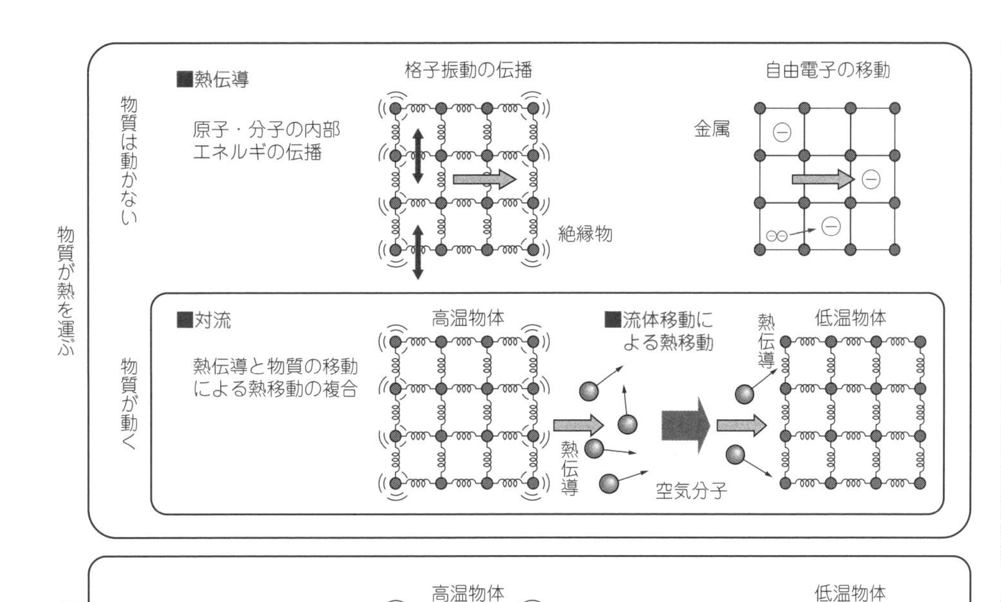

図9 熱の移動をミクロにみると，物質を構成する粒子の運動の伝搬とみなせる

● 熱は面積や熱伝導率が大きく，距離が短いほど伝わりやすい

熱伝導は固体などの動かない物質の中を分子や原子の運動(格子振動と呼ばれる)が次々と隣に伝わっていく現象です．面積が大きく，運動が伝わりやすく(熱伝導率が大きい)，距離が短いほどたくさんの熱が伝わります．熱伝導の熱抵抗は次式で表されます．

熱抵抗＝熱が伝わる距離/(伝熱面積×熱伝導率) ……(2)

金属の熱伝導のメカニズムは絶縁材とは少し異なり，自由電子の移動によって熱エネルギーが運ばれます．**図10**のように金属の熱伝導率は大きくなります．

電流も電子の移動によって起こるので，自由電子が動きやすい材料ほど熱も電気も伝わりやすくなります．**図11**に示すように金属の電気伝導率と熱伝導率はウィーデマン・フランツの法則と呼ばれる比例関係にあります．電子機器では，電気伝導度と熱伝導率がともに大きい導体を伝わって熱が逃げます．

● 熱が伝わりやすい材料を混ぜれば熱伝導率は上がる

自由電子が存在しなくても，原子・分子の結合が強いと熱は伝わりやすくなります．**図10**に示した無機材料でもダイヤモンドのように炭素原子が強く結びつくと金属以上に熱が伝わりやすくなります．ただし，結合が強いので硬くなり，加工しにくくなります．

基板の素材として使われるエポキシなどの高分子材料は分子間の結合が弱く，格子振動が伝わらないため，**表3**のように熱伝導率は小さくなります．そこで，熱伝導率の大きい無機材料や金属材料を砕いて混ぜると熱が伝わりやすくなります(フィラーと呼ばれる)．

プリント基板はエポキシとガラス繊維と銅はくで構成されています．銅の熱伝導率はエポキシの1000倍あり，銅はくが熱拡散に大きな役割を果たしています．

● 対流のパラメータは表面積と熱伝達率の2つ

対流は気体や液体のように分子が動ける物質中の熱移動で，熱伝導と物質移動による熱輸送の複合現象です．熱源の表面では空気の分子は固体にはりつき動けないので，熱伝導で空気中を伝わります．固体表面から離れたところまで熱が伝わると，空気分子を止める力(粘性力)が弱まるため，分子に何らかの力が働くと動きます．分子が動くとそれ自身がもつ熱エネルギーも移動します．

図12に示すように，固体熱源どうしを狭い間隔で配置すると，間に挟まれた空気は動けません．このため空気の熱伝導でしか逃げられず，熱源も空気も高温になります．空気の熱伝導率は樹脂の1/10なので，ほとんど断熱材として働きます．少し空間を広げると空気が動けるようになり，流動(対流)が起こります．

対流では分子の移動でたくさんの熱を運ぶので温度

表3 主な基板材料

材料	熱伝導率[W/mK]
FR-4(GE)	0.4〜0.8
紙フェノール(PP)	0.21〜0.23
セラミック(アルミナ)	15〜30
セラミック(AlN)	170
フレキ（ポリイミド)	0.2

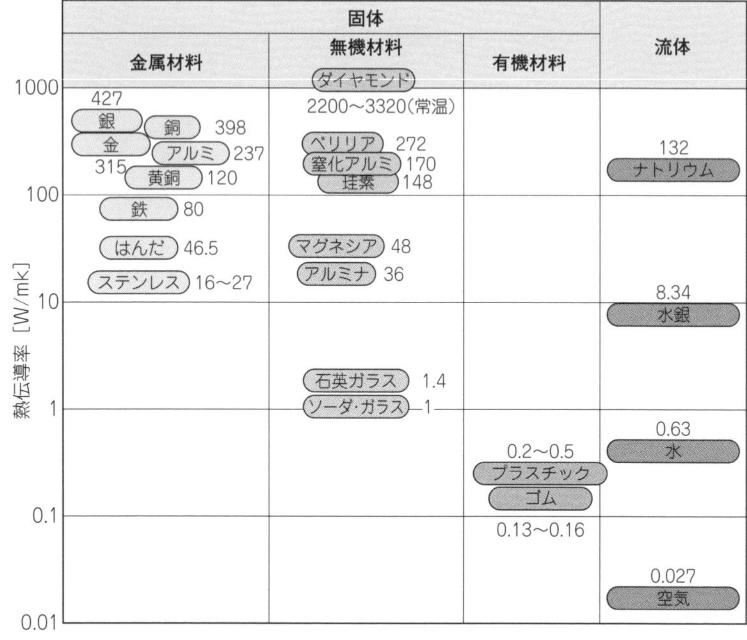

図10 金属は自由電子の移動によって熱エネルギーが運ばれるため熱伝導率は大きい
主な材料の熱伝導率マップ(常温での値)

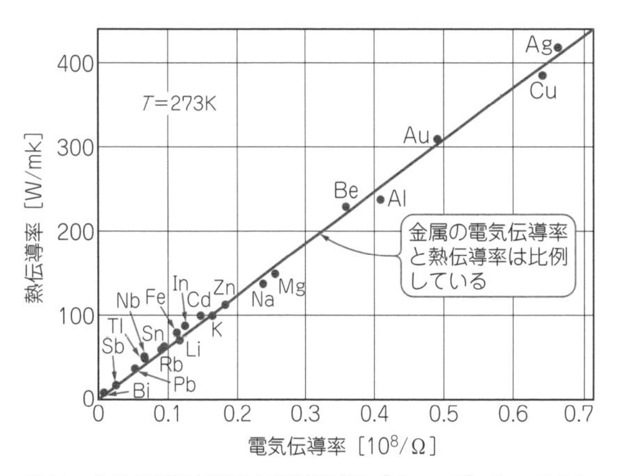

図11 金属の電気伝導率と熱伝導率は「ウィーデマン・フランツの法則」と呼ばれる比例関係にある

は下がります．熱移動が熱伝導で行われるか対流が加わるかは，空間の広さや温度(浮力)で変わります．

この現象を数値計算するには流体の運動方程式(ナビエ-ストークスの式)を解く大規模なコンピュータ・シミュレーション(数値流体力学)が不可欠です．そこで，熱の伝わりやすさを熱伝達率［W/m^2K］という実験・経験的な係数で簡潔に表現します．

対流の熱抵抗は，伝熱面積(空気に接する表面積)と表面の熱交換性能である対流熱伝達率に反比例する形で次式のように表されます．

熱抵抗＝1/(伝熱面積×対流熱伝達率) ……(3)

伝熱面積を大きくするのがヒートシンク，熱伝達率を大きくするのがファンです．

技⑤ 熱伝達率を大きくするには温度境界層を薄くする

発熱体と空気が接する面で熱移動が起こると，壁面近くの空気温度が上昇し，温まった空気が壁にまとわりついた状態になります．この温まった空気層を温度境界層と呼びます．**図13**に示すように，温度境界層が厚いと厚着した状態になり，熱は逃げにくくなります．

発熱体が大きい(流れ方向に長い)と境界層は厚く成長します．熱伝達率を大きくするには温度境界層を薄くする必要があり，その方法は次の3つです．

▶①発熱体を流れの方向に長くしない

自然対流の熱伝達率は次式で示されます．

熱伝達率 ≒ 1.4 ×(温度上昇/流れ方向長さ)$^{0.25}$ ……(4)

長さを2倍にすると熱伝達率は0.84倍になり，熱抵抗(温度)は19 %上昇します(同じ発熱量，表面積の場合)．強制対流の熱伝達率は次式で示されます．

熱伝達率 ≒ 3.86 ×(風速/流れ方向長さ)$^{0.5}$ …(5)

長さを2倍にすると熱伝達率は0.7倍になり，熱抵抗(温度)は41 %上昇します(同じ発熱量，表面積，風速の場合)．

▶②風を流して熱い空気を流動させて薄くする

式(4)の関係から，風速を1 m/sから2 m/sにすると30 %熱抵抗(温度)が下がります．

▶③風速を上げて境界層を壊す(乱流化する)方法など

風速を上げることにより，流れ抑える力(粘性力)よりも動く力(慣性力)が強くなり，壁面近傍の温まった空気層が乱れて冷たい空気と混合され，冷えやすくな

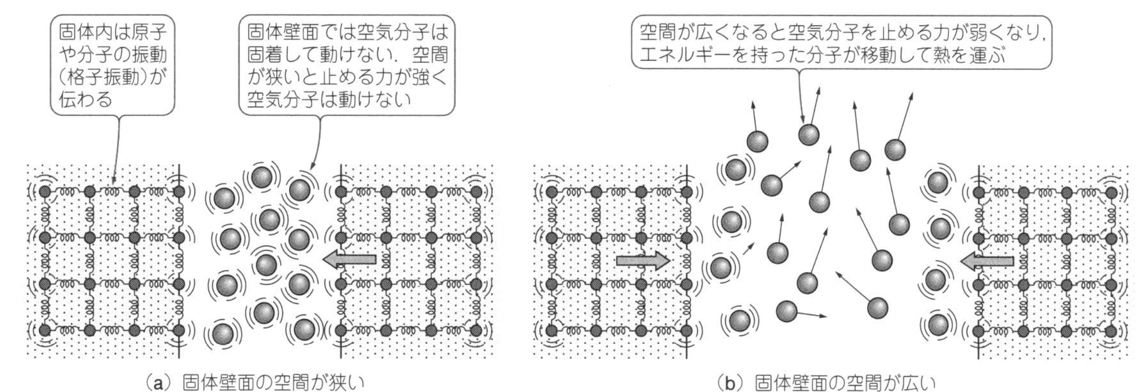

図12 対流が起こるか否かは，分子を止める力（粘性力）**と動かす力**（浮力や慣性力）**のバランスで決まる**

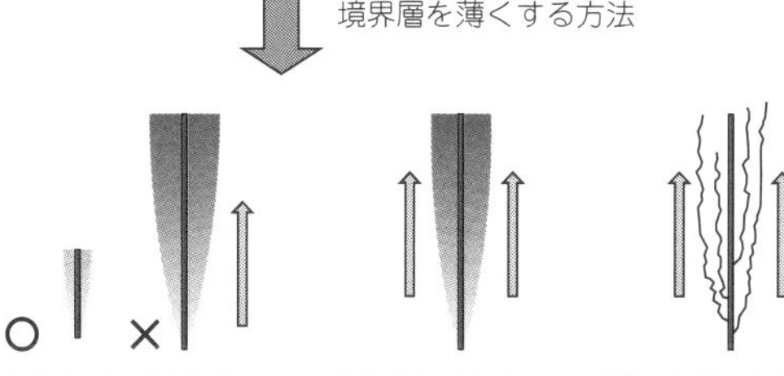

図13 発熱体の周りにできる温まった空気の層（温度境界層）**が厚く成長すると熱は逃げにくくなる**

ります．

● 装置内部の温度は換気風量で決まる

せっかく空気が動いて熱を運んでも，そのまま筐体内に閉じ込められると，内部空気の温度は上がります．**図14**(a)のように筐体内部に溜まった熱が外に出るには，筐体内壁面の対流⇒筐体面の熱伝導⇒筐体外壁面の対流と3つの熱抵抗を通り抜ける必要があります．

そこで**図14**(b)のように筐体に穴(通風口)を開けると，温まった空気がそのまま外に出て大量に熱が運び出されます．換気によって内部空気と外気との間の熱抵抗が下がり，内気温度が下げられます．

換気による熱抵抗は，次式のように表されます．

熱抵抗＝1/(空気の密度×空気の比熱×換気風量) ……………………………………………(6)

空気の密度と比熱の積はおおよそ1150 J/m^3Kなので，熱抵抗は次式のように表されます．

熱抵抗＝1/(1150×換気風量) ………………(7)

換気風量を2倍にすれば熱抵抗は半分になり，外気に対する内部空気の温度上昇は半分になります．

● 熱放射のパラメータは表面積と放射熱伝達率の2つ

熱放射(輻射，以下放射)は熱伝導や対流とはまったく別のメカニズムであり，電磁波によってエネルギーが伝わる現象です．物質を構成する分子や原子が運動(熱運動)することにより荷電粒子から電磁波が放射されます．

温度が高いほど強い電磁波を放出します．温度の低い物体も電磁波を放出しています．より強い電磁波を受けるとその差分を吸収して熱運動が活発になり，温度が上がります．熱伝導や対流ではすぐ隣の物体にしか熱は届きませんが，放射は空気を透過し一瞬にして見えているすべての面に到達します．

固体の表面状態によって放射・吸収のしやすさは異なり，その大きさを放射率で表します．金属は熱エネルギーの大半を自由電子の運動で持ち，格子振動が少ないため，放射率はきわめて小さくなります．セラミックや樹脂などの絶縁物は格子振動が活発なので放射率は大きくなります．同じ波長の電磁波に対する放射率と吸収率は等しいので，放射しやすいものは受熱しやすくなります．

主な材料表面の放射率を**表4**に示します．放射率は材料固有の物性値ではなく，表面の状態で変わります．

部品や筐体の表面からの放射の熱抵抗は，放射表面積と放射熱伝達率の2つが関与します．

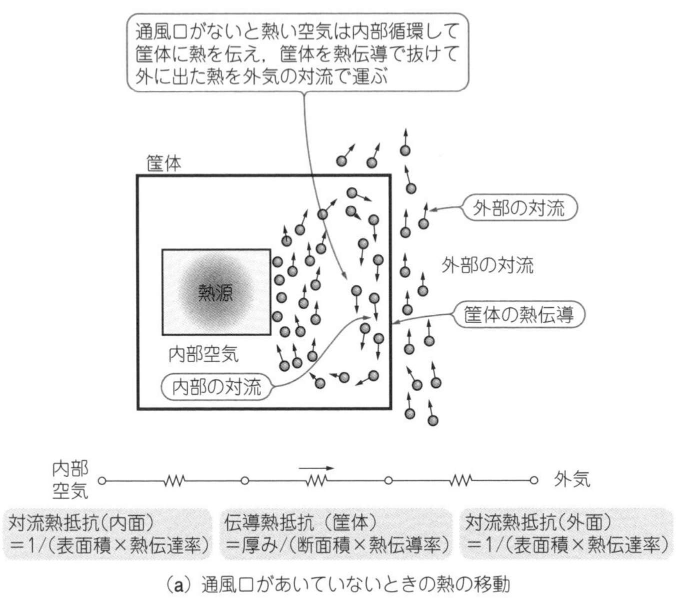

(a) 通風口があいていないときの熱の移動

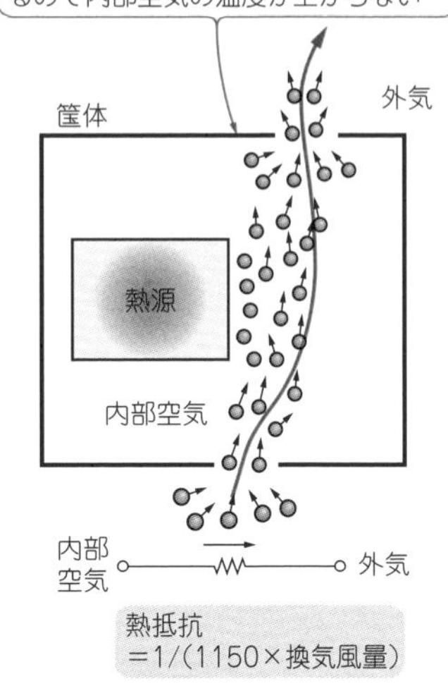

(b) 通風口があいているときの熱の移動

図14　筐体に穴(通風口)を開けると熱い空気がそのまま出ていくので大量に熱を運ぶ

表4　主な材料表面の放射率

放射率は材料固有の物性値ではなく，表面の状態によって変わるため，ここでは代表値とその範囲を示した

物質		表面状態	放射率 代表値	放射率 範囲
金属	アルミニウム	研磨面	0.05	0.04～0.06
		アルマイト処理面	0.8	0.7～0.9
		黒色アルマイト(放熱板)	0.95	0.94～0.96
	銅	機械加工面	0.07	―
		酸化面	0.7	―
		研磨面	0.03	0.02～0.04(注1)
		金めっき面	0.3	―
		はんだめっき面	0.35	―
	銅線	φ1.2すずめっき銅線	0.28	―
		φ1.2ホルマル銅線	0.87	0.87～0.88
	鋼	研磨面	0.06	―
		ロール面	0.66	―
	銀	研磨面	0.02	―
非金属	アルミナ	―	0.63	0.6～0.7
	プリント配線板	ガラス・エポキシ，紙フェノール	0.8	―
		テフロン・ガラス	0.8	―

物質		表面状態	放射率 代表値	放射率 範囲
部品	厚膜IC	Pd/Ag	0.26	0.21(注3)～0.4
		誘電体	0.74	
		抵抗体	0.9	0.7～1.0
	抵抗器	購入状態	0.85	0.8～0.94
	コンデンサ	タンタル・コンデンサ，電解コンデンサ	0.3	0.28～0.36
		その他のコンデンサ	0.92	0.9～0.95
	トランジスタ	黒色塗装	0.85	0.8～0.9(注2)
		金属ケース	0.35	0.3～0.4
	ダイオード	―	0.9	0.89～0.9
	IC	DIP(モールド品)	0.85	0.89～0.93
	トランス・コイル	パルス・トランス，ピーキング・コイル	0.9	0.91～0.92
		平滑チョーク	0.9	0.89～0.93
塗装		黒ラッカ，白ペイント	0.9	0.87～0.95
		自然乾燥エナメル	0.88	0.85～0.91
ガラス，ゴム，水		―	0.9	0.87～0.95

(注1) 金属表面は放射率が低いが，表面に凹凸や絶縁膜が形成されると放射率は大きくなる
(注2) 樹脂モールドやセラミックなどの絶縁物は放射率が大きく，色と放射率は直接関係しない
(注3) 製造直後

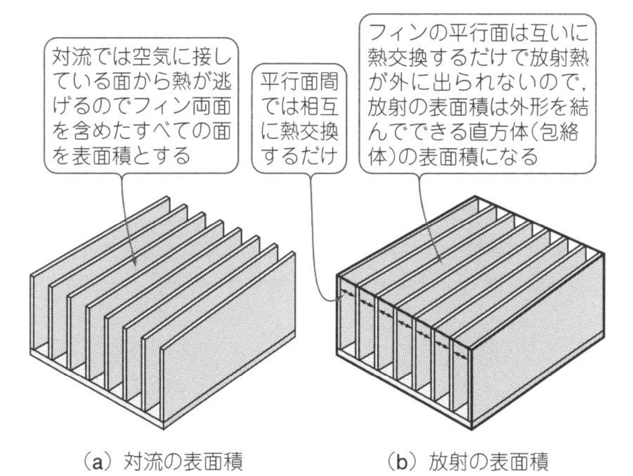

図15　放射表面積は対流の表面積と異なり，自分自身が見える面を除くため，フィンを設けると相対的に熱放射の割合が減り対流が増える

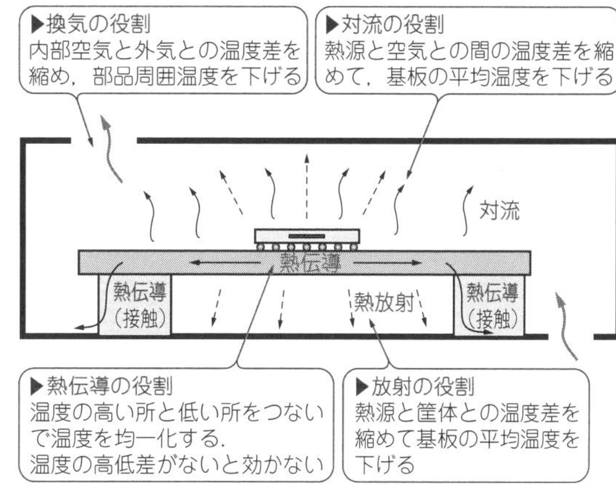

図16　熱伝導・対流・放射・換気にはそれぞれ役割がある

放射熱抵抗＝1/(放射表面積×放射熱伝達率)
…………………………………………(8)

放射熱伝達率＝σ×放射係数×$(T^2+T_\infty^2)(T+T_\infty)$ …………………………(9)

ただし，σ：ステファン-ボルツマン定数(＝5.67×10^{-8} W/m^{2}K^4)，放射係数：2面間の放射量を決める係数，熱交換面の放射率をε_1，ε_2とすれば，放射係数≒ε_1・ε_2，T：熱源表面温度(K：ケルビン)，T_∞：周囲環境温度(K：ケルビン)

図15に示すように，放射表面積は対流の表面積と異なり，自分自身が見える面を除きます．フィンを設けると相対的に熱放射の割合が減り対流が増えます．

放射熱伝達率を大きくするのに使えるパラメータは放射係数のみです．放射係数は熱源の放射率と受熱面の吸収率で決まります．部品表面の放射率が高くても，その熱を受ける筐体内面の吸収率が低いと，電磁波は反射されて部品に戻ります．この戻り熱によって自分の温度が上がってしまいます．熱放射による伝熱量は出す側の放射能力(放射率)と受ける側の吸収率によって変わります．

● 熱設計に使えるパラメータは10個だけ

4つの式の組み合わせで温度が計算できるということは，これらの式に出てくるパラメータしか熱対策には使えません．温度に関係するパラメータは下記の10個に絞られます．

▶熱伝導…(1)断面積，(2)距離(長さや厚み)，(3)熱伝導率(材料物性)

▶対流…(4)対流表面積，(5)風速，(6)流れ方向の長さ

▶放射…(7)放射表面積，(8)熱源の放射率，(9)受熱面の吸収率(塗装など)

▶換気…(10)風量(ファン風量や通風口面積)

● 熱伝導/対流/放射/換気の役割

放熱経路は，熱伝導・対流・放射・換気による熱移動が組み合わさって構成されます．**図16**のように，機器冷却の観点から見るとそれぞれに役割があります．

▶熱伝導の役割…固体の温度を均一化する

熱伝導は熱源近くの温度の高い場所と温度が低い場所をつないで温度を均一化する働きをもちます．全体に熱源を密集して載せたら温度の低い場所がなくなってしまうので，基板内の熱伝導を促進しても効かなくなります．その場合には，さらに温度の低い場所(例えば筐体)を探してつなぎます．

▶対流の役割…空気と熱源の温度差を縮める

部品や基板の熱の多くは周囲空気に逃げるので，対流を促進すると全体的に空気との温度差が小さくなり平均温度が下がります．

▶熱放射の役割…筐体と熱源の温度差を縮める

熱源から熱放射で放出された熱は筐体内面に達して吸収されます．これにより筐体温度は上がり，熱源温度は下がります．

▶換気の役割…外気と内部空気の温度差を縮める

換気風量を増やして空気の入れ替えを促進すると，外気に対する内部空気温度(部品周囲温度)上昇が低減されます．

◆参考・引用*文献◆

(1)* 国峯 尚樹，藤田 哲也，鳳 康宏；トコトンやさしい熱設計の本，日刊工業新聞社，2012年．
(2)* 国峯 尚樹；エレクトロニクスのための熱設計完全制覇，日刊工業新聞社，2018年．
(3)* 国峯 尚樹，中村 篤；熱設計と数値シミュレーション，オーム社，2015年．
(4)* アルミニウム電解コンデンサテクニカルノート CAT.1101G，ニチコン．
(5)* JIS C 6950 情報技術機器-安全性．

第2章 イメージだけではうまくいかない

陥りやすい7つのまちがった熱対策

国峯 尚樹 Naoki Kunimine

熱の基本的なふるまいがわかっていても，具体的に熱設計に適用する段階になると，思わぬ勘違いや思い違いをしているケースをよく見かけます．

NG① 部品の体積が 2^3 倍になったので許容発熱量も 2^3 倍とした

図1のように，50 × 50 × 50 mm(容積125 mL)の部品aに12.5 W与えた場合と，100 × 100 × 100 mm(容積1000 mL)の部品bに100 W与えた場合の温度上昇を検討するときは，表面の熱流束(表面から出てくる熱流の密度W/m^2)で考えると定量的に把握できます．

部品aは15000 mm^{2}の表面積から12.5 W逃げるので，表面の熱流束は833 W/m^{2}です．一方，部品bは部品aを8個積み上げたものに等しいとすると，1個は6面のうち3面が間に入ってふさがれます．表面積が半分で同じ発熱量が印加されるので，熱流束は1667 W/m^{2}に増えます．温度上昇は熱流束に比例するので，(**b**)は(**a**)の2倍の温度上昇になります．同じ温度上昇にするには体積に応じた発熱量ではなく，表面積に応じ

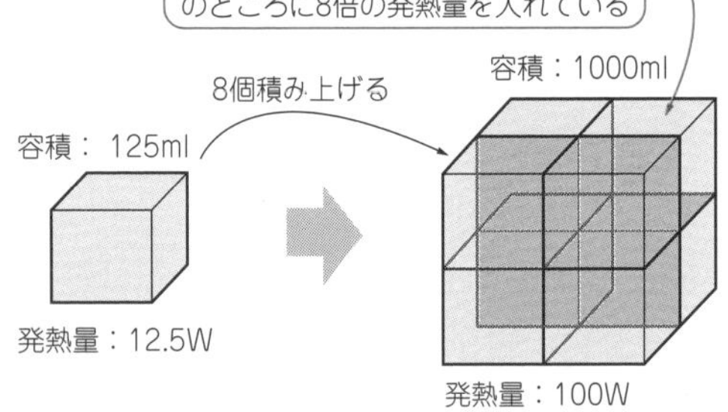

(a) 50×50×50mmの部品に12.5Wの発熱量(100W/L)　(b) 100×100×100mmの部品に100Wの発熱量(100W/L)

図1　体積の比率で消費電力を与えてはいけない

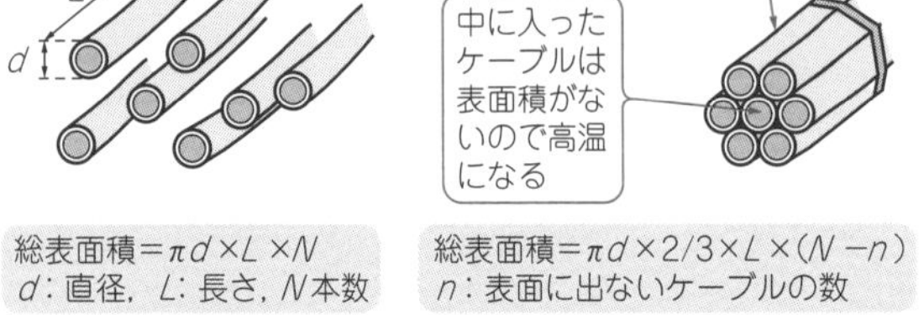

表面に出ているケーブルも表面積は2/3に減っている

中に入ったケーブルは表面積がないので高温になる

総表面積=πd×L×N
d：直径，L：長さ，N本数

総表面積=πd×2/3×L×(N－n)
n：表面に出ないケーブルの数

(a) ケーブルはばらばらだと冷える　(b) まとめると温度が上がる

図2　ケーブルを結束する際には温度上昇を考慮する

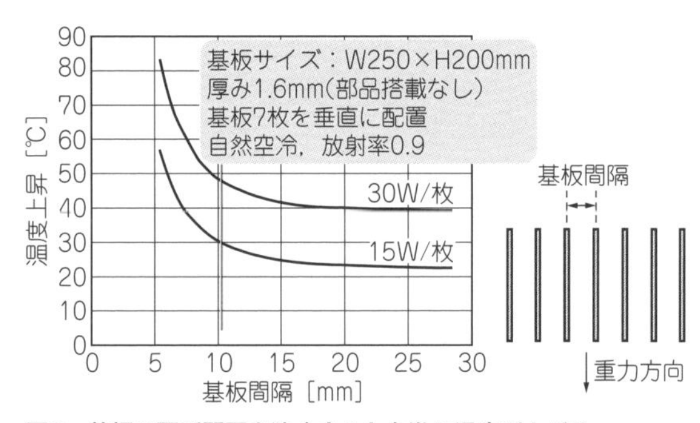

図3　基板の配列間隔を狭くすると急激に温度が上がる
配列間隔10 mm(間隙8.4 mm)以下は避ける

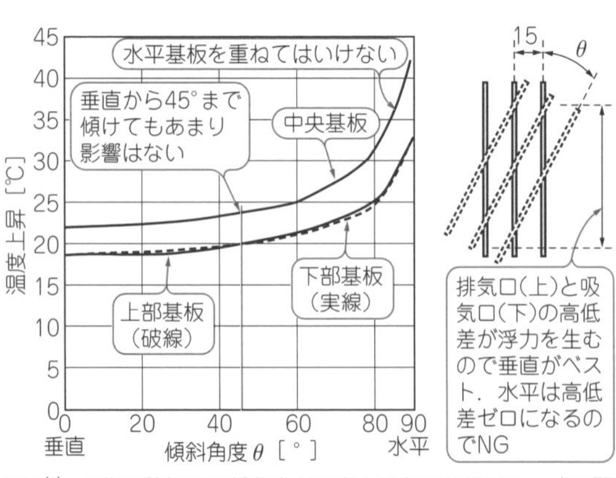

図4[1]　3枚の基板の傾斜角度と温度上昇(配列間隔15 mm)の関係から，基板を水平に重ねると温度が高くなるが，10°程度傾けるだけで温度は下がる

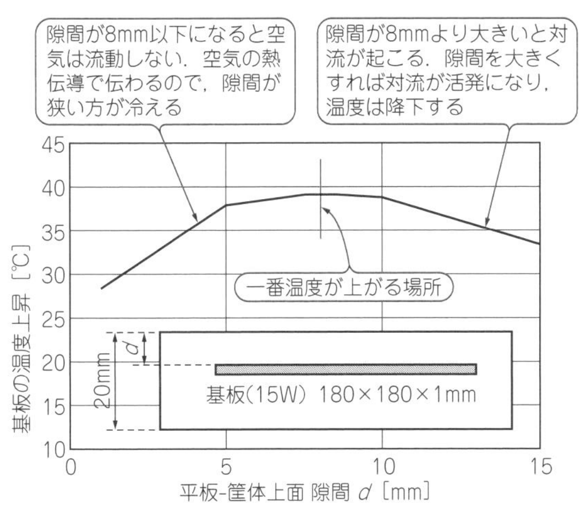

図5[1] 筐体と基板との距離と温度上昇との関係から，基板と筐体との間の隙間を8 mm前後にすると基板の温度が最も高くなる

た発熱量にしなければなりません．(b)は(a)の4倍の表面積なので，許容される発熱量は50 Wです．

NG② ジュール発熱のあるケーブルを束ねてまとめた

ケーブルに電流を流すと発熱します．図2(a)のように，ケーブルがバラバラになっていると，全体の表面積が大きいので，それほど温度は上がりません．

しかし，図2(b)のように束ねてしまうと，表面に出ているケーブルの表面積の1/3は隠れてしまい，中に入ったケーブルは外気に触れる表面積がなくなってしまいます．φ5 mmのケーブル7本で計算すると，全体で43 %表面積が減り，平均温度上昇は1.75倍になります．中心の隠れたケーブルは他のケーブルを介して放熱するのでさらに温度が上がります．

NG③ 間隔を詰め基板を重ねて配置した

発熱体の表面が空気に接していても，空気が流動しなければ，熱は思うように逃げません．特に自然空冷では温まった空気が受ける微弱な力(浮力)で流動が起こるので，空間の大きさ(壁と壁の間の距離)や重力方向が大きく影響します．

図3に示すのは，7枚の基板(部品搭載なし)の配列間隔を狭くしたときの温度上昇のシミュレーション結果です．間隔が10 mm(板厚が1.6 mmなので隙間は8.4 mm)以下で急激に温度が上昇します．

図4に示すのは，垂直に3枚並べた基板を徐々に傾けたときの温度変化です．垂直から45°くらいまで傾けてもほとんど温度は変化しません．70°～80°以上から急激に温度上昇します．傾きが水平に近い角度になると，排気口(上)と吸気口(下)の高低差が小さくなり，浮力が発生しません．水平に重ねた基板は10°程度傾けるだけで温度を下げられます．

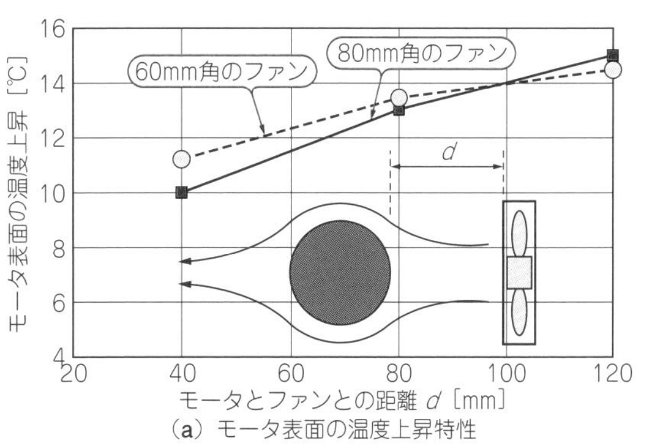

(a) モータ表面の温度上昇特性

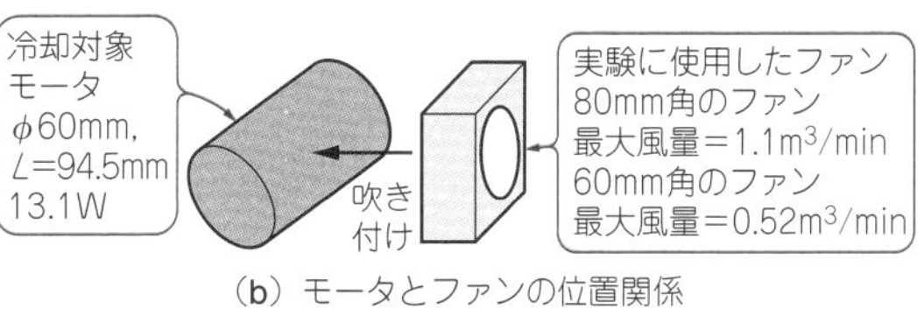

(b) モータとファンの位置関係

図6[1] 吹付ファンでは風量を大きくしても風速が同じなら冷え方は変わらない

NG④ 基板を筐体面から8 mm程度離して水平に実装した

図5に示すのは，基板を1枚だけ実装した自然空冷密閉筐体の解析例です．筐体は薄型水平置きでW200×D200×H20 mm，基板はW180×D180×t1.6 mmで発熱量15 Wです．部品は搭載せず，基板面に均一に発熱を与えています．筐体上面と基板との空間距離をd[mm]として基板を移動させたときの温度(基板中央)を示します．空間が広い(dが大きい)と対流が活発になり温度は下がります．基板を筐体に近づけると対流が抑制されて温度が上昇します．d=8 mm前後で最も温度が高くなります．ポイントは流動が止まり，対流から熱伝導に切り替わる位置です．熱伝導になると伝導距離dが小さいほうが温度が下がります．8 mmの隙間は熱伝導で伝わるには空気層が厚すぎ，対流が起こるには狭すぎる中途半端な隙間です．

NG⑤ モータが冷えないので吹付ファンの風量を2倍にした

モータやトランスに風を当てて冷やす方法は簡単で効果的なためよく利用されます．温度を下げるために，風量の大きいファンを使用してもあまり効果はありません．吹付ファンの効果は表面の温度境界層を吹き飛ばして薄くし，熱伝達率を上げることです．そのために必要なのは次式のように風速です．

$$熱伝達率 \fallingdotseq 3.86 \times (風速/流れ方向長さ)^{0.5} \cdots\cdots (1)$$

図6に示すのは，φ60のモータを60 mm角のファンと80 mm角のファンで冷却した場合の温度上昇の比較実験です．ファンとモータとの距離dを変えます．

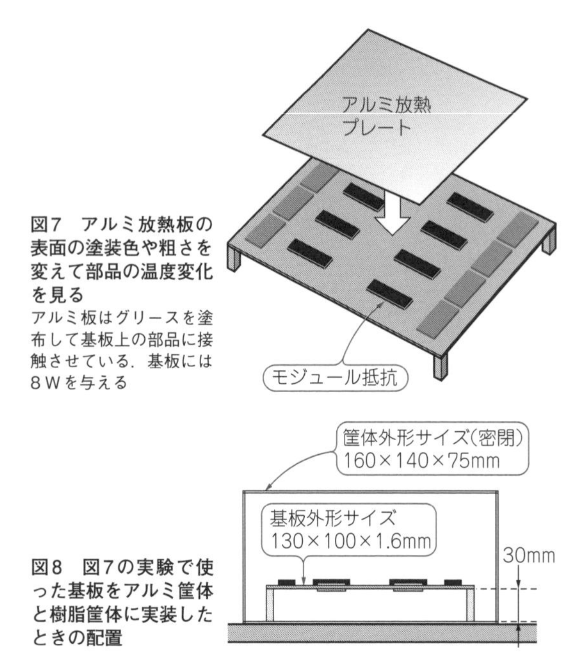

図7 アルミ放熱板の表面の塗装色や粗さを変えて部品の温度変化を見る
アルミ板はグリースを塗布して基板上の部品に接触させている．基板には8Wを与える

図8 図7の実験で使った基板をアルミ筐体と樹脂筐体に実装したときの配置

表1 アルミ金属面に塗装したりテープを貼ったりすると大幅に温度が下がる．やすり掛けで表面の粗さを変えるだけでも温度が下がる

表面処理	放射率(測定値)	平均温度上昇[℃]	温度低減率[%]
アルミ金属面	0.06～0.07	45.4	0
黒色塗装(水性)	0.92～0.93	34.6	－23.8
白色塗装(油性)	0.92	34.8	－23.4
黒色ビニール・テープ貼	0.92	34.9	－23.0
粗化面(やすり掛け)	0.17～0.2	41.2	－9.4

80 mm角のファンは60 mm角の2倍の風量をもちますが，風速がほとんど同じため，温度上昇も変わりません．風速の速いファンを選ぶか，ファンにダクトを設けて流れを絞るなどの工夫をして，風速を上げれば温度を下げられます．

NG⑥ 筐体表面を塗装すると塗膜が放熱を妨げるので金属面のままにした

放熱面に塗装膜があると放熱を妨げそうです．しかし，まったく影響ありません．黒く塗れば熱放射が増えて温度が下がると考えている人も多いです．色は可視光(波長0.4 μ～0.8 μmの電磁波)に対する吸収率(放射率)で，常温近傍の物体間で熱の授受に関わる赤外線(波長10 μm前後の電磁波)の吸収率とは異なります．

図7に示すように，実験基板にアルミの放熱プレートを取り付け，表面処理や色を変えたときの温度変化を調べます．温度測定の前に，放射率計を使って放熱プレートの放射熱を調べます．

表1に示すように，アルミプレートの表面を金属面のまま測定したところ，部品温度上昇(平均値)は45.4℃でした．表面を黒色塗装，白色塗装，黒色ビニール・テープ貼りとすると，いずれも34～35 ℃まで下がりました．白と黒の差はありません．

金属表面にやすりがけするだけでも温度は下がります．これは表面の凹凸で相互に反射・吸収が起こり見かけ上吸収率(放射率)が高まるためです．

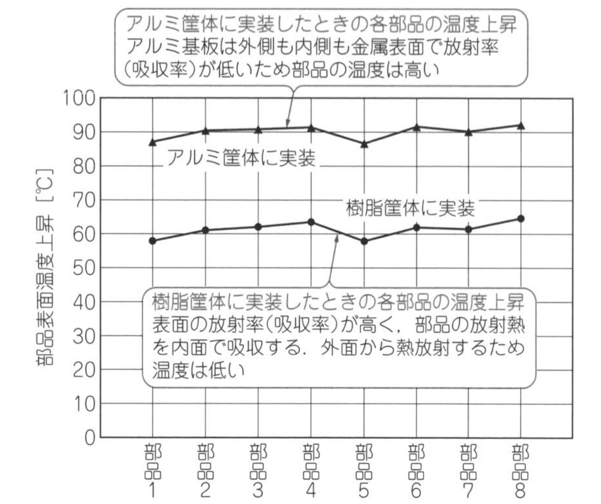

図9 実験基板をアルミ筐体に実装した場合と樹脂筐体に実装した場合の部品の温度上昇を比較すると，放射率や吸収率の高い樹脂筐体に実装したほうがはるかに温度が低く抑えられることがわかる

NG⑦ 冷却効果を狙って筐体を樹脂からアルミにした

アルミはヒートシンクに使われるくらいなので，放熱能力が高いだろうと考えます．アルミは熱伝導率が高いため，面方向に熱を拡散する能力には優れますが，それは熱源をアルミに接触させた場合です．アルミは放射率が低く表面からの放熱は樹脂などより落ちます．

図8に示すのは，**図7**の実験で使った基板をアルミ筐体と樹脂筐体に実装したときの配置です．**図9**に温度比較の実験結果を示します．樹脂筐体に実装すると，アルミ金属筐体に実装したときの温度上昇に比べ30～40 %温度上昇が小さくなっています．

放射率の小さいアルミ筐体から樹脂筐体にすると，筐体内表面の吸収率が高まり，部品の放射熱を吸収します．同時に筐体外表面の放射率が高まり，外部に熱放射します．この2つの効果で部品の温度が下がります．

実際に放熱対策として筐体をモールドからアルミ・ダイキャストに変更したところ，逆に温度が上がってしまった事例もあります．もちろん，部品を筐体に接触させたときはアルミ筐体のほうが温度を下げられます．

◆参考・引用*文献◆

(1)* 国峯 尚樹；エレクトロニクスのための熱設計完全制覇，日刊工業新聞社，2018年．

第3章 部品の温度規定からデータシートの見方，計算ツール活用まで

部品の熱抵抗とジャンクション温度の求め方

国峯 尚樹 Naoki Kunimine

本章では，部品の温度規定，半導体パッケージの熱抵抗の種類と測定法，ジャンクション温度の予測などについて説明します．

まずは「許容温度」と確認方法を明確化する

● 基板の熱設計の主目的は，実装部品の許容温度を満足すること

実装部品の許容温度を満足するためには，どの部品のどこの温度を何℃にすればよいか，その温度をどんな方法で確認するかを明確にしなければなりません．

▶どの部品(温度管理すべき対象)

基板には多くの部品が搭載されており，すべての部品の温度を管理するのは無理です．対象部品を明確にするには選別が必要です．

▶どこの温度(温度を管理すべき部位)

部品によってさまざまです．中には計算しないと求められない温度もあるので，正しい推定方法を知っておく必要があります．

▶何℃にするか

部品のデータシートに書いてある値を参考にしてマージンを考えて設定します．

● 部品の温度規定には3種類(T_j, T_c, T_a)がある

部品の温度規定は次の3種類があります．

- T_j：半導体のジャンクション温度
- T_c：ケース温度，フランジ温度，端子部温度
- T_a：周囲温度(Ambient Temperature)

図1に示すように，どこの温度で規定しても部品の温度管理には課題があります．データシートで定められている温度規定は，ほとんどジャンクション温度や周囲温度です．半導体では部品の表面温度を測定し，その値からジャンクション温度を推定する方法が広く使われています．

▶半導体のジャンクション温度

ICやパワー・デバイスのような半導体部品は，**表1**に示すように一般的にジャンクション温度T_jで使用温度の上限が定められています．ジャンクション温度とは，本来はP型，N型半導体の接合部(ジャンクション)の温度を意味します．多くのトランジスタから構成される集積回路ではチップの代表温度と考えます．

温度センサを内蔵したCPUなどを除き，動作中のジャンクション温度は測れません．表面温度や端子部温度からジャンクション温度を間接的に推定します．

▶ケース温度，フランジ温度，端子部温度

部品表面の特定場所で温度上限を指定する方法です．この指定であれば，部品の利用者が測定できるため，

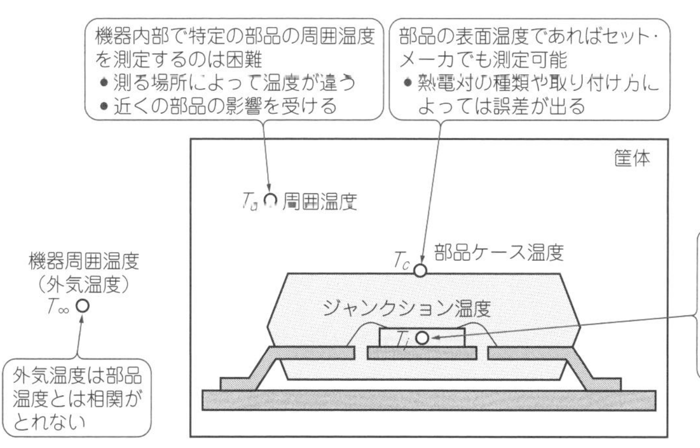

図1 どこの温度で規定しても部品の温度管理には課題がある
利用者が指定された場所の温度を簡単に測定できないことが多い

表1[2]　データシートに記載されている許容温度の例
T_j=150℃，T_s=150℃，T_a=125℃は絶対定格温度と呼ばれ，一瞬たりともこの温度を超えてはいけない

パラメータ	シンボル	値			単位
		最小	標準	最大	
ジャンクション温度 (Junction temperature)	T_j	−40	−	150	℃
保存温度 (Storage temperature)	T_s	−55	−	150	℃
動作時の周囲温度 (Ambient temperature)	T_a	−40	−	125	℃

直接的な温度管理が可能です．セット・メーカでは表面温度を測定することが多くあります．一方，部品メーカが表面温度を指定するケースは多くありません．

▶周囲温度

大多数の部品が周囲温度というあいまいな定義で使用条件が定められています．部品の周囲温度とは機器内部温度で，外気温度ではありません．

JIS C 0010規格「環境試験方法-電気・電子-通則」では，供試品からの距離が熱放散の影響が無視できる位置での自由空間状態の空気温度と定められています．しかし，高密度で実装された基板で部品の発熱の影響を受けずに空気温度を測るのは困難です．もともと周囲温度とは単体部品評価のための温度なので，実装部品への適用には無理があります．

部品メーカは表面温度で規定する方向に移行しつつあり，ほとんど発熱のないコンデンサ(リプルが発生しない条件)では，表面温度＝周囲温度と考えます．

半導体パッケージの熱抵抗 種類と測定法

● データシートに記載されている熱抵抗の記号は統一されていない

表2に示すように，データシートにはさまざまな熱抵抗や熱パラメータが掲載されていますが，記号は統一されていません．R_{th}，R_{θ}，θなどの表記方法があります．熱パラメータ(後述)はΨやψを使います．

添え字は熱抵抗両端の部位を表します．jはジャンクション，cはケース，bは基板，aは周囲空気，tやtopはケースの上面，botは底面を表します．表記も大文字と小文字があったり，j-cのように間にハイフンを入れたり入れなかったりバラバラです．**図2**に示すのは，データシートに掲載されている熱抵抗の位置関係です．記号の表記は**表2**に合わせています．

技① 半導体チップの温度は熱抵抗や熱パラメータを使って計算する

ジャンクション温度は，測定した参照温度と部品の熱抵抗(熱パラメータ)を用いて次式で計算します．

$$T_j = T_{ref} + RW \quad \cdots\cdots (1)$$

ただし，T_j：ジャンクション温度[℃]，T_{ref}：ケース，端子，空気などの参照温度[℃]，R：ジャンクションと参照温度点との間の部品の熱抵抗または熱パラメータ，W：部品の消費電力[W]

技② 熱抵抗はコールド・プレートと断熱材を使って測る

表2や**図2**には記号Rやθで表される熱抵抗とΨで表される熱パラメータが混在しています．

熱抵抗の定義は2つの場所の温度差[℃]をその2点間を通過する熱流量[W]で割ったものです．

その定義どおり熱抵抗$R_{\theta JC(top)}$を測るには，ジャンクションで発生した熱がすべてパッケージ上面を通らなければならず，**図3**のようなコールド・プレートやコールド・リングを使った大掛かりな測定が必要です．

T_jはチップ内のダイオードの温度特性を使って電気的に測定します．測定されたT_j，T_cと発熱量Wか

表2[3]　データシートにはさまざまな熱抵抗や熱パラメータが掲載されている
熱抵抗の記号は統一されていない

熱評価基準		TPS7A7300 RGW(VQFN) 20ピン	単位
$R_{\theta JA}$	ジャンクション－周囲空気間の熱抵抗 (Junction-to-ambient thermal resistance)	35.7	℃/W
$R_{\theta JC(top)}$	ジャンクション－パッケージ上面中央間の熱抵抗 (Junction-to-case(top) thermal resistance)	33.6	℃/W
$R_{\theta JB}$	ジャンクション－ボード間の熱抵抗 (Junction-to-board thermal resistance)	15.2	℃/W
Ψ_{JT}	ジャンクション－上部間の熱パラメータ (Junction-to-top characterization parameter)	0.4	℃/W
Ψ_{JB}	ジャンクション－ボード間の熱パラメータ (Junction-to-board characterization parameter)	15.4	℃/W
$R_{\theta JC(bot)}$	ジャンクション－パッケージ底面間の熱抵抗 (Junction-to-case(bottom) thermal resistance)	3.8	℃/W

基板の特性によって熱抵抗値が変わることと周囲温度の測定が難しいことから使わないほうがよい

Ψ_{JT}は$R_{\theta JC(top)}$に比べ非常に小さいことがわかる．オープン・トップでは必ずΨ_{JT}を使う

$R_{\theta JA}$，R_{thJA}，θ_{JA}などの表記方法がある．Rやθは熱抵抗，Ψは熱パラメータ

このパッケージは底面に放熱パッドがあるので，底面側の熱抵抗のほうが小さい

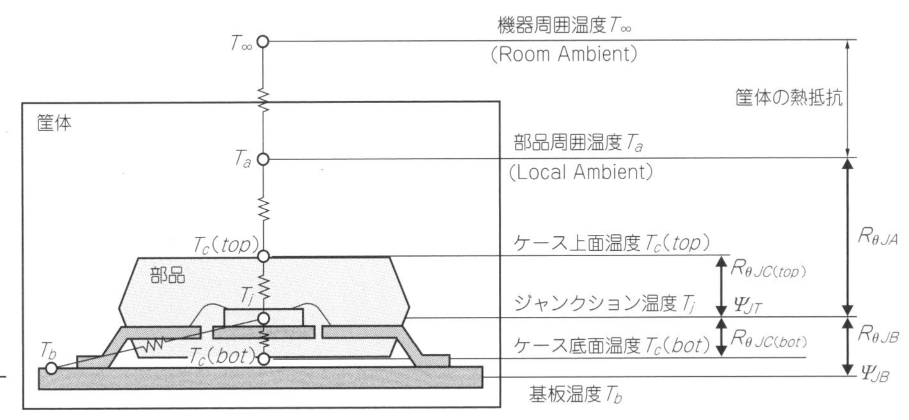

図2 熱抵抗，熱パラメータと温度との関係

ら次式で熱抵抗を求めます．

$$R_{\theta JC(top)}=(T_j-T_c)/W \quad (2)$$

この測定方法なら，発熱量＝ジャンクション-ケース間の通過熱流量とみなせ，式(2)が適用できます．

しかし，実際に部品を使うときにコールド・プレートを付けるわけではありません．この熱抵抗は定義としては正しいのですが，熱が上下両側から逃げる場合にはその割合がわからないと使えません．

技③ 熱パラメータはJEDEC規格で定められた測定環境のもとで測る

実際に部品を基板に実装すると，熱は上(パッケージ上面側)からも下(基板側)からも逃げます．そのような実際の条件に即した測定方法がJEDEC規格(電子部品の標準化を推進する米国の業界団体の規格)，JESD51-3で決められています．

図4に示す測定用の標準基板に部品を実装し，所定の測定用ボックス(自然空冷用)に入れて基板を水平に保った状態でT_jとT_cを測定します．

熱抵抗測定との違いは，コールド・プレートや断熱材を使わずに測定することです．この測定では，発熱量≠ジャンクション-ケース間の通過熱流量であるため，温度差を発熱量Wで割ったものは熱抵抗とは呼べません．そこで熱パラメータと呼び，熱抵抗とは区別します．熱パラメータΨ_{JT}は次式で求まります．

$$\Psi_{JT}=(T_j-T_c)/W \quad (3)$$

測定方法は異なりますが，熱パラメータの計算方法は熱抵抗と同じです．

やってはいけないジャンクション温度の計算

測定された熱抵抗や熱パラメータは，実装条件によって使い分けなければなりません．

コールド・プレート(T_aに温度固定)
パッケージ
放熱経路はPKG上方のみ
T_c
熱
T_j
チップ
発熱量W
断熱

チップの発熱がすべて上面を通過するよう，周囲を断熱してチップ温度(電気的に測定)とケース温度(熱電対測定)の差を求め，発熱量で割る
$R_{\theta JC(top)}=(T_j-T_c)/W$

(a) $R_{\theta JC(top)}$の測定方法

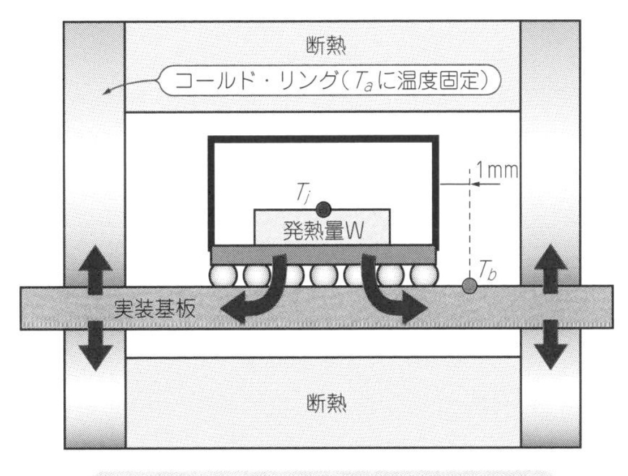

チップの発熱がすべて基板を通過するよう，周囲を断熱してチップ温度と基板温度の差を求め，発熱量で割る．基板温度はパッケージから1mm以内の場所を測定する
$R_{\theta JB}=(T_j-T_b)/W$

(b) $R_{\theta JB}$の測定方法

図3[1] 熱抵抗$R_{\theta JC(top)}$と$R_{\theta JB}$を測定する場合には，部品の熱は上下に分かれて放熱するため，片側を断熱して熱がすべてもう一方に逃げようとする

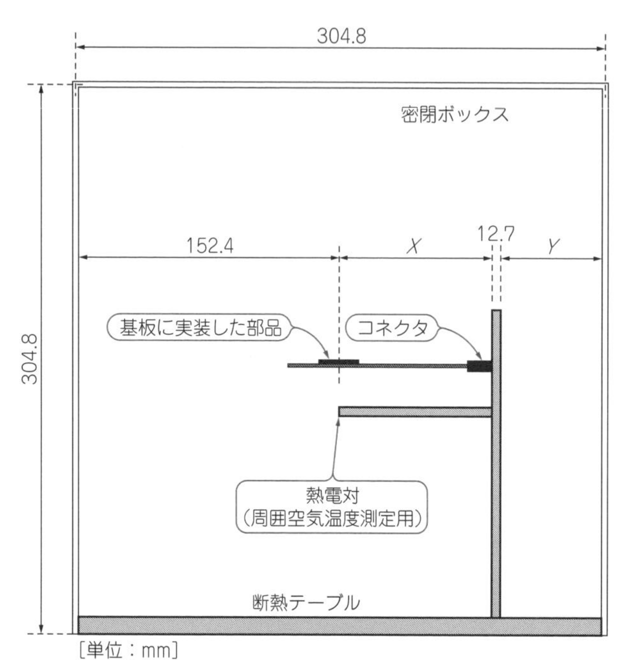

(a) 測定用ボックスの寸法

約30cm角の密閉容器の中央に部品を設置し，基板を水平にして温度を測定する

(b) 測定用ボックス

評価用の基板は実装する部品の大きさに応じて外形寸法や層構成が決められている

(c) 測定用標準基板

図4[4] 熱パラメータを測定する場合，測定用標準基板に部品を実装し，所定の測定用ボックス(自然空冷用)に入れて基板を水平に保った状態でT_jとT_cを測定する
JEDEC規格で定められた自然空冷の測定環境

● $R_{\theta JA}$は使用しないほうがよい

$R_{\theta JA}$はデータシートには掲載されていますが，ジャンクション温度の推定には使用しないほうがよいでしょう．その理由は**図5**に示すとおり，$R_{\theta JA}$は実装基板の影響を受けやすく，基板の銅はく面積によって大きく値が変わるためです．

$R_{\theta JA}$を測定したときの試験基板と同じ放熱性能の基板に実装しない限り誤差が出ます．参照温度が実機では測定が困難な周囲温度という点もネックです．

技④ オープン・トップ(冷却器なし)の部品には$R_{\theta JC(top)}$を使わずΨ_{JT}を使う

● オープン・トップの半導体パッケージ

図6に示すのは，PBGA(はんだボールを底面に格子状に並べたパッケージ)，QFP(4辺からリードが出ている角型フラット・パッケージ)，QFN(パッケージ表面に電極を設けたリードレス・パッケージ)について，どのような経路からどのような割合で熱が逃げるかシミュレーションしたものです．いずれのパッケージも，オープン・トップでは90％以上の熱が基板側に逃げていることがわかります．

▶$R_{\theta JC(top)}$からジャンクション温度を予測する

オープン・トップのパッケージにすべての熱が部品上面から逃げる条件で測定された$R_{\theta JC(top)}$を適用すると，ジャンクション温度を高めに予想してしまいます．

表2に示した熱特性をもった部品が，1Wの消費電力で動作している場合，上面温度を測定したら80℃だったとします．ここから$R_{\theta JC(top)}$=33.6℃/Wを使ってジャンクション温度を予測すると，次式のようにかなり高い温度になります．

$$T_j = 80 + R_{\theta JC(top)} W = 80 + 33.6 \times 1 = 113.6\ ℃ \quad \cdots (4)$$

$R_{\theta JC(top)}$を使うのであれば，Wにはジャンクション-ケース間の通過熱流量を入れなければなりません．しかし，その値は不明なので発熱量を入れるため，誤差が大きくなります．

▶Ψ_{JT}からジャンクション温度を予測する

熱パラメータΨ_{JT}=0.4℃/Wを使用すると次式のようになります．

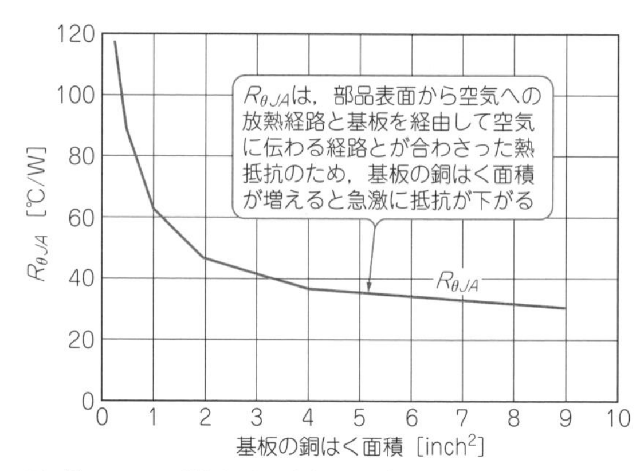

図5[5] $R_{\theta JA}$は基板経由で空気に逃げる経路の熱抵抗の影響を受けやすいため銅はく面積が影響する

■PBGA(データ数：11個)

	チップ・サイズ [mm角]	パッケージ・サイズ [mm角]	ボール数
最小	4.0	13	176
最大	9.2	33	449

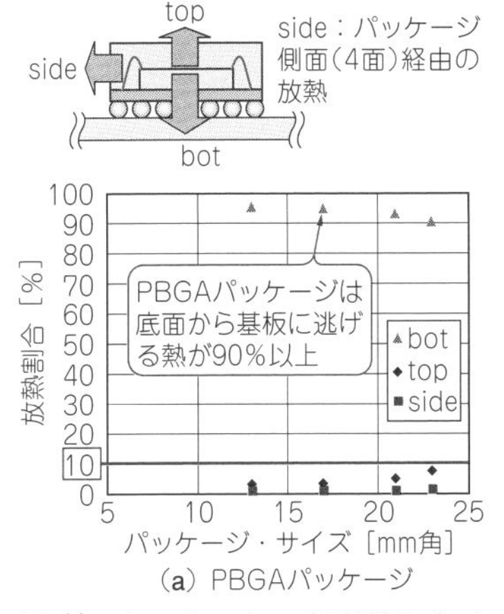

(a) PBGAパッケージ

■QFP(データ数：30個)

	チップ・サイズ [mm角]	パッケージ・サイズ [mm角]	タブ・サイズ [mm角]
最小	2.0	7	2.7
最大	8.5	24	4.2

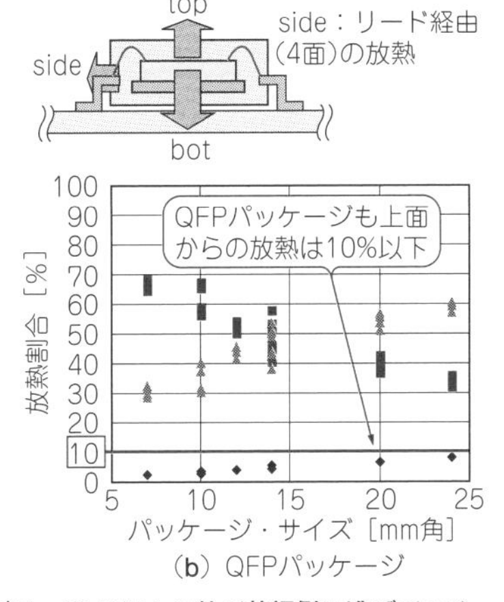

(b) QFPパッケージ

■QFN(データ数：11個)

	チップ・サイズ [mm角]	パッケージ・サイズ [mm角]	タブ・サイズ [mm角]
最小	2.0	4	1.9
最大	7.5	10	7.9

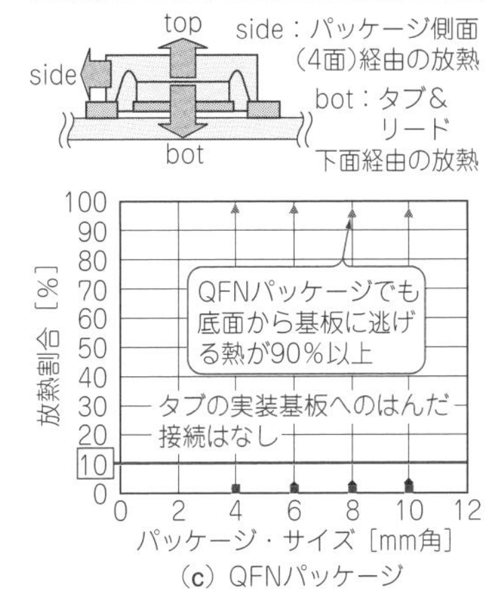

(c) QFNパッケージ

図6[1] オープン・トップの半導体パッケージは，90％以上の熱が基板側に逃げている
各パッケージにおいて，どのような経路からどのような割合で熱が逃げるかをシミュレーションした．基板はJEDEC標準基板(4層)を使用

$$T_j = 80 + \Psi_{JT} W = 80 + 0.4 \times 1 = 80.4 ℃ \cdots\cdots\cdots (5)$$

こちらが実装条件に合致した値でだいぶ低い温度予測になります．Ψ_{JT}も基板の影響を受けないわけではありません．しかし，**図7**に示すように銅はく面積を変えても値は安定しています．

技⑤ ヒートシンク付き部品にはΨ_{JT}を使わず$R_{\theta JC(top)}$を使う

ヒートシンク付きの部品は，オープン・トップの部品に比べると，上面からの放熱割合が増加します．そのため，大半の熱が基板に逃げる条件下で計測したΨ_{JT}は使用できません．Ψ_{JT}を使うとジャンクション温度を低めに予測することになるため危険です．やや高めの予測にはなりますが，$R_{\theta JC(top)}$を使用します．

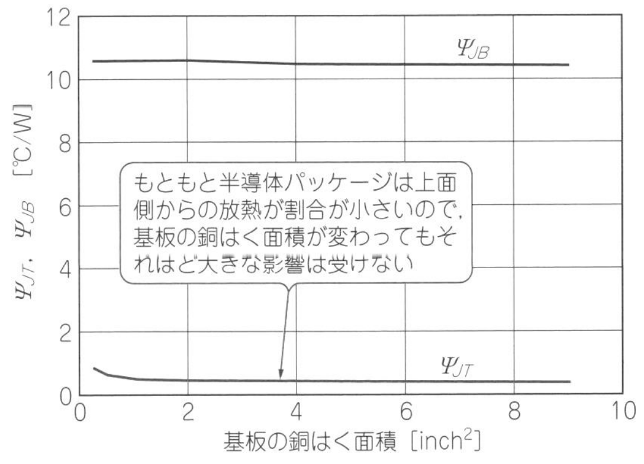

図7[5] 熱パラメータΨ_{JT}，Ψ_{JB}は基板の銅はく面積によらず一定で基板の影響を受けにくい

図8に示すのは，ヒートシンクや水冷ジャケットを装着したPBGAパッケージについて，$R_{\theta JC(top)}$を使用してジャンクション温度を予測したときの誤差を推定したものです．熱流体解析の結果を真とすると，$R_{\theta JC(top)}$を使った予測は数℃高めになっています．

熱抵抗がわからないときのお助けツール

技⑥ JEITAが公開している半導体パッケージの熱抵抗計算ツールを使う

パワー・デバイスのデータシートには熱抵抗や熱パラメータが載っています．しかし，ディジタル・デバイスなどでは記載されていないケースもあります．メーカに確認してもわからない場合には，JEITA(一般社団法人電子情報技術産業協会)が提供している半導体パッケージの熱パラメータ予測ツールで予測できます．

図9に示すExcelツールでダウンロードして使用します．代表的なパッケージ・タイプ(QFN，PBGA，FCBGA，FBGA，LQFP，CSP)ごとに，数個のパラメータ(パッケージ・サイズやピン数など)を入力すれば，熱抵抗値(θ_{JA}，θ_{JC}，θ_{JB}，Ψ_{JT}，Ψ_{JB})を予測できます．ただし，自己責任で使用してください．

半導体以外の部品・基板の温度管理

● 周囲温度では表面実装部品の温度は規定できない

基板には半導体以外の部品もたくさん実装されてい

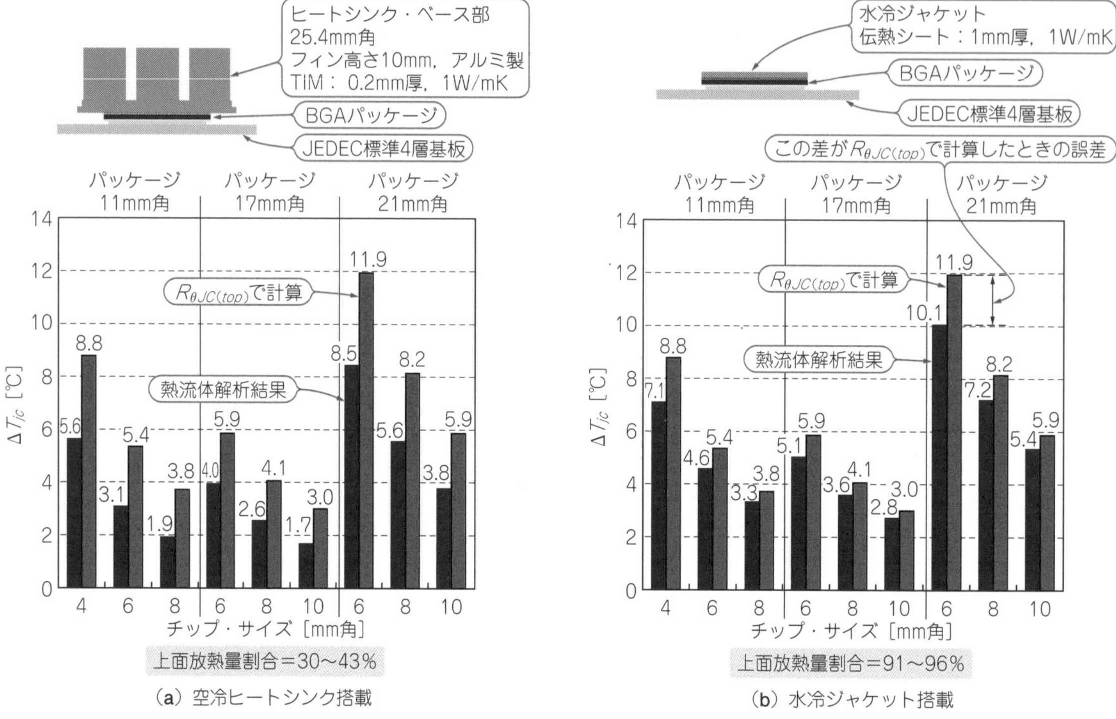

図8[(1)] **ヒートシンクや水冷ジャケットを装着した半導体パッケージの熱流体解析結果と$R_{\theta JC(top)}$を使った計算値と比較した結果，ジャンクション温度の予測に極端な誤差は出ない**
チップ・サイズが11 mm角と17 mm角では1 W，21 mm角では2 Wの発熱をチップに与えた

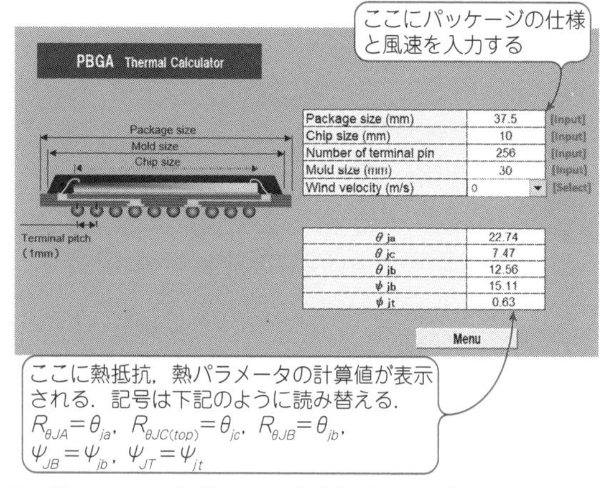

図9[(6)] **JEITAが公開している半導体パッケージの熱抵抗計算ツールを使うと，熱抵抗値(θ_{JA}，θ_{JC}，θ_{JB}，Ψ_{JT}，Ψ_{JB})が予測できる**
Excelで作成されており，無料でダウンロードできる
(http://semiconjeitassc.jeita-sdtc.com/tcsp/sc_pg/ttd.php)

ます．部品の多くが周囲温度で温度を規定しています．小型の表面実装部品でもほとんどの熱が基板側に逃げるため，周囲温度での規定は難しくなっています．

図10に示すのは，表面実装型のチップ抵抗について部品メーカの試験条件とセット・メーカの使用例を比較した例です．両方とも周囲温度は70 ℃なので最大定格電力が与えられるはずです．しかし，高密度実装されたセット・メーカの使用状態では，部品本体の温度は試験時の温度とはまったく異なります．必ず部品の表面温度を測定して確認しておかないと信頼性を大きく損なうことになりかねません．

最近では，**図11**のように使用温度条件を端子部温度など，部品の表面温度で規定するメーカも増えています．JEITAやIEC(国際電気標準会議)などの規格団体も推奨しており，今後主流となると考えられます．

技⑦ 基板の温度は100℃以下を目標に設計する

配線に大きな電流を流す機会が増え，基板温度やはんだの温度が上昇する場面も多くなってきました．

基板にはガラス転移点T_g(ガラス状の分子が流動しやすいゴム状に変化する温度)があり，この温度を超えて使うことはできません．

表3に基板の耐熱温度と各種特性を示します．ガラス・エポキシ基板(FR-4)のT_gは130 ℃程度なので，通常の使い方でこの温度を連続的に超えることはありません．しかし，これよりも低い温度であっても劣化は進むため，100 ℃以下を目標にした設計を推奨します．基板は低い温度でも長時間加わると，変質して絶縁不良を起こすことがあります．

基板と部品を接続するはんだの融点は，共晶はんだで183 ℃，鉛フリーはんだで217 ℃です．融点が高くて問題なさそうですが，熱膨張係数の異なる材料を接

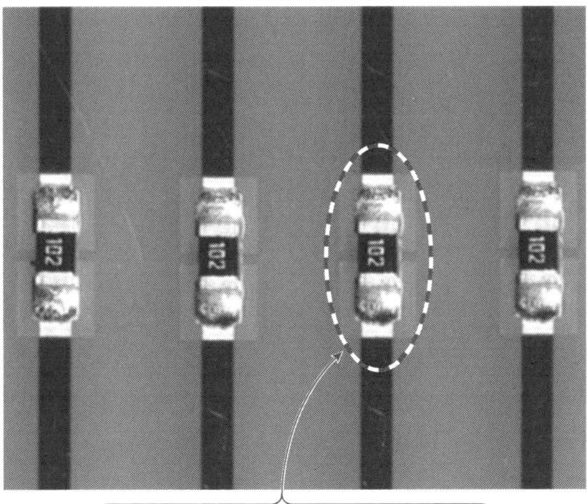

(a) 部品メーカでの試験条件

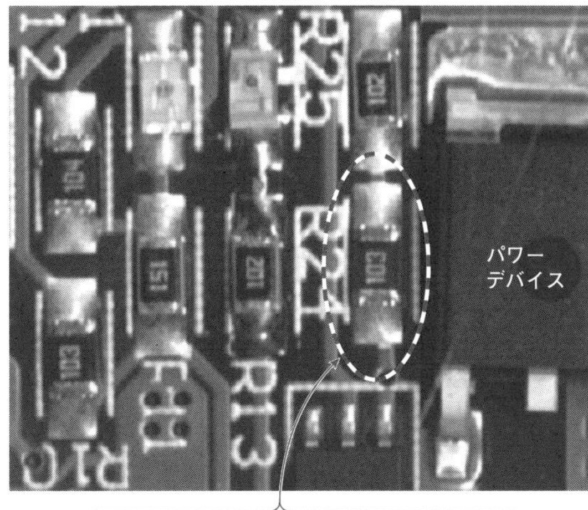

(b) セット・メーカでの使用状態（高密度）

図10[7]　同じ周囲温度でも部品メーカの試験条件とセット・メーカの使用条件には大きな差があるため，部品の温度はまったく異なり信頼性は保証できない

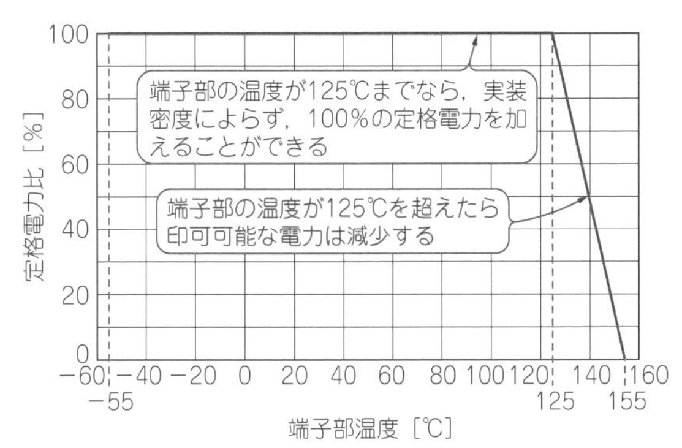

図11[8]　端子部温度でディレーティング・カーブを規定した部品の例

KOAの製品カタログ(RS73 高信頼性角形チップ抵抗器)より引用したもので，周囲温度と併記している

合しているため，温度変動によって接合部に繰り返し熱応力が発生し，クラックが入ることがあります．

◆参考・引用*文献◆

(1)* 国峯 尚樹，中村 篤；熱設計と数値シミュレーション，オーム社，2015年.

(2)* BTS7008-1EPZ データシートRev.1.0，インフォニオン，2019年.

(3)* TPS7A7300データシート，テキサス・インスツルメンツ.

(4)* JEDEC規格 JESD51-3 CHAPTER 6 THERMAL DESIGN CONSIDERATIONS.

(5)* 新しい熱評価基準の解説，JAJA451，テキサス・インスツルメンツ，2009年12月.

(6)* 一般社団法人電子情報技術産業協会(JEITA)半導体標準化専門委員会，半導体パッケージング技術委員会 熱設計技術サブコミティホームページ.

(7)* KOAの技術 端子部温度規定とは
https://www.koaglobal.com/technology/terminal_temp

(8)* RS73 高信頼性角形チップ抵抗器，KOA.

(9)* 漆谷 正義；プリント基板の種類と特徴，トランジスタ技術，2007年6月号，CQ出版社.

表3[9]　基板(銅張積層板)の耐熱温度と各種特性

項目＼MEMA記号／材質	XPC	FR-3	CEM-3	FR-4
	紙フェノール	紙エポキシ	ガラス・コンポジット	ガラス・エポキシ
連続使用温度［℃］	120	120	130	130
はんだ耐熱性(260℃)［s］	7以上	58以上	60以上	60以上
体積抵抗率［Ω・cm］	6.4×10^{10}	8.7×10^{13}	5×10^{14}	2.6×10^{14}
絶縁抵抗［Ω］	3.0×10^{10}	1.5×10^{14}	1×10^{14}	1×10^{14}
比誘電率(@1MHz)	4.46	4.12	4.7	4.73
誘電正接(@1MHz)	0.0673	0.0342	0.02	0.02
吸収率［%］	1.11	0.27	0.15	0.15

第4章 高密度実装でもすべての部品を許容温度に収める

プリント基板の熱設計の基本ステップ

国峯 尚樹 Naoki Kunimine

基板の熱設計はベテランと若手で差が出やすいので，人によるバラツキを抑えるため，手順化が有効です．本章では，すべての部品を許容温度以下に収めるため，基板の熱設計の5つの具体的な手順について説明します．

● 熱を制すには基板を押さえる

図1に示すように，複数の熱源が微細な配線パターンによって複雑につながったプリント基板では，ファンやヒートシンクで単一熱源を冷却するような1次元的な熱の流れが想定できません．熱流体解析ツールを使えば温度の予測はできます．

しかし，どうやったら全部品が許容温度以下にできるか，解決手段までは教えてくれません．また，担当者が回路基板屋さんなので熱対策の経験もそれほど多くありません．

熱設計は基板放熱が主になっており，熱を制すには基板を押さえる必要があります．

[ステップ1] 平均熱流束を確認する

部品の放熱を考えるときに大事な法則があります．発熱は体積で起こるが，放熱は表面からしかできないのです．このため，次式のように温度上昇は単位表面積あたりの発熱量(熱流束)に比例します．

温度上昇∝熱流束[W/m^2]=発熱量/表面積 … (1)

技① まず熱流束の計算から始める

基板A(100 mm×130 mmの大きさで総消費電力8.2 W)と基板B(70 mm×140 mmの大きさで総消費電力7.8 W)を例に，大きさや消費電力が異なる2つの基板

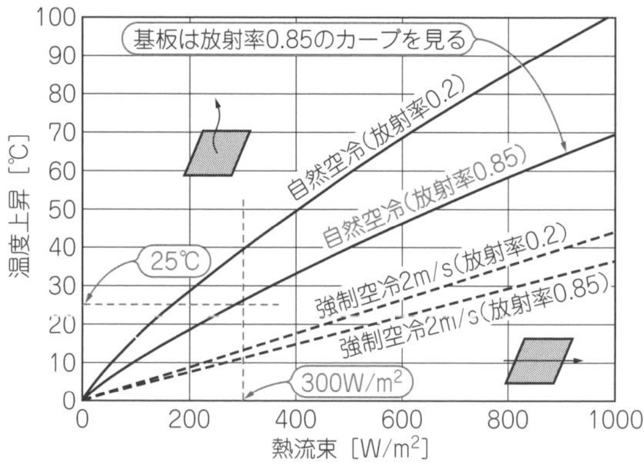

図2 平板の熱流束と温度上昇との関係をプリント基板に適用する場合は，放射率0.85のカーブを見る
100mm×100mm×1mmの水平置き等温平板で試算した．強制空冷では面に平行な風速を与えた

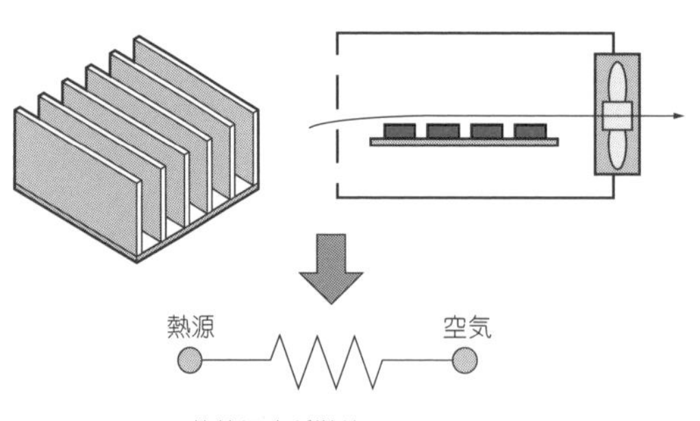

(a) 従来の機器熱設計手法

(b) プリント基板の熱設計

図1 基板は複数の熱源が相互に影響し合いながら温度が決まるため予測が難しい
従来のファンやヒートシンクを対象にした熱設計は単一熱源，単一熱抵抗と見なしていた

の温度上昇を予測してみます．熱流束を計算すると，次式のように熱的な厳しさが評価できます．

基板Aの熱流束 $= 8.2/(0.1 \times 0.13 \times 2) = 315 \mathrm{W/m^2}$

基板Bの熱流束 $= 7.8/(0.07 \times 0.14 \times 2) = 398 \mathrm{W/m^2}$

大きな発熱の偏りがない限り，基板Bのほうが平均温度は高く厳しいことがわかります．

温度上昇は次式で表されます．

温度上昇[K] = 熱流束[W/m²]/熱伝達率[W/m²K] ……………………………………………… (2)

自然空冷の基板表面の熱伝達率(対流＋放射)が10～15 W/m²K程度であることから，基板Aは平均21～32 ℃上昇，基板Bは平均27～40 ℃上昇と予想できます．

図2は，100 mm角の均一発熱平板の熱流束と温度上昇との関係を熱流体解析で求めたものです．プリント基板に適用する場合は，放射率0.85のカーブを見ます．自然空冷の条件では300 W/m²で温度上昇25 ℃程度まで上昇する計算になります．このあたりを熱流束の上限目標としておくとよいでしょう．自然空冷で500 W/m²を超える基板は熱対策なしに成立することはないと考えてください．

[ステップ2] 局所熱流束を確認する

基板の発熱が偏ることなく均等に分散していれば，温度も均一になりホット・スポットはできません．しかし，実際にはどうしても熱源は集中します．

技② 基板を回路ブロック単位で領域に分け個々の領域の局所熱流束を計算する

熱流束が大きい場所はホット・スポットになる可能性が高いので，実装面積を大きくとるか，発熱の大きい部品にヒートシンクを取り付けるなどして，熱流束を下げておきます．基板の外形寸法が決まって大まかな消費電力が見積もれたら，まず平均熱流束を求め，回路の割り付け段階では局所熱流束を意識すると大きな手戻りを防ぐことができます．

[ステップ3] 基板の等価熱伝導率の把握

実際の基板では発熱の集中は避けがたく，ホット・スポットができやすくなります．しかし，基板の熱拡散能力が高いと温度は平均化され，ホット・スポットにはなりません．

技③ 基板を多層化し，銅厚を厚くすると熱拡散能力が高められる

図3は，60 mm角の基板(片面基板と4層基板の2種類)の中央に多数のチップ抵抗を配置して温度上昇を測定したものです．チップ抵抗の数を8個から36個まで変化させます．加える総消費電力は常に1 Wです．

片面基板の場合，チップ抵抗8個では局所熱流束が大きくなり急激に温度が上昇します．36個に分散することで温度上昇が大幅に低減されています．

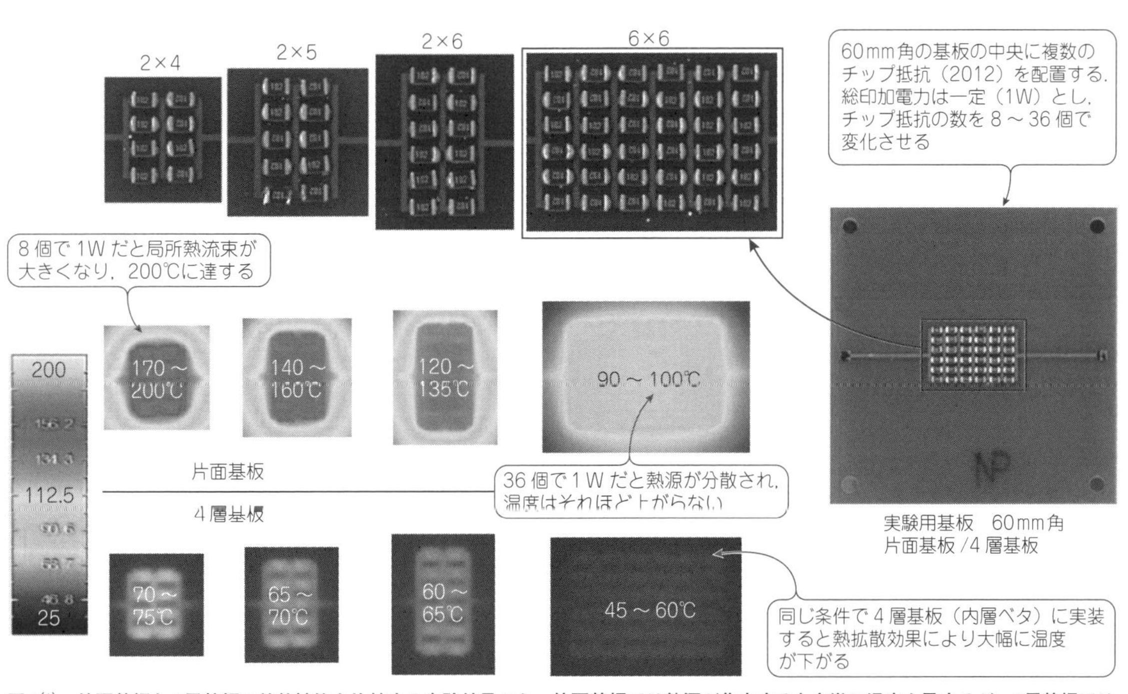

図3[1] 片面基板と4層基板の放熱性能を比較する実験結果から，片面基板では熱源が集中すると急激に温度上昇するが，4層基板では温度上昇が抑えられることがわかる

熱拡散能力の小さい片面基板などでは，できるだけ熱源を分散しておく必要があります．

しかし，熱拡散能力の高い4層基板では少ないチップ抵抗に発熱を集中しても温度上昇は抑えられます．この拡散性能の違いは等価熱伝導率で定量化できます．

基板は熱伝導率が0.4～0.8 W/mKの基材（エポキシ＋ガラス）と熱伝導率400 W/mKの銅から構成されており，熱拡散は銅の働きで行われます．多層化したり，銅厚を厚くしたりして銅はくを増やせば，面方向への熱拡散能力が高まります．

技④ 厚み方向の熱伝導率を高めるにはサーマル・ビアを設ける

基板の厚み方向には銅がつながっていないため，各層に銅はくを残しても基材の厚み方向の等価熱伝導率は上がりません．厚み方向の熱伝導率を高めるにはサーマル・ビアを設けます．

それぞれの等価熱伝導率の計算式を次式に示します．

$$面方向 = \frac{\sum \lambda_r tr}{\sum t} \quad \cdots (3)$$

$$厚み方向(ビアなし) = \frac{\sum t}{\sum (t/\lambda_r)} \quad \cdots (4)$$

$$厚み方向(ビアあり) = \frac{\sum t}{\sum (t/\lambda_r)} + \frac{\sum \lambda_V S_V N}{S_A} \quad (5)$$

ただし，λ_r：i層の熱伝導率，t：i層の厚み，r：i層の残存率，λ_V：ビア熱伝導率，S_V：ビア・メッキ部断面積，S_A：ビアを設置した領域の面積，N：ビア本数．

基板の等価熱伝導率を計算するExcel計算ツール(12)は，次のWebページよりダウンロードできます．

http://www.thermo-clinic.com

技⑤ 等価熱伝導率増大による温度低減効果を予測する

図4は，熱流体解析を使って基板の等価熱伝導率とそこに実装された部品の熱抵抗との関係を求めたものです．このグラフで等価熱伝導率増大による温度低減効果を予測できます．

100 mm角の基板に10 mm角の部品を搭載した場合，片面基板（2 W/mK程度）から4層ベタ（30 W/mK程度）にすると，熱抵抗は60 ℃ / Wから20 ℃ / Wまで下がり，温度上昇が約1/3になることが予想できます．

30 mm角の基板では40 ℃ / Wまでしか下がらないので，温度上昇は2/3となります．

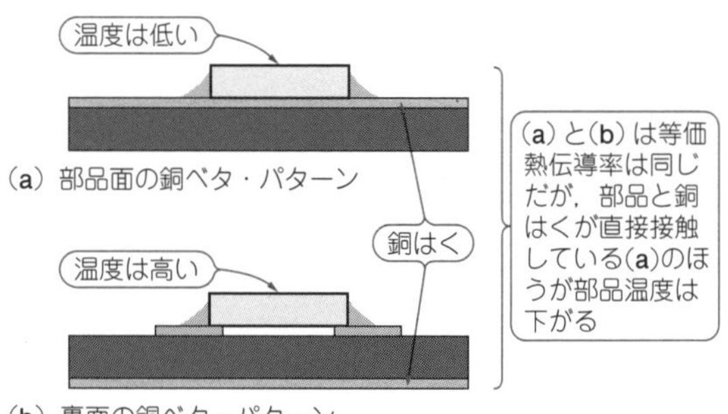

図5 ベタ・パターンが部品面側か裏面側にある場合，同じ等価熱伝導率の基板でも部品温度は違ってくる

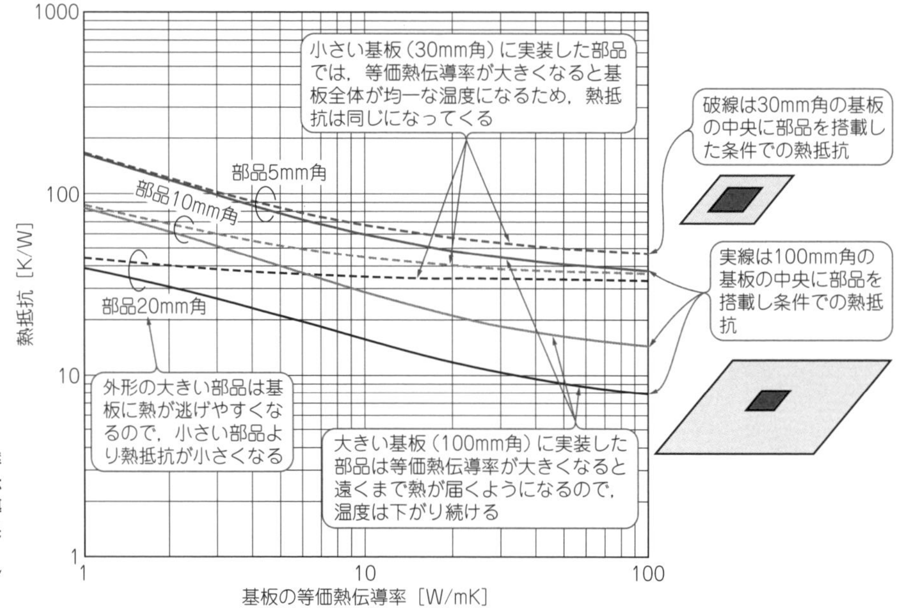

図4 基板の等価熱伝導率と部品の熱抵抗の関係を示すグラフから，等価熱伝導率増大による温度低減効果が予測できる
厚み方向の熱伝導率は1W/mK固定で計算している

● **等価熱伝導率は単純に材料の体積比率で計算するため，銅はくの位置が考慮されていない**

同じ等価熱伝導率の基板でも，銅はくのベタ・パターンが部品面側にあるか裏面側にあるかによって，部品温度は違ってきます．

図5(a)に示すように部品面側がベタ・パターンの場合は，部品の熱が直接銅はくに伝わります．一方，**図5(b)**に示すように裏面側がベタ・パターンの場合は，熱伝導率の悪い基材を厚み方向に抜けて裏面銅はくに伝わる必要があり，厚み方向の熱抵抗が余計に加わります．等価熱伝導率という指標だけでみると見落とすことがあるので注意が必要です．多層基板でグラウンド層が表層近くにある場合は，銅はくの位置の影響は少なくなります．

[ステップ4] 熱対策必要部品と不要部品に分ける

基板の熱流束が小さかったとしても，個々の部品が許容温度以下になることが保証されるわけではありません．次のステップでは1つ1つの部品について熱的な成立性を検証します．

技⑥ 熱的に厳しい部品を見つけて対策する

「熱的に厳しい部品」とは次の部品です．

(1) 消費電力の大きい部品
(2) 許容温度の低い部品
(3) 高い温度環境で使用される部品

これら3つの要件を1つにまとめると，目標とする熱抵抗(目標熱抵抗)を次式のように導けます．

目標熱抵抗＝(許容温度－使用温度)/消費電力 ……………………………………(6)

例えば，許容温度100℃，使用温度80℃，消費電力2 Wの部品の目標熱抵抗は，(100－80)/2＝10℃/Wになります．1 Wを印加しても10℃しか温度上昇しないような冷却能力を与えれば，この部品の条件は満足できることを意味します．

また，部品自身がもともと備えている熱抵抗(ここでは単体熱抵抗と呼ぶ)は次式で表されます．

表1[2] 部品の仕分け計算を行うExcelツール
左の6列を入力すると自動的に振り分けられる

名称	許容温度[℃]	外形寸法[mm]			消費電力[W]	周長[mm]	表面積[mm²]	熱流束[W/m²]	単体熱抵抗[K/W]	目標熱抵抗[K/W]	周囲温度[℃]	60	放射率	対流・放射熱伝達率[W/m²K]
		縦	横	高さ							単体<目標	目標>30		
部品1	90	17.3	30	5	5.9	94.6	1511	3905	37.41	5.08	×	×	0.9	17.69
部品2	90	17.3	10	5	1.5	54.6	619	2423	84.93	20.00	×	×	0.9	19.02
部品3	90	17.3	10	5	1	54.6	619	1616	84.93	30.00	×	○	0.9	19.02
部品4	90	17.3	10	5	2.2	54.6	619	3554	84.93	13.64	×	×	0.9	19.02
部品5	90	17.3	10	5	1.8	54.6	619	2908	84.93	16.67	×	×	0.9	19.02
部品6	90	25	25	18.2	0.8	100	3070	261	19.28	37.50	○	○	0.9	16.89
部品7	90	23.5	24	5	2.3	95	1603	1435	36.65	13.04	×	×	0.9	17.02
部品8	90	13	13	12	0.5	52	962	520	56.62	60.00	○	○	0.9	18.36
部品9	90	18.5	10	5	0.3	57	655	458	80.26	100.00	○	○	0.9	19.02
部品10	90	18.5	10	5	2.8	57	655	4275	80.26	10.71	×	×	0.9	19.02
部品11	90	18.5	10	5	1.6	57	655	2443	80.26	18.75	×	×	0.9	19.02
部品12	90	23.2	23.2	1.6	1.07	92.8	124.96	873	47.89	28.04	×	×	0.9	17.05
部品13	90	12.4	12.4	1.4	0.75	49.6	376.96	1990	143.58	40.00	×	○	0.9	18.48
部品14	90	5.6	7.7	1.75	0.053	26.6	132.79	399	364.79	566.04	○	○	0.9	20.64
部品15	90	11.4	7.1	2.5	0.24	37	254.38	943	197.04	125.00	×	○	0.9	19.95
部品16	90	7.7	5.6	1.75	0.09	26.6	132.79	678	364.79	333.33	×	○	0.9	20.64
部品17	90	5.6	7.7	1.75	0.07	26.6	132.79	527	364.79	428.57	○	○	0.9	20.64
部品18	90	11.4	7.1	2.5	0.13	37	254.38	511	197.04	230.77	○	○	0.9	19.95
部品19	90	5.6	7.7	1.75	0.048	26.6	132.79	361	364.79	625.00	○	○	0.9	20.64
部品20	90	29.6	29.6	1.4	2.3	118.4	1918.08	1199	31.50	13.04	×	×	0.9	16.55

実装部品の名称，外形寸法，消費電力，許容温度(表面温度)を入力する

部品の周長＝(縦＋横)×2
表面積：部品の全表面積を計算
熱流束：消費電力 ÷ 表面積
で自動計算される

単体熱抵抗
＝1/(表面積 × 熱伝達率)
目標熱抵抗
＝(許容温度－周囲温度)/消費電力
で自動計算される

単体熱抵抗 < 目標熱抵抗となった部品は対策が必要(×)，目標熱抵抗 >30K/Wならば基板対策可能

対流・放射熱伝達率は，許容温度を使って自動計算する

単体熱抵抗＝1/(部品表面積[m^2]×熱伝達率[W/m^2K]) ……………………………………(7)

部品の表面積はその外形寸法から計算でき，熱伝達率も第1章の式で計算可能です．小型部品の熱伝達率(対流＋輻射)は自然空冷であれば，おおむね10～20 W/m^2K(部品サイズが小さいほど大きい)になります．強制空冷であれば20～50 W/m^2K程度(風速が大きいほど大きい)です．

熱設計とは目標熱抵抗≧部品の熱抵抗となるよう設計段階で対策を施しておくことです．部品単体でその条件を満足していれば対策は不要です．

目標熱抵抗と単体熱抵抗の大小関係から，すべての部品を，

対策がいらない部品(目標熱抵抗≧単体熱抵抗)
⇒自己冷却可能な部品

と，

対策が必要な部品(目標熱抵抗＜単体熱抵抗)
⇒自分の身の丈以上の冷却能力を要求されている部品

とに分けられます．

技⑦ 熱抵抗から部品の熱対策方針を決める

「熱対策が必要か不要か」の仕分けを簡単に行うことのできるExcelツールをアップロードしてあるので，これを使った事例を紹介します(http://www.thermo-clinic.comよりダウンロード可能)．

表1は，部品の仕分け計算を行うExcelツールです．左から6列の部品情報と周囲温度，風速(自然空冷は0)を入力します．7列目より右側は自動計算されます．計算されたパラメータは下記の意味を持ちます．

- 周長：部品実装面の周長です．部品周長が大きいと基板放熱の間口は広くなり，基板に熱が逃げやすくなります．
- 表面積：部品の表面積が大きいと直接空気に熱が逃げやすくなります．
- 熱流束：部品の熱流束が大きいと温度が上がりやすくなります(直接計算には使いません)．
- 目標熱抵抗，単体熱抵抗：説明した式で計算しています．

この2つの熱抵抗から**図6**が自動描画されます．グラフのプロットは実製品の部品表から作成した例です．中央の斜線より上側の部品は自己冷却可能(熱対策不要)な部品で，発熱の小さい部品，コンデンサ，コイルなど，斜線の下側には，CPUやFET，シャント抵抗などが分類されます．

この例では，20部品のうち7部品が対策不要，13部品が対策必要と判断されています．

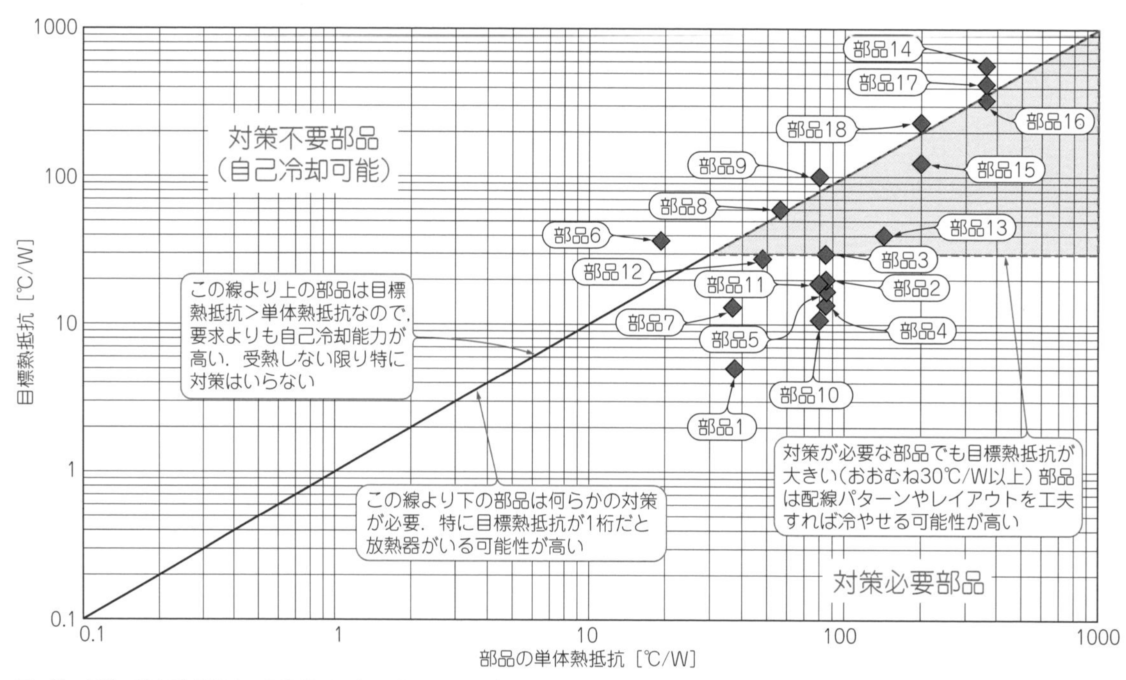

図6[2] 対策が必要な部品と不要な部品に振り分けられたグラフから，中央の斜めの線より上にプロットされた部品は熱対策不要であり，下にプロットされた部品は熱対策が必要と考えられる

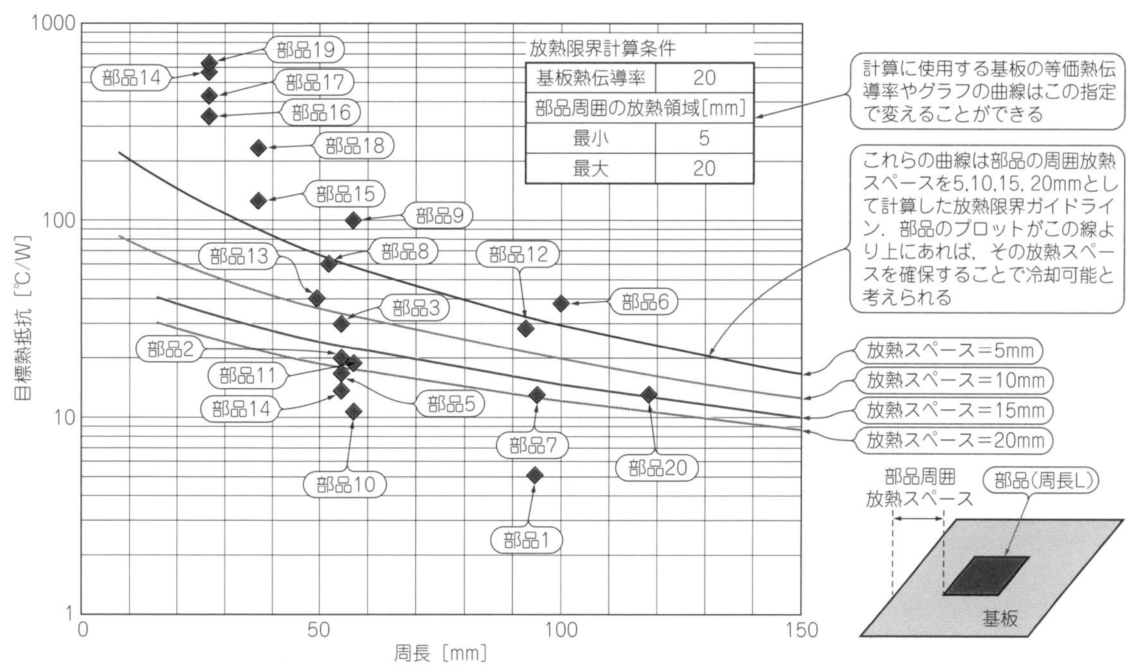

図7[(2)] 部品サイズ(周長)，部品周囲の放熱スペース，基板の等価熱伝導率を考慮して基板放熱可能かどうかを判断する

［ステップ5］基板で冷やせる部品と冷やせない部品に分ける

● 目標熱抵抗30℃/W以上なら基板放熱可能

図6に示された斜線の下側にある対策が必要な部品も2つに分けられます．ヒートシンクやファンを使った本格的な熱対策が必要な部品と，基板の配線やレイアウトを工夫すれば冷やせる基板放熱部品です．基板には一定の冷却能力があるので，求められている冷却能力が高すぎなければ，基板放熱で処理できます．

おおむね目標熱抵抗30℃/W前後が境界になるので，まずはそれより大きければ基板放熱可能と判断します．ただし，本当に冷却が可能かどうかは部品の大きさや実装密度を考慮して判断しなければならないので，もう少し細かい情報を元に検討します．

技⑧ 基板放熱可能かどうかを判断する

図7は，基板放熱が可能かどうかを判断するためのグラフです．グラフの曲線は数字の指定によって書き換わります．図の曲線は，部品の周囲に5 mm，10 mm，15 mm，20 mmの放熱スペースを設けたときの熱抵抗予測カーブになっています．このグラフに搭載部品の周長と目標熱抵抗をプロットしてみると，基板で冷却可能かどうか見当を付けることができます．

例えば，放熱スペース＝5 mmのカーブより上にプロットされる部品は，周囲を数mm(最大5 mm)あけて実装すれば冷却できると判断されます．しかし，放熱スペース＝20 mmのカーブよりも下にある部品は，周辺に他の発熱部品を搭載できないので，実現困難と判断します(もちろん，それだけスペースがあけられれば対策可能)．

＊　　＊　　＊

ここでピックアップした基板放熱部品に対して対策を実行するに際しては，次章で解説する配置・配線設計のノウハウが重要です．

◆参考・引用*文献◆

(1)* 平沢 浩一；チップ抵抗器高定格電力品の落とし穴，CEATEC JAPAN 2015技術セミナ資料，KOA．

(2)* Excel熱計算シート，Thermal_calculation_sample.xlsm，熱設計何でも相談室ホームページ掲載資料，サーマルデザインラボ．http://thermo-clinic.com

(3)* 有賀 善紀；基板熱設計のための小型・高電力チップ部品の使いこなし，CEATEC JAPAN 2019，技術セミナ資料，KOA．

第5章 放熱のためのパターン設計テクニック

部品の温度を下げる プリント基板7つの対策

国峯 尚樹 Naoki Kunimine

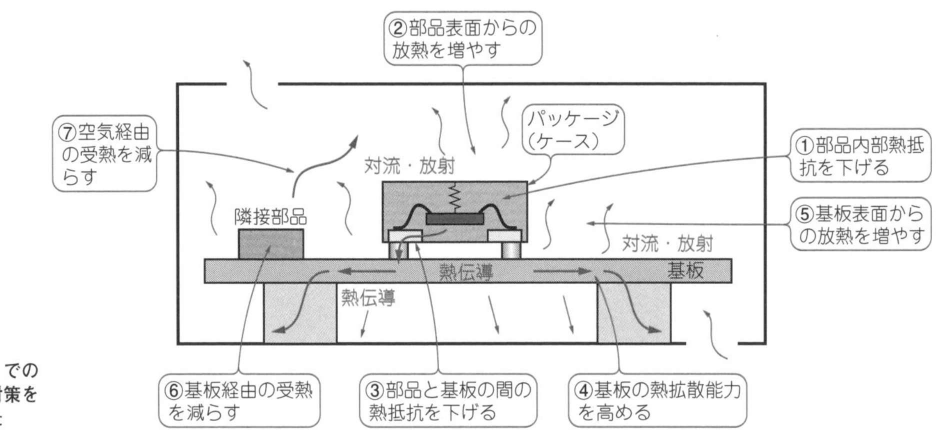

図1 部品から空気までの放熱経路と7つの熱対策を構造イメージで示した

前章の手順に従って基板放熱部品をピックアップしたら，次は具体的な対策を施します．部品の熱対策は，対象部品や実装条件によって異なるので，最適な方法を選択します．本章では放熱パターンの設計技術を具体的に紹介します．

基板に実装された部品の放熱経路

部品の温度をコントロールするには，部品の熱がどのようなルートをたどって外気まで到達するかを理解する必要があります．放熱経路は主に次の2つです．

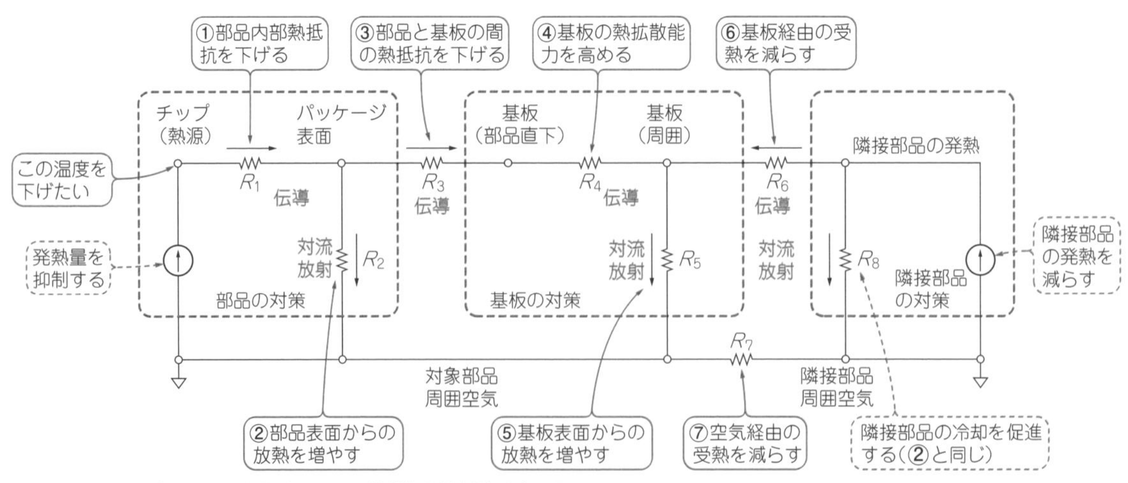

図2 部品から空気までの放熱経路と7つの熱対策を熱抵抗回路で示した

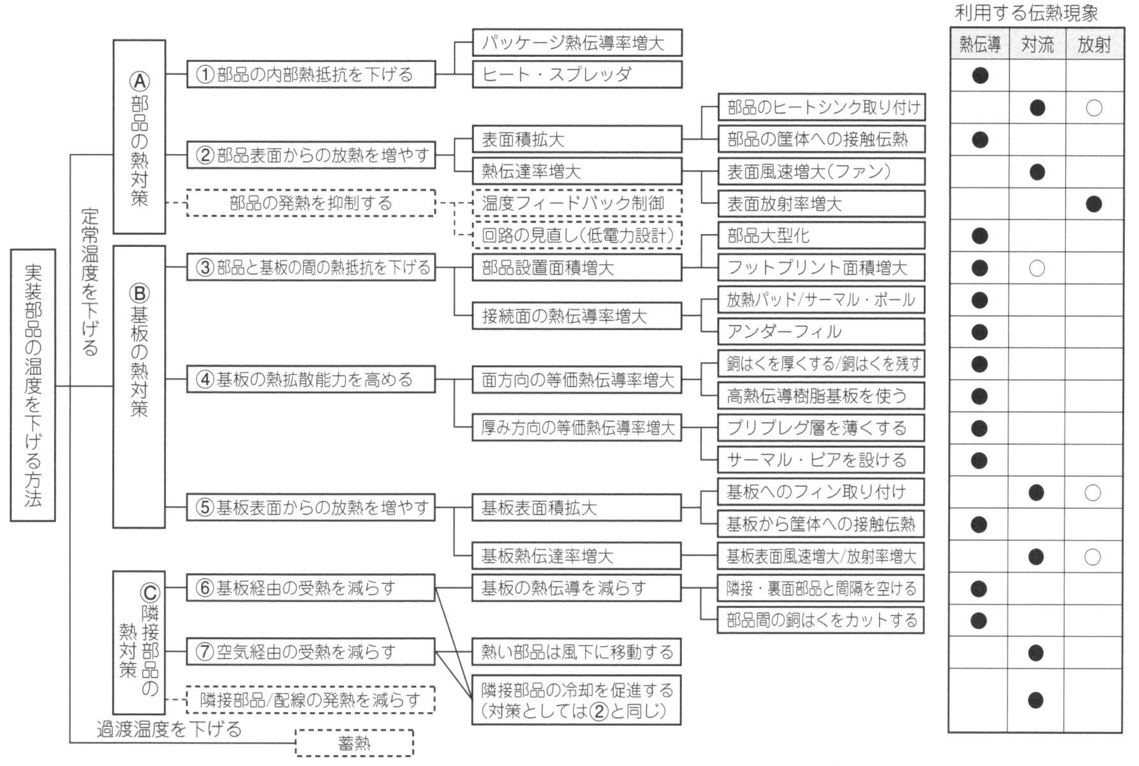

図3 部品の温度を下げる7つの方法をツリーで表現してみる
部品の温度を下げる方法を大別すると,(1)部品の熱対策,(2)基板の熱対策,(3)隣接部品の熱対策の3つになる

● パッケージ内部を熱伝導で伝わり,パッケージ表面から対流や放射で逃げる(ルート①)

半導体チップで発生した熱が,パッケージ内部を熱伝導で伝わり,表面から対流や放射で直接空気や筐体に逃げる1つ目のルートです.

● 接続部に伝わりパッケージ下側からリードやはんだボールを経由して基板に逃げる(ルート②)

チップからリード・フレームなどの接続部に伝わり,パッケージ下側からリードやはんだボールを経由して基板に逃げるのが2つ目のルートです.基板に逃げた熱は最終的には空気に伝わり,1つ目のルートの熱と合流します.小型表面実装部品は大半が基板を経由した2つ目のルートを通過します.

図1は放熱経路を構造イメージで示したもの,**図2**は熱抵抗回路で示したものです.電気設計者は**図2**のほうが理解しやすいでしょう.

● 8個の熱抵抗が熱対策の対象になる

ここでチップ(熱源)の温度(電圧)を下げるためにどのようなアプローチが可能か考えてみましょう.

対象部品や隣接部品の発熱量を減らすのが効果的ですが,電気回路の対策なのでここでは除きます.

図2の熱抵抗回路で示したR_1～R_5,R_8は周囲空気に至る熱抵抗なので,小さいほうが温度は下がります.一方,R_6,R_7は周囲の熱源との間の熱抵抗なので,大きいほうが隣接部品から受熱しにくくなります.

これら熱抵抗のうち,R_1,R_3,R_4,R_6は熱伝導の熱抵抗です.低熱抵抗化のアプローチとしては伝熱面積,等価熱伝導率,伝導距離の3つです.

R_2,R_5,R_8は対流と放射が並列に合成されたものなので,設計変数としては表面積,熱伝達率(風速と代表長さ),放射率です.R_7は空気間の熱抵抗で風量と風向きが関係します.この熱抵抗は,1方向(風向きによる)にしか熱が伝わりません.

● 部品の熱対策をツリーで整理してみる

図3は熱対策をツリーで表したものです.部品の温度を下げる方法を大別すると,

(A)対象部品自身の放熱能力を高める
(B)基板の放熱(熱拡散)能力を高める
(C)周囲の隣接部品からの受熱を減らす

の3つになります.これをさらに細分化して整理すると**図3**の①～⑦で示す7つの対策になります.

熱対策①
部品の内部熱抵抗を下げる

チップの熱がパッケージ内を移動すると,チップとパッケージ表面の間には発熱量に比例した温度差が生じます．これが前述の半導体パッケージの熱抵抗です．

部品の内部熱抵抗をセット・メーカ側で操作するのは難しいのですが，低熱抵抗パッケージを選定する上で，パッケージの素材や構造が熱抵抗に及ぼす影響を知っておく必要があります．

● ダイ・アタッチやリード・フレームの材料で熱抵抗が変わる

半導体チップ(ダイ)は金属フレームやパッケージ基板に銀ペーストや樹脂接着材などのダイ・アタッチ材を介してマウントされます．材料の種類によって熱抵抗が変わります．特にリード・フレームの材質による影響は大きいです．

表1にダイ・アタッチ材の違いによる熱抵抗を示します．熱伝導率は大きな差があります．しかし，塗布厚が薄いため，パッケージ全体の熱抵抗(ジャンクション-周囲空気間熱抵抗θ_{JA})にはあまりが影響ありません．強制空冷や水冷では表面の熱抵抗が下がるので，熱抵抗の占める割合は大きくなります．

表2にリード・フレーム材の違いによる熱抵抗を示します．パッケージ構成材料の中でリード・フレームの体積比率は大きく，またリード・フレームが基板への重要な放熱経路となっているため，リード・フレームの熱伝導率は熱抵抗に影響します．

表1[3]　**ダイ・アタッチ材の違いによる熱抵抗**(20 mm角，220ピン，PBGAの例)
熱伝導率には大きな差があるが，パッケージ全体の熱抵抗にはあまり影響がない

項目	銀ペースト	樹脂
熱伝導率	4.0W/m·K	0.3W/m·K
熱抵抗(θ_{JA})	40℃/W	41℃/W

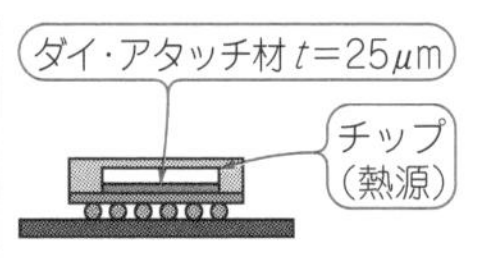

表2[3]　**リード・フレーム材の違いによる熱抵抗**(14 mm角，100P，QFPの例)
リードフレームの熱伝導率は熱抵抗に影響する

項目	Cu材	42アロイ材
熱伝導率	320W/m·K	15W/m·K
熱抵抗(θ_{JA})	40℃/W	62℃/W

● パッケージ基板の層数で熱抵抗が変わる

BGAパッケージでは，チップは配線基板(パッケージ基板)にマウントされます．**図4**にパッケージ基板の層数/銅厚の違いによる熱抵抗の差を示します．基板の層数によって内部熱抵抗$R_{\theta JA}$(本章では以下θ_{JA})は20～30％変わります．

● θ_{JA}は熱抵抗測定用基板の種類で異なる

データシートに掲載されている内部熱抵抗値は規格で定められた標準基板に実装して測定されます．**図5**に示すように，JEDEC規格では2層基板と4層基板が定められていますが，測定に使用する基板によって熱抵抗が40%近く異なっていました．測定基板と設計対象基板が異なる場合には，θ_{JA}は適用できません．

技①　ヒート・スプレッダを使うと内部熱抵抗が下げられる

ICパッケージの上面にアルミなどの金属板を貼るだけで内部熱抵抗が下がることがあります．

図6は50 mm角の4層基板(銅厚35 μm，内層ベタ)に10 mm角のファイン・ピッチBGAを実装したモデルの熱流体解析の結果です．熱源であるチップはパッケージ外形より小さいため，チップ直上だけが高温になっています．実際のパッケージをサーモグラフィで撮影した画像(**図7**)でもパッケージ上面にホットスポットができています．

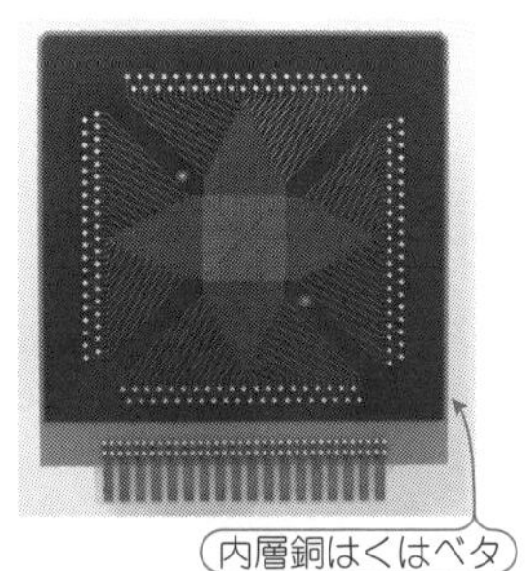

(a)　JEDEC 4層基板
熱抵抗θ_{JA}：65℃/W

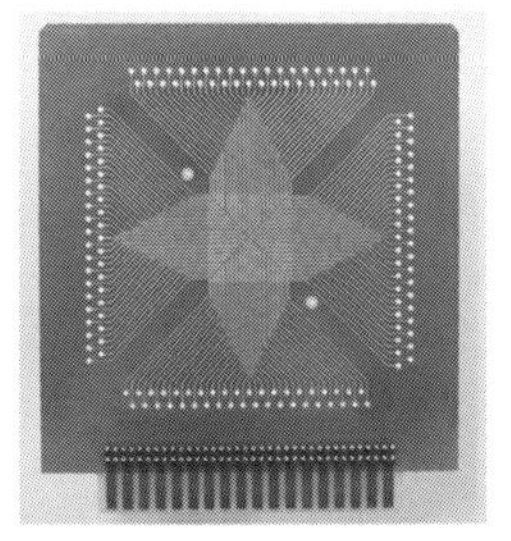

(b)　JEDEC 2層基板
熱抵抗θ_{JA}：90℃/W(＋39%)

図5[3]　**JEDEC規格では2層基板と4層基板が規定されているが，測定に使用する基板によって熱抵抗が40%近く異なっていた**

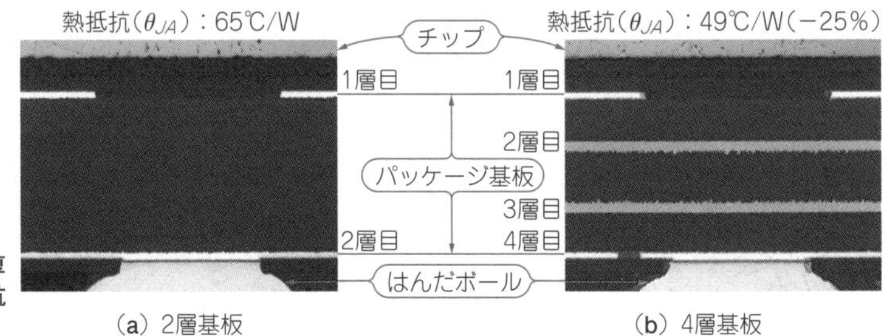

(a) 2層基板　(b) 4層基板

図4[3]　**2層のパッケージ基板と4層で内層銅厚を厚くしたパッケージ基板を比較すると，熱抵抗は25％低減される**

図8は部品の上面に厚み0.1 mmのアルミはくを貼ったシミュレーション結果です．アルミはくの熱拡散効果により，温度が均一化し，内部のジャンクション温度も16℃下がっています．

図9は熱電対取り付け用にアルミ・テープを貼った例です．アルミ・テープにより表面の放射率が下がるため熱放射は減ります．それでも熱抵抗は8％下がりました．もともとヒート・スプレッダを内蔵している部品では効果が少ないです．しかし，一般モールド・パッケージ部品には有効です．

熱対策② 部品表面からの放熱を増やす

技② 通風型機器ではヒートシンクやファンを利用して放熱する

発熱量が大きく，基板では冷却しきれない部品に対しては個別に熱対策を行います．図10(a)のように機器内部に十分な空間があり，通風可能であれば，ヒートシンクやファンを利用して空気に逃がす方法が効果的です．

技③ ファンレス密閉型機器では筐体へ放熱する

図10(b)のように内部空間が狭い自然空冷密閉機器では，冷却部品が使えないので代わりに筐体を使います．熱伝導シートやサーマル・グリースなどのTIM（Thermal Interface Material：接触界面の熱抵抗を下げるための放熱材料）を使って筐体と部品を接触させ，筐体に放熱します．スマートフォンやディジタル・カメラ，車載機器などでよく使われる手段です．携帯機器などでは筐体表面温度が上がるので注意が必要です．

これらの熱対策は文献(1)などを参照してください．

熱対策③ 部品と基板の間の熱抵抗を下げる

小型部品の熱を基板に放熱させるには，「つなぎ目」が重要です．基板の冷却能力が高くても，熱が伝わらないことには効果が発揮できません．

部品から基板へは熱伝導で伝わるので，制御できるパラメータは伝熱面積，熱伝導率，伝導長さです．高熱伝導性の素材を使い，広い面積，短い距離で基板に接続すれば熱抵抗は下げられます．

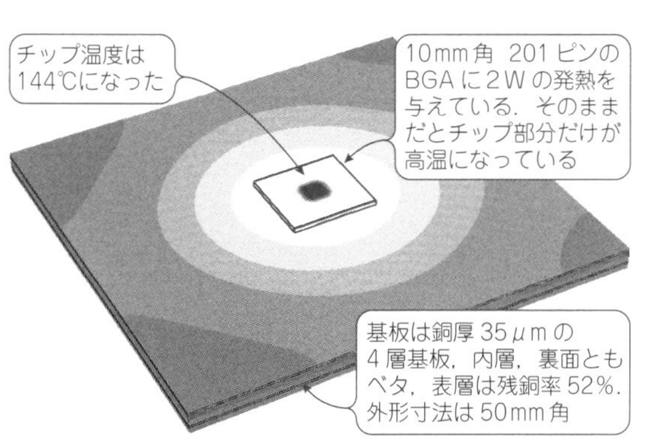

図6[8] BGAを4層基板基板に実装して2W与えたときの温度分布から，チップ上部だけが高温になっていることがわかる

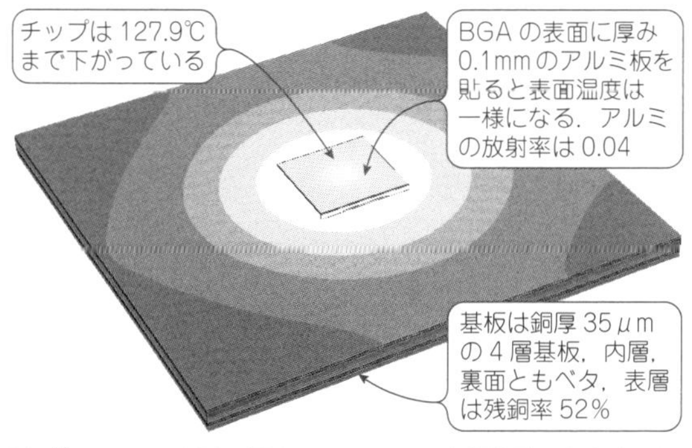

図8[8] BGAの上面に厚さ0.1 mmのアルミ板を貼ったときの温度分布から，熱がアルミ板で拡散されてピーク温度が下がっていることがわかる

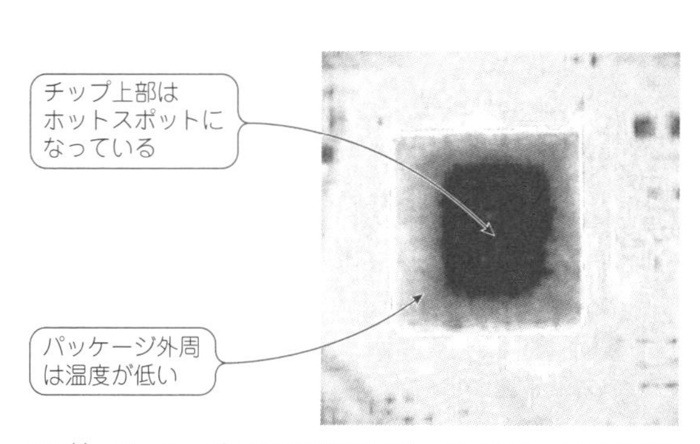

図7[3] パッケージ上面の温度分布（サーモグラフィ画像）の実測でもチップ直上が部分的に高温になっていることがわかる
10 mm角のBGAパッケージの例

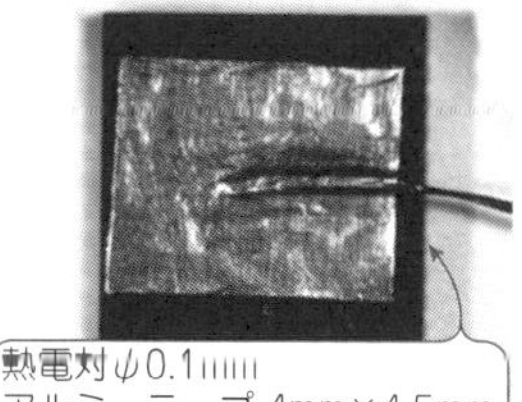

(a) アルミ・テープ，熱電対なし　熱抵抗θ_{ja}：65℃/W

(b) アルミ・テープ，熱電対あり　熱抵抗θ_{ja}：60℃/W（−8%）

図9[3] 実際に熱電対取り付けのためにアルミ・テープを貼ってみたところ，アルミ・テープの効果で温度上昇が8％抑えられていた
部品は5 mm角のBGA，チップ温度を電気的に測定した

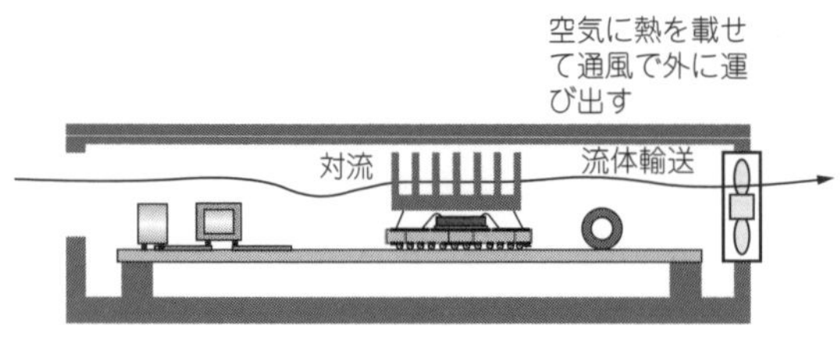

(a) 通風型機器での対策

部品の表面にヒートシンクを付けたり，風速を上げたりして直接周囲空気に逃がす

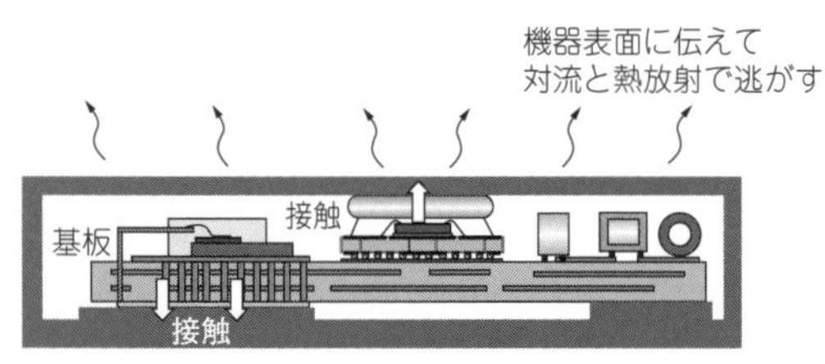

(b) ファンレス密閉型機器での対策

部品を筐体に接触させて，伝熱面積を広げるとともに直接外気に放熱させる

図10　部品表面からの放熱を増やすには2つの方法があり，機器によって使い分ける

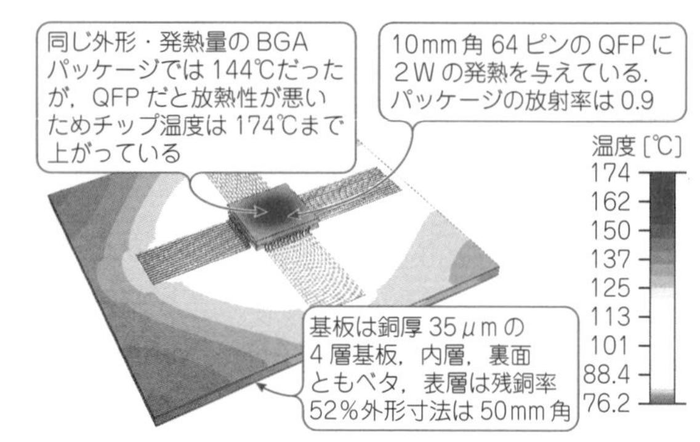

図11　リード付き部品(QFP)の熱解析の結果から，BGAと同じ外形寸法で同じ発熱量でも，チップ温度が174℃(BGAは144℃)と高く，熱抵抗(θ_{JA})換算では27%ほど大きいことがわかる

技④　底面積の大きい部品パッケージを使う

半導体部品のパッケージごとに基板への熱の逃げやすさは異なります．**図11**にリード付き部品(QFP)の解析結果を示します．**図8**で示したBGAと同じ外形寸法で同じ発熱量ですが，チップ温度が174℃(BGAは144℃)と高く，熱抵抗(θ_{JA})換算では27%ほど大きくなっています．リード付き部品はチップ⇒ワイヤ・ボンド⇒リード・フレーム⇒基板と放熱経路が長いため，リードを経由して逃げる熱が少なく，底面から空気層を伝わって基板に逃げる熱が基板への放熱量の約70%を占めます．

いずれにしても部品の外形(底面積)が大きいほど基板には熱が伝わりやすくなります．最先端の小型部品を使うよりも古いタイプの大きめの部品にしたほうが熱的に有利な場合もあります．またフットプリントを大きくするのも同様の効果が期待できます．

技⑤　エクスポーズド・パッド(E-pad)やサーマル・ボール付きの部品を使う

図12に各種パッケージの放熱経路の比較を示します．QFPの解析結果からわかるように，リード付き部品**図12(a)**はリードから熱が逃げにくいため，**図12(c)**のようにダイ・パッドを底面から外に露出させて基板にはんだ付けする構造をとります．こうした熱対

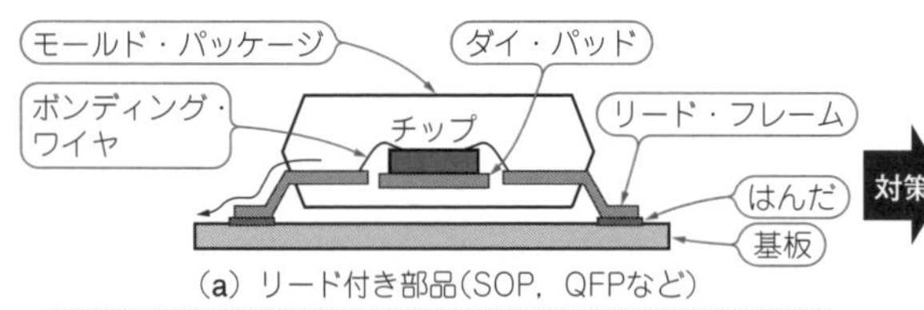

(a) リード付き部品(SOP, QFPなど)

チップの熱は細いボンディング・ワイヤを経由してリード・フレームに逃げ，長いリードを伝わって基板に逃げるため，基板まで伝わりにくい

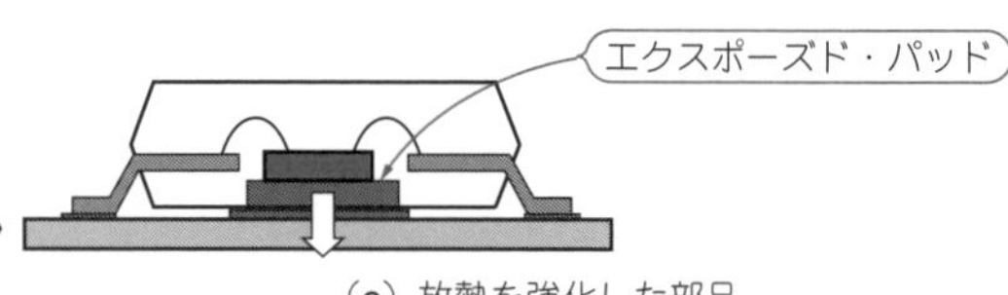

(c) 放熱を強化した部品

チップを搭載したダイ・パッドをパッケージの底面に露出させ(エクスポーズド・パッド)，パッドを基板にはんだ付けすることで最短距離で放熱できる．BGAではチップ直下に放熱のためのはんだボール(サーマル・ボール)を配置する

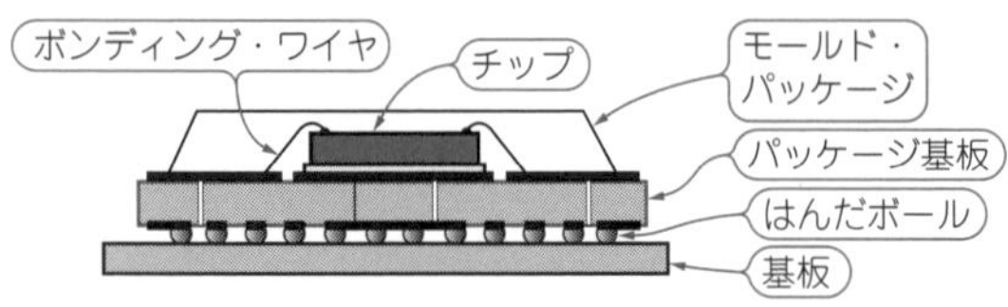

(b) エリア・アレイ・タイプ部品(BGAなど)

チップの熱はチップ底面からパッケージ基板に伝わり，多くのはんだボールを経由して短い距離で基板に到達するため，基板に熱が逃げやすい

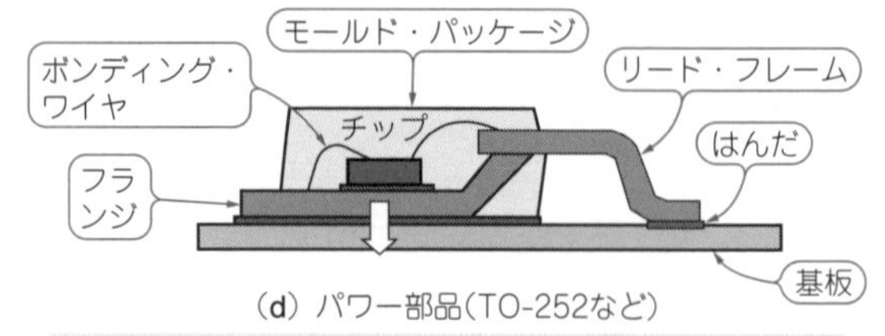

(d) パワー部品(TO-252など)

チップは銅製のフランジに載っており，底面は広い面積で基板にはんだ付けされるため，基板にきわめて放熱しやすい

図12　半導体パッケージの種類や構造によって基板への放熱経路は異なる

策部品はチップから基板までの熱抵抗が大幅に低減されるので有効です．BGAパッケージもチップ直下にはんだボールがないものは，放熱用のはんだボール（サーマル・ボール）を設け基板への熱抵抗を下げます．

技⑥　熱伝導率の高いアンダーフィルを使う

写真1はQFPの底面に偶然はんだフラックスが回り込んでしまったときの熱抵抗の変化を調べたものです．底面の隙間に空気の10倍の熱伝導率をもつフラックスが入ることによって熱抵抗が18％も下がっています．**図13**はBGA底面のはんだボール部分にアンダーフィルを入れた場合の熱抵抗を比較したデータです．

アンダーフィルはもともと熱膨張係数差による熱応力の緩和やはんだボールの接続強度を増すために入れます．しかし，空気部分を固体で満たすことによって熱抵抗も下がります．特に熱伝導率の高いアンダーフィルを使うと効果的です．

熱対策④
基板の熱拡散能力を高める

部品から基板に伝わった熱を面方向に拡散しないと，部品直下の基板が部分的に高温になり，結局部品温度は上がってしまいます．この面方向への熱拡散は銅はくの重要な役目になります．

まず小型部品に対する配線銅はくの影響を見てみます．**図14**に示すのは，配線幅や長さを変えたときの部品温度上昇変化を検証した解析モデルです．小型部品の代表である2012（2 mm×1.2 mm）サイズのチップ抵抗に定格電力0.25 Wを与えています．

技⑦　放熱効果を高くするには配線幅を太くする

図15に配線の幅と長さを変えたときのチップ部品の温度変化を示します．配線幅を0.5 mm⇒2 mmと太くすると，温度上昇を約半分まで低減できます［**図15**（a）の実線］．熱抵抗を試算すると，0.5 mm幅のときは0.25 Wで102.8 ℃上昇なので，チップ抵抗から空気までの熱抵抗は，411 ℃/W（＝102.8÷0.25），2 mm幅のときは226 ℃/W（＝56.4÷0.25）になります．

片面基板では基材の熱伝導率が放熱に効くので，CEM-3（ガラス・コンポジット基板）などの高熱伝導基板を使うのも効果的です．

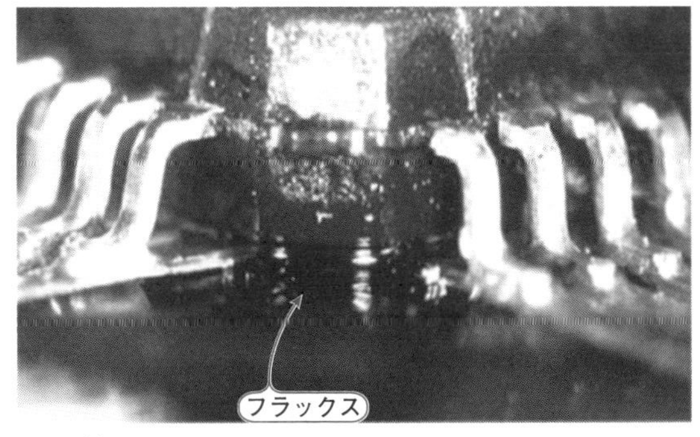

写真1[3]　**QFPの底面に偶然はんだフラックスが回り込んでしまったときの熱抵抗の変化を調べた結果，正常に実装された場合の熱抵抗θ_{JA}が40℃/Wだったのに対し，フラックスが回り込んだ場合の熱抵抗は33℃/Wと18％減少した**
正常実装では底面と基板の間には空気層があり，熱が伝わりにくいが，フラックスによって熱伝導が促進されたためである

（a）アンダーフィルなし
熱抵抗θ_{ja}：65℃/W

（b）アンダーフィルあり
熱抵抗θ_{ja}：61℃/W
（比率で6％下がる）

図13[3]　**BGAパッケージのアンダーフィルの有無による熱抵抗の違いを比較すると，アンダーフィルがある場合は4℃/W**（比率では6％）**下がる**
BGAはもともとはんだボールで基板とつながっているため，QFPに比べると効果は限定的である

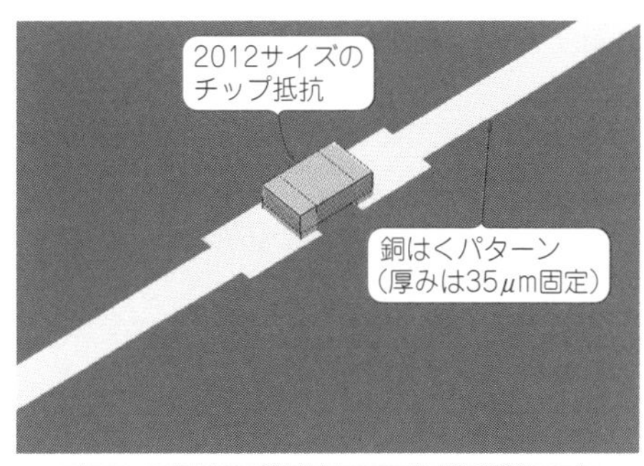

2012サイズのチップ抵抗に0.25Wを印加した

（a）解析モデル

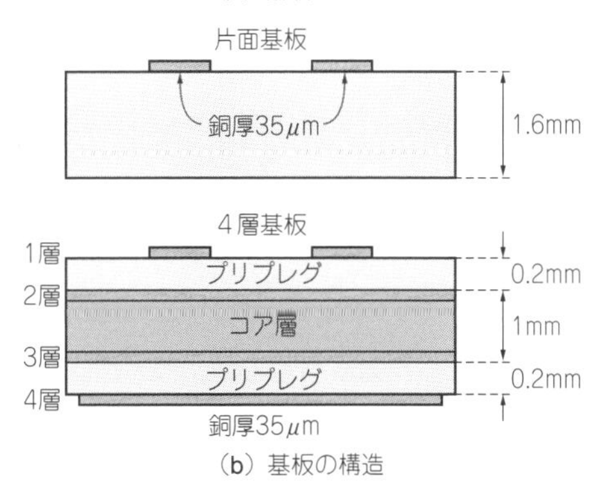

（b）基板の構造

図14　チップ抵抗の熱流体シミュレーション・モデル
2012（2 mm×1.2 mm）サイズのチップ抵抗を50 mm角の片面基板に載せて，配線の長さや太さを変えてみた．次に2～4層を銅はくベタとした4層基板で同じシミュレーションを行った

● 片面基板では配線長を20～30 mmより長くしても放熱にあまり影響しない

片面基板では配線を長くすると，徐々に温度が下がります．しかし，20 mm～30 mm付近で頭打ちになることがわかります[**図15(b)**の実線]．これは部品から離れると配線の温度が下がり，20 mm～30 mmより先はあまり放熱に寄与しないことを示しています．

このように片面基板では配線幅の設定が重要なパラメータになります．また配線幅が細いと配線のジュール発熱も増えて配線温度が上がるため注意が必要です．

● 4層基板は内層銅はくの効果で基板の熱拡散能力が高い

4層基板になると，表層の配線パターンの影響は大きく変化します．内層銅はくの効果で基板そのものの熱拡散能力が高まり，配線パターンが細くてもそれほど急激な温度上昇が起こらなくなります．

図15(a)の破線は4層基板(層構成は**図14**)で配線幅を変えたときのシミュレーション結果です．

片面基板に比べると配線幅を変えたときの温度変化が緩やかになることがわかります．特に配線幅が細いときの急激な温度上昇が見られません．

また4層基板では配線の長さは温度にほとんど影響しなくなります．これは**図16**の温度分布図をみるとわかります．片面基板では配線伝いに熱が広がりますが，4層基板では内層の熱拡散効果により表層の配線に関係なくほぼ同心円状に熱が拡がり，配線の放熱に依存しなくなるからです．

4層基板の内層銅はくの熱拡散効果は非常に大きくなります．**図15**に示したシミュレーション結果では内層の残銅率を100 %としました．**図17(a)**は内層の残銅率を変化させたときの部品温度を調べたものです．内層の銅はくが減少しても，よほど小さくならない限りそれほど大きな影響を与えないことがわかります．

図17(b)は4層基板のプリプレグ層(以下PP)の厚みを変えて，表層銅はくと2層目のグラウンド層との距離の影響を見たものです．

2層目の銅はくを表層に近づけると部品温度は大きく変化します．PP層の厚みを0.2→0.1 mmとすると15 %，0.2 mm→0.05 mmとすると25 %の温度上昇低減が見込まれます．残銅率よりもPPの厚み(表層とグラウンド層との距離)の影響が大きいことがわかります．

● 放熱パターンとサーマル・ビアを活用する

パワー・デバイス(MOSFET)はよく熱で問題になります．**図18**に示すTO-252タイプのパワー・パッケージに2 Wの発熱を与え，放熱パターン(銅はく)の面積を変えてみます．放熱パターンを部品底面と同じ大きさから10 mm角，15 mm角，20 mm角と広げます．

● 片面基板では放熱パターンは有効だがサーマル・ビアは効かない

図19(a)は片面基板でのTO-252のパッド面積と温度上昇との関係です．

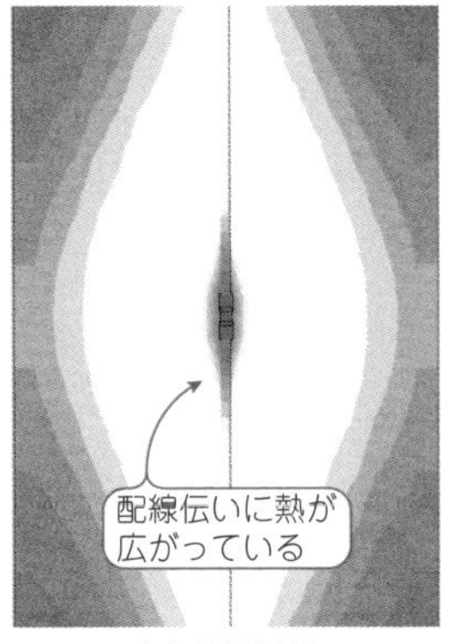

(a) 片面基板

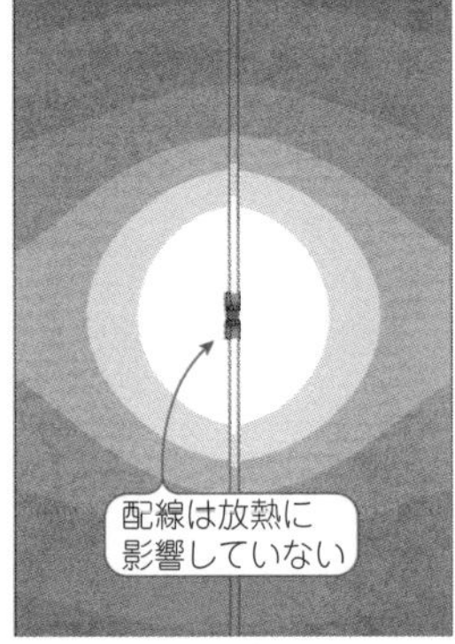

(b) 4層基板

図16[8] **片面基板と4層基板の表面温度分布の違いを見ると，片面基板では配線伝いに熱が広がるが，4層基板では配線の放熱に依存しないことがわかる**
基板を一定幅で切り取って上から見た図．いずれも配線幅1 mm，配線長50 mm

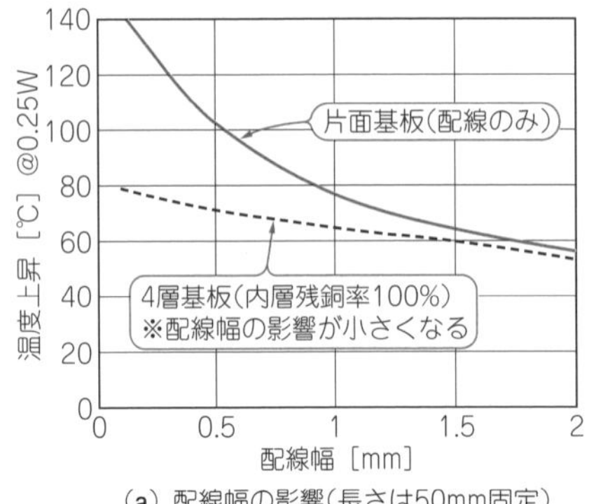

(a) 配線幅の影響(長さは50mm固定)

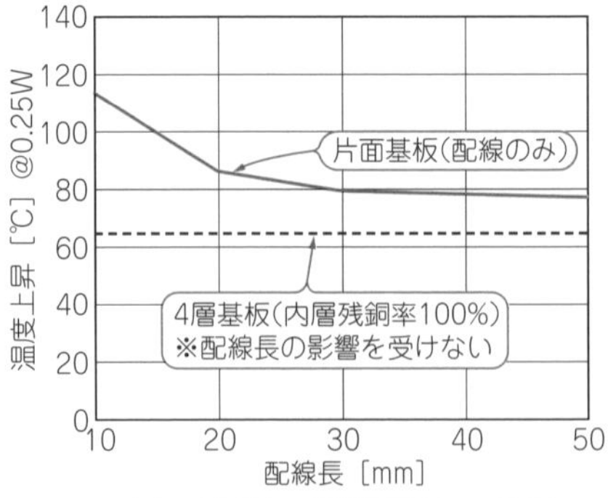

(b) 配線長さの影響(幅は1mm固定)

図15 配線幅と長さを変えたときのチップ部品の温度上昇の変化から，配線幅が太いほど温度は下がるが，配線長は放熱にあまり影響しないことがわかる

片面基板では放熱パターンの面積を広げると温度は下がります．ただし，温度分布図でわかるように放熱パターン以外の基板面からも放熱しているのでパッド面積を2倍にしても温度上昇が半分になるわけではありません．片面基板ではサーマル・ビアを設けても効果がありません．サーマル・ビアは温度差のある銅はく層間で熱を運ぶ役割をもっているため，単層では効果は期待できません．

● 両面基板では放熱パターンもサーマル・ビアも効く

図19(b)は両面基板，4層基板でのTO-252のパッド面積と温度上昇との関係です．

両面基板(裏面ベタ)でも片面基板と同じく，放熱パターンの面積が効きます．またサーマル・ビアの効果も大きくなり，特に放熱パターンが小さいときに有効です．銅はく面積が大きくなると熱が表層で拡がり，基材を通過して裏面に伝わる伝熱面積が増えるため，相対的にサーマル・ビアの役割が小さくなるためです．

技⑧ 4層基板では放熱パターンが小さくてもサーマル・ビアがあれば効く

4層基板でPP層が薄いと，内層ベタ・パターンに熱が伝わりやすく，表層に設けた放熱パターンの役割が小さくなります．それでも放熱パターンが小さいときは，内層まで熱が伝わりにくいので，図19(b)に示すようにサーマル・ビアが有効です．サーマル・ビアを入れると，熱拡散の主役は内層銅はくになるので，放熱パターンを大きくしてもあまり効果はありません．

このように放熱パターンには表面から直接空気に熱を逃がすだけでなく，内層に向けて基板厚み方向に熱を通りやすくする働きもあります．

技⑨ 部品直下のサーマル・ビアはφ0.25～0.3 mmにする

シミュレーションでは部品直下にφ0.3 mmのサーマル・ビアを15本設けました．サーマル・ビア(貫通)1本の熱抵抗は，次式のように表されます．

熱抵抗＝基板厚み/(ビアの直径×π×メッキ厚み×銅の熱伝導率)

サーマル・ビアの直径が大きいほど熱抵抗は下がりやすくなります．しかし，製造時のはんだの流れ出しを避けるため，部品直下のサーマル・ビアは0.25 mm～0.3 mmにします．内径の大きいサーマル・ビアを設ける場合は，部品直下でなく部品周囲に配置します．部品から離れると熱が伝わりにくくなるので，できるだけ部品近くに配置するようにします．

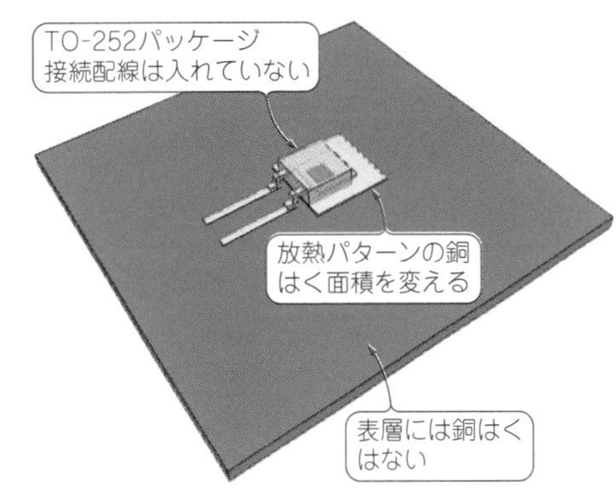

(a) 解析モデル

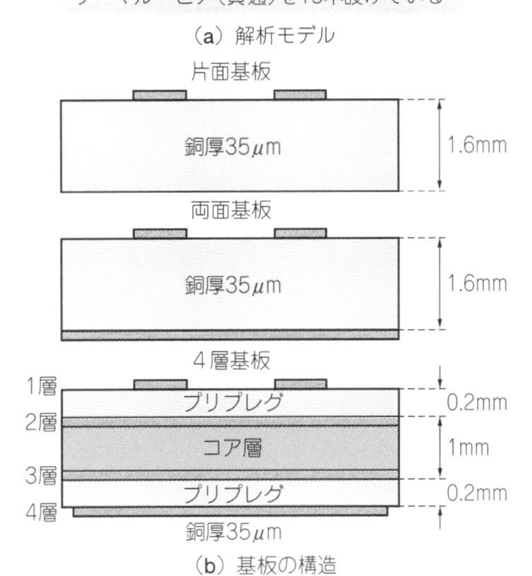

(b) 基板の構造

図18 TO-252を実装した基板の熱流体シミュレーション・モデル
TO-252タイプのパッケージを片面基板に載せて，放熱パターンの面積を変えてみた．次に2～4層に銅箔ベタをいれた4層基板で同じシミュレーションを行った

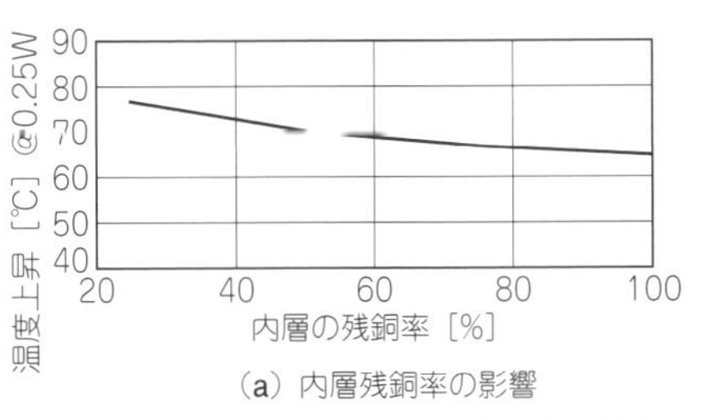

(a) 内層残銅率の影響

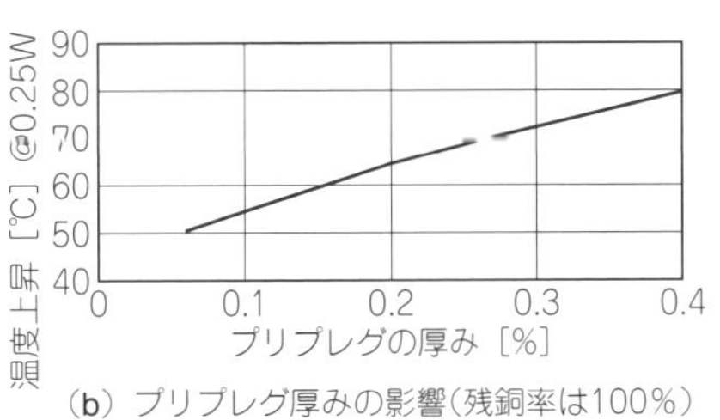

(b) プリプレグ厚みの影響(残銅率は100%)

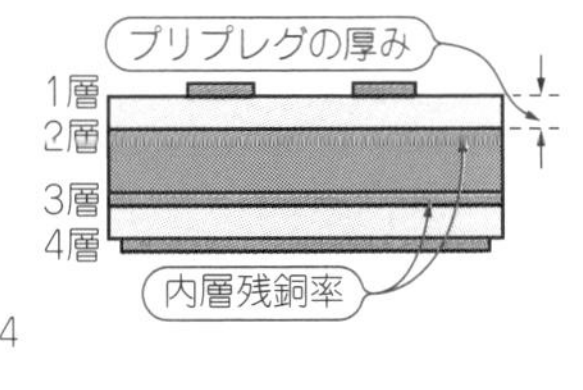

図17 4層基板の内層の残銅率とプリプレグ厚みの影響を調べた結果から，内層の銅はくが減少しても，よほど小さくならない限りそれほど大きな影響を与えないことがわかる

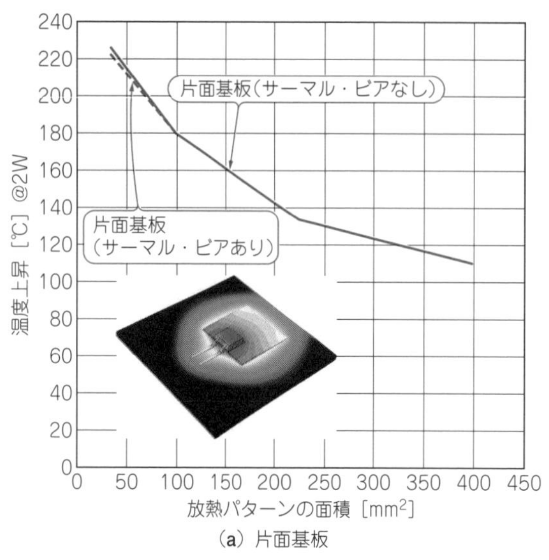

(a) 片面基板

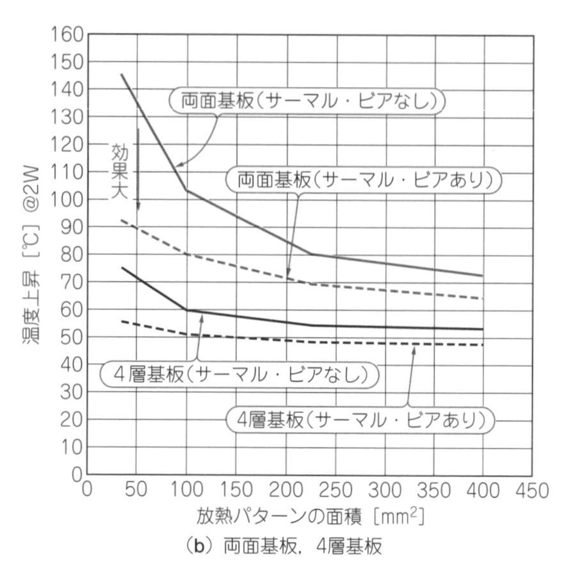

(b) 両面基板，4層基板

図19　TO-252のパッド面積と温度上昇との関係から，片面基板ではサーマル・ビアの影響はないが，両面基板では効果が大きいことがわかる

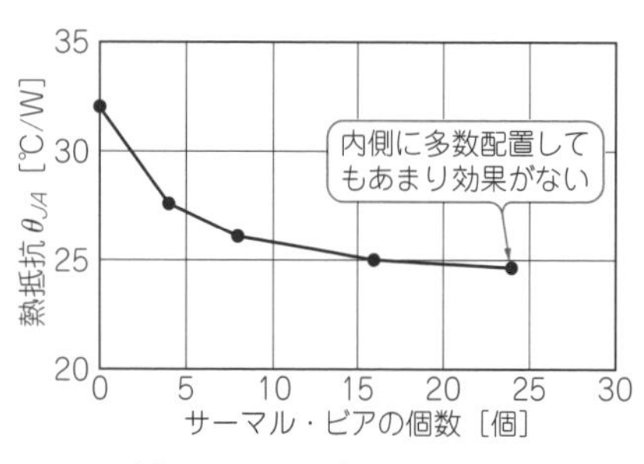

(a) サーマル・ビアと熱抵抗の関係

サーマル・ビアの配置・個数	0個	4個	8個	16個	24個
エクスポーズド・パッド用ランド・パターンの内側	ランド・パターン	サーマル・ビア			

内側に多数配置してもあまり効果がない

(b) サーマル・ビアの配置と個数

図20[4]　サーマル・ビアは放熱パッドのランド・パターンの縁に等間隔に配置することで，少ない本数で効果的に熱抵抗を下げることができる

〈シミュレーション条件〉パッケージ・タイプ：QFN，E-pad：5.54 mm×5.5 mm，チップ：2.8 mm×2.8 mm×0.29 mm，基板：JEDEC 4層基板相当(76.2 mm×114.3 mm)，自然空冷，室温25℃

技⑩　部品直下のサーマル・ビアは縁に配置する

サーマル・ビアを配置する際，E-padの内側に多数配置しても内層に伝わったあと，面内に放射状に広がりにくくなります．サーマル・ビアをE-padの放熱ランド・パターンの縁に等間隔に配置することで，少ない個数で熱抵抗を下げることができます．サーマル・ビアの配置間隔は，最長で約3.0 mmにします．

図20に示すように，サーマル・ビアは最初の数本で熱抵抗が下がり，本数を増やしていっても下がりが悪くなってきます．最初の数本で部品から内層までの熱抵抗のボトルネックが解消され，他の熱抵抗(例えば基板表面から空気への熱抵抗)にボトルネックが移るためです．水冷などで他にボトルネックがない場合には，本数を増やすと熱抵抗は下がります．

● 要注意！高熱伝導基板では部品の温度が同じになる

基板の熱拡散能力が高くなると，高温部品の温度は下がります．しかし基板全体の温度が均一化し，発熱量の少ない部品の温度は上がるので要注意です．

図21は50 mm角の基板に発熱量の大きい部品と小さい部品を混載したときの温度をシミュレーションしたものです．**図22**に示すように，基板の残銅率を増やして等価熱伝導率が増大すると，発熱量の大きい部品も小さい部品も同じ温度に近づいていくことがわかります．基板の等価熱伝導率が大きくなるにつれて高温部品の温度は下がります．コンデンサやセンサなど発熱は少ないのですが，熱に弱い部品は受熱によって温度が上昇します．高熱伝導の多層基板では注意すべきポイントの1つです．

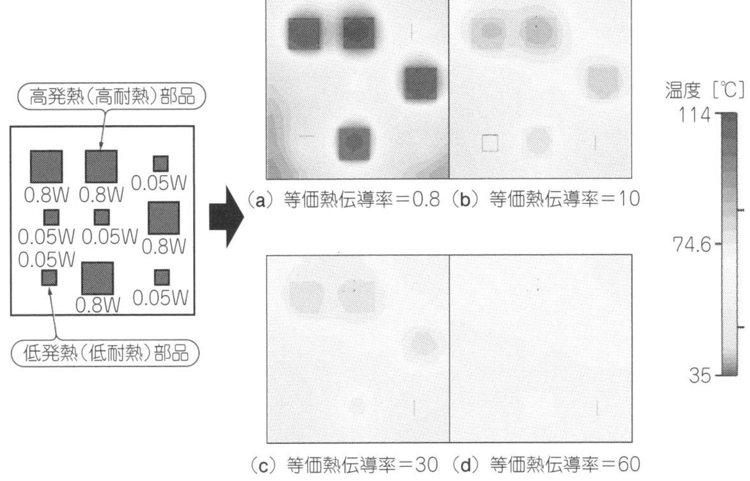

図21[1] **高発熱部品と低発熱部品を50 mm角の基板に混載したときの温度分布から,基板の等価熱伝導率が大きくなると部品の温度が均一になる**

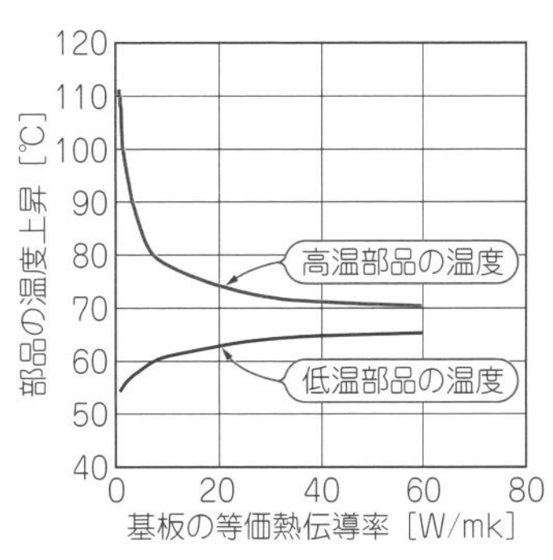

図22[1] **基板の等価熱伝導率が増大するにつれて,高温部品と低温部品との温度上昇は一定値に近づく**

図21に示した最高温度の部品と最低温度の部品の温度をグラフ化した.

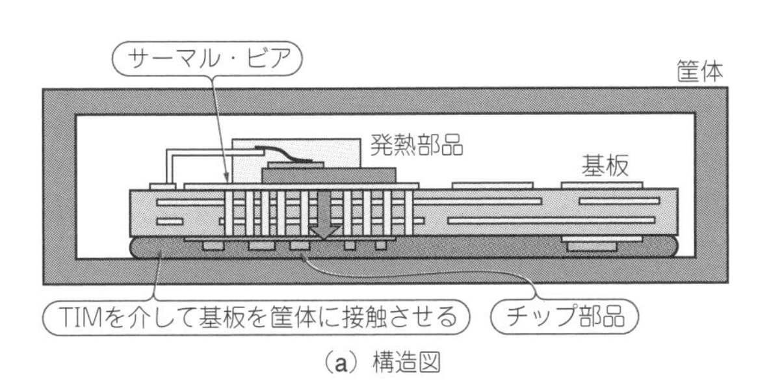

(a) 構造図

(b) 実際の基板

図23 TIMを介して基板を筐体に接触させる場合は,ギャップ・フィラ(液状の材料を硬化させるTIM)**などを使うと実装部品があっても接触できる**

熱対策⑤ 基板表面からの放熱を増やす

技⑪ 基板も筐体に接触させて放熱する

高熱伝導基板は部品相互の熱結合が強いので,銅はくの形状を操作して温度をコントロールすることは難しくなります.基板表面からの放熱量を増やして基板全体の温度を下げることを考えます.基板の一部にTIM(Thermal Interface Material)を設けて筐体と接触させる方法が常とう手段として使われます.

図23に示すように,基板の裏面から筐体に放熱させる場合,部品裏面側にチップ部品などが搭載できなくなります.そこで最近ではギャップ・フィラと呼ばれる材料を使って部品の凹凸を含めて全体に充填して硬化させる方法が採られるようになってきました.

図24 銅はくに銅端子などの突起物をはんだづけして銅はくの表面積を増やすのも放熱に効果的である

技⑫ 銅端子部品をはんだ付けして基板表面積を増やす

発熱体の密集や配線のジュール発熱によって部分的に銅はくの温度が上がった場合,**図24**に示すように端子部品などをはんだ付けしてフィン代わりにすることで温度上昇を抑えることができます.

技⑬ 筐体を塗装すると基板の温度上昇が低減される

部品は筐体内側の面の吸収率(放射率)の影響を受けます.金属表面では赤外線の吸収率が低いため,部品から熱放射された赤外線が反射されて部品に戻ります.この照り返しで部品の温度が上がります.

図25に筐体の表面塗装が部品温度に与える影響を調べた実験結果を示します.塗装なし(表面アルミ金

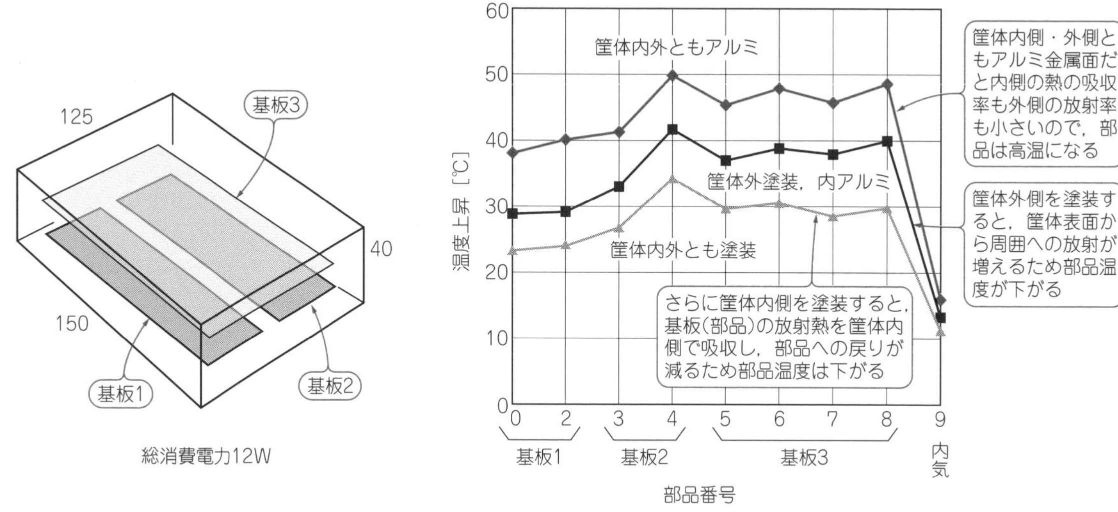

(a) 筐体と基板の配置図　(b) 各基板の温度上昇特性

図25[1] 筐体の塗装が部品温度に与える影響を調べたところ，塗装なしと全塗装を比べると30～40％の温度低減が図られていることがわかる
塗装なし(表面アルミ)，外表面のみ塗装，全面塗装の3種類の筐体を作って実験した．筐体は密閉，ファン・レスでTIMによる筐体熱伝導などは行っていない

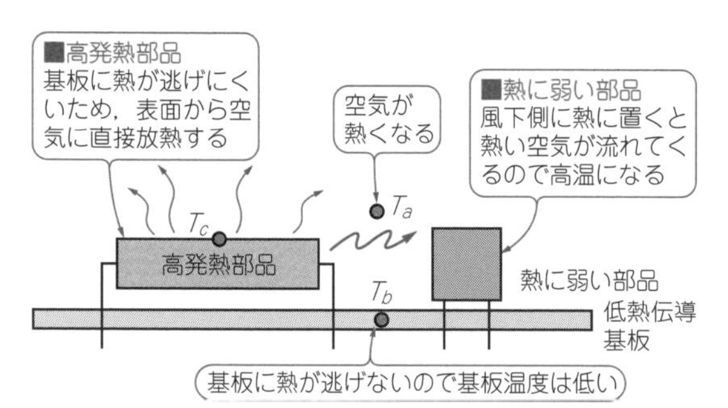

(a) 低熱伝導基板(片面基板など)に挿入部品を実装した場合
温度は$T_c > T_a > T_b$の順に高くなる

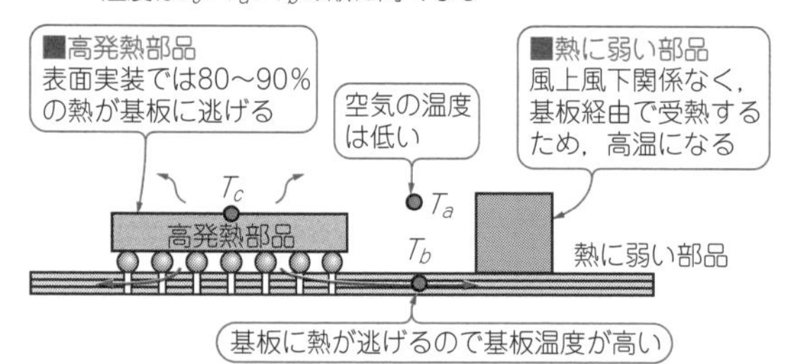

(b) 高熱伝導基板(多層基板)に表面実装部品を搭載した場合
温度は$T_c > T_b > T_a$の順に高くなる

図26 低熱伝導基板＋挿入実装部品では空気経由で互いに影響を及ぼすが，高熱伝導基板＋表面実装部品では基板経由で影響しあう

属面)，外表面のみ塗装，全面塗装の3種類の筐体を作り，各筐体に実装したときの部品の温度上昇を測定しています．

全面がアルミ金属面の筐体と全面塗装した筐体を比較すると30～40％の温度上昇低減が図られていることがわかります．塗装色には関係しません．この対策はファンレス，密閉機器で筐体への接触放熱などを行っていない場合に大きな効果を発揮します．樹脂筐体はもともと放射率が高いので，塗装の効果はありません．

熱対策⑥ 基板経由の受熱を減らす

これまで単体部品を対象に，基板の熱拡散効果を見てきました．基板には複数の部品が実装されます．複数部品を実装すると部品間の相互影響によって部品単体で実装した場合よりも温度が高くなります．

部品をうまくレイアウトすれば，部品の温度を抑えながら実装密度を上げることができます．

● 部品どうしの熱的影響は基板や空気を介す

図26のように，基板に実装された部品間での熱のやりとりには，空気を経由するルートと，基板を経由する2つのルートがあります．図26(a)のように，空気に逃げやすい条件(挿入部品を片面基板に実装した場合など)では，空気を介して熱が伝わります．図26(b)のように，部品の熱が基板に逃げやすい条件(表面実装部品を多層基板に実装した場合など)では，基板を介して熱が伝わります．

● 部品の温度には重ね合わせの原理が成り立つ

部品の相互影響を考えるときに重要な法則が重ね合わせの原理です．さまざまな線形物理現象で成り立つ法則ですが，熱に関しては複数の部品が発熱している任意の基板上の温度上昇は，それぞれの部品が単独で発熱したときの温度上昇を足し合わせることで求めら

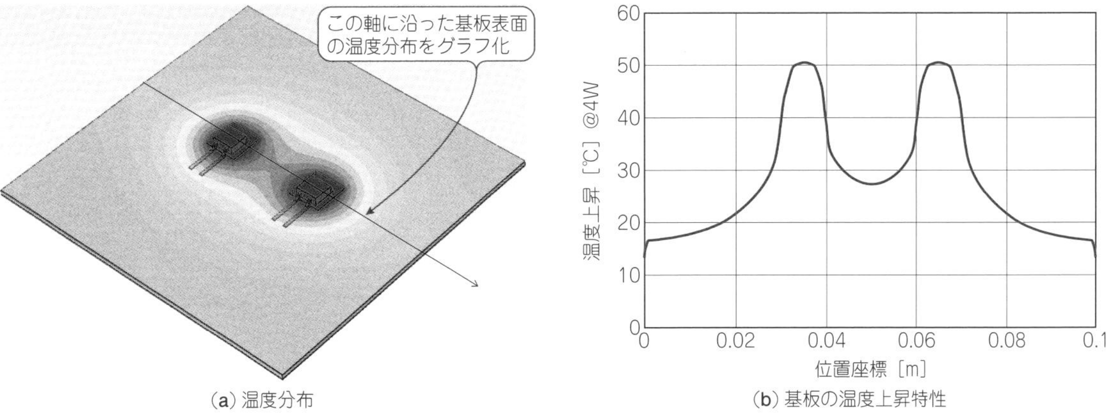

図27[8] TO-252のパッケージ2つを同時に発熱させたとき，温度分布は対称な2つの山になる
基板は100 mm角の4層板で，2～4層は35 μmの銅はくベタ，1層は部品直下のみに10 mm角の放熱パターンがある．サーマル・ビアは設けていない．部品の発熱量はそれぞれ2 Wとした

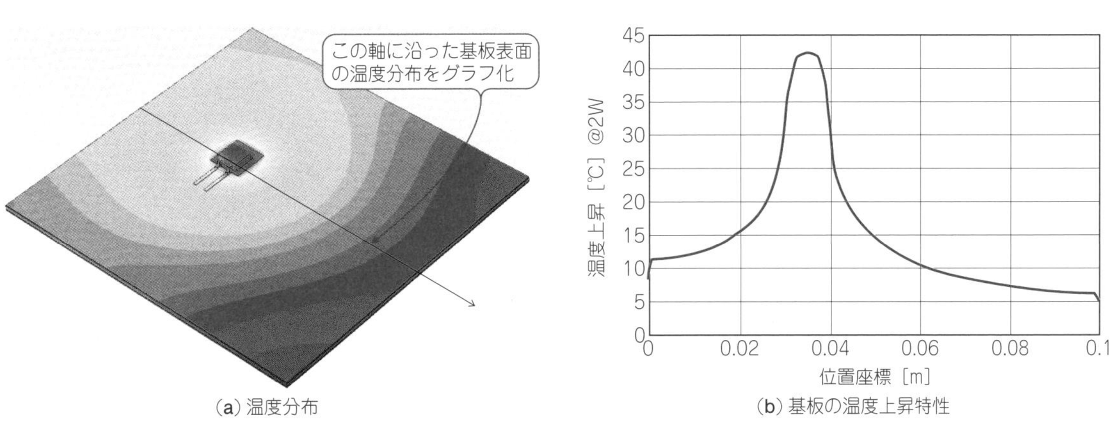

図28[8] 左側に実装したTO-252のパッケージを単体で発熱させたときの温度分布では，ピーク温度は2つ発熱させた場合よりも下がる
部品直下をピークに部品から遠ざかると温度が下がっていく

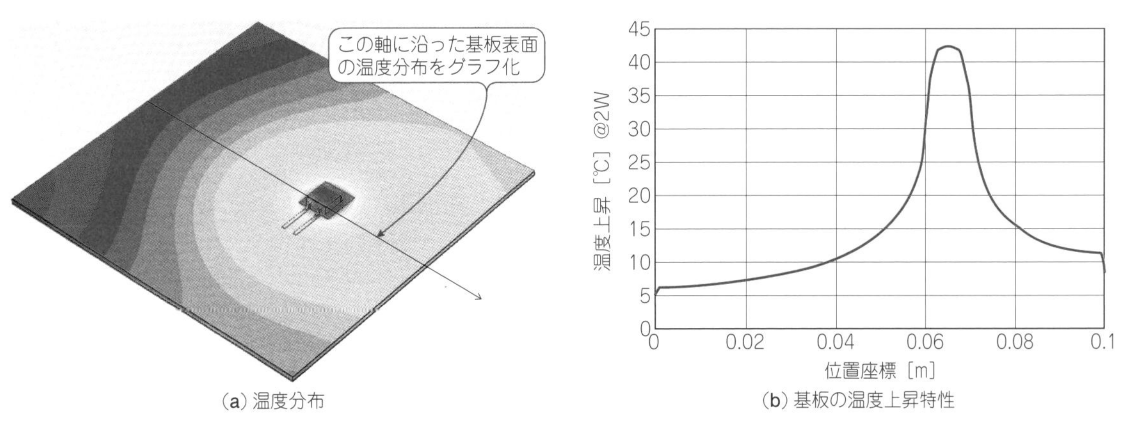

図29[8] 右側に実装したTO-252のパッケージを単体で発熱させたときの温度分布では，図28と対称な温度分布になっていることがわかる

れるということになります．実際に成り立つかどうか，シミュレーションで検証してみましょう．

● 単独で発熱させてそれぞれの温度分布を求める

図27は100 mm角の4層基板に2つのTO-252パッケージを実装し，同時に2 Wずつ発熱させたときの温度分布です．きれいに対称形になっています．

次にそれぞれ単独で発熱させます．図28は左側，図29は右側の部品を発熱させたときの温度分布です．

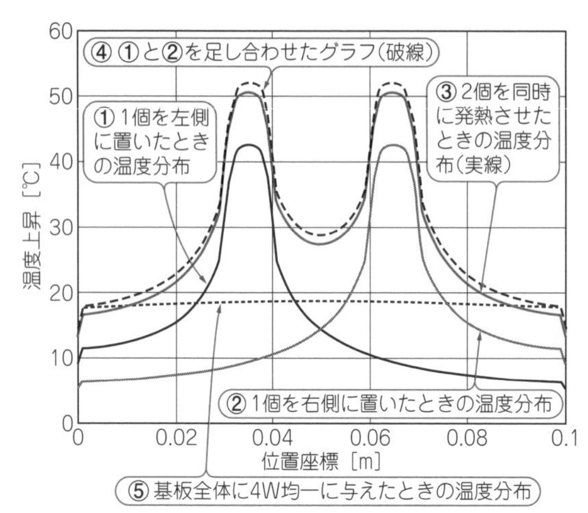

図30 重ね合わせで求めた温度分布と解析で求めた温度分布を比較したところ，単独発熱で求めた2つの温度分布を足し合わせて求めた温度分布は，2部品同時に発熱させたときの温度分布とほぼ同じになることがわかる
若干重ね合わせのほうが高いのは，温度が高いと熱伝達率が大きくなる(非線形性がある)ためである

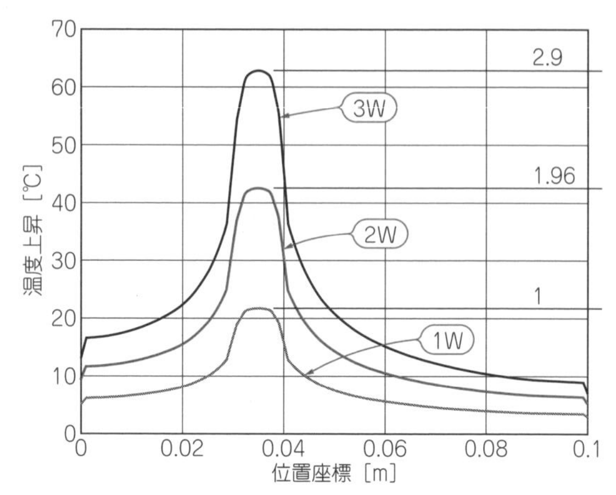

図31 TO-252のパッケージの発熱量を変えたときの温度分布から，山の高さはおおむね発熱量に比例することがわかる
2Wは1Wの1.96倍，3Wは1Wの2.9倍の温度上昇となっている．温度が高くなると熱が逃げやすくなるため，完全な比例にはならない

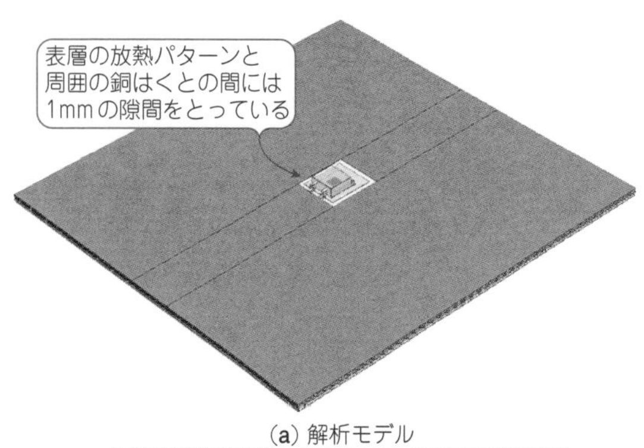

(a) 解析モデル
表層の銅はくは部品部の銅はく（10mm角）から1mm空けて，残銅率70%一様とした．ϕ0.3mmのサーマル・ビアを25本設けている

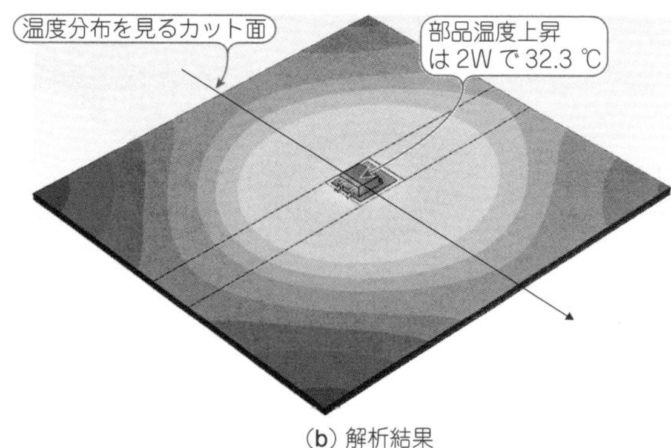

(b) 解析結果
中央部（図の線）でカットしたときの温度分布を調べた

図32[8] 基板の層数(等価熱伝導率)による温度分布の違いを調べる解析モデル
熱源はこれまで同様，TO-252で表層にも残銅率70％に相当する一様な等価熱伝導率を与えた

● 単独で求めた温度分布グラフを重ねる

図30は**図28(b)**と**図29(b)**の2つの特性(**図30**の①と②)を足し合わせて求めた温度分布(**図30**の④)と，**図27**で求めた2部品を発熱させたときの温度分布(**図30**の③)とを比較したものです．2つのグラフはほぼ一致しています．わずかに重ね合わせで求めたグラフのほうが高いのは，温度が高くなると対流や熱放射が促進されることで伝熱量が増えるためです．非線形要素がない熱伝導だけの現象であれば，完全に一致します．

● 熱流束から最低温度上昇が求められる

図30の⑤は基板に均一に総発熱量(4 W)を与えたときの温度分布です．最も低い端の温度上昇と一致しています．最低温度上昇は，基板の熱流束(＝総発熱量÷表面積)を熱伝達率(自然対流基板では10～15 W/m^{2}K程度)で割ることで，次式のように予測できます．

最低温度上昇
＝基板層発熱量/(基板表面積×熱伝達率)
＝4/(0.1×0.1×2×10)＝20℃

発熱がない部品もこの基板に搭載すれば，受熱によってこの最低温度上昇になるので注意してください．

● 温度上昇は発熱量に比例する

図31は**図28**の部品単体発熱時の温度分布(発熱量2 W)に対して，発熱量を1 W，3 Wと変えたときの温度分布です．山の高さは1 W，2 W，3 Wと増えるにつれてほぼ2倍，3倍と高くなります．山の高さは発熱量に比例します．

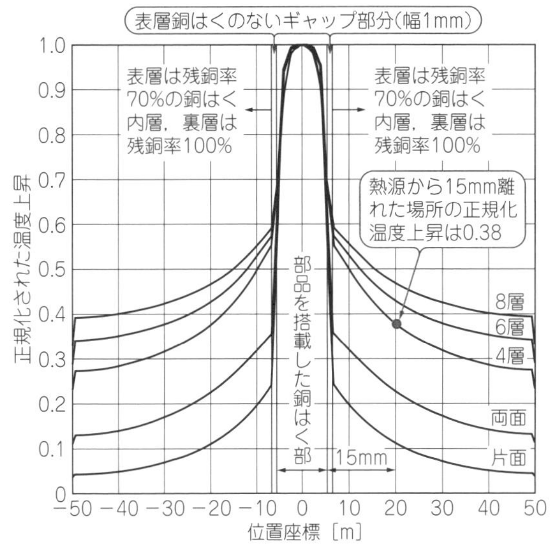

図33　基板の層数による温度分布の違いを計算した結果，層数が増えるほどすそ野が長くなる(遠くまで熱が伝わる)ことがわかる
温度分布は最高温度上昇値を1として正規化した

● 層数を増やすと遠くまで熱が伝わる

図32はTO-252を熱源とし，表層には残銅率70％に相当する等価熱伝導率を設定しています．部品は10 mm角の銅はくパターン(周囲の銅はくとは1 mmのギャップが空いている)に実装され，部品直下にφ0.3 mmの25本のサーマル・ビアを設けています．

図33の温度分布に示すとおり，片面基板から両面，4層，6層，8層と層数を増やすと山のすそ野が広がり，より遠くまで熱が伝わることがわかります．

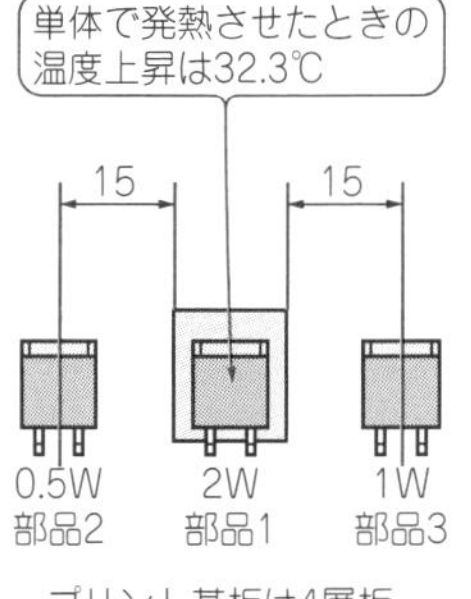

図34　隣接部品の発熱による影響を予測する
2 Wの部品1を単体で発熱させたときの温度上昇が32.3℃だったとき，この部品の両側，15 mm離れた位置に0.5 Wと1 Wの部品を置いたら部品1の温度は何℃上昇するかを調べる

● 隣接部品から受ける熱的な影響を調べる

図33を使うと，近くに部品を置いたときにどれくらい熱的な影響を受けるか，ある程度予測できます．

図32で基板中央に部品1(2 W)を搭載し，単体で発熱させたときの温度上昇は32.3 ℃でした．**図34**のように，この部品の両側の15 mm離れた場所に，部品2(0.5 W)，部品3(1 W)を載せると，部品1の温度は何℃上昇するかを調べてみます．

図33から4層板で熱源から15 mm離れた場所の温度上昇の比率は0.38であることがわかります．

2 Wの部品の単体温度上昇が32.3 ℃なので，1 Wの隣接部品の温度上昇は16.1 ℃(＝32.3×1/2)になります．そこから15 mm離れたところで受ける温度上昇の影響は，6.1 ℃(＝16.1×0.38)になります．同様に0.5 Wの部品の温度上昇は8.1 ℃(＝32.3×0.5/2)なので，そこから15 mm離れた場所で受ける温度上昇は3.1 ℃(＝8.1×0.38)になります．両方の影響を合わせると9.2 ℃，32.3 ℃だった温度上昇が，41.5 ℃(＝32.3＋9.2)になると予測できます．同様に残りの2つの部品も，部品2は25.2 ℃，部品3は30.8 ℃の上昇と予想されます．

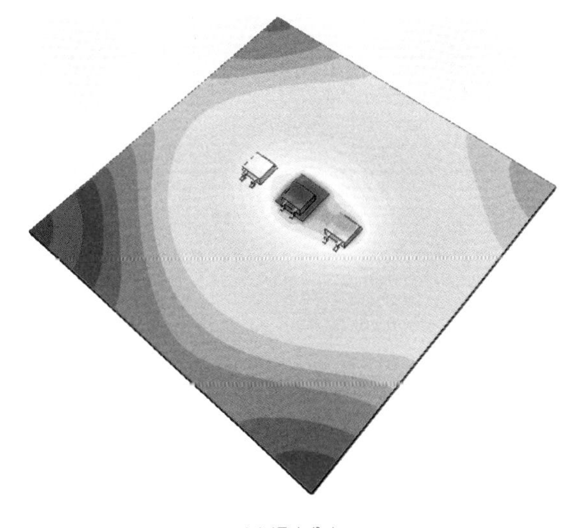

(a) 温度分布

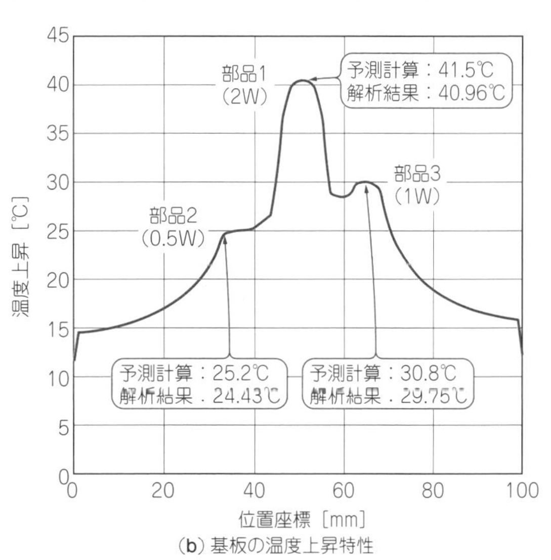

(b) 基板の温度上昇特性

図35[8]　3部品を発熱させてシミュレーションした結果と予測値を比較したところ，重ね合わせ原理で予測した温度は少し高めではあるが予測精度は高いことがわかる

図35は，実際に3つの部品を発熱させて計算した結果です．部品1が41 ℃，部品2が24.4 ℃，部品3が30 ℃でいずれも予測より少し低めになりましたが，十分概算できることがわかります．

コンデンサのように自己発熱がほとんどなく，受熱で温度上昇する部品は，周囲の主だった高発熱部品からの距離からおおよその見当をつけておくとよいです．

図33は自然空冷の条件で求めた特性なので，強制空冷には適用できません．強制空冷は表面から熱が逃げやすいため，この特性よりすそ野が狭く(影響が遠くまで届かなく)なります．

隣接部品の影響を受けたくなければ，発熱の大きい部品をできるだけ遠ざけるのが手っ取り早い対策です．

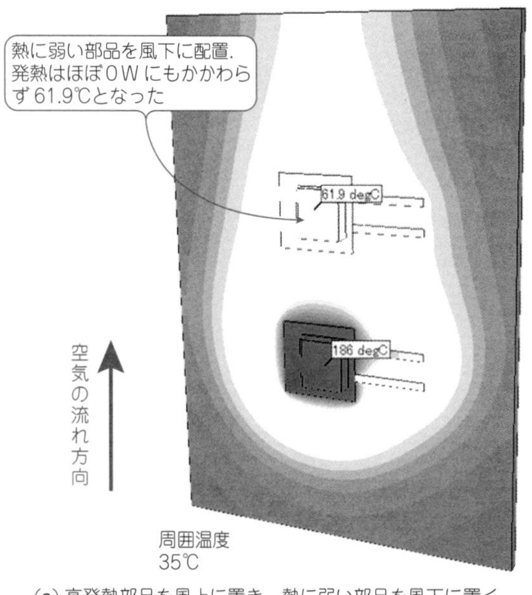

(a) 高発熱部品を風上に置き，熱に弱い部品を風下に置く

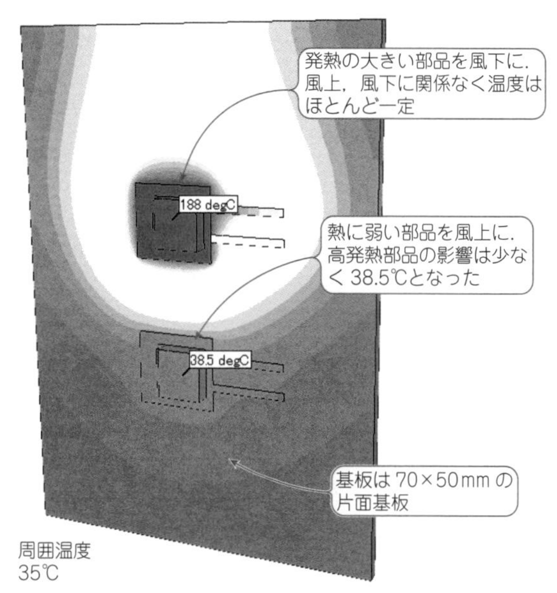

(b) 高発熱部品を風下に置き，熱に弱い部品を風上に置く

図36[8]　片面基板に高発熱基板と熱に弱い部品を実装したところ，風上と風下を入れ替えるだけで熱に弱い部品の温度を大幅に低減できることがわかる

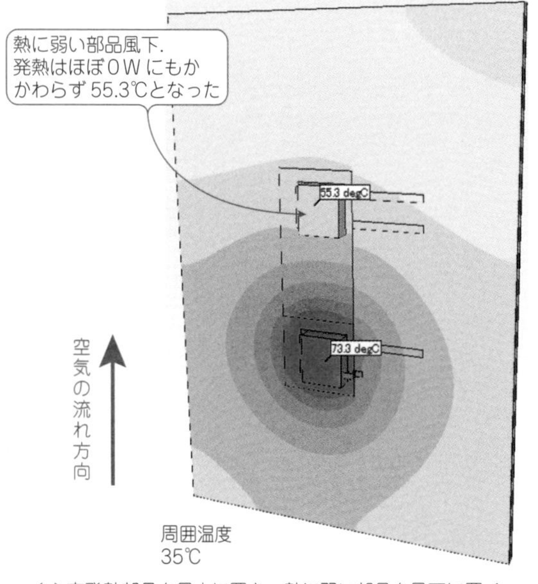

(a) 高発熱部品を風上に置き，熱に弱い部品を風下に置く

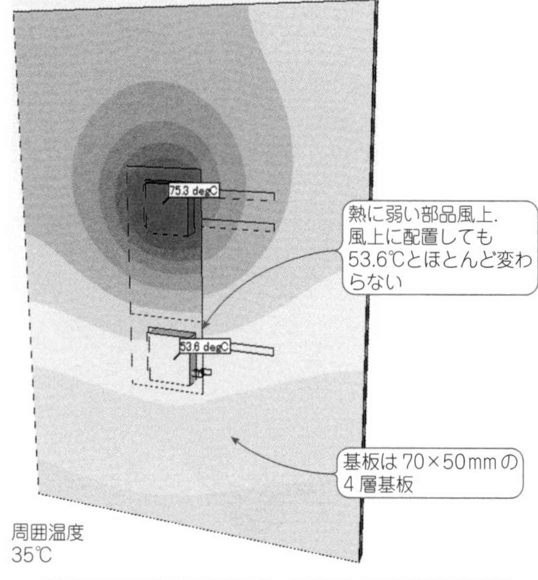

(b) 高発熱部品を風下に置き，熱に弱い部品を風上に置く

図37[8]　4層基板(内層ベタ)に高発熱基板と熱に弱い部品を実装したところ，風上と風下を入れ替えても熱に弱い部品の温度はほとんど変わらないことがわかる

技⑭ 配線をカットして部品間に熱が伝わらないようにする

高密度実装基板で部品間の距離を空けるのは難しい場合は，配線の工夫で部品間に熱が伝わらないようにします．具体的には銅はくをカットして熱の移動を阻止することです．片面基板であれば，表層銅はくの1mm幅程度のカットで確実に断熱できます．

多層基板では表層をカットしても内層でつながっていると，片面基板ほどの断熱効果は期待できません．確実に断熱するには内層も含めてカットします．

熱的に結合している2つの部品間を断熱すると低温側の部品温度は下りますが高温側の部品の温度は上がります．断熱と同時に高温側の銅はくを大きめにするなどの放熱対策も行う必要があります．

● 細い配線ではジュール発熱が大きくなる

細い配線パターンは放熱が悪いだけでなく，電気抵抗が大きいので，ジュール発熱も懸念されます．放熱が悪いところに発熱が加わると指数関数的に温度が上昇するので要注意です．

熱対策⑦ 空気経由の受熱を減らす

電源などに使われる片面の低熱伝導基板では，空気を介して部品どうしが影響しあいします．基板を熱が伝わる熱伝導と異なり，空気の流れには方向性があります．風上の部品の熱は風下の部品に伝わりますが，逆には伝わりません．低熱伝導基板ではこの「風上・風下」を意識して部品レイアウトを行います．

技⑮ 熱い部品は風下側，熱に弱い部品は風上側に置く

図36は片面基板に発熱の大きい部品と発熱の小さい部品(熱に弱い)をレイアウトした例です．**図36(a)**は発熱の大きい部品(2W)を風上に，発熱の小さい部品(10mW)を風下にレイアウトしています．表層の銅はくは部品の周囲の10mm角のみです．このレイアウトでは風下側に置かれた部品は発熱が小さいにもかかわらず，61.9℃と高温になっています．

一方，**図36(b)**では，発熱の小さい(熱に弱い)部品を風上に移動させています．この条件では大幅に温度が下がり，38.5℃となっています．

図37は比較のために4層基板(2～4層は残銅率100%)で同じシミュレーションを行ったものです．片面基板では2つの部品の温度差が100℃を超えていましたが，4層基板では温度差が20℃以下になっています．この基板では風上と風下の入れ替えはほとんど効果がありません．部品どうしが重力の影響を受けない熱伝導でカップリングされているためです．高熱伝導基板では熱に弱い部品は風上のノウハウは通用しません．配置距離や銅はくによる基板熱伝導の制御，高発熱部品の熱対策が主な手段になります．

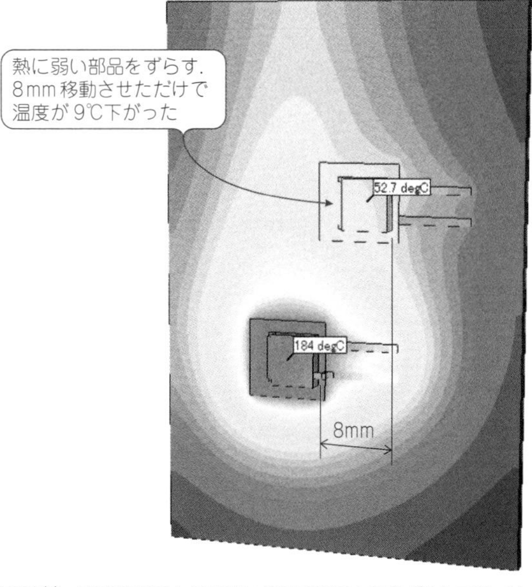

図38[8] 高発熱部品と熱に弱い部品を部品1個分ずらして並べた結果，位置を8mmずらすことで9℃の温度低減効果が得られた

技⑯ 部品は重力方向に対して直線状に並べない(千鳥配置が効果的である)

低熱伝導基板ではもう1つの対策があります．部品を重力方向に対して一直線に並べず，少しずらして配置することです．熱い空気は部品上方にまっすぐに上昇するので，その領域から外れると温度は下がります．

図38に示すように，2つの部品を8mmずらして配置します．熱に弱い部品の温度は61.9℃から52.7℃まで低下しています．

3個以上の部品が直線状に配置された場合には1つおきにずらして千鳥配置にすると効果的です．

技⑰ 基板の最高温度を下げるには流れの上流側に発熱のウエイトを置く

耐熱温度の違う部品を基板に混載するときは，直線状に並べない点に注意して配置します．しかし，耐熱温度が同じ部品を載せる場合には，発熱(正確には熱流束)の大きいものを風上に置きます．

図39は同じ大きさで発熱量の異なる20個の部品を最高温度が最も低くなるようにレイアウト検討したものです．基板は片面の垂直置き自然空冷です．

図39(a)は発熱量の大きい部品を風上側に，**図39(b)**は風下側に配置しており，両者の最高温度を比較すると(a)は65.6℃に対し，(b)は77.9℃と12.3℃の差が

部品(発熱量)のレイアウト．部品サイズはすべて同じ

0.2W	0.2	0.2	0.2
0.4	0.4	0.4	0.4
0.6	0.6	0.6	0.6
0.8	0.8	0.8	0.8
1	1	1	1

1W	1	1	1
0.8	0.8	0.8	0.8
0.6	0.6	0.6	0.6
0.4	0.4	0.4	0.4
0.2	0.2	0.2	0.2

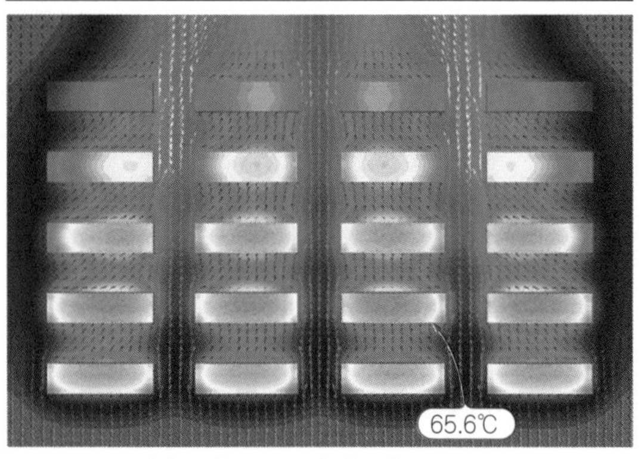

(a) 発熱の大きい部品を風上に配置

(b) 発熱の大きい部品を風下に配置

図39[8]　風上に発熱の大きい部品を配置することで最高温度を12℃下げることができる
基板は片面基板，サイズは220 mm×300 mm，周囲温度25 ℃，垂直置き自然空冷の条件

出ています．これは風上側が基板表面にできる温まった空気の層(温度境界層)が薄く，熱が逃げやすい(熱伝達率が大きい)のに対し，風下側は温まった空気層が厚く成長し，熱が逃げにくくなるためです．部品の温度上昇は次式で表されます．

部品の温度上昇＝熱流束÷熱伝達率

熱流束の大きい部品を熱伝達率の大きい風上に配置することで，部品間の温度差を小さくできます．

水平に置いた自然空冷基板の上面では基板の縁に近い部分の熱伝達率が大きいので，熱流束の大きい部品は端に置くと冷えやすくなります．

◆参考・引用*文献◆

(1)* 国峯 尚樹；エレクトロニクスのための熱設計完全制覇，日刊工業新聞社，2018年．
(2)* 有賀 善紀；基板熱設計のための小型・高電力チップ部品の使いこなし，CEATEC JAPAN 2019 技術セミナ資料，KOA．
(3)* 東条 三秋；半導体パッケージの熱抵抗測定技術，シーマ電子．
(4)* 東芝パッケージ実装ガイド QFN編 Rev1.0，東芝，2016年．
(5)* 藤田 哲也；基板と熱設計，Club-Z，図研．
(6)* 平沢 浩一；知らないと危険！デバイスの小型化に伴う温度測定ノウハウ，熱設計パラダイムシフトセミナー資料，2017年．
(7)* かふぇルネ 501パワーマネジメントForum，サーマルパッドのスルーホール設計 資料，ルネサスエレクトロニクス．
(8) 電子機器専用熱設計支援ツール Simcenter Flotherm．

第6章 実際に起こった事故や不具合に学ぶ

やってはいけない基板の熱対策

国峯 尚樹 Naoki Kunimine

本章では実際に起こった事故や不具合事例をもとに，陥りやすい失敗(見落とし，思い込み，想定外)について解説します．

NG① パワー・デバイスの放熱パッドとコンデンサを太い配線パターンでつないでしまった【見落とし】

プリント基板には耐熱温度の異なる部品が混載されます．耐熱性の異なる部品間を安易に太い配線でつなぐと耐熱温度の低い部品が高温になり，トラブルの原因になります．

図1はパワー・デバイス(3端子レギュレータ)の放熱パッドとアルミ電解コンデンサの間の配線を太くした例です．アルミ電解コンデンサは熱に弱い部品の代表格で，温度が10℃高くなると寿命は半分になります．一般民生品では使用温度85℃以下です．

一方，パワー・デバイスはジャンクション温度150℃まで許容されるため，熱的にカップリングしてしまうとコンデンサの寿命が短くなります．ここは出力電流に合わせて，導体幅を最小にします．

NG② 不用意に部品近くの銅はくにスリットを入れた【見落とし】

写真1はDIP型モジュール抵抗を8個搭載した実験用基板です．部品レイアウトは上下左右対称なので，水平置きの自然空冷では中央の4部品の温度が高くなり，両端の4部品の温度が低く予想されます．ところが，実際は**図2**(a)のように上側の部品の温度が，下側の部品より13℃も高くなりました．

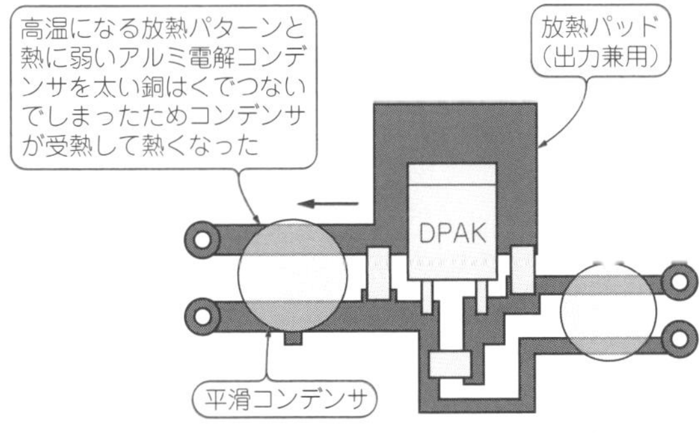

図1　失敗例①：発熱部品と熱に弱い部品を太い銅はくでつないでしまった
耐熱温度の異なる部品間を太い配線パターンでつなぐと熱に弱い部品が高温になる

原因は配線パターンです．基板は両面基板ですが，部品搭載面[**写真1**(a)]は銅はくが少なく，ほとんど裏面[**写真1**(b)]で放熱します．部品はモジュール抵抗なので，片側のリードは部品搭載面のパターンに，もう一方のリードは裏面の銅はくにつながっています．

図2(b)の配線パターンをよく見ると，高温になっている部品の裏面側ではリードはんだ付け部分のすぐ近くにスリットが入り，放熱エリアがほとんどありません．その他の部品のリードの近くにはスリットはなく，広い放熱エリアにつながっています．配線接続のため，不用意に放熱パターンにスリットを入れたことで，部分的なホットスポットができてしまった例です．

NG③ 抵抗器は定格電力の半分で使えば安全？【思い込み】

電子部品の小型化は極限まで進んでいます．一方，同じサイズの部品で見ると高定格化が進められています．**図3**に示すのは，チップ抵抗器の定格電力の推移です．年々高定格化が進んでいることがわかります．

部品の熱は表面からしか逃げられないので同じ大きさで定格電力(発熱)が増えれば間違いなく温度が上昇します．先輩からの言い伝えで「抵抗器は定格電力の半分で使えば安全」と信じ込んでいる人がいます．しかし，これは大きな間違いです．10年強で定格電力が2倍になっており，定格の半分でも数年前の定格電力に相当します．

実際に**写真2**に示すような基板にチップ抵抗を密集して並べると，定格電力の半分以下で使用しているにもかかわらず，1分以内にはんだが溶けて発煙します．

配線パターンの太さや長さと温度上昇との関係や，隣接部品からの影響を考慮して定格電力を低減します．

(a) 部品搭載面

銅厚35μmの両面基板(130×100mm).部品(DIP型モジュール抵抗)は上下左右対称に配置されている.部品面の銅はくは少ない.

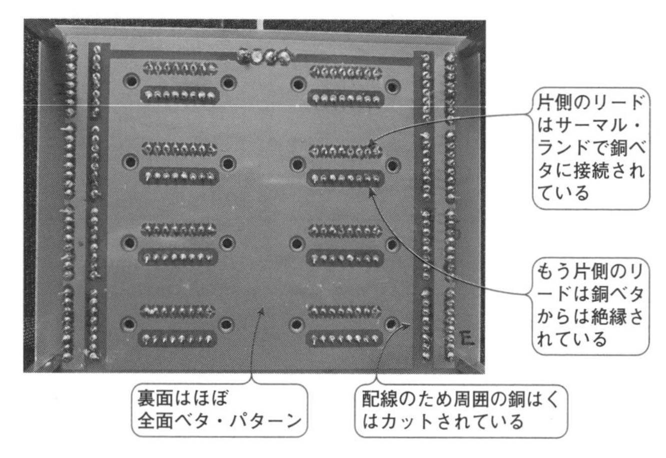

(b) 裏面

裏面側は銅はくベタ・パターンが全面に残っているが,一部配線のためにカットされている

写真1　失敗例②:不用意に部品近くの銅はくにスリットを入れた実験用基板の外観
両面基板だが部品面にはほとんど銅はくがなく,裏面はほぼ全面ベタ・パターン

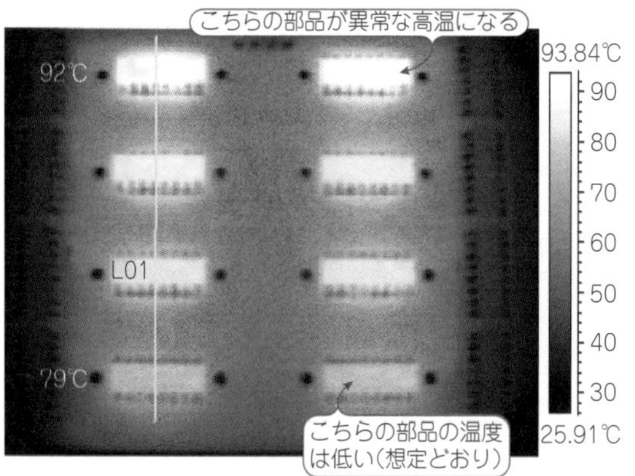

(a) 赤外線画像

各部品に1W印加し,自然空冷基板を水平置きで温度を測ると一端(図の上側)の部品が高温になる.他端の部品との温度差は13℃もある

この部品だけリードはんだ付け部分のすぐ近くにスリットが入っており,放熱エリアがない

はんだ付け部分の近くが,広いベタ・パターンになっている

この部品は片側のリードだけが裏面の銅はくにつながっている.もう片側は銅はくに接続がない

(b) 部品が高温になる理由

高温になる部品の裏面側にはリードはんだ付け部分のすぐ近くにスリットがあり,銅はくベタにつながっていない.それ以外の部品はリードはんだ付け部の近くが広いベタ・パターンになっている

図2　実験用基板の温度分布と部品が高温になる原因

NG④ 基板はガラス転移温度を超えなければ問題ないと思った【思い込み】

基板に関連した電子機器のリコール原因として多いのは,次のパターンです.

①はんだクラック…はんだ付け部分にクラックが入ってスパークし,高温になって発火につながるケース

②トラッキング…基板の銅はくパターン間に溜まったほこりやちりが湿気を吸って炭化が進行し,ショートして発火するケース

③イオン・マイグレーション…湿度が高い環境に置かれた基板に電圧を印加すると,電極間をイオン化した金属が移動し短絡するケース

ガラス・エポキシ基板(FR-4)のガラス転移点は120～150℃です.実装した部品や配線パターンの温度がこれ以下であれば基板には問題がなさそうです.しかし,環境条件によっては100℃以下でも事故が起こり得ます.特に炭化導通と呼ばれる事故が多く発生しています.例えば,24時間稼働の装置で稼働開始後1年も経たずに基板が発火したという事故がありました.直接原因は基板が炭化したことによる1層-2層間の電源ショートでした.

もともと炭化とは有機体の加熱で揮発成分が蒸発し炭素成分だけが残る現象なので,比較的低温でも起こります.**図4**のように,湿度などの影響で局部的に絶縁抵抗が低下し,電界の影響で水が固体に侵入する現

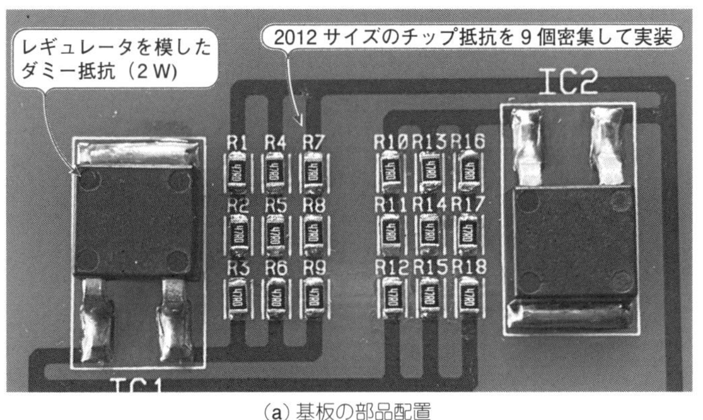

(a) 基板の部品配置

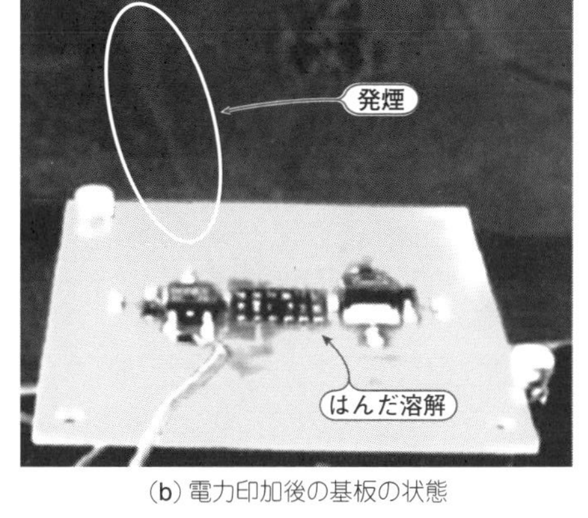

(b) 電力印加後の基板の状態

写真2　密集実装したチップ抵抗に定格の42%の電力を印加する実験では，1分以内に230℃を超え，はんだが溶融し発煙した（資料提供：KOA）

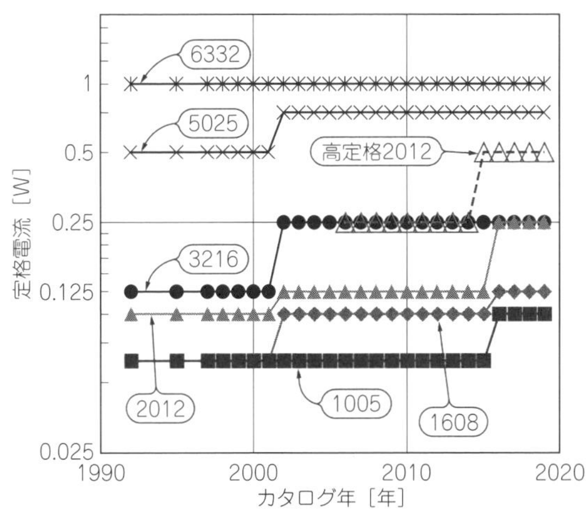

図3[(1)]　同じ外形サイズのチップ抵抗器でも定格電力は年々大きくなっている
チップ部品は小型化が進んでいるが，同じ大きさのチップ抵抗器で見ると，定格電力は年々増加してきている

象（水トリーと呼ばれる）などが組み合わさると層間でも絶縁破壊が起こります．これらを防止するには次のような方法があります．

- 電装部分に水の侵入や結露が起こらない構造，または結露が起こっても流れ込まない構造とする
- 電解コンデンサの液漏れやリレー摩耗粉が発生しないよう信頼性の高い部品を選定する
- 周辺部品を難燃性の高いものにする

などの配慮が必要です

NG⑤ 部品の温度は高精度なT型熱電対を使えば正確に測れる【思い込み】

出荷段階の温度試験では問題なかったのに，市場で部品故障が多発したことがありました．部品温度を再測定したところ，温度試験結果より20℃も高くなっていました．最近の小型電子部品は熱電対を付けただけで放熱が増えて温度が下がるため，正確に温度を測るのが難しくなりました．使用する熱電対の種類，取り付け方を決めて，できるだけ誤差の少ない方法で測らなければなりません．

そもそも熱電対で測定している温度は熱電対の先端の温度です．部品と熱電対との間には接触熱抵抗があり，熱が伝わりにくい上，素線から熱が逃げるので，熱電対の先端温度は部品表面温度よりも下がります．

▶熱電対の種類，太さ，取り付け方を変えて部品の温度を測定する

図5は実装部品の温度を熱電対の種類，太さ，貼り付けるテープの種類を変えた測定結果です．測定結果には25℃の大きな差がありました．T型熱電対は素線に銅が使われているため，素線からの放熱が大きく温度が低めに測られます．特にφ0.3 mm以上の太いものを樹脂テープで止める方法は避けるべきです．

アルミ・テープで貼った場合とカプトン・テープで貼った場合を比較すると，アルミ・テープの温度が高めになっています．アルミ・テープは熱伝導率が大きく部品の熱を熱電対の先端に伝えますが，カプトン・テープでは熱電対の先端に熱が伝わりにくいためです．

K型φ0.1 mmをアルミ・テープで貼ったものがシミュレーションやサーモグラフィの温度に近く，正確な結果が得られています．JIS規格ではT型熱電対が高精度とされます．しかし，素線の放熱により誤差が大きくなるので小型部品の温度測定には不向きです．

サーモグラフィなら非接触で測定できますが，放射率を正しく設定しないと温度は正しくありません．また，小さい部品の温度はサーモグラフィの解像度が悪いとピーク温度が測定できません．

▶全体を同じ温度に保持して銅はく表面と基材表面をサーモグラフィで観測する

図6に示すのは，サーモグラフィの解像度測定用の治具（KOA製）です．銅はく部分と基材部分に大小の四角いパターンが描かれています（**図6の実画像**）．この治具をホット・プレートに載せて一定温度に保ちサ

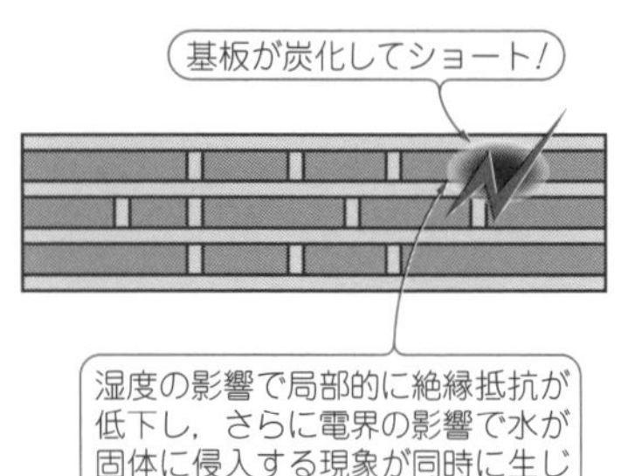

図4[2] **炭化導通による層間のショート**

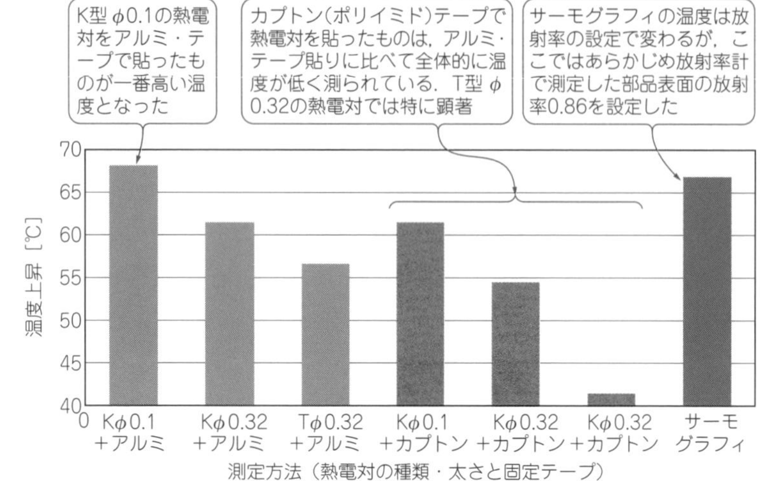

図5 熱電対の種類，太さ，取り付け方を変えて部品の温度を測定したところ，測定方法によって25℃以上の差が出ており，T型のφ0.32熱電対をカプトン・テープで止める方法は誤差が大きいことがわかる
測定した部品は，基板に実装した22.4×6.4×3.2 mm(1 W)のセラミック・パッケージのモジュール抵抗

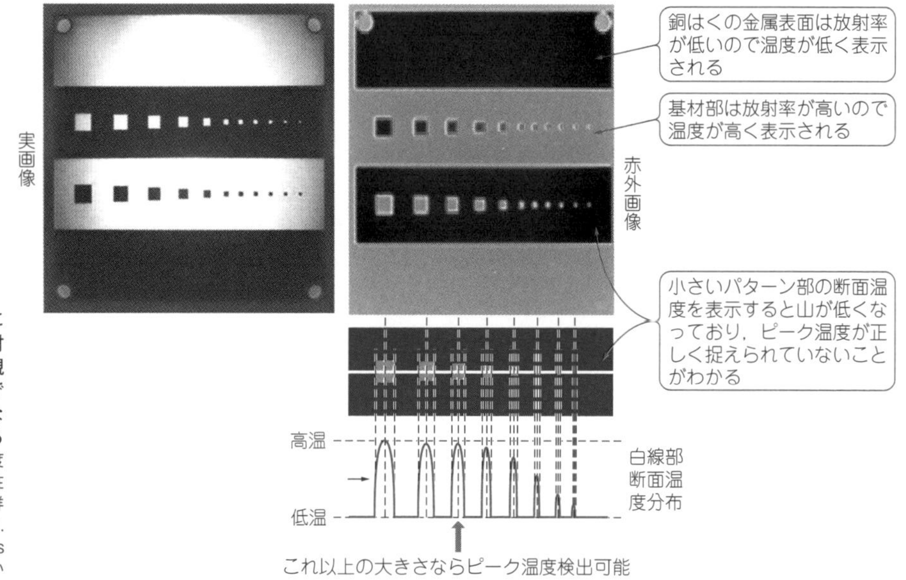

図6[3] **全体を同じ温度に保持して銅はく表面と基材表面をサーモグラフィで観測した結果，小さい形状ではピーク温度が捉えられないことから分解能がわかる**
このサーモグラフィの解像度測定治具は2020年8月現在KOAが無償提供している．詳細は https://www.koaglobal.com/tech_support/products Formより問い合わせください

ーモグラフィで観測したものが**図6**の赤外画像です．銅の表面は基材に比べると放射率が低いので温度が低く表示されます．実際の温度は同じです．四角部分の断面の温度分布を表示すると，ある大きさより小さいものは，ピーク温度が捉えられなくなっていることがわかります．これで正しくピーク温度をとらえられる大きさ(解像度)がわかります．

NG⑥ ソルダ・レジストをはがしたほうが放熱はよくなる【思い込み】

銅はくのベタ・パターンに部品の熱を逃がす対策は，基板放熱の常とう手段ですが，放熱促進のためと考えて銅はくのソルダ・レジスト(以下レジスト)を除去したものを見かけます．

熱伝導率の小さいレジストが銅はくの表面を覆うと放熱が悪くなると考えての設計ですが逆です．銅表面は放射率が低く熱放射しません．レジストを塗布することで熱放射が増えて温度が下がります．レジストの厚み分の熱抵抗は非常に小さく問題になりません．

図7はシミュレーションでレジスト有無の温度比較を行ったものです．20 %以上の温度低減が見込まれます．銅はくベタの放熱を最大限に高めるために，表面出ている面にはソルダ・レジストをかけるようにしましょう．

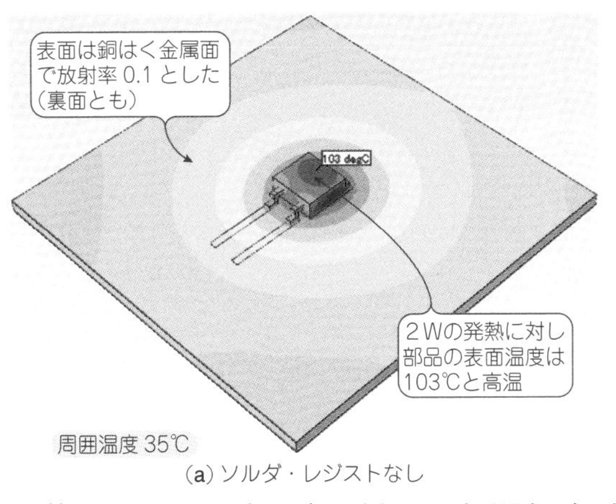

(a) ソルダ・レジストなし

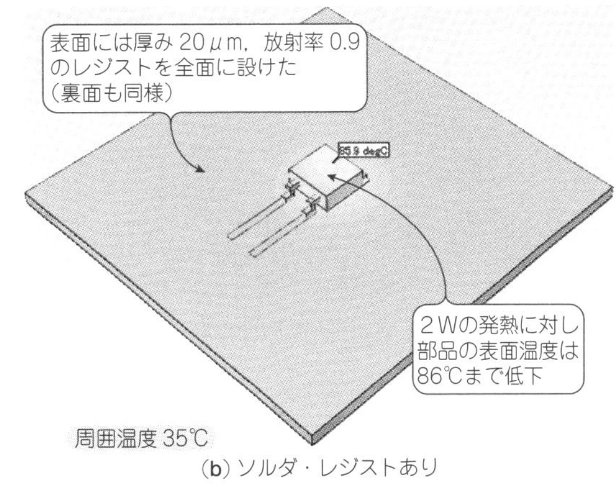

(b) ソルダ・レジストあり

図7[(4)] 基板表面のソルダ・レジスト有無による部品温度の違いを見ると，表面のソルダ・レジスト層(20 μm，放射率0.9)有無の差によって部品の温度は20℃弱違っていることがわかる
計算は50 mm角の両面基板(表面ベタ)にMOSFETを実装した条件で行った

NG⑦ ヒートシンクが絶縁層を破壊してショートした【想定外】

図8(a)のように，プリント基板にはヒートシンクなどの板金部品が実装されます．金属部品を実装する取り付け部分はショートする可能性があるのでパターンを配置しないようにします．アルマイト処理を施したヒートシンクは絶縁被膜があり，ショートしないように思いますが，切断面がアルマイト処理されていないものもあり，安心はできません．

基板表面にソルダ・レジストが塗布されていても経年変化で劣化し，ショートに至る危険があります．

また**図8(b)**のように，板金を折り曲げて作った簡易ヒートシンクなどでは，切断面にバリが出ていて，レジストを突き破ってショートに至ることがあります．

バリがある板金部品を基板にねじ止めすると強い圧力が加わり，レジストだけでなく，エポキシ樹脂層の破壊に至ることもあります．板金部品が内層の電源層とショートする事故も発生しています．特に最近では放熱のためプリプレグ層を薄くする傾向にあるので注意が必要です．

これらの事故の予防が難しいのは，板金設計/製造(機械屋)と基板パターン設計(基板屋)，それに層構成(電気屋)の設計結果が組み合わされて起こるからです．1人の設計者全てを理解していれば予測できたかもしれませんが，分業化が進んだ現在，難しいでしょう．こうした事故の経験を継承していくことが重要です．

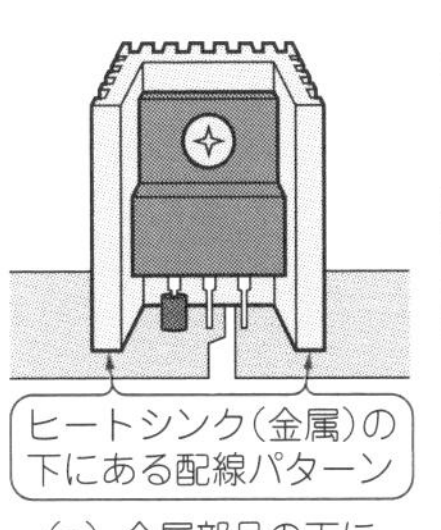

(a) 金属部品の下にパターンを配線するのは危険

(b) 配線がなくてもバリがエポキシ樹脂層を突き破ってショートすることがある

図8 ヒートシンクの下に配線しなくても，切断面のバリによって内層とショートすることがあるので注意が必要

NG⑧ 放熱パッドと信号線がショートした【想定外】

最近は部品の放熱促進のため，パッケージ底面の中央部分から金属パッドが露出したパッケージが多くみられるようになりました．これらはE-pad(Exposed-die-Pad)と呼ばれています．このパッドは通常，電気的に絶縁されておらず，グラウンド・プレーンやパワー・プレーンに接続します．この構造は放熱性がよいのですが，注意すべき点は，E-padをはんだ付けする基板の放熱パッドと信号線のショートです．

各部品メーカが推奨するパッド寸法では，不十分な場合があり，放熱パッドは信号パッドよりもフットプリント・サイズが大きく，はんだ量も多くなります．

図9(a)のように，クリアランスが不十分だと，放熱パッドのはんだが信号パッド側に流れ込んでショートする危険があります．放熱パッドは部品の下にあるため，目視チェックも手修正も困難ですので，設計で考慮しておかなければなりません．

設計上は，**図9(b)**のように放熱パッドと信号線パターンのクリアランスを0.3 mm以上とります．0.2 mm程度ではショートの可能性があります．

製造においては放熱パッドのはんだ量調整が重要です．メタル・マスク(クリームはんだ塗布治具)の開口面積は放熱パッド面積の60％程度とします．100%(放熱パッド全面塗布)だと，部品搭載時の荷重ではんだがつぶれてショートする可能性があります．

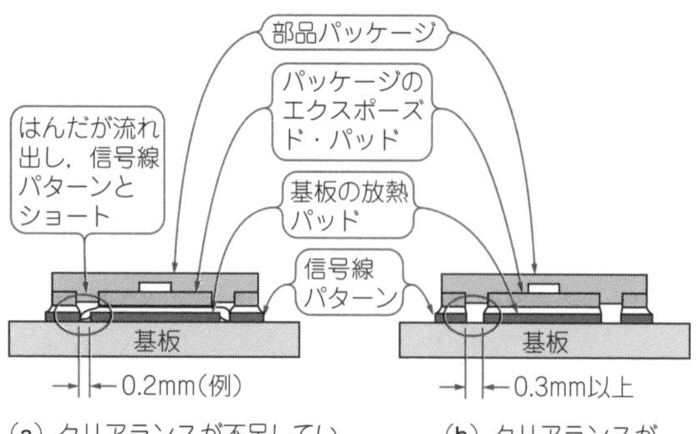

図9　放熱パッドと信号線のショートに注意！ 基板の放熱パッドと信号パターンのクリアランスは0.3 mm以上とらないとショートの危険がある

NG⑨　はんだ盛りによるジュール発熱対策のばらつき【想定外】

最近では大電流を流す基板が増えています．大電流パターン設計の基準が「1 A当たり配線パターン幅1 mm」と言われています．この考え方はMIL規格(米軍が調達する物資の規格)から来ており，銅はくの許容温度上昇をおよそ10 ℃としたときの目安です．

最近のパワエレ製品の主回路基板では，100 Aを超える電流を流すことも少なくありません．

配線は太くできない，でも大電流を流したいときに使う手が「はんだ盛り」(銅はくのレジストを無くし，そこに厚めにはんだを盛る方法)です．はんだの電気抵抗は銅に比べると6～8倍ありますが，それでも35 μmの銅はくに200 μm程度のはんだを載せれば，配線部分の電気抵抗が下がりジュール発熱を減らせます．ジャンパ線や銅板などを使う方法が確実で，コストをかけず簡単にできるためよく使われます．

しかし，はんだ盛り量は製造条件によって変わるため，厚みにばらつきが出ます．はんだが少ないと異常発熱し，最悪焼損事故を起こします．

設計段階ではんだが不足した条件での予測も行い，安全性を担保しておきましょう．

NG⑩　直径の大きいサーマル・ビアからはんだが流れ出す【想定外】

サーマル・ビアは層間の熱伝導を促進し，基板温度を均一にする働きがあるため，熱対策によく使われます．

サーマル・ビアの直径を大きくすると銅メッキの断面積も増えるので，本数を増やさずに効果が得られるように思います．しかし，部品直下の放熱パターンに

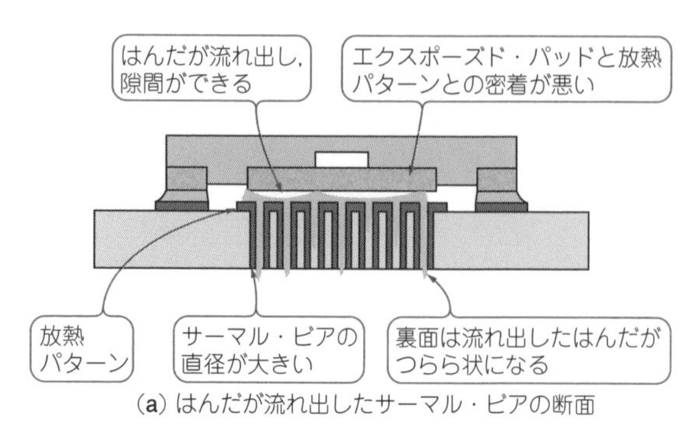

(a) はんだが流れ出したサーマル・ビアの断面

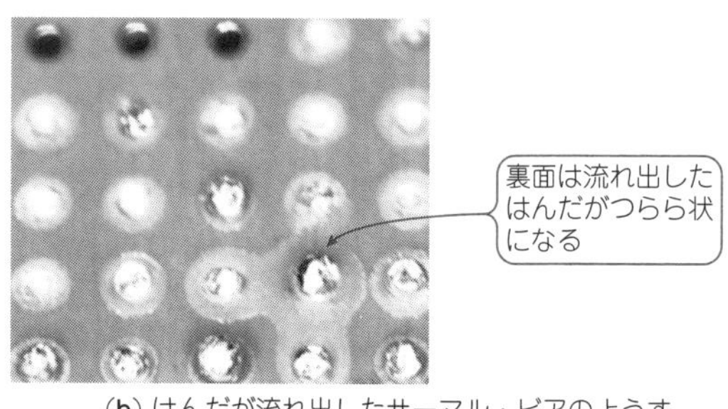

(b) はんだが流れ出したサーマル・ビアのようす

図10[5]　サーマル・ビアの直径がφ0.3 mm以上になると，リフロ時に溶けたはんだが流れ出し，サーマル・パッドの隙間に空気が入り込んでしまう

サーマル・ビアを設ける場合，大きい直径のサーマル・ビアは避けるべきです．穴の直径を大きくすると，**図10**のようにリフロ工程ではんだの流れ出しが発生する可能性があります．はんだが流れ出してしまうと部品と銅はくとの密着が悪くなり熱が逃げなくなります．部品直下のサーマル・ビアは直径0.3 mm以下とし，配置間隔を1.2 mm程度(最長3 mm)とします．

＊　　＊　　＊

基板熱設計の重要性はますます高まっており，業界として規格化やガイドラインの策定も進んでいます．

JEITA(一般社団法人電子情報技術産業協会)実装技術標準化専門委員会のサーマルマネジメント標準化Gは，部品の使用温度規定，部品の温度測定，基板の熱設計手法の3テーマで検討を進めており，テクニカル・レポートの発行を予定しています．

◆参考・引用＊文献◆

(1)＊ 有賀 善紀；基板熱設計のための小型・高電力チップ部品の使いこなし，CEATEC JAPAN 2019 技術セミナ資料，KOA．
(2)＊ 藤田 哲也；基板と熱設計，Club-Z，図研．
(3)＊ 平沢 浩一；知らないと危険！デバイスの小型化に伴う温度測定ノウハウ，熱設計パラダイムシフトセミナー資料，2017年．
(4) 電子機器専用熱設計支援ツール Simcenter Flotherm．
(5)＊ かふぇルネ 501パワーマネジメントForum，サーマルパッドのスルーホール設計 資料，ルネサスエレクトロニクス．

第2部

放熱器/ファンによる冷却テクニック

第2部 放熱器／ファンによる冷却テクニック

第7章 コスト優先なら自然冷却，サイズ優先なら強制冷却

放熱器の基礎知識

深川 栄生 Shigeo Fukagawa

● 3つの冷却方式

放熱器の冷却方式には「自然空冷」，「強制空冷」，「強制液冷」があります．電子機器やプリント基板の放熱には，一般的に自然空冷か強制空冷がよく使われます．

(1) 自然空冷

自然に発生する対流によって冷却する方式です．冷却のために特別な装置は必要ありません．放熱器の温度が周囲温度に比べて高くなると，放熱器の周りの空気が温められて軽くなり，自然に対流が発生することを利用しています．

(2) 強制空冷

ファンなどを使って強制的に対流を発生させて冷却する方式です．自然空冷と比較すると放熱性能は大幅に上がるので，放熱器を小型化できます．

ただし，ファンの寿命や騒音，外気を取り込むことによるほこりの付着といった問題が発生するので，信頼性が下がることを考慮する必要があります．

(3) 強制液冷

冷却対象の回りに配置した流路内に水や油などを循環させて熱を下げる冷却方式です．強制空冷よりもさらに放熱効果が上がります．大電力装置に適しています．

技① 自然空冷か強制空冷かは設計の初期に決める

自然空冷と強制空冷では放熱構造が違ってくるので，装置を設計する初期の段階で，どちらにするか決めておく必要があります．選択を間違えると，自然空冷で十分放熱が可能な機器なのに強制空冷で設計したためにコストアップになったり，強制空冷でなければ放熱しきれないのに自然空冷で設計してしまうと，装置全体を再設計することになったりします．

技② 自然空冷は放熱器の体積で決まる限界がある

自然空冷の放熱性能を判断する基準として「熱抵抗-包絡体積特性」のグラフがよく使われていますが，だいぶ古いデータです．データを検証しつつ，自然空冷の限界について解説します．

▶よく参照されているグラフはかなり古い

図1(a)は，三協サーモテックの前身であるリョー

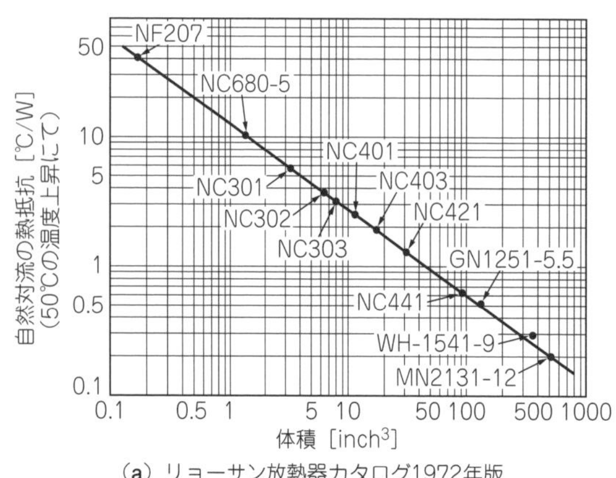

(a) リョーサン放熱器カタログ1972年版

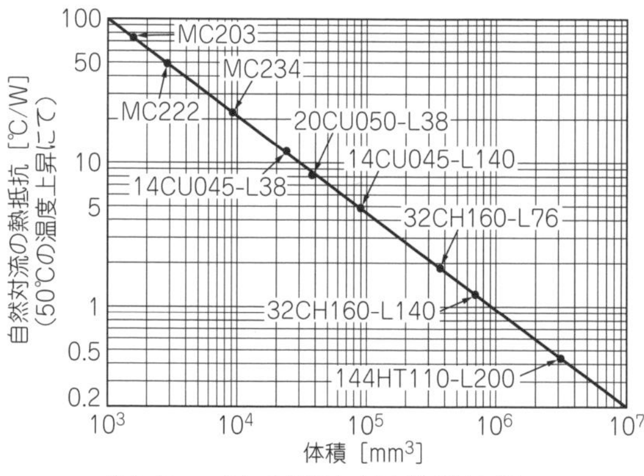

(b) リョーサン放熱器カタログ1984年版

図1 放熱器選びの注意点…自然空冷で使ったときの性能指標としてよく参照されている熱抵抗-包絡体積グラフはあまり正確ではない
現在のカタログには掲載されなくなっている

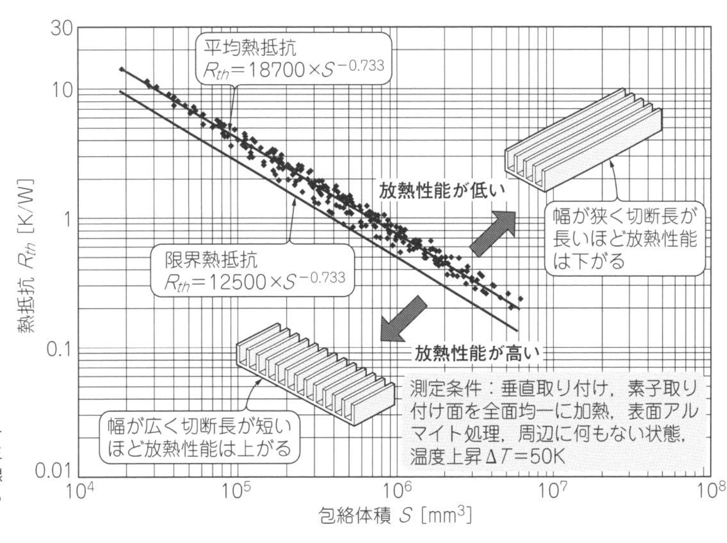

図2 自然空冷できる限界
現行製品のデータを元に自然空冷における熱抵抗−包絡体積の関係をプロットしてみた．BSシリーズ(三協サーモテック)の256品種を利用．きれいな直線にはならず形状によりばらつく．自然空冷の限界もみえてくる

サンの1972年版のカタログに技術資料として掲載されたグラフです．単位系を見直したのが**図1(b)**で，1984年版のカタログを最後に掲載されなくなりました．

カタログに掲載されなくなった後も，自然空冷放熱器の設計基準として，さまざまな記事や書籍に取り上げられています．カタログ付属の技術資料として掲載された**図1**は，放熱器の条件などが明記されておらず，グラフだけがひとり歩きしている状況です．自然空冷において包絡体積が決まると，形状に関係なく熱抵抗が決まることになりますが，実際はそうではありません．

▶現行汎用品のデータをプロットしてみる

三協サーモテックのカタログに掲載されているデータの中から，汎用のくし型放熱器(BSシリーズ)を選び，断面形状64種類×切断長4種類(L50，100，200，300)の計256形状について，包絡体積と熱抵抗の関係をプロットしたのが**図2**です．

▶自然空冷では熱抵抗を下げられる限界がある

2本ある直線のうち，上の直線は256プロットの平均です．下の直線は限界線で，この線より下の領域では自然空冷による冷却は難しいと考えてください．

対数グラフは正確な読み取りが難しいので，近似式も示します．平均を表す近似式がR_{th} = 18700 × $S^{-0.733}$，限界を表す近似式がR_{th} = 12500 × $S^{-0.733}$です．この式より簡単に包絡体積から熱抵抗が求まります．

例えば包絡体積が10^6 mm³(1L)の場合は，平均熱抵抗は以下のように計算できます．

$$R_{th} = 18700 \times 1000000^{-0.733} = 0.75\text{K/W} \cdots\cdots (1)$$

限界熱抵抗は以下のように計算できます．

$$R_{th} = 12500 \times 1000000^{-0.733} = 0.50\text{K/W} \cdots\cdots (2)$$

式(2)から，包絡体積10^6 mm³において0.50 K/W未満の熱抵抗が必要な場合は，強制空冷を検討します．

● 自然空冷における放熱性能

図1と**図2**の平均熱抵抗を比較すると，同一包絡体積における熱抵抗は小さくなっています．**図1**のグラフを作った当時よりも放熱器の性能が上がっています．

▶幅が広く切断長が短い放熱器ほど性能が良い

図2のプロット点にばらつきがあります．この要因には，放熱器の幅，高さ，切断長，フィン板厚，フィン高さ，フィン・ピッチ，ベース厚の違いなどが挙げられます．特に放熱性能に影響を与えるパラメータとしては，幅と切断長が挙げられます．幅と切断長の関係は，同一の包絡体積において，幅が広く切断長が短いほど放熱性能は上がります．逆に，幅が狭く切断長が長いほど放熱性能は下がります．

放熱器のカタログ 読み方要点

最適な放熱器を選ぶには，カタログの内容を理解し，使いこなすことが重要です．特にプリント基板用の放熱器は適切な種類を選ばないと，固定に苦労したり，放熱性能の悪い取り付け方向になったりします．

放熱器の放熱性能は条件によって変わります．カタログ・データの測定条件よりも厳しい環境で放熱器を使用すると，放熱性能が足らなくなり，放熱器の選び直しになることがあります．

技③ 3大スペックを必ずおさえる

図3に自然空冷用，**図4**に強制空冷用の例を示します．一般に，放熱器の形状，放熱特性グラフ，熱抵抗と重量などが記載されています．

グラフは放熱器の性能の指標である熱抵抗を表します．自然空冷と強制空冷では軸の項目が異なります．

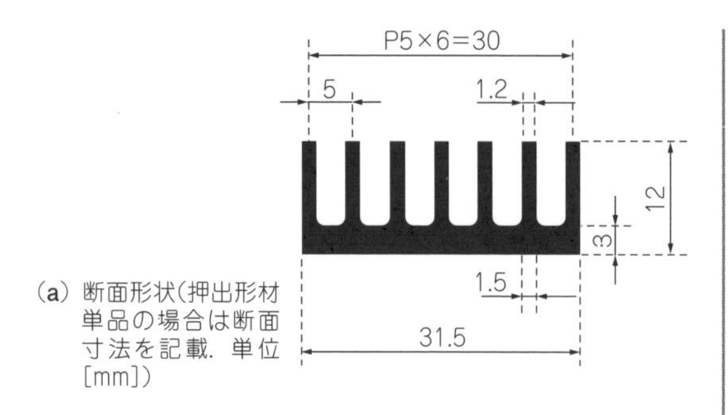

(a) 断面形状(押出形材単品の場合は断面寸法を記載．単位[mm])

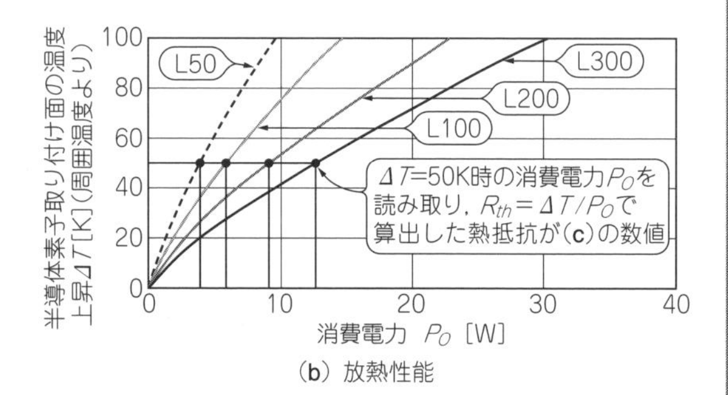

(b) 放熱性能

(b)のように熱抵抗はΔTが大きいほど小さいが，ΔT＝50 Kでの値を代表値としている

切断寸法 [mm]	熱抵抗 [K/W] ΔT＝50 K	重量 [g]
L50	14.08	25
L100	8.85	49
L200	5.51	98
L300	4.02	147

(c) 代表切断寸法における熱抵抗と重量

図3　自然空冷用放熱器のカタログ記載例(12BS031，三協サーモテック)

▶自然空冷用放熱器

図3に示す12BS031(三協サーモテック)を例に，自然空冷用放熱器のカタログ値について説明します．

自然空冷のグラフは**図3(b)**に示すように，横軸が半導体素子の消費電力P_O [W]，縦軸が半導体素子に取り付けた面の温度上昇ΔT [K] を表します．グラフの傾き$\Delta T/P_O$が熱抵抗R_{th} [K/W] です．

ΔTとP_Oによって熱抵抗は変化するので，グラフは曲線になります．ΔTが大きいほど傾きが小さくなりR_{th}は小さくなります．ΔTが大きいほど対流が促進されて放熱量が増えるためです．

図3(c)のように，切断長が50 mmから300 mmまでの間で熱抵抗の代表値が記載されています．熱抵抗は，ΔTが50 Kより低い場合は代表値よりも大きく，ΔTが50 Kより高い場合は代表値よりも小さくなります．

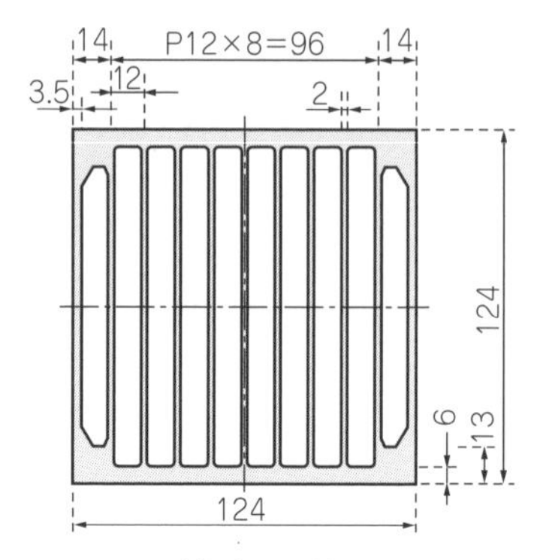

(a) 断面形状
(押出形材単品の場合は断面寸法を記載．単位 [mm])

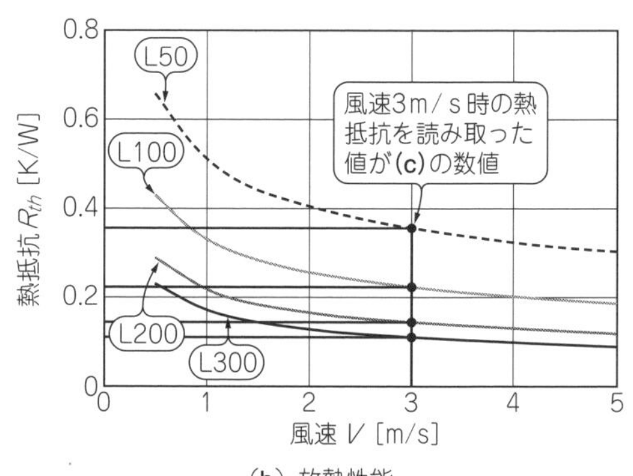

(b) 放熱性能

風速3 m/s時の熱抵抗を読み取った値

切断寸法 [mm]	熱抵抗 [K/W] 風速3 m/s	重量 [g]
L50	0.356	625
L100	0.223	1249
L200	0.142	2498
L300	0.110	3747

(c) 代表切断寸法における熱抵抗と重量

図4　強制空冷用放熱器のカタログ記載例(124CB124，三協サーモテック)

▶強制空冷用放熱器

図4に示す124CB124(三協サーモテック)を例に，強制空冷用放熱器のカタログ値について説明します．

強制空冷のグラフは**図4(b)**に示すように横軸が風速V [m/s]，縦軸が熱抵抗R_{th} [K/W] です．

自然空冷の場合は，温度上昇ΔTにより熱抵抗R_{th}が変化しましたが，強制空冷の場合は強制的に空気を流すので，ΔTによるR_{th}の変化は実用上ありません．そこで，強制空冷のパラメータとして風速Vを横軸とし，R_{th}を縦軸にしたグラフが載っています．

図4(c)に示す熱抵抗には，代表値として風速V＝3 m/s時の値です．

表1　自然空冷用放熱器の放熱性能測定条件
製品シリーズにより条件が異なる

放熱器の種類		基板搭載用 PHシリーズ	基板搭載用 UOT，OSHシリーズ	基板搭載用 NOSV，OSVシリーズ	基板搭載用 FSHシリーズ	汎用 BSシリーズ
熱源		TO-220型 トランジスタ	TO-220型 トランジスタ	TO-220型 トランジスタ	□30 (熱源の基板側を断熱)	放熱器のベース幅×切断長と同サイズ(素子取り付け面全面均一加熱)
周囲部品 (放熱器，熱源以外)		基板	基板	基板	基板	何もない
取り付け方向						
	放熱器	垂直	垂直	垂直	垂直	垂直
	基板	水平	水平	垂直	垂直	なし
温度測定点		熱源中央1点	熱源中央1点	熱源中央1点	熱源中央1点	熱源中央1点

表2　強制空冷用放熱器の放熱性能測定条件
自然空冷とは違い，製品シリーズに関係なく共通

項　目	条　件
熱源サイズ	放熱器のベース幅×切断長と同サイズ (素子取り付け面全面均一加熱)
熱源個数	1個
風速	前面(風上)における平均風速
温度測定点	放熱器との接触面熱源中央1点
風洞断面形状	製品幅×製品高さ

● 放熱器の測定条件は種類や用途によって変わる

自然空冷の場合は，放熱器の取り付け方向や熱源のサイズ，温度の測定場所，基板の有無などがあります．強制空冷の場合は，風速の測定場所や風洞サイズなどがあります．

▶自然空冷用の測定条件

表1に，三協サーモテック製品における自然空冷用放熱器の測定条件を示します．製品シリーズによって，熱源のサイズや取り付け方向が異なります．プリント基板搭載用は，発熱素子と放熱器を基板に実装した実用に近い状態で測定しています．汎用のBSシリーズは，全面均一加熱で周囲に何もない状態が条件です．

▶強制空冷用の測定条件

表2に，強制空冷における測定条件を示します．強制空冷の場合は，放熱器の種類が違っても基本的に測定条件は同じです．熱源は片面全面均一加熱で，風速は前面(風上)を測定しています．

● 放熱器の各部名称と取付方向

図5に放熱器の各部名称を示します．放熱器の取り付け方向は，大きく垂直取り付けと水平取り付けの2つに分類されます．垂直取り付けとは，**図6(a)**に示すように放熱器の断面を上下にした取り付け方です．水平取り付けとは，**図6(b)**～**図6(d)**に示すように，放熱器の断面を横方向にした取り付け方です．3方向がありますが，単に水平取り付けという場合は，通常**図6(b)**の水平上向き取り付けを指します．

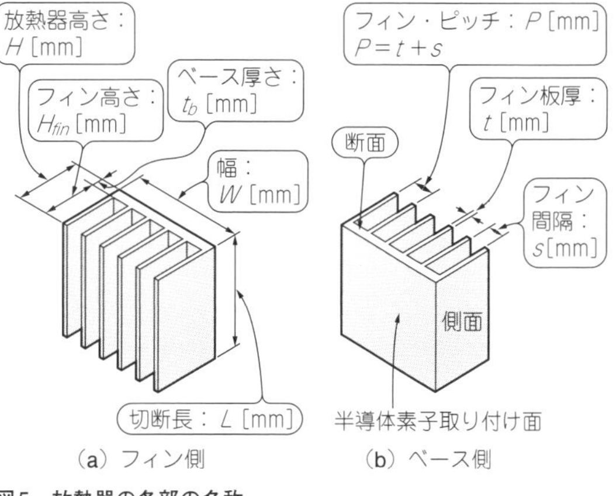

図5　放熱器の各部の名称

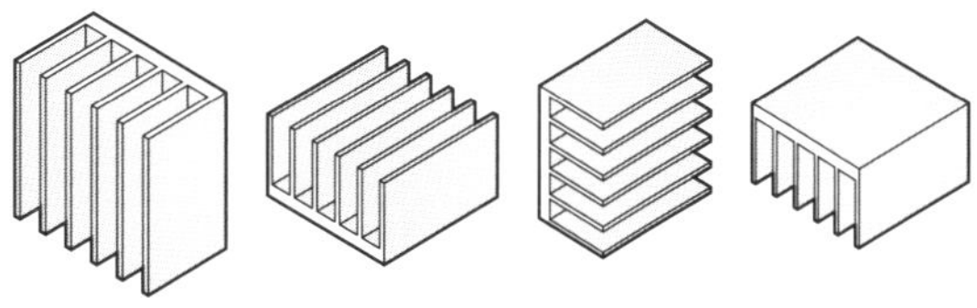

図6　放熱器の取り付け方向
単に水平取り付けという場合は(b)の水平上向きを指す

第8章 空冷用主要3タイプをおさえる

放熱器の種類と使い分け

橘 純一 Junichi Tachibana

技① 用途ごとに使い分ける

● タイプ1…板金を曲げたりプレスした放熱器はプリント基板向き

写真1(a)は板材をカットし，プレスして成形した放熱器です．TO-220のようなベース・プレート付きのパッケージを冷却する場合に使います．安価で軽量なので，プリント基板上で使うことが多いです．**図1**に示すように冷却能力は数Wです．

● タイプ2…押し出し材を使った放熱器は汎用的

写真1(b)はアルミ・サッシと同じく，ダイスと呼ばれる型からアルミ材を押し出して成形した放熱器です．適当な長さにカットして使います．

アルミの押し出し材(エクストリュージョン)である6063という規格の材料は，アルミ合金の中で最も熱伝導率が高く放熱部材に向いています．**図2**に示すように，数十mm程度の小型のものから，数百mmレンジの大型のものまで，さまざまな冷却能力のタイプがあり，汎用型として広く利用されています．

写真1(c)に示すように，押し出し材を切断し，さらに機械加工で切り込みを入れて，ピン状のフィンで放熱面積を増やしたタイプもあります．基板に表面実装されたQFP部品などの冷却によく用いられていますが，固定に工夫が必要です．

写真2に示すのは，パソコンのメイン・ボードに使われている押し出し材を使った放熱器の例です．手前の放熱器は，基板にはんだ付けされたU字のピンにクリップを引っかけ，ばねの力で放熱器を基板状の部品に押しつけています．奥の黒い放熱器は，ICに熱伝導性両面テープで貼り付けられています．熱伝導性の接着剤を用いることもあります．

写真1(d)に示すのは，押し出し成形した後に，放熱器そのものを固定する穴を追加するなどの加工を施した放熱器です．押し出し材は寸法精度や面精度がそれほど高くないので，機械加工などを施して，部品(熱源)が固定される面の精度を出す必要があります．

● タイプ3…ベース・プレートとフィンの押し出し材をかしめで結合させた大型放熱器

写真1(e)はフィンが薄くピッチが狭いエクストリュージョン型で作るのが困難な場合によく用いられる大型放熱器です．ベース・プレートに溝を成型し，その溝にちょうどよい幅のフィンをそれぞれ押し出し成

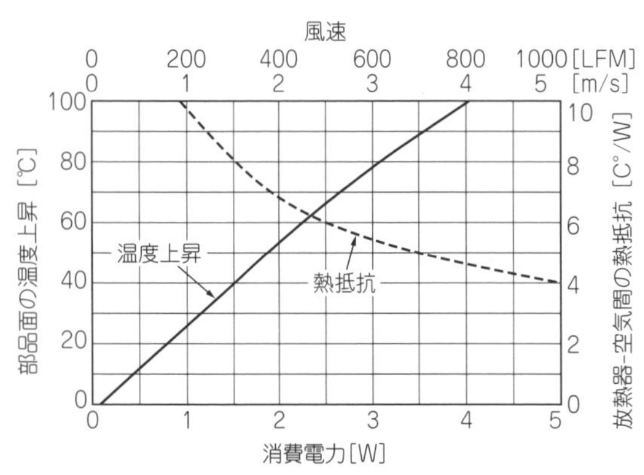

図1 写真1(a)の板金型の冷却特性

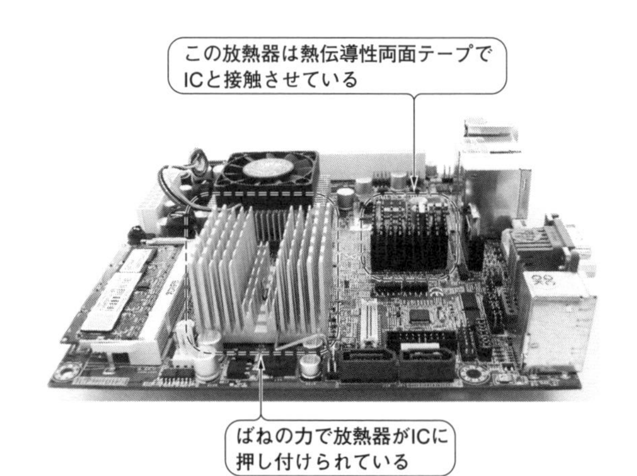

写真2 押し出し材を使った放熱器の使用例
押し出し材を使った放熱器はICと接触させるときに工夫がいる

(a) 板金を切断し曲げたりプレスしたもの

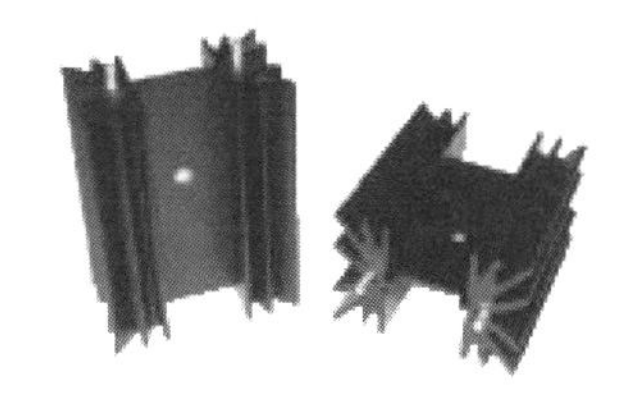

(b) 押し出し材を切断して，取り付け穴などの加工を施したもの①

(e) ベース・プレートとフィンの別々な押し出し材をかしめで結合させた大型放熱器

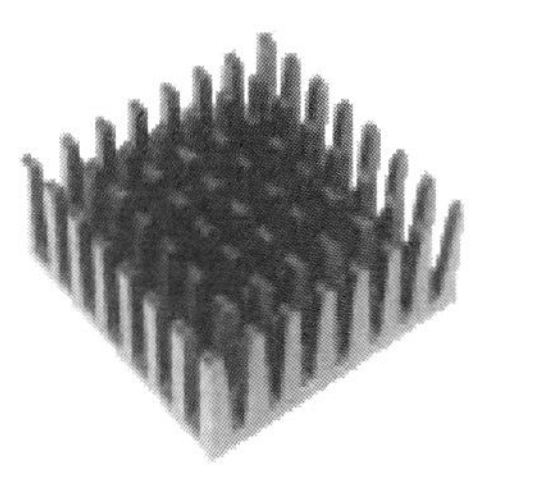

(c) 押し出し材を切断して，機械加工で切り込みを入れて面積を増やしたもの

(d) 押し出し材を切断して，取り付け穴などの加工を施したもの②

写真1 放熱器のいろいろ
写真提供はFerraz Shawmut

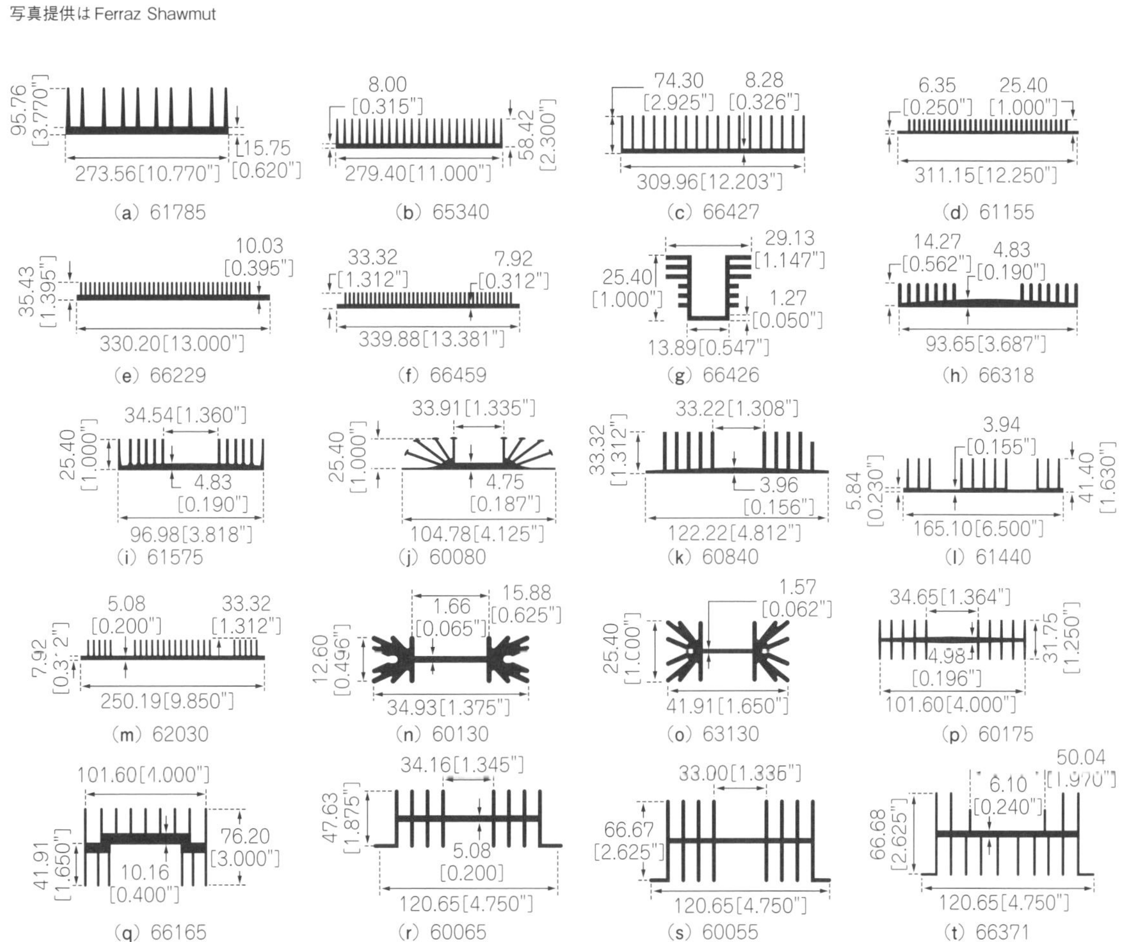

図2 押し出し材を使った汎用放熱器のいろいろ(Ferraz Shawmut社カタログから)
右上の数字はメーカの型名．これに長さを指定して注文する

形します．フィンを溝に押し込んだり，圧力を掛けてかしめ加工するなどで，フィンをベース・プレートと一体化させます．比較的大型の放熱器に用いられます．

● 冷却特性グラフの読み方

図1に示すグラフの破線は，放熱器の熱抵抗値です．上辺の横軸は周囲の風速，右側の縦軸は熱抵抗値です．風速が速いほど放熱器の熱抵抗値が下がります．周囲の風速を仮定し，グラフから熱抵抗値を読み取ります．この値に冷却したい熱量［W］を掛けて周囲温度を足すと，放熱器の冷却面温度が算出できます．

赤色の線は，下辺の横軸の熱量を取り付け面に加えたときに，その面の温度がどの程度外気温度より上昇するか，左側の縦軸で読み取ります．たとえば，中央のグラフの放熱器に12 Wの熱源を取り付けたとき，上昇する温度は70℃なので，外気温度が25℃の場合は取り付け面の温度は95℃になります．

この手のグラフは，取り付け面全体が均一に発熱しているなどと，理想的な条件で定義されています．実際の使用環境と異なることが多いので，グラフから求まる値は目安と考える必要があります．

column 01 電源ICのパッケージと放熱の方法

橘 純一

● スルーホール型

表Aに示すのは，電源回路でよく使われるパッケージです．

▶(1) TO-220やTO-247など

放熱器などに直接ねじ止めするタイプです．内部にあるチップは，銅のベース・プレートに実装され，周囲はエポキシで封止されています．銅板の部分をねじ止めするため，熱抵抗値は比較的低いものが多いです．熱の大部分は銅板を通して排出されるので，パッケージ表面側を冷却してもほとんど効果はありません．

▶(2) DIP(Dual Inline Package)

昔からあるパッケージで，端子の数もさまざまです．チップとリード・フレームは，細いボンディング・ワイヤで接続されており，樹脂で封止されています．熱抵抗値が比較的大きく，パッケージの表面またはリードを通して基板から放熱させます．

表A　電源ICでよく利用されているパッケージのいろいろ

パッケージ名	外　観	パッケージ名	外　観
TO-220		D-Pak	
TO-247		SO-8	
DIP		QFP	

● 表面実装型

▶(1) D-Pak

基本的な構造は，TO型と同じです．基板の表面にはんだ付けで実装するため，リードが曲がっています．またねじ止め用の穴はありません．基板を通して放熱するため，適切なプリント・パターン設計が必要です．

▶(2) SO-8

基本的な構造はDIPと同じです．熱抵抗値は比較的高めでリードを通して基板に放熱します．

▶(3) QFP(Quad Flat Package)

4辺のリード・フレームとボンディング・ワイヤで接続されたチップがエポキシで封止されています．HQFPと呼ばれるパッケージは，ヒート・スプレッダと呼ばれる放熱パッドの上にチップが実装されており，リードだけでなくパッケージ下面全体からも放熱されます(**図A**)．

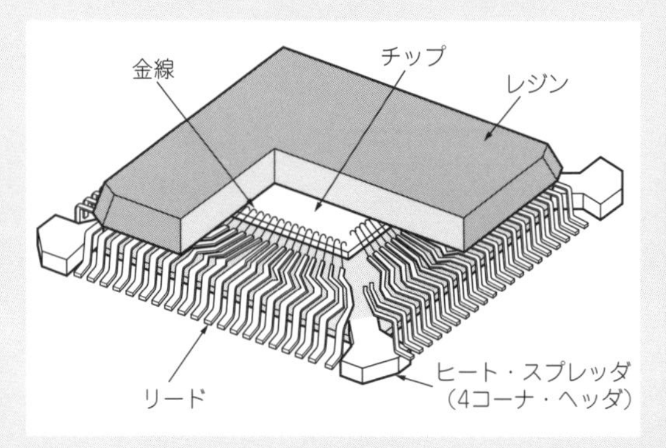

図A　パッケージ下面からも放熱するパッケージHQFPの構造

第9章 低熱抵抗化から実装のポイント，騒音まで

ファンによる強制冷却テクニック

渡辺 秀次 Hideji Watanabe

小型・高性能時代は強制冷却が必要

● 通風の高抵抗化

OAやFA用機器への主な市場要求として，小型軽量，低騒音，なおかつインテリジェントであることが求められています．そのためこれらの筐体(きょうたい)は，密閉または半密閉状態で高集積半導体などの発熱部品が詰め込まれ，密集配置のため年々通風の高抵抗化へ向かっています．

また，電磁放射ノイズ抑制のため通風口を小さくしたり，劣悪環境でもインテリジェントな機器を使用する目的で密閉構造にしたり，フィルタを設置したりすることなども筐体内の通風抵抗を大きくしています．

さらに，保守点検ミスによる吸入口の目づまり，不快感を与える高温排気の問題，凝ったデザインと同時にコンパクト化した筐体など，放熱に不利な要求や不十分な使用環境がますます多くなっています．

写真1は，小型軽量な仕様なためファンを使用した製品の例です．230×177×48 mmのビデオ・プロジェクタで，800ANSIルーメンと高輝度出力なため，消費電力は約160 Wにもなります．2つのファンによる強制対流冷却が行われています．

● 発熱密度

表面実装部品の小型化や表面実装技術の進歩は，高実装密度を推進しましたが，装置の総発熱量を増やす結果となりました．

さらに，現在は発熱量の増加ではなく，発熱密度の増加へと関心が移ってきました．特に高密度実装基板は，局部の発熱集中による熱偏在が生じます．

高性能化が進むマイクロプロセッサなどのCMOS

(a) 外観

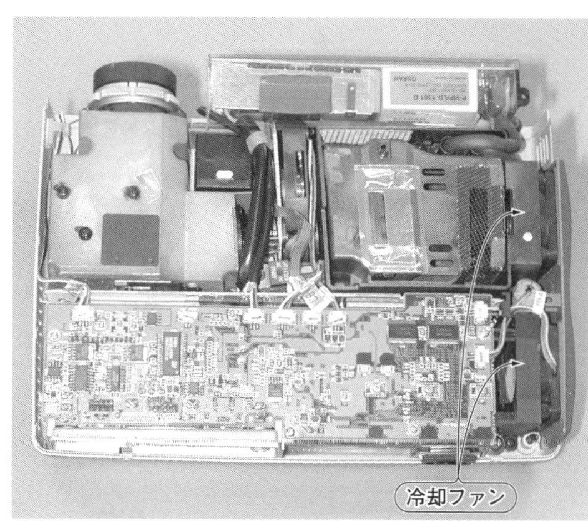

(b) 内部

写真1 小型化すると発熱部品が密集するので冷却のためのファンが必要になる(小型ビデオ・プロジェクタU3-1080，プラス工業)

表1 マイクロプロセッサの発熱密度は高まる一方(16)

年代	チップ面積 [mm²]	クロック周波数 [Hz]	消費電力 [W]	電流 [A]	電力密度 [W/mm²]
1970	12	750 k	0.3	0.025	0.025
2000	450	1 G	100	200	0.222
2010※	536	3 G	174	322	0.324

※：ITRS(International Technology Roadmap for Semiconductor)の予想

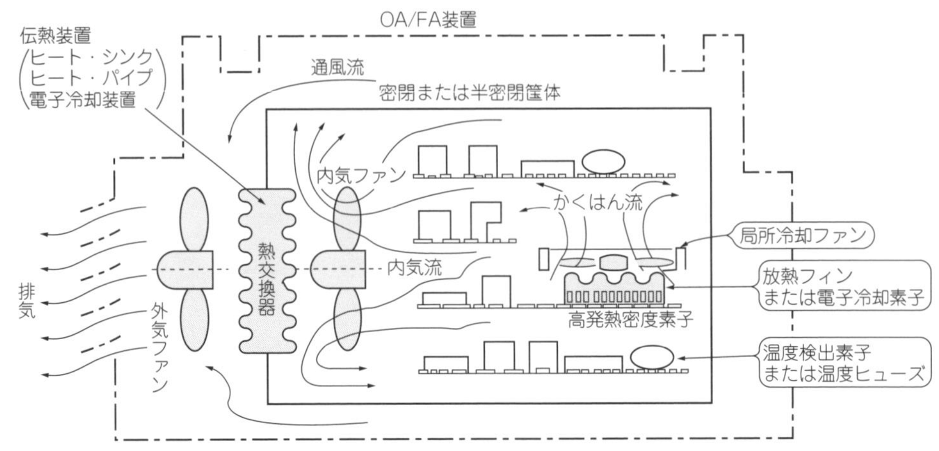

図1　電子装置に使われる種々の冷却手段(14)

ディジタル回路の消費電力Pは，式(1)のように集積回路容量の充放電電力と動作周波数との積に比例します．

$$P = \frac{1}{2} kfCV^2 \cdots\cdots (1)$$

k：係数，f：動作周波数［Hz］，C：回路の容量［F］，V：素子にかかる電圧［V］

高集積半導体は，消費電力抑制のため電圧Vを下げる傾向にあります．また，さらなる微細化は回路容量Cの減少につながり，現在，これら半導体は低消費電力化し，かつ回路は高速化へ向かう流れにあります．

しかし，とりあえず現在のマイクロプロセッサの関心は，熱問題，特に発熱密度に趨勢(すうせい)があります．**表1**にマイクロプロセッサ発熱密度のトレンドを示します．すでに2000年に実現した1GHz級マイクロプロセッサの電力密度は，アイロンの4倍に達しており，局部冷却が重要な課題です．

＊　　＊　　＊

以上のように，冷却はますます重要になりつつあります．電子装置には**図1**に示す種々の冷却手段が使われていますが，本稿ではもっともポピュラなファン・モータによる放熱方法を詳解します．

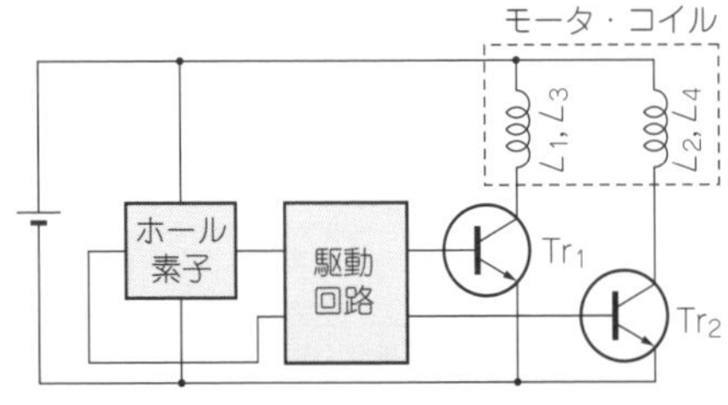

図2　DCファン・モータはホール素子信号に応じて電池を切り替えてモータを回すためACファンより効率が良い

ファンの種類から選ぶ

電子装置の冷却用途に対するユーザの要求は，高風量(冷却能力)，低騒音，高信頼性の3つです．

ファンの種類は大別してDC/AC型の2種類に分かれます．さらにACファンのモータ部は，コンデンサ移相モータと隈取りモータとの2種類があります．

技① 効率重視ならDCファン・モータを選ぶ

モータはブラシレスで，回転方向は構造的に一方向にだけ回転するようになっています．DCファンのインナーステータには2相のL_1，L_2が巻かれ，基板には磁気センサであるホール素子と駆動回路が載っています．駆動回路例を**図2**に示します．アウターロータの磁極位置と，その位置における通電すべき2相巻き線のどちらか最適相を磁気センサ(ホール素子)が検出し，信号を駆動回路に出力します．回路は信号にしたがって最適巻き線へ電流を切り替えモータを回します．

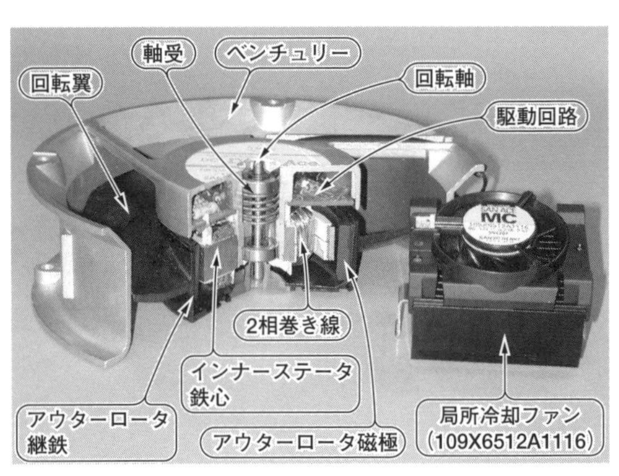

写真2　DCファン・モータの構造

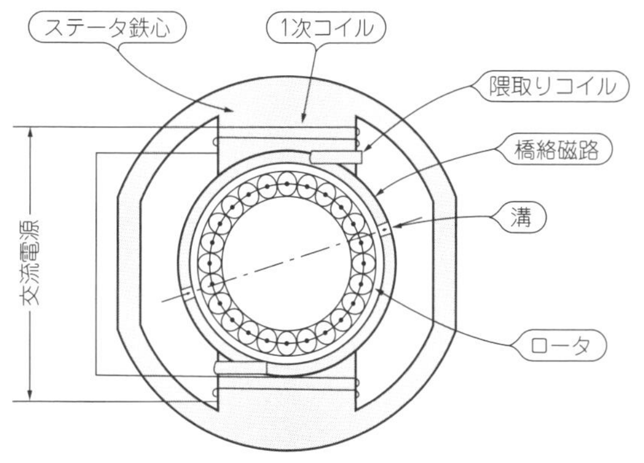

図3　2極隈取りモータ構造図

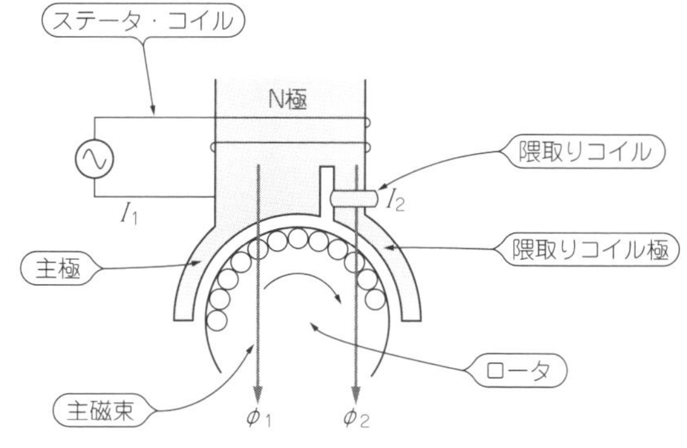

図4　図3の電磁極部分の拡大

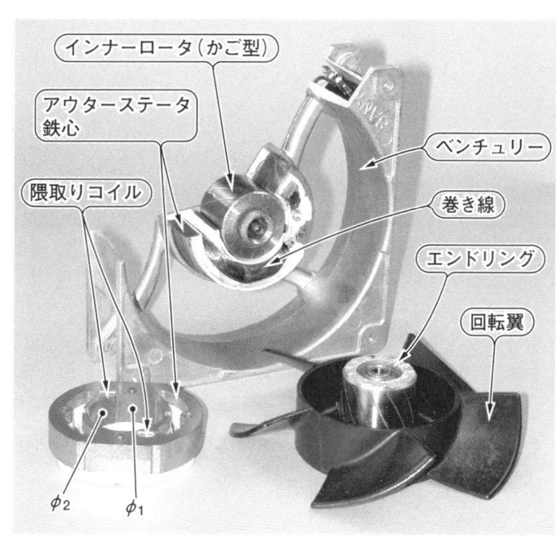

写真3　ACファン隈取りモータの構造

ACファンより効率が良く，市場はACと比べ圧倒的に大きくなっています．**写真2**にDCファン・モータの内部構造を示します．

技② 堅牢さを重視するならACファン・モータを選ぶ

ACファン用隈取りモータは，コンデンサ移相モータに比べ市場が大きく，低効率ですが安価です．DCファン用モータに比べ電子部品がない分耐環境性，堅牢さに優位性があります．また，DCがアウターロータ構造に対し，ACは隈取り/コンデンサ共にインナーロータ構造です．

両者のインナーロータ構造は，汎用誘導電動機と同じかご型です．回転力は，ステータに発生する回転磁界の吸引力により得られますが，隈取りとコンデンサ移相では回転磁界を作り出す仕組みが異なります．

▶隈取りモータ

隈取り2極モータの構造を**図3**に示します．さらに，電磁極部分を**図4**に示します．**図4**のステータ・コイルに商用交流電流が流れると商用と同じ周波数の主磁束ϕ_1がステータとロータ間に発生します．この隈取りコイルを通るϕ_1は隈取りコイルに起電力を誘起します．誘起の結果，隈取りコイルに2次電流I_2が流れ，主磁束ϕ_1を阻止する磁束が発生します．そのため，ステータの隈取り部分とロータ間に発生する磁束ϕ_2は主磁束ϕ_1から位相が遅れる結果となり，それは磁束ϕ_1がϕ_2へ回転する回転磁界が生じたことになります．**写真3**はACファン隈取りモータの内部構造です．

▶コンデンサ移相モータ

構造は，通常の単相コンデンサ誘導電動機と同じです．一般的な仕様は2極2相巻き線です．結線図を**図5**に，位相ベクトルを**図6**に示します．交流電圧Vを加えると端子から電流I_0が流れ，巻き線分岐点で電流が分割し，コンデンサ相へI_2が，他の相へI_1が流れます．I_1，I_2の電気角位相差がほぼ90°になるように

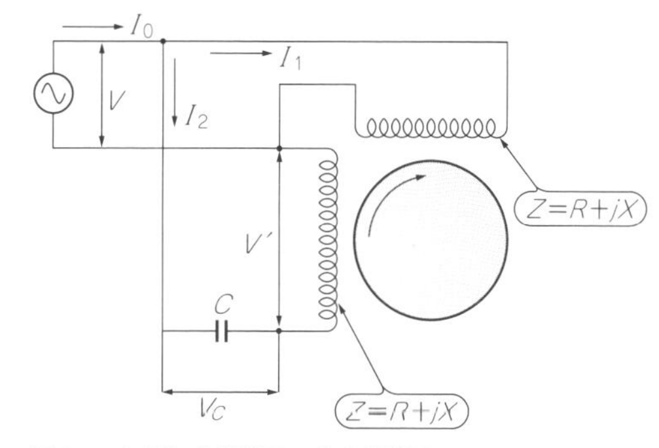

図5　コンデンサ移相モータの結線図

巻き線インピーダンスの兼ね合いでコンデンサ容量を選び，回転磁界を作ります．**写真4**にコンデンサ移相モータの構造を示します．

● ファン・モータと回転翼

ファン用モータの特徴と特性を**表2**に，回転翼の構造と特徴を**表3**にまとめます．

ファンには小型軸流が最も広く使われています．最

表2 各種モータの特徴と特性(15)

モータの種類		特徴
ACモータ	コンデンサ移相モータ	(1) 効率20～50 %，力率70～85 % (2) 隈取りモータと比べて起動トルク大 (3) 50と60 Hzにおけるトルク-速度特性に差あり (4) 小形モータの中では比較的大出力ファンに使われる (5) 隈取りモータより回転振動が少ない (6) 隈取りモータと比べて高価
	隈取りモータ	(1) 効率10～20 %，力率50 % (2) 起動トルクが小さい (3) コンデンサ移相モータより振動大 (4) 50と60 Hzにおけるトルク-速度特性に差あり (5) 安価である (6) 風力負荷を大きくすると回転不安定になる
DCモータ		(1) 効率30～70 % (2) 起動トルク大 (3) 風力負荷を大きくしても回転不安定にならないが，負荷変化に対しACモータと比べ速度変化が大きい (4) 商用周波数に影響を受けないが，電圧変化に対し回転速度が変化する (5)ブラシレス・モータは設定速度範囲が広い

(a) 特徴

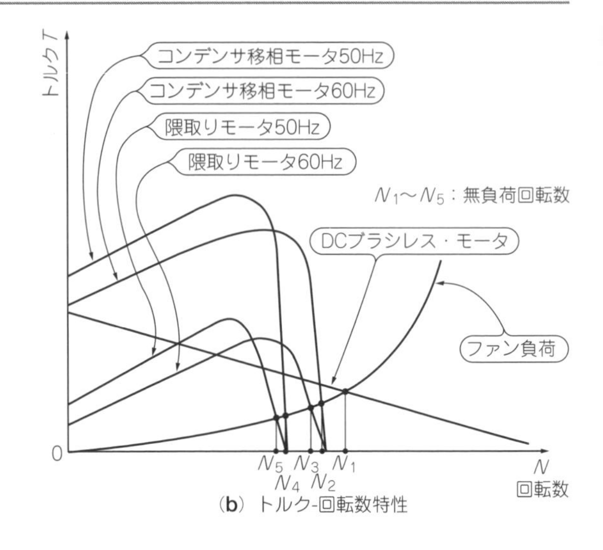

(b) トルク-回転数特性

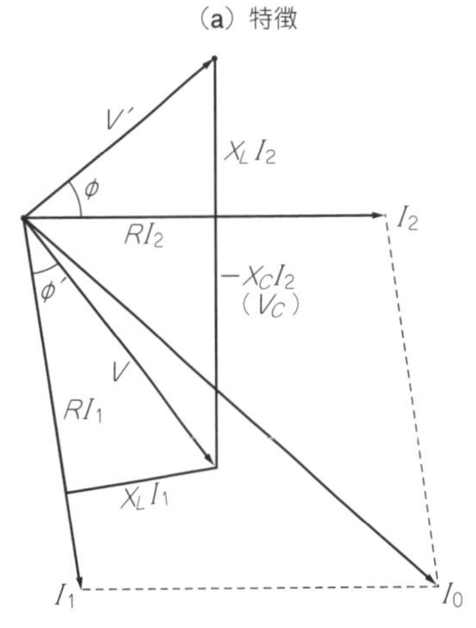

図6 コンデンサ移相モータのベクトル図

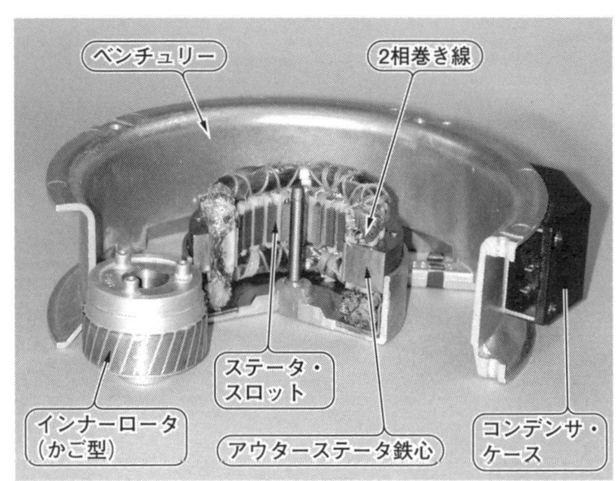

写真4 コンデンサ移相モータの構造

近は実装密度の高い設計が増加しており，装置の高通風抵抗化に伴い，小型多翼(シロッコ)ファンが増えています．小型多翼ファンの外観を**写真5**に示します．

ファンの基本特性から選ぶ

技③ 動作点における風力パワーとサイズの比が大きいファンを選ぶ

カタログに表示されている風量-静圧特性(Q - H 特性)は，縦軸に静圧，横軸に風量のグラフ曲線です．ファンの負荷である通風抵抗からこれに釣り合った静圧と風量が一意で決まり，その点を動作点と呼びます．当然，通風抵抗が変わると動作点(静圧と風量)も変わります．カタログの特性は，通風抵抗値を無限大からゼロまで変化させることにより，静圧が最大からゼロまで減少し，逆に風量はゼロから最大まで変化した曲線です．**図7**に例を示します．

冷却力である風力パワー P_f [W] は静圧 P_s [kg/m^2] と動圧 P_d [kg/m^2] との和からなる全圧に比例し，式(2)で表します．

$$P_f = \frac{P_{all}}{6.12} = \frac{P_s + P_d}{6.12} \text{[W]} \cdots\cdots (2)$$

$$\text{ただし，} P_d = \frac{1}{2g}\rho u^2 \text{ [kg/m}^2\text{]} \cdots\cdots (3)$$

ρ：空気密度 [kg/m^3]，u：風速 [m/s]，$P_{all} = P_s + P_d$：全圧 [kg/m^2]，$g = 9.8$：重力加速度 [m/s^2]

静圧とは，例えば空気のある容積を考えた場合，その容積の膨張力です．動圧は，空気の運動時に発生するその容積の重さと風速の2乗に比例した慣性力で，風のない所での動圧はゼロになります．

これらの和である全圧は，風が物体に衝突したとき

表3 回転するファンの構造特徴[15]

ファンの種類	構 造	特 徴
小型軸流ファン（扁平ファン）	吸い込み → 吐き出し	(1) 静圧が低い (2) 風量が多い (3) 中低実装密度の通風抵抗の小さい機器に対し冷却効果大 (4) 低騒音化しやすい
クロス・フロー・ファン（小型横流ファン）	吐き出し 吸い込み	(1) 羽根車が細長い円筒状になっている (2) ファンの長さに比例した送風の広がりがある (3) 静圧・風量ともに他の2種類の中間の性能 (4) 組み込み構造上，特別注文となることがある
シロッコ・ファン（小型多翼ファン）	吐き出し 吸い込み	(1) 静圧が高い (2) 風量が少ない (3) 高実装密度の通風抵抗が大きい機器に対し冷却効果大

写真5 小型多翼ファンの外観（109BD12HA2，山洋電気）

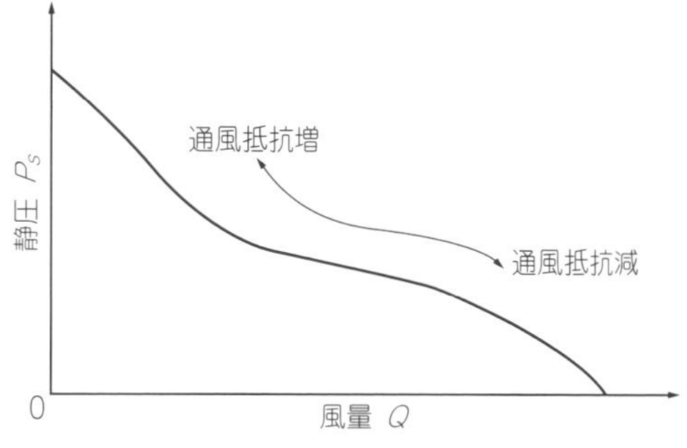

図7 ファンの風量-静圧特性曲線例

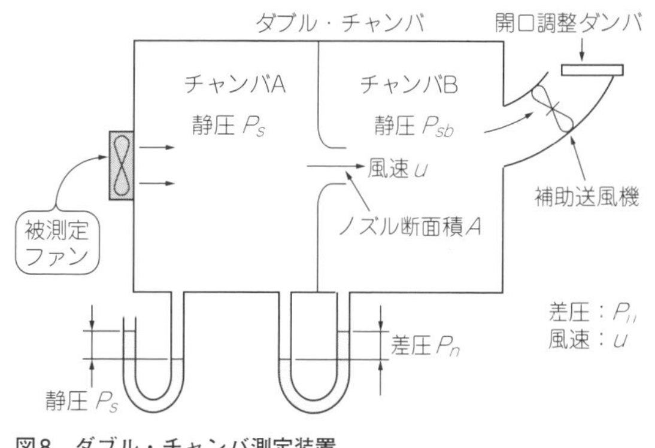

図8 ダブル・チャンバ測定装置

物体の受ける力で，動圧と呼ばれる慣性力と衝突部の空気が膨らむ膨張力からなります．

適正なファンの選択とは，動作点における風力パワーP_fとファン・サイズの比をいかに大きくできるかということになります．

技④ 重要なファン風量-静圧特性を測る

昔はファン風量-静圧特性の測定はピトー管による方法が主流でした．しかし，測定時間と熟練度が必要なため現在ではダブル・チャンバ(double chamber)による測定が主流です．**図8**に測定装置を示します．

被測定ファンがチャンバAに静圧P_sをチャージします．絞り装置と補助送風機がチャンバBの圧力を変え，チャンバAとの差圧P_nを発生させると，ノズルを通って圧力解消の空気移動が生じます．その移動速度(風速)uはベルヌーイの法則に従い式(4)で，風量Qは式(5)でそれぞれ表されます．

$$u = \sqrt{2g\frac{P_n}{\rho}}\ [\mathrm{m/s}] \quad \cdots\cdots (4)$$

$$Q = 60Au\ [\mathrm{m^3/min}] \quad \cdots\cdots (5)$$

P_n：差圧 [kg/m^2]，A：ノズル断面積 [m^2]

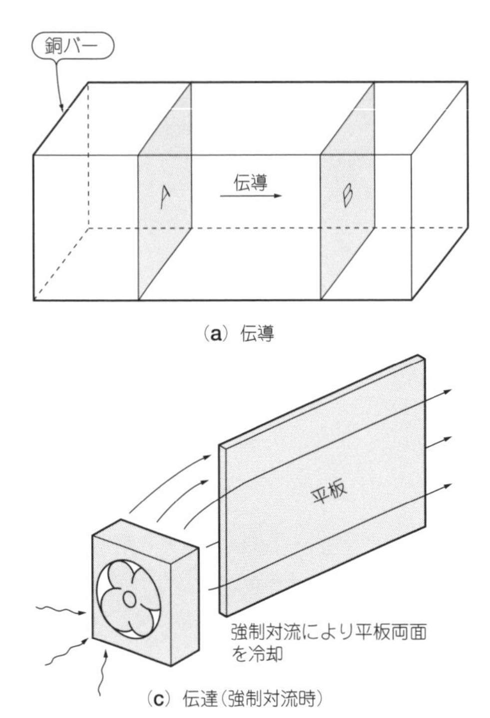

(a) 伝導

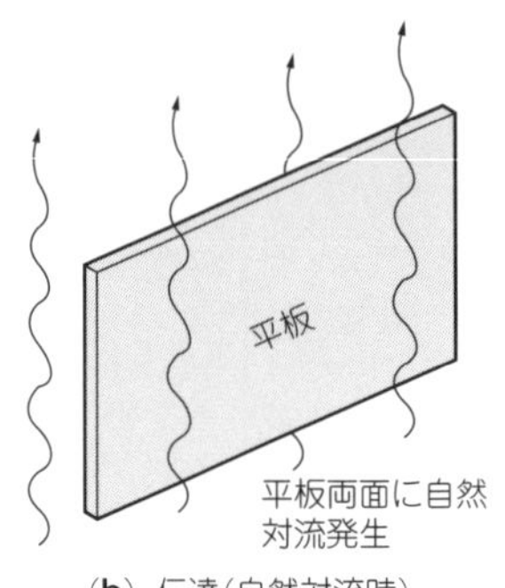

(b) 伝達(自然対流時)

(c) 伝達(強制対流時)

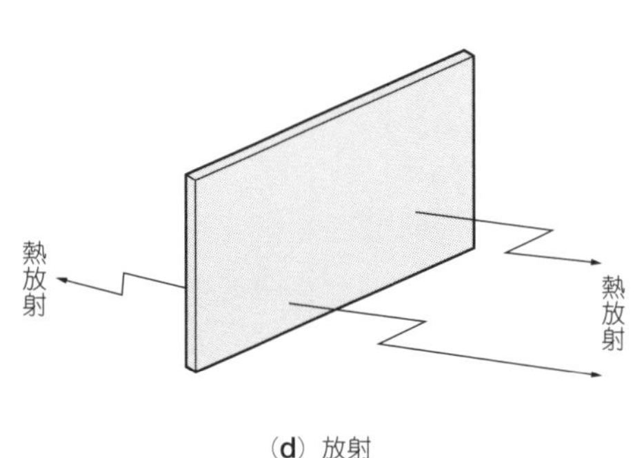

(d) 放射

図9　伝導・伝達(対流)・放射

測定装置の絞り装置と補助送風機を操作して，通風抵抗であるP_nをゼロから無限大まで変え，各点の測定静圧と，式(4)，式(5)を使って求めた風量をプロットすれば**図7**のような静圧-風量特性を測定できることになります．

低熱抵抗化による放熱テクニック

冷却効果を高めるとは，高温物体の熱を速やかに外部へ排出することであり，装置を低熱抵抗化することです．つまり，ファンで冷却することは，低熱抵抗化することです．

熱は異なる3つの熱伝達形態があります．物体内部を高温から低温に向かって熱が移動する「伝導」，物体と空気間を移動する「対流」，対流に無関係で物体温度に依存し電磁波で伝わる「放射」の3つです．これらを**図9**にまとめます．

低熱抵抗化対策には，この3つの熱伝達形態をもとにした次のような指数を理解する必要があります．

技⑤　熱伝導率が高ければ放熱が良くなる

伝導による伝熱の良さの程度を表す係数λ[W/m℃]を熱伝導率と呼び，物質を伝わる熱量Q [W] は，式(6)で表されます．係数λは物質により決まります．一般に電気伝導率の良い材質は熱伝導率も良くなります．これはウィーデマン・フランツ・ローレンツの関係として知られています．

条　件	熱伝達率 [W/m²℃]		
	10	10^2	10^3
自然対流 0.2 [m/s] 以下			
強制対流 3～15 [m/s]			

図10　自然対流時と強制対流時の熱伝達率の幅(8)(9)

$$Q = \lambda A \frac{T_1 - T_2}{l} = \frac{1}{R_{cond}}(T_1 - T_2)\ [\mathrm{W}] \cdots\cdots (6)$$

$$\text{ただし，} R_{cond} = \frac{l}{\lambda A}\ [℃/\mathrm{W}] \cdots\cdots (7)$$

A：熱流断面積 [m²]，l：流路長 [m]，$T_1 - T_2$：l両端面の温度差，R_{cond}：熱伝導における熱抵抗 [℃/W]

シチューなどを作るとき薄い鉄鍋は焦げやすく，厚い銅鍋は焦げにくく熱まわりが均一なことは，鉄鍋は低い熱伝導率で熱拡散が悪く局部過熱となり，銅鍋は高い熱伝導率で熱拡散が良いことになります．

物体の熱伝導率が高ければ物体内の熱がそれだけ多く流れ，放熱が良いことにつながります．

技⑥　風速が増せば熱伝達率は大きくなり放熱が良くなる

対流の伝熱の良さの程度を表す係数h [W/m²℃] を熱伝達率と呼びます．流体と物質の性質の違いや，流路形状，流速，層流，乱流の違いにより変化する値です．固体表面と流体間の熱の伝わりやすさを表す量で，伝達熱量Q［W］は式(8)で表されます．自然対流と強制対流時における空気の熱伝達率の変化幅を**図10**に示します．

$$Q = hA(T_1 - T_2) = \frac{1}{R_{conv}}(T_1 - T_2)\ [\mathrm{W}] \cdots\cdots (8)$$

$$\text{ただし，} R_{conv} = \frac{1}{hA}\ [℃/\mathrm{W}] \cdots\cdots (9)$$

R_{conv}：熱伝達における熱抵抗［℃/W］

ファンの風速が増せばhは大きくなり，R_{conv}は小さくなるので放熱が良くなります．

● 熱伝達率を無次元数で表す

熱伝達率hは実験と理論の合成による導出式です．それらを表現するため，ヌセルト，レイノルズ，グラスホフ，プラントルの4つの無次元数があります．各数はそれぞれuやlなどで決まりますが，ここでは式から解説する誌面もないので，熱伝達の理解に役立つ各要素の性質のみを紹介します．なお，後述する式(10)～(13)はこれらから導出されました．ここでは熱伝達を概念的に説明するため平均熱伝達率を使っています．

熱伝達率hは，強制対流と自然対流ではそれぞれ形が異なるヌセルト数N_uの関数で表されます．強制対流時ヌセルト数N_uは，レイノルズ数R_eとプラントル数P_rとから成る関数で表され，自然対流時はヌセルト数N_uはグラスホフ数G_rとプラントル数P_rとから成る関数で表されます．

▶ヌルセト数：N_u

熱伝達率hに直接対応している無次元数です．ヌセルト数の中にレイノルズ数が含まれる場合は強制対流伝達率を，グラスホフ数が含まれる場合は自然対流伝達率を表します．

▶レイノルズ数：R_e

層流か乱流かを決める無次元数です．R_eが大きいと慣性力が働き乱流となり，小さいと粘性効果により層流となります．例えば，強制対流における平板の場合，層流から乱流への遷移点は4×10^5ぐらいです．強制対流熱伝達率を求めるときのヌセルト数の構成要素です．

▶プラントル数：P_r

粘性と温度伝導の関係を表す無次元数です．$P_r > 1$の場合は温度境界層より速度境界層が大きく，$P_r < 1$の場合は逆になります．空気の場合，ほぼ0.7になります．

▶グラスホフ数：G_r

自然対流において浮力に対応する無次元数です．自然対流熱伝達率を求めるときのヌセルト数の構成要素です．

● 強制対流時の熱伝達率と効果

実際に気温40℃における平板の強制対流時の熱伝達率hは式(10)になります．

$$h = 3.85\sqrt{\frac{u}{l}} \cdots\cdots (10)$$

風速u［m/s］と流路代表長さl［m］がわかれば，その環境条件の強制対流におけるhが求まります．これを変形して，式(11)が平板の強制対流時の温度上昇値を求める式です．

$$T_1 - T_2 = \frac{Q}{3.85\mathrm{A}}\sqrt{\frac{l}{u}} \cdots\cdots (11)$$

$$\text{ただし，} Q = hA(T_1 - T_2) \cdots\cdots (12)$$

同様に，気温40℃の板の自然対流における熱量は式(13)のようになります．温度上昇を求めたのが式(14)です．温度上昇$\Delta\theta$［℃］がわかれば式(13)から冷却熱量を，流路代表長さl［m］がわかれば式(14)から温度上昇値を計算できます．自然対流の熱伝達率hは式(13)から容易に判断できます．なお，定数Cは平板の姿勢によって変わります．Cについて**表4**に示します．

$$Q = hA(T_1 - T_2) = C \times 2.51\left(\frac{T_1 - T_2}{l}\right)^{0.25} A(T_1 - T_2) = 2.51\frac{(T_1 - T_2)^{1.25}}{l^{0.25}}AC \cdots\cdots (13)$$

$$\text{ただし，} h = C \times 2.51\left(\frac{T_1 - T_2}{l}\right)^{0.25}$$

$$\text{また，} \Delta\theta = T_1 - T_2 = \left(\frac{Q}{2.51AC}\right)^{0.8} \times l^{0.2} \cdots (14)$$

技⑦ 筐体を低熱抵抗化する

筐体の低熱抵抗化とは，熱伝達率を上げることにほかなりません．

平板の強制対流熱伝達率hは層流状態においてファン風速に比例するのではなく，式(10)のように内部の

表4 伝達率係数C(7)(8)

平板の姿勢	C	代表長さℓの値［m］
垂直に立てた板	0.56	高さ（0.6m位まで）
熱面を上にして水平にした板	0.54	$\frac{縦 \times 横 \times 2}{縦 + 横}$
熱面を下にして水平にした板	0.27	

風速の1/2乗に比例して大きくなります．また，ファンにより冷たい外部気温T_2を取り込めば，それだけ発熱部温度T_1が低下します．

強制対流は自然対流と違い，平板姿勢が放熱の良し悪しに直接関係しません．熱伝達率を上げるための強制/自然対流の共通点は放熱面積拡大のほか，壁面に沿って流れる流路長の短縮化にあります．

空気の浮力に関係の深い自然対流熱伝達率は，空気密度の濃淡に重力が作用すると濃い部分は下降の力が，淡い部分は上昇の力が働きます．これが自然対流となり，この力の働きの良さが伝達率の向上につながります．

濃淡を発生させる空気膨張は加熱が必要となるため，加熱部となる発熱電子部品を下部に設置することが効果的です．平板の姿勢は垂直が良く，水平にすると，上面部の放熱は垂直と同等に優れていますが，底面部の放熱は上面部の1/2まで悪化します．

筐体をきちんと設計すれば0.2 m/sの自然対流流速を得ることは十分可能です．冷却手段としてファンに加え，自然対流による冷却効果が期待できる設計が望ましいといえます．

● 悩ましい…ファンを使用すべきか否か

初期設計段階において冷却は自然対流か強制対流かの選択を迫られることがあります．一般的に自然対流は強制対流に比べて冷却能力は1桁以上低いのですが，ファンなしは低騒音で，メンテナンスが楽でそれだけ安価であるなど魅力もあります．だからといって冗長的設計により筐体が肥大化しても問題です．

さまざまな電子機器の筐体容積に対する消費電力/消費電力密度の統計的資料には自然対流か強制対流かの選択基準も紹介されています．それをアレンジした選択グラフを**図11**に示します．

技⑧ 黒色に近づけて放射熱を良くする

放射熱量Q [W] は絶対温度 [K] で表す発熱体温度T_1の4乗と外気温T_2の4乗との温度差に比例し，熱抵抗R_{rad}に反比例します．したがって，放射伝熱における温度上昇は式(15)で表されます．

$$T_1 - T_2 = \frac{Q}{4\varepsilon\sigma A T_m{}^3} = QR_{rad} \cdots\cdots (15)$$

ただし，$$R_{rad} = \frac{1}{4\varepsilon\sigma A T_m{}^3} \cdots\cdots (16)$$

ε：放射率，$\sigma = 5.67 \times 10^{-8}$ [W/m^2 K^4]：ステファン・ボルツマン定数，T_m：T_1とT_2の相加平均値

εは放射表面の条件により決まります．黒体は$\varepsilon = 1$に相当し，一般的には$\varepsilon < 1$です．R_{rad}が熱放射における熱抵抗になります．

熱放射は，式(15)，式(16)から発熱部温度と周辺気温の相加平均の3乗に比例して良くなります．このことから，低温発熱面では低放射効率であるが，発熱面が高温ほど放射効率が良くなるといえます．また，熱放射率は表面条件に関係し，黒色に近づくほど良く，光反射の良い研磨鏡面に近づくほど悪くなります．

熱放射はファンによる冷却との直接的関係はありません．

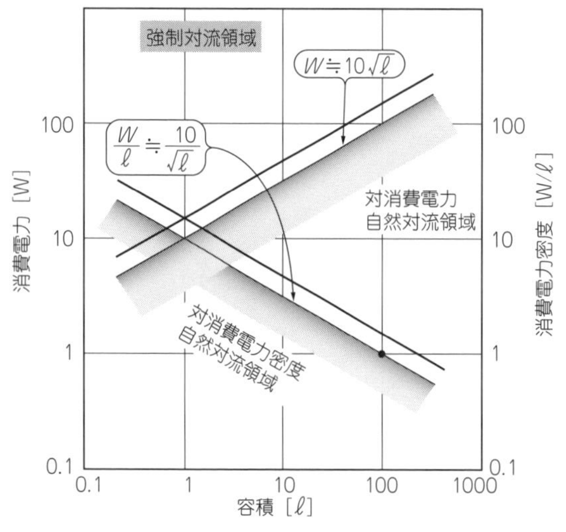

図11　自然対流/強制対流の容積に対する選択基準(1)(8)

$$Q_1 = 1.86\left(\frac{4}{3}S_t + S_s + \frac{2}{3}S_b\right)\Delta t^{1.25} \cdots\cdots ①$$

$$Q_2 = 4\varepsilon\sigma T_m^3 S\Delta t \cdots\cdots ②$$

$$Q_3 = Au\rho C_p \Delta t_a = 1100 Au\Delta t_a \cdots\cdots ③$$

ただし，@40℃，$\rho = 1.091$ [kg/m^3]，$C_p = 1009$ [J/kgK]

$$Q = Q_1 + Q_2 + Q_3 \cdots\cdots ④$$

$$\therefore \Delta t = \frac{Q}{1.86\left(\frac{4}{3}S_t + S_s + \frac{2}{3}S_b\right)\Delta t^{0.25} + 4\varepsilon} \cdots\cdots ⑤$$

ただし，$\Delta t_a = 2\Delta t$

Q：総発熱量 [W]，Q_1：自然対流による放熱量 [W]，Q_2：放射による放熱量 [W]，Q_3：筐体内部から外部へ自然または強制対流による高温気流温度上昇値Δt_aが排出する放熱量 [W]，Δt_a：筐体内部温度上昇値 [℃]，A：放熱窓面積 [m^2]，S：筐体表面積 [m^2]，S_t，S_s，S_b：筐体の上面，側面，底面の面積 [m^2]，$T_m = (T_1 + T_2)/2$：発熱表面温度と外気温度の平均値[K]，ε：放射率，σ：ステファン・ボルツマン定数[W/m^{2}K^4]，ρ：密度 [kg/m^3]，C_p：定圧比熱 [J/kgK]，u：風速 [m/s]

図12　筐体の温度推定式

筐体の温度推定テクニック

伝熱に関する数式は半実験半理論から導出される場合が多く，数式自体が複雑であるのと，数式に対する適用条件も複雑です．筐体温度の推定数式としていくつかが紹介されていますが，よく知られている中から筐体表面温度上昇値(外気温からの上昇値) Δt［℃］を推定する数式を**図12**に示します．

式①と式②は，それぞれ表面の自然対流，放射の式で，式③は筐体内気温40℃時の自然または強制対流による放熱量と温度上昇の式です．それらを総合したのが式⑤です．この式は筐体内部空気温度上昇値 Δt_a を，Δt の2倍と仮定しています．

技⑨ 筐体温度の推定式を使う

式⑤は右辺にも Δt があり，簡単に計算できません．そこで教科書的ですが，次のような例で計算過程を説明します．

▶条件

筐体表面積は $S = S_t + S_s + S_b = 0.59$［$m^2$］で内部消費電力 $Q = 1500$ W です．強制冷却のため各吸排出側に，面積 $A = 0.0063$［m^2］の窓があり，ファンのカタログ最大風量 $Q_3 = 60\,Au_{max} = 2.9$［m^3/min］の関係のとき筐体表面温度上昇値 Δt［℃］を計算します．また，そのときのファン風速 u［m/s］も求めます．

ただし，筐体底面も通気性があり，筐体表面の放射率を $\varepsilon = 0.9$，周囲温度 $T_\infty = 30$［℃］，排気温度上昇値は筐体表面温度上昇の2倍の仮定を使い，窓面積 A は ファンを取り付けた状態の吸排窓面積です．条件を**図13(a)**にまとめます．

▶計算方法

図13(b)に過程を示します．筐体の通風抵抗が不明のため動作点における風量 Au をカタログ値2.9［m^3/min］の1/1.3倍と仮定し，2.23［m^3/min］とします．1/1.3倍は経験的値です．

式⑤は，右辺分母の第1項と第2項に Δt の関数である未知数 $\Delta t^{0.25}$，$T_m = (\Delta t + T_\infty)/2$，が含まれているため，最初の Δt に仮定が必要です．

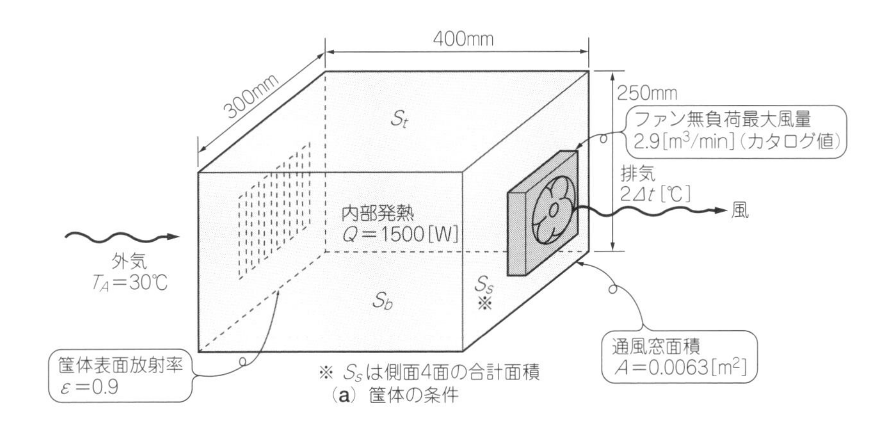

※ S_s は側面4面の合計面積

(a) 筐体の条件

$$\Delta t_1 = \frac{Q}{2200Au} = \frac{1500}{2200 \times \frac{2.23}{60}} = 18.3\ [℃] \quad \cdots⑥$$

$$T_{m1} = \frac{\Delta t_1 + T_\infty}{2} + 273 = \frac{18.3 + 30}{2} + 273 = 297\ [K] \quad \cdots⑦$$

$$\Delta t_2 = \frac{1500}{1.86 \times 0.59 \times 18.3^{0.25} + 4 \times 0.9 \times 5.67 \times 10^{-8} \times 0.59 \times 297^3 + 2200 \times \frac{2.23}{60}} = 17.2\ [℃] \quad \cdots⑧$$

$$T_{m2} = \frac{17.2 + 30}{2} + 273 = 297.1\ [K] \quad \cdots⑨$$

$$\Delta t_3 = \frac{1500}{1.86 \times 0.59 \times 17.2^{0.25} + 4 \times 0.9 \times 5.67 \times 10^{-8} \times 0.59 \times 297.1^3 + 2200 \times \frac{2.23}{60}} = 17.2\ [℃] \quad \cdots⑩$$

$$\therefore \Delta t_2 = \Delta t_3 \qquad \Delta t = 17.2\ [℃] \quad \cdots⑪$$

$$u = \frac{Au}{A} = \frac{\frac{2.23}{60}}{0.0063} = 5.9\ [m/S] \quad \cdots⑫$$

(b) 計算過程

図13　温度推定の計算方法

最初は自然対流，放射がゼロと仮定したとき，すなわち分母の第3項だけ使い式⑤からΔt_1，T_{m1}を求めます．次に式⑤の右辺に求めたΔt_1，T_{m1}を代入してΔt_2，T_{m2}を求めます．同様な計算を$\Delta t_n \doteqdot \Delta t_{n+1}$に収れんするまで繰り返します．

計算式⑥の結果18.3［℃］と式⑩の結果17.2［℃］は大ざっぱに評価するには大差ない値です．温度上昇が高い場合は放射効率が良くなり**図12**の式⑤が必要となりますが，温度上昇が少ない場合，式⑥だけでも十分評価できます．

また，式⑤に$u = 0.1 \sim 0.2$［m/s］の風速を代入すれば，ファンを取り去った自然対流における温度上昇値も計算できます．

通風抵抗とDCファン最適動作点の関係

● 筐体の圧力損失

筐体の圧力損失(システム・インピーダンス)が大きいとは，筐体内部の通風抵抗が高いことであり，風が流れにくいことです．この圧力損失を少なくできればそれだけ低熱抵抗化できます．また，騒音にも関係あり，圧力損失に関する性質の理解は重要です．

ファンによる強制空冷は，筐体内の通風抵抗にうち勝つ通風により放熱することですが，一般的に筐体内を通過する風量をQ［m^3/min］，通風抵抗をR_{air}，装置内部圧力損失をP［kg/m^2］とすると次式が成り立ちます．

$$P = R_{air}\,Q^2 \cdots\cdots (17)$$

Pは**図14**のように空気の慣性が働く高流速時にはQの2乗に比例しますが，低流速時には空気の粘性が影響するため1乗に比例します．

冷却効率に重要なことは，装置内のシステム・インピーダンスである通風抵抗とファン特性とが釣り合う動作点の風力です．

初めに触れたように最近の電子装置は通風抵抗が高くなる傾向にあり，今後は高静圧の特性が重視されるでしょう．ファン特性と装置の相性は，騒音が小さく，さらにファン効率の高い動作点を選ぶことが重要です．

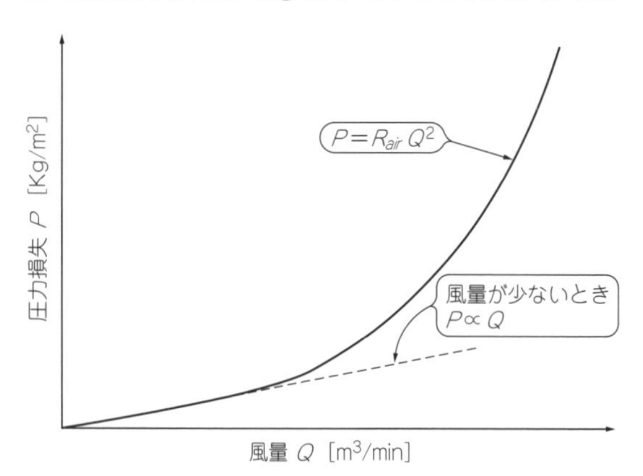

図14　筐体の圧力損失

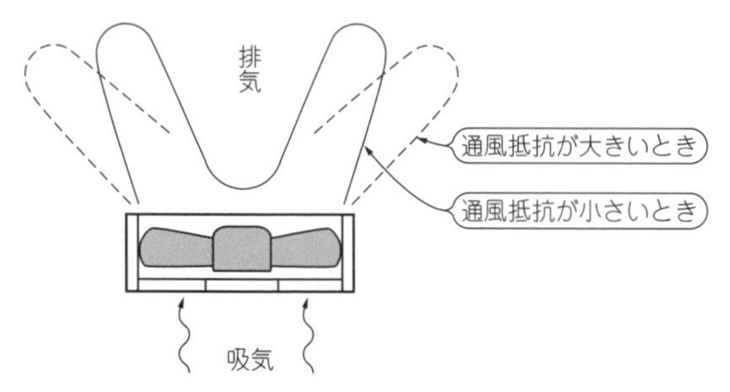

図16　扁平ファンの排気側風速分布

技⑩ 通風抵抗に対して最適な動作点を選ぶ

図15に扁平DCファンの通風抵抗の変化により変わる動作点と，そのときの騒音変化から最適動作点を選択する例を示します．

最適動作点を選ぶには，筐体圧力損失に合ったファン特性を選びますが，通常は通風抵抗の推定が難しいため特性の異なるファンでのテスト比較など，カット&トライに頼ることがほとんどです．

部品の搭載密度などの基板実装状態や，基板組み込みピッチや通風面の凸凹状態による通風経路の複雑化は，通風抵抗の推定を難しくしており，正確な通風抵抗値は容易に計算できません．

例えば扁平ファンを排出側に取り付ける場合，ファン手前に十分な内部空間がないと，翼に近い所と離れた所の風速差が予想を越えて大きくなり，目的の通風路が定まらない現象がおきます．

また，吸気口側に取り付けた場合，扁平ファン排出口から排出される風速分布は**図16**に示すように後方

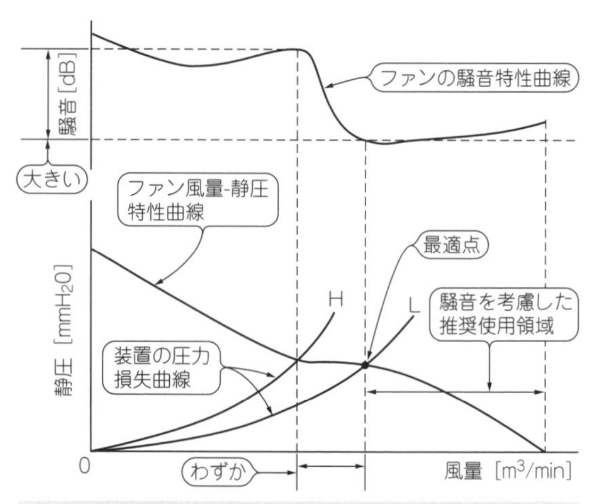

ファンの最適動作点は，ファンの風量-静圧特性の変曲点手前の圧力損失曲線Lとの交わりである．圧力損失がわずかに増加し，圧力損失曲線がHになると騒音が大きく増加する

図15　ファンの最適動作点

へ円錐状に広がるため通風抵抗は求めにくくなります．

簡易的方法として実際と同等なモックアップ・モデルを製作して，これに既知特性のファンを取り付け，装置内部の風が澱(よど)んでいる，または止まっている所の内気圧P_2を測ります．これと外気圧P_1との差圧P_Dを求め，既知ファンの静圧-風量曲線の静圧をP_Dとし，P_Dと曲線との交点から風量Qがわかるため，既知となったP，Qを式(17)に代入することにより，推定通風抵抗値R_{air}を求めることがあります．

ファン実装のポイント

技⑪ 高温部品はできるだけ下部に配置し低通風抵抗流路を確保する

事前に搭載部品の温度予測が必要です．代表的な半導体集積回路，抵抗器，トランス，コンデンサ，モータなどが主な発熱源あり，なかでも高発熱マイクロプロセッサは局部冷却ファンが必要となるほどです．

コンデンサには注意を要します．温度上昇が電圧，周波数やリプルの変化に依存するほか，ケミカル・コンデンサは高温にさらされると寿命が短縮します．

自然対流効果を高めるためには図17のように高温部品をできるだけ下部に配置して発熱中心を下げます．また，図18のように通風抵抗が低い流路を作り効率的配置をするなどの検討が必要です．

技⑫ 筐体内の熱を効率良く外部排出する低熱抵抗化の筐体構造にする

筐体の役割は，電子装置をほこり，水，衝撃，電磁ノイズなどの害を外部から侵入を防止し，内部の電圧や熱が外部の人などへの危害を防御する役割がありま

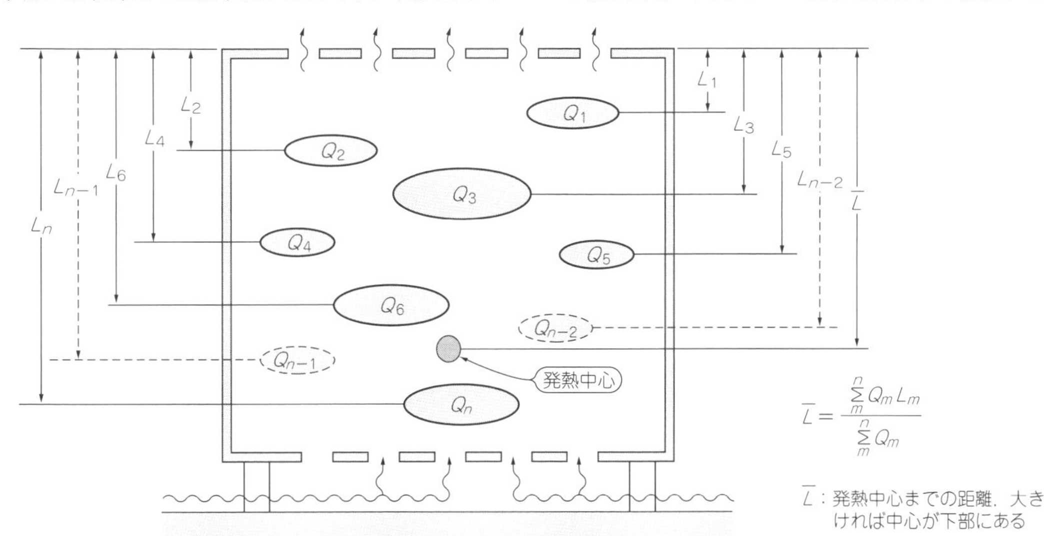

図17 発熱中心

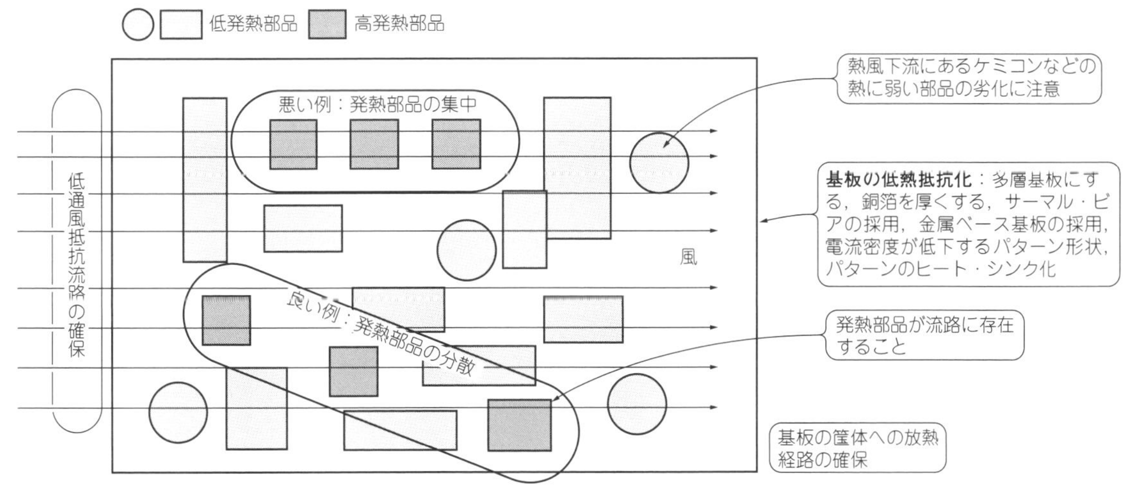

図18 放熱を考慮した基板と部品配置

す．最近は形状・色など外装への美的感覚の追求も重視され，美的感覚が原因となる発熱問題もあります．

要は筐体内の熱を効率良く外部排出する低熱抵抗化構造実現の可否で決まります．**図12**の式①や式②は，筐体形状，外装色が熱抵抗値を左右することを，式③は風量に比例して冷却能力が得られるためファンによる強制冷却が有利なことを示しています．その他留意点を**図19**に示します．

技⑬ 吸引タイプのファン後方に静圧たまり空間を設けて多方面から排熱する

取り入れ口では，風向きは方向性のある動圧のため，スポット冷却には都合が良いのですが，部品配置には気配りが必要です．**図19**のように吸引タイプではファン後方に静圧たまり空間を設け，多方面から排熱します．

ファンの並列運転は互いに妨害しあうことがあります．特性差による風漏れや，片方が停止したときの対策が必要です．また，風圧上昇の目的でファンを直列に接続しても2倍の圧力は得られません．

多面的な検討でクレームを予想しながら，モックアップ・モデルによる事前テストが必要です．また，通風抵抗に余裕があれば，乱流促進機構として障害壁を使った熱伝達率向上策もあります．

また，よく見逃す問題として，標高の高い場所では，冷却効率が低下することがあげられます．

ファンの騒音を減らすには

● ファンの騒音源

ファンの騒音には，風切り音・電磁音・機械音の3つがあります．

大型ファンほど機械騒音の危険性が大きいため，取り付け方法や振動に対する事前検討が必要です．小型ファンは電磁音に注意します．

風切り音の低下策の第1は，低騒音ファンを選ぶこ

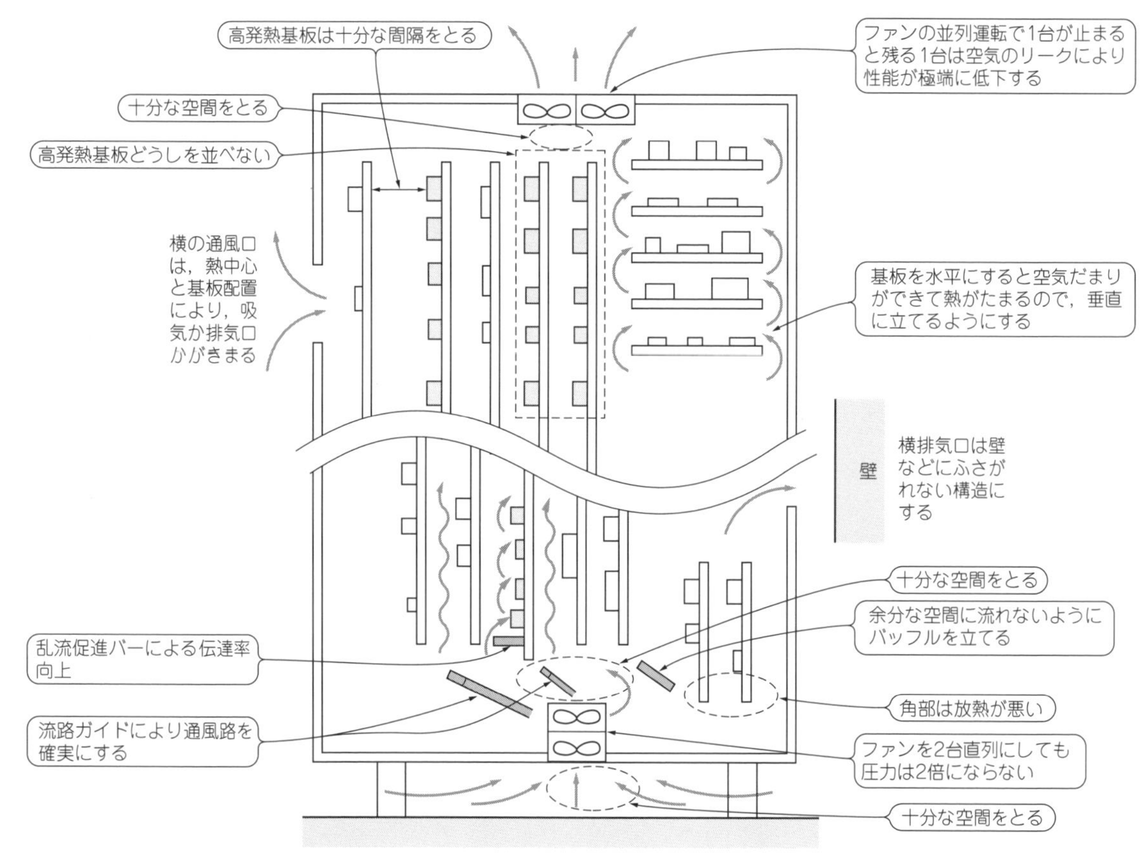

図19　効果的な強制空冷のための筐体構造

表5　音の減衰量

距離比 $\frac{r}{r_0}$ 倍	1	1.5	2	3	4	5	8	10
減衰率 $D=-20\log_{10}\frac{r}{r_0}$	0	−3.5	−6	−9.5	−12	−14	−18	−20

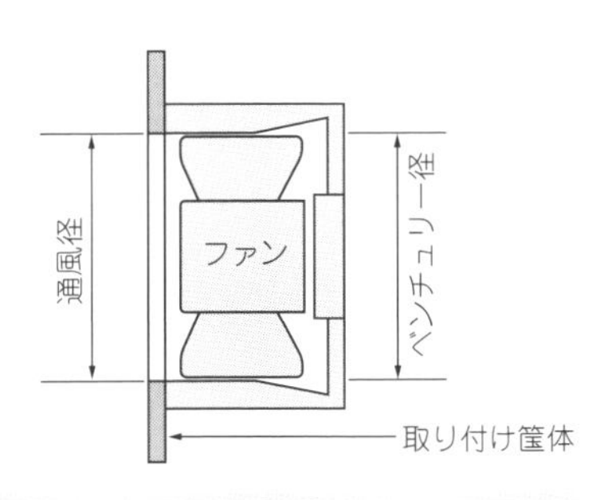

(a) 通風径の注意

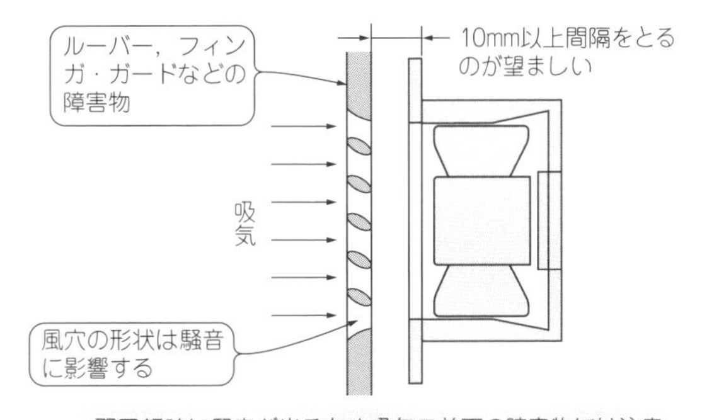

(b) 吸気口の注意

図20 低騒音化のためのファン取り付け口の留意点

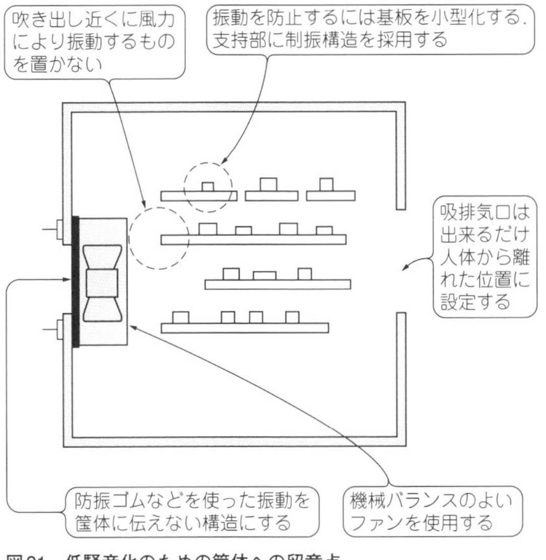

図21 低騒音化のための筐体への留意点

とです．負荷装置への取り付け方法の検討や通風抵抗との動作点に合ったファン特性を選びます．

● 回転速度と騒音の関係

DCファンには駆動電圧で速度を可変できる特徴があります．DCファンの回転数変化に対する騒音値変化の目安として式(18)が使われています．

$$L = 50\ \log_{10}\frac{N_2}{N_1} \cdots\cdots (18)$$

L：騒音変化分［dB(A)］，N_1，N_2：ファン回転数［rpm］

この式には電磁音や機械音が含まれません．正確な値は実装による確認が必要です．

● 音の合成

騒音値が既知のファン数個を1台の装置に搭載する例はよく見られます．実際は，個々のファンを装置内に離れて取り付けることが多いのですが，音を1点に集中したときの騒音予想用として式(19)が利用されています．

$$L = 10\log_{10}\left(10^{\frac{L_1}{10}} + 10^{\frac{L_2}{10}} + 10^{\frac{L_3}{10}}\right) \cdots\cdots (19)$$

L：騒音合成値［dB(A)］，L_1，L_2，L_3；各々の騒音値［dB(A)］

● 音の減衰

騒音源から距離が離れるほど騒音は小さくなりますが，周辺の騒音が大きい高暗騒音環境では，点音源の騒音測定は距離が離れるほど難しくなります．そこで，暗騒音の影響を抑えるため短距離で騒音を測定し，規定の測定距離に換算するのに式(20)が使われます．

$$D = -20\ \log_{10}\frac{r}{r_0}\ [\mathrm{dB(A)}] \cdots\cdots (20)$$

D：音の減衰量［dB(A)］，r_0；基準距離，r；換算距離

この式を計算した結果が**表5**です．

● 騒音低下のために留意すべきこと

図15のように，低騒音化には最適な動作点が重要です．設計変更の柔軟な対応を考慮に入れておく必要があります．その他問題となる留意点を**図20**，**図21**にまとめました．

ファンの信頼性

最近は，故障を許さない重要な分野へもファンが多く使われるようになりました．

信頼性向上のために，ファンに回転センサ，アラーム回路，温度センサなどを搭載したものがありますが，究極は，過酷な条件におけるファン自身の長寿命と高

写真6 長寿命ファン［左：109L1248H102，右：109L912H402，山洋電気㈱］

写真7 防水ファン［109W1212H102，山洋電気㈱］

信頼性にかかっています．

故障発生箇所として巻き線，電子回路，軸受け，機構回りに区分できますが，一番の発生箇所は軸受けになります．軸受け問題は，輸送方法，電子装置への組み込み作業，使用環境などの不適正も故障原因に多く含まれます．メーカとユーザが事前に情報を交換すれば，ある程度の事故回避は可能です．

また，ファン自身の開発も進み，耐用年数が数十年の長寿命ファン(**写真6**)も市場で使われています．耐環境性要求から防水ファン(**写真7**)や，使用環境に合わせたファンの開発も進められています．標準仕様以外で使用する場合，メーカへ問い合わせるのも一案です．

◆参考文献◆

(1) 国峰 尚樹；設計者は熱を見積もった設計をこころがけよ，電子技術，1999年8月号，Vol. 41，No. 9，pp.16-22，日刊工業新聞社.
(2) 伊藤 謹司；熱設計虎の巻(筐体の放熱能力)，電子技術，1999年8月号 Vol. 41 No. 9，pp. 23～28，日刊工業新聞社.
(3) 横堀 勉；LSIパッケージにおける低熱抵抗化のキーテクノロジ，電子技術，1999年8月号，Vol. 41，No. 9，pp.46-49，日刊工業新聞社.
(4) 小木曽 建；熱設計の考えかた，電子技術，1997年1月号，Vol.39，No. 1，日刊工業新聞社.
(5) 伊藤 謹司；熱対策用部品選定のポイント，低熱抵抗化のすすめ，電子技術，1997年1月号，Vol. 39，No. 1，pp.12-15，日刊工業新聞社.
(6) 石塚 勝，藤井雅雄；電子機器の放熱設計とシミュレーション，応用技術出版，1991年.
(7) 萩 三二；熱伝達の基礎と演習，東海大学出版会，1998年.
(8) 国峰 尚樹；熱設計完全入門，日刊工業新聞社，2000年.
(9) 棚澤一郎；熱交換機の最近の動向について，M＆E，1999年3月号，pp.163-164，工業調査会.
(10) 小木曽 建；電子回路の熱設計，工業調査会，1989年.
(11) 松崎 一夫ほか；電源システムを大きく変えるマイクロDC-DCコンバータ技術，M＆E，1999年4月，pp.162-168，工業調査会.
(12) 酒見 省二；CSPの最新技術動向と将来展望，M＆E，1999年4月，pp.208-217，工業調査会.
(13) 渡辺 秀次；9章冷却ファン，エレクトロニクス機器における静音化技術，1995年8月，ミマツ・データ・システム.
(14) 渡辺 秀次；OA・FA用冷却装置，日刊工業新聞，1997年5月26日，日刊工業新聞社.
(15) 渡辺 秀次；扁平ファン用モータ，機械設計，1988年5月，日刊工業新聞社.
(16) 岩井 洋，大見 俊一郎；21世紀の半導体デバイス・リソグラフィ技術，電気学会誌，2000年6月，電気学会.

第10章 高温になりやすいCPU放熱設計ステップ・バイ・ステップ

なんと50℃でも1.2GHz運転！ラズパイ冷却器に挑戦

橘 純一 Junichi Tachibana

写真1 50℃環境下でも1.2GHzフル回転で動く高安定コンピュータ（ラズベリー・パイで製作）
熱伝達の効率を上げるために専用の冷却プレートを製作した．その表面にヒートシンクを設置することでファンレスでもCPUクロック周波数1.2 GHzで動き続ける．部品面には何もついていないので各種コネクタへのアクセス性がよい

用途が多岐に渡るコンピュータ装置は，さまざまな環境下で使われます．例えば，窓を閉め切った自室で連続運転させることもあるかもしれません．日当たりのよい部屋なら真夏に室温が50℃近くまで達することもあるでしょう．

ラズベリー・パイ3に搭載されているSoC BCM2837は内部に温度センサを備えており，温度が80℃を超えるとクロック周波数を自動的に落とす機能を備えています．それでも温度の高い状態のまま使い続けると，プログラムを強制終了します．パソコン代わりに使うだけならよいですが，24時間365日連続稼働するリモート・サーバや，負荷の高い科学計算シミュレータには使えません．

本稿では，高温環境下でもフル回転で動作し続ける高安定コンピュータを製作します（**写真1**）．業界団体より発行されている規格を参考に，産業用機器並みの温度環境でも1.2 GHzで連続稼働できるよう，ラズベリー・パイをカスタマイズします．

ステップ1：目標の設定

技① 産業用コンピュータのJEITA規格を参考にする

ラズベリー・パイを産業用コンピュータ並みの温度環境で使うには，どのようなことに配慮しておくべきでしょうか．本稿ではJEITA IT-1004産業用情報処理・制御機器設置環境基準という産業用コンピュータ用の規格を参考に，設定環境基準の定義にあるClass S(S1)を基準とし，ラズベリー・パイにこれを満たす放熱設計を施します．

条件は動作時(システム稼働中)です．Class Sは産業用情報処理・制御機器の設置環境を改善するための設備がなく，産業用情報処理・制御機器にとって特に厳しい環境と解説されています．保証すべき温度帯域は0～50℃です．本来であれば他にも湿度や電源の品質，ノイズや振動など，産業機器として使用するために配慮すべき項目がありますが，今回は温度に絞って検討を進めます．

● 50℃下でもCPUを1.2 GHzで連続稼働させる

温度条件が規格に規定されていたので，その数値に見合うように装置の仕様を決めます．装置側の事情としては，使う部品の温度をどのように管理するかが課題になります．

今回の目標はCPU温度を80℃以下に保つことにしました．半導体部品の温度を規定する場合，ジャンクション温度(T_J)が一般的です．ラズベリー・パイにはCPUのジャンクション温度をモニタする機能があるので，この温度を80℃以下に抑えます．

● 熱に関する仕様を確認して設計条件を決める

ラズベリー・パイ本体，および各部品の熱に関する仕様を確認します．ラズベリー・パイのデータシートには設計に使える熱に関する仕様の記載がありません．そのため，個別に各部品のデータシートを調べて仕様を確認しました．設計条件は次のとおりです．

- 周囲温度：0～50℃
- SoCモニタ温度：80℃以下
- LANコントローラ：周囲温度 0～70℃
- メモリ：パッケージ表面中心温度 85℃以下
- 無線チップ：パッケージ表面中心温度 100℃以下

最も条件の悪い状態は周囲温度50℃のときです．この状態でCPU温度モニタの表示を80℃以下にするので，許容される温度差は30℃です．メモリは同様に温度差35℃，無線チップは50℃です．

ステップ2：現状の温度を測定する

技② 室内をモニタして許容温度差の範囲内に入っていることを確認する

評価をするには周囲温度を50℃にする必要があるため，本来であれば恒温槽などの環境試験装置に入れて測定します．開発の途中で常にこの作業を行うのは困難なので，実際には室温をモニタし，許容温度差の範囲に入っているかどうかで良しあしを判断します．

周囲温度が25℃の場合はSoCモニタ温度が55℃以下，メモリのパッケージ表面中心温度が60℃以下，無線チップ表面中心温度が75℃以下になっている必要があります．

最終的には，周囲温度50℃環境を恒温槽で確認する必要があります．

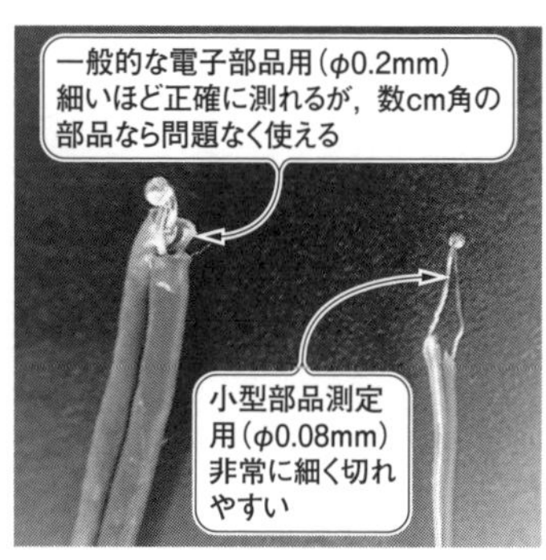

写真2　部品表面温度の測定に使用したK型熱電対
部品の大きさによって2種類の熱電対を使い分けた．無線チップは寸法が5 mm角以下と非常に小さいため，φ0.08 mmの極細線を使用した

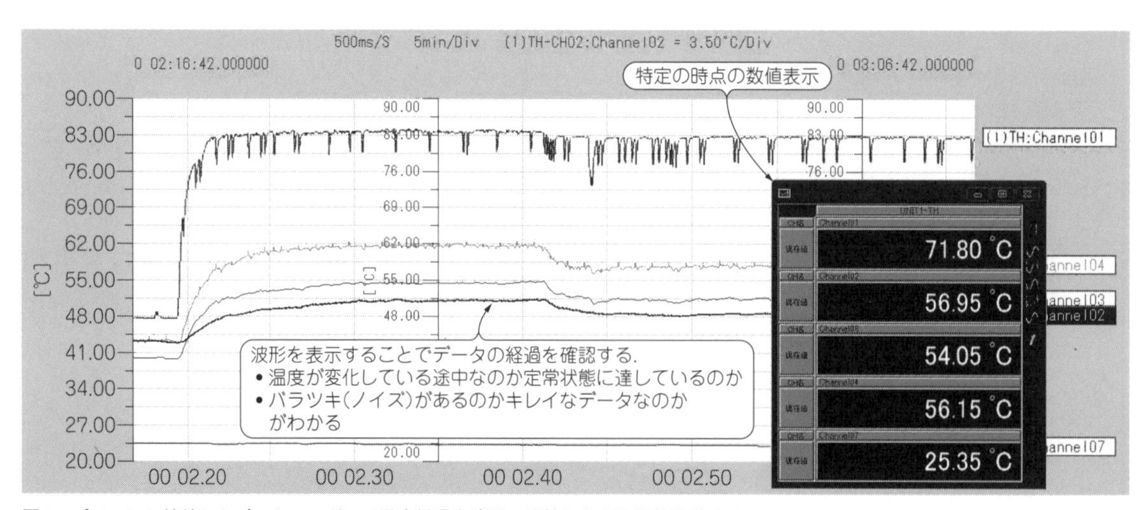

図1　パソコンに接続したデータ・ロガーで温度経過を確認，比較しながら評価を進める

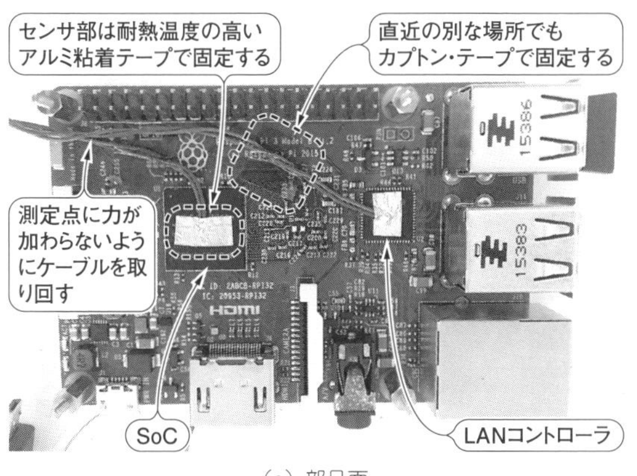

(a) 部品面

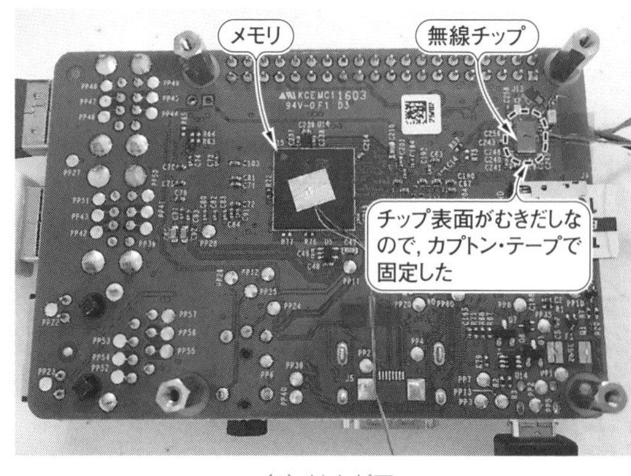

(b) はんだ面

写真3 温度センサの取り付け位置と固定方法
このほかに外気温を測定するセンサも基板の近くに設置する

● 測定環境の構築

SoC，LANコントローラ，メモリ，無線チップに温度センサを貼付け，動作時の温度を確認します．温度センサには熱電対を用い，**図1**のようにデータ・ロガーでモニタします．表面温度を測定するのは，実は非常に困難で，温度センサの取り付け状態によって測定値が簡単に変わってしまいます．温度センサは慎重に取り付ける必要があります．

▶使用する温度センサ：K型熱電対

今回は**写真2**に示す2種類のK型熱電対を使用しました．普段使いのφ0.2 mmのタイプと，極細線のφ0.08 mmのタイプです．熱電対は部品に取り付けると熱の通り道としても機能してしまいます．したがって，十分細いものを使用する必要がありますが，一般的な電子部品であればφ0.2 mmでも問題ありません．

今回の無線チップのように非常に小さい部品では測定値に影響が出る可能性が大きいため，φ0.08 mmを使用しました．いつもφ0.08 mmを利用するのが理想ではありますが，非常に細く扱いが大変なのと切れやすいため，通常はφ0.2 mmのタイプを使っています．はんだ面のメモリはφ0.2 mmでも問題ありませんが，あとで冷却プレートを取り付けるため，あらかじめ細いタイプを使いました．

▶熱電対の取り付け方法

耐熱温度の高いアルミ粘着テープを用いてセンサ部を固定し，直近の別な場所をカプトン・テープで固定します．**写真3**のように測定点にケーブルからの力が加わらないようにし，温度センサの貼付け状態が変わらないようにします．

無線チップはCSP(Chip Size Package)でチップ表面がむきだしなので，電気的な影響を考慮し，アルミ粘着テープではなくカプトン・テープで固定しました．

最後に外気温を測定するセンサを基板の近くに設置します．エアコンやパソコンのファンなどの影響がない空間を選定します．

技③ 負荷をかけて全体の発熱とクロック周波数を調べる

次の4つの実験でラズベリー・パイの発熱状態を調べ，実験の結果を確認してから対策を検討していきます．

● 実験①：水平置き待機状態

基板を10 mmほど浮かし，水平状態に設置して動作させ，温度を確認しました．

結果を**表1**に示します．実際の測定では室温が23～26℃程度で変動しているので，各測定時の室温との温度差を記録して室温が25℃の場合に統一して記載します．

表1 実験結果1…待機時とCPU使用率100%時の違い

ラズベリー・パイの状態	SoC 表面温度	LANコントローラ 表面温度	メモリ 表面温度	無線チップ 表面温度	CPUモニタ 表示温度	CPU 動作状態
無負荷定常状態	50.1℃	47.5℃	42.8℃	45.7℃	52.8℃	600 MHz
CPU計算負荷100%	85.8℃	52.7℃	56.2℃	63.2℃	83.9℃	1.2 GHz→900 MHz

表2 実験結果2…水平に置いたときと垂直に置いたときの違い

ラズベリー・パイの状態	SoC 表面温度	LANコントローラ 表面温度	メモリ 表面温度	無線チップ 表面温度	CPUモニタ 表示温度	CPU 動作状態
水平置き	85.8℃	52.7℃	56.2℃	63.2℃	83.9℃	1.2 GHz→900 MHz
垂直置き	84.8℃	50.2℃	53.2℃	60.2℃	82.3℃	1.2 GHz→1.1 GHz

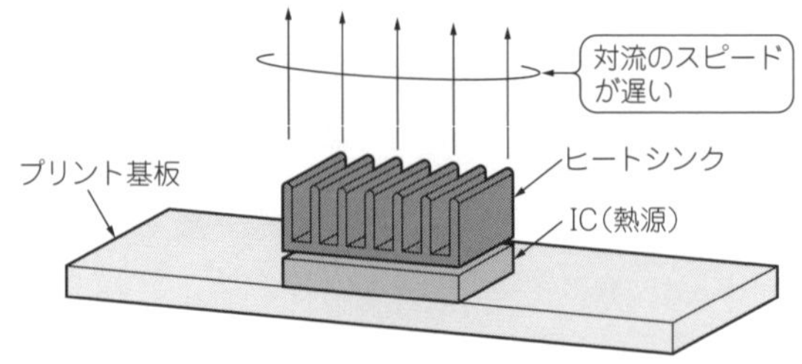

(a) プリント基板を横置きした場合(通常の組み込み方)

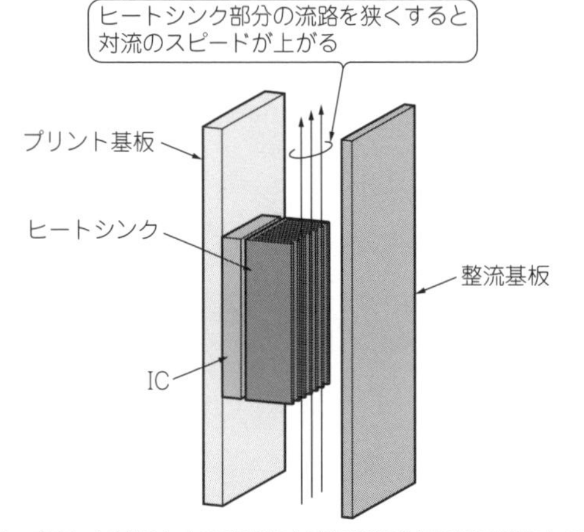

(b) プリント基板を立て整流板を追加設置(冷却効果が高まる)

図2 基板を垂直に置いたり大型ヒートシンクや整流基板を使ったりすると冷えやすくなる
垂直に置くと周辺に対流が発生しやすくなる

● 実験②：水平置きCPU使用率100％動作状態

sysbenchコマンド実行スクリプトを走らせ，温度を確認しました．

結果を**表1**に示します．100％負荷でもクロック周波数を低下させてかろうじて動き続けました．

● 実験③：垂直置きCPU使用率100％動作状態

基板が水平置きだと周辺に対流が発生しにくく，自然空冷には不利です．**図2**のように基板を垂直に置くことで対流が発生しやすくなります．本実験では，この効果がどの程度あるのか確認します．ラズベリー・パイの動作状態は実験②と同じです．

結果を**表2**に示します．基板を垂直置きにするだけでも温度を低下させられることがわかりました．

● 実験④：水平置き有線LANデータ転送状態

パソコンとラズベリー・パイをLAN経由で接続し，ラズベリー・パイ→パソコンへ大容量のファイル転送を行います．本実験ではラズベリー・パイ3に外付けUSBハードディスクを2台接続しました．

準備が済んだら，有線LAN用ftpコマンド実行スクリプトを走らせ，温度を確認しました．

結果を**表3**に示します．ラズベリー・パイに外付けUSBハードディスクを接続すると，CPUクロックが600 MHzに制限されました．

● 実験⑤：水平置き無線LANデータ転送状態

パソコンとラズベリー・パイを無線LAN経由で接続し，ラズベリー・パイ→パソコンへ大容量のファイル転送を行います．実験④に引き続き，ラズベリー・パイ3に外付けUSBハードディスクを2台接続します．

準備が済んだら，無線LAN用ftpコマンド実行スクリプトを走らせ，温度を確認しました(**表3**)．

● SoCを冷やす必要あり！

実験の結果より，SoCの温度を下げることをメインに対策を検討していくことにしました．

▶SoC：室温でもCPUはフル回転できない…25 ℃以上冷やす必要あり

室温が25℃の環境でもCPUをフル稼働させるとクロック周波数が低下することがわかりました．50℃の環境で動作させるには，SoCの温度を25℃以上下げる必要があります．

▶LANコントローラ，メモリ，無線チップはSoCの温度が下がれば問題なさそう

仮に実験③の外気温が50℃になったとして，単純に25℃をプラスしてみます．

メモリの表面温度は85℃を下回っており，問題ありません．無線チップも目標の100℃を下回っています．LANコントローラは周囲温度が70℃以下であれば問題ありませんが，基板の温度がそれ以上になる場合は周囲温度が50℃でも問題になる可能性があります．SoCの温度とともに基板の温度が下がれば心配はなさそうです．

ステップ3：1番効率良く熱を逃がす方法を検討する

初めに，冷却器の設置場所や熱を逃がす方法など基本方針を決めます．

表3 実験結果3…有線LANデータ転送時と無線LANデータ転送時の違い

ラズベリー・パイの状態	SoC表面温度	LANコントローラ表面温度	メモリ表面温度	無線チップ表面温度	CPUモニタ表示温度	CPU動作状態
有線LANファイル転送	56.7℃	50.3℃	46.3℃	49.4℃	56.5℃	600 MHz
無線LANファイル転送	54.7℃	46.1℃	43.9℃	50.2℃	55.1℃	600 MHz

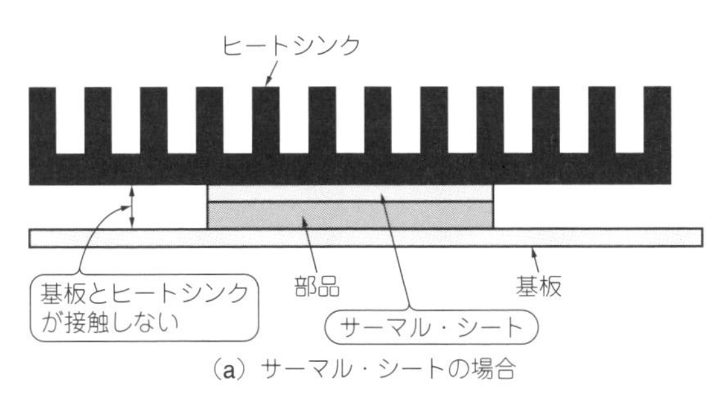

(a) サーマル・シートの場合

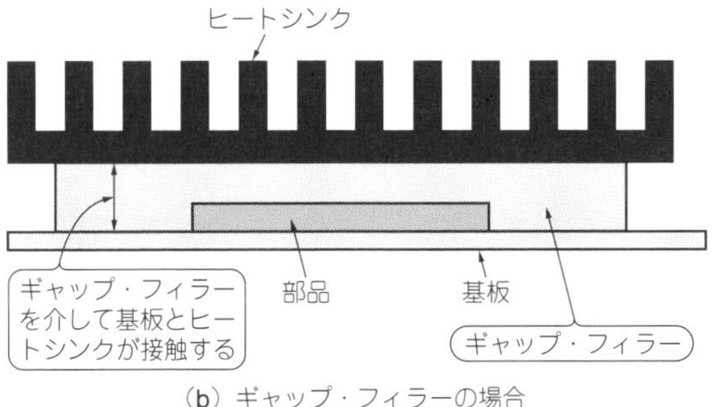

(b) ギャップ・フィラーの場合

図3 部品をめり込ませて接触面積を広く確保できるギャップ・フィラーならラズベリー・パイ3のはんだ面を大部分覆うことができそう

技④ ヒートシンクの設置場所を決める

● 部品面には使用頻度の多いコネクタが付いている

ラズベリー・パイは，SoCが搭載されている部品面には多数のコネクタが実装されています．ピン・ヘッダは拡張基板やジャンパ線を取り付けて使用することが多いので，冷却部品を付けた後でもアクセスしやすいほうが望ましいです．

● 低反発冷却シートを使って冷却部品をはんだ面に設置する

はんだ面をよく観察すると，背の高い部品はほとんどありません．部品よりもコネクタの足のほうが背が高いです．このようなときは，**図3**に示すギャップ・フィラーを使うと基板全体の熱を冷却部品に伝えられるようになります．

部品の熱を効率よくヒートシンクに伝えるために，通常であれば薄いサーマル・シートやグリスを用います．ギャップ・フィラーはやわらかくて厚みのあるシートです．部品がめり込むので基板表面まで到達するため，接触面積が最大化されます．

一般的にサーマル・シートよりも熱伝導率は低いですが，接触面積を広く確保することができるため，条件さえあえば冷却に非常に有効な手段となります．

ギャップ・フィラーを用いて基板全体の熱を逃がす道を確保すると十分冷却できそうです．

ラズベリー・パイとしての使い勝手を重視して部品面にはヒートシンクなどの冷却部品は搭載せず，はんだ面にのみ設置することにしました．

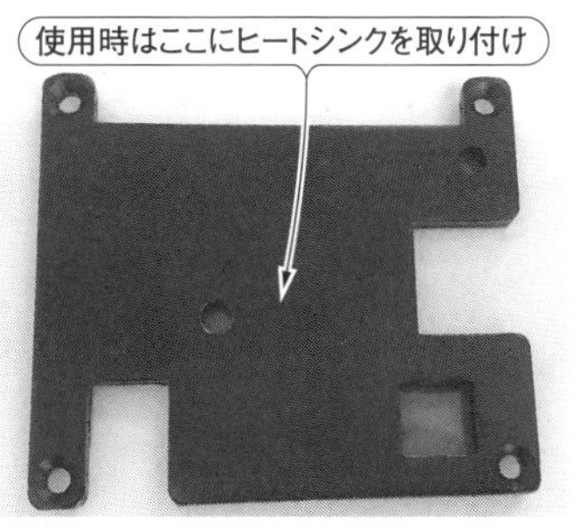

写真4 アルミ製の冷却プレートをラズベリー・パイ3のはんだ面に設置して表面の温度を熱設計の指標にできるかどうか検討する

技⑤ 冷却プレートを設置してその表面温度を放熱のリファレンスにする

ラズベリー・パイのはんだ面に**写真4**のような金属製の冷却プレートを設置し，その表面温度を規定することで熱設計の指標にします．ここでの熱設計の指標とは，次のことを指します．

「冷却プレートの表面温度を決まった値以下にすれば，周囲温度が50℃でもSoCやそのほかの部品も含めてラズベリー・パイを安全に動作させることが可能になる」

この指標があれば，冷却プレートにヒートシンクを搭載したり，ファンを取り付けたり，ニーズに応じた自由度の高い冷却設計ができます．

● 指標となる冷却プレートを製作する

冷却プレートの材料にはアルミを使用します．本来は熱伝導率が170 W/mKと高く入手も容易な6061材を使いたいところでしたが，今回は手配の関係で熱伝導率140 W/mKの5052材で製作しました．

ギャップ・フィラーを挟んでねじで締め込んでも反りがないように厚みは3 mmとしました．この厚みであれば，冷却プレートをねじ加工することで他の部品がねじ留めできるようになります．

ギャップ・フィラーはデータシートだけでは厚みや硬さなどの判断ができません．複数のものを試して選定する必要があります．1 mmの厚みのものから対応できるように，それ以上の高さの部品がある場所は切り欠くことにしました

設計はSolidWorksという3D CADで行いました．設計の際には，次のURLで公開されているラズベリー・パイの3Dデータを使用しました．

https://grabcad.com/library/raspberry-pi-3-model-b-reference-design-rpi-raspberrypi-raspberry-pi-solidworks-cad-assembly-1

設計した冷却プレートの3Dデータを**図4**に示します．

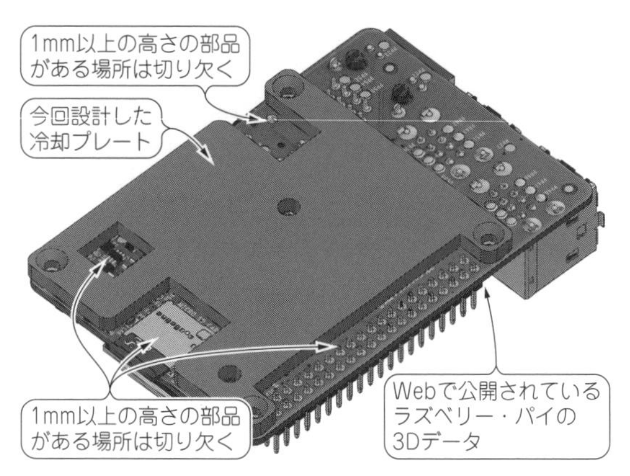

図4 今回製作した冷却プレートの3D設計データ

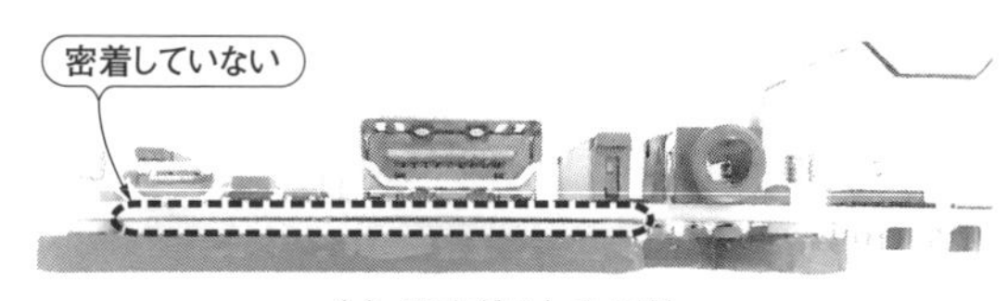

(a) 硬すぎるときの例

(b) 十分に密着しているときの例

写真5 ギャップ・フィラーの密着具合を側面からチェックしたときのようす
部品がめり込まずに隙間ができてしまう．この状態で無理にネジを締め込むと基板が反ってはんだが剥がれるなどの不具合が発生する

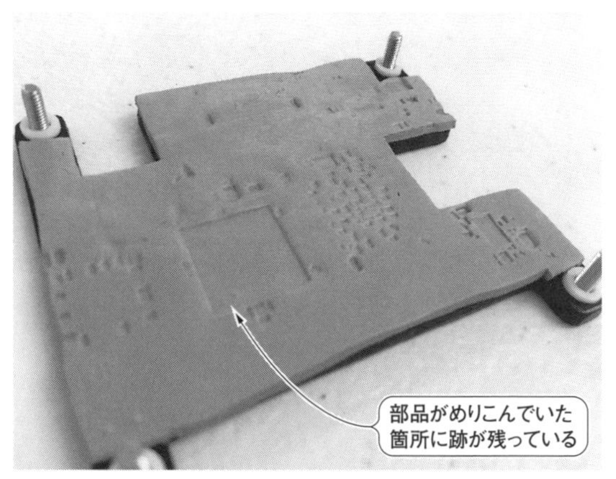

写真6 ラズベリー・パイ3に固定した直後のギャップ・フィラー
部品がギャップフィラーにめり込んだ跡がよく残っており，十分に密着していたことがわかる

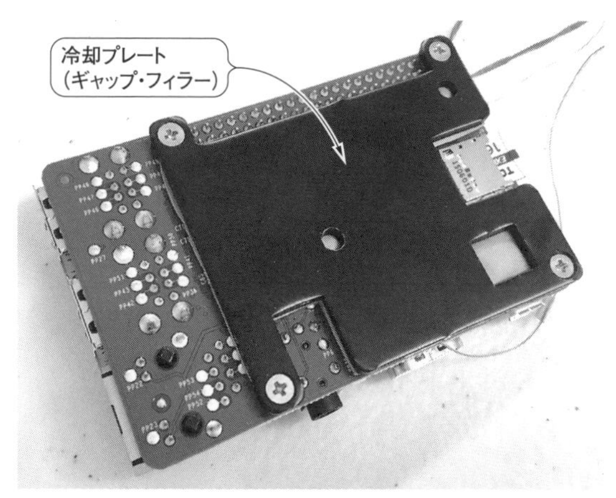

写真7 冷却プレートを取り付けたラズベリー・パイ3

技⑥ 実物を使って熱設計の指標を決める

● ①ギャップ・フィラーの密着具合をチェック

実物が完成したら，冷却プレートにギャップ・フィラーを貼り付けて，ラズベリー・パイに固定して**写真5**のように密着具合を確認します．

いくつかの品種で試しましたが，最終的に**写真6**のTC-CAD-10(信越シリコーン)の厚み1.5 mmを，ねじで押し付けることによって1.2 mmまで圧縮して使用することにしました．熱伝導率は3.2 W/mKとギャップ・フィラーとしては高いほうです．

● ②実験で温度分布をチェック

写真7のように冷却プレートとギャップ・フィラーをラズベリー・パイに付けた状態で，再度温度測定を行います．ここでは水平置きCPU使用率100％動作状態と，垂直置きCPU使用率100％動作状態の2通りで温度を測定しました．具体的な測定方法はステップ2の実験と同じです．

表4に示すのは，プレートなしとプレートありの温度測定の結果です．冷却プレートを付けただけで，SoC表面温度は10℃以上低下しました．逆にLANコントローラの温度は上昇しました．

冷却プレートのサーモグラフィ画像を確認すると，**図5**のとおり温度が均一になっていました．ホットスポットになっていたSoCの熱が冷却プレートを設置することで基板全体に拡散し，温度が均一化されました．このため，今まで平均値よりも温度の低かった部品は，冷却プレートなしのときよりも上昇します．

ホットスポットがないほうが熱設計は容易になります．今回設置した冷却プレートのように，金属平面が均一温度であれば，この先の対策がしやすくなります．

以上のことから，設置した冷却プレートは熱設計の指標としては十分機能すると考えられます．

● ③実験結果をもとに熱設計の指標を決める

外気温50℃のときを想定し，冷却プレートありの実験結果に25℃をプラスしてみると，CPUモニタの

表4 実験結果4…冷却プレート有無による違い

ラズベリー・パイの状態	SoC表面温度	LANコントローラ表面温度	メモリ表面温度	無線チップ表面温度	CPUモニタ表示温度	CPU動作状態
水平置きプレートなし	85.8℃	52.7℃	56.2℃	63.2℃	83.9℃	1.2 GHz→900 MHz
水平置き冷却プレート付き	72.3℃	57℃	54.2℃	56.1℃	70.7℃	1.2 GHz
垂直置きプレートなし	84.8℃	50.2℃	53.2℃	60.2℃	82.3℃	1.2 GHz→1.1 GHz
垂直置き冷却プレート付き	70.8℃	56.1℃	53.5℃	54.9℃	69.7℃	1.2 GHz

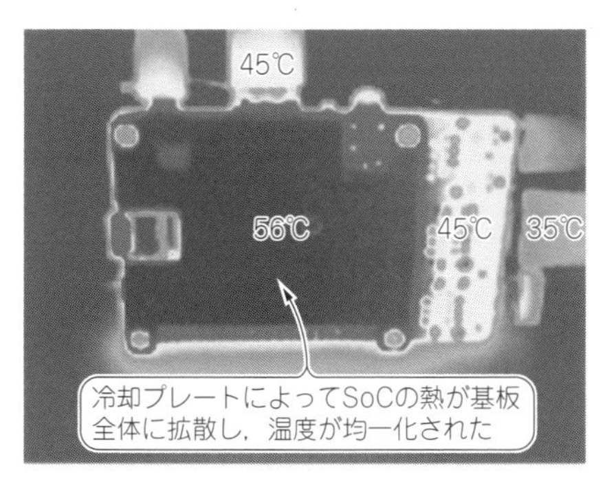

図5 サーモグラフィで観測した冷却プレートを取り付けたラズベリー・パイ3の温度分布
最高温度は56℃．温度分布が均一になっており，この面を冷却することでラズベリー・パイ3全体を冷却できそう

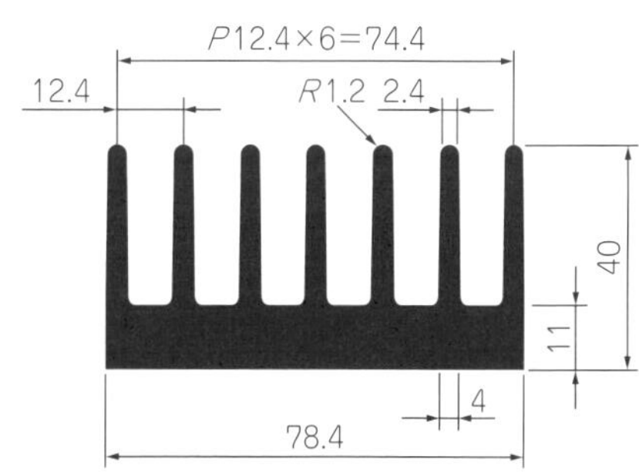

図6 メーカのカタログに記載されているヒートシンクのスペック
自然空冷用ヒートシンク40BS078(三協サーモテック)

切断寸法[mm]	熱抵抗[k/W]	重量[g]
L50	3.23	204
L100	2.02	408
L200	1.23	816
L300	0.92	1224

温度は94.7℃になります．これが80℃以下になればフル稼働が可能となります．あと約15℃下げることができればよいわけです．

冷却プレートは基板と密着している面積が広いため，表面を冷却すればSoCの温度もほぼリニアに下がると予測できます．サーモグラフィ画像より，冷却プレート表面の最高温度は56℃だったので，あと15℃下がって41℃になればよいと想定できます．この41℃が外気温25℃のときの指標になります．

外気温とSoCの温度との差は+16℃なので，外気温50℃のときは66℃になります．冷却プレート表面の温度を66℃以下にコントロールできれば，ラズベリー・パイをフル稼働させることができます．

実際の指標にするには，恒温槽などを用いて外気温50℃の環境でテストする必要がありますが，ここでは仮定のまま進めます．

ステップ4：最適な冷却器を決める

放熱の基本方針が決まったので，次に最適な冷却器を決めます．

● ①熱抵抗値を算出する

ラズベリー・パイを1.2 GHzでフル稼働させたときの電力を，消費電流チェッカRT-USBVAC3QC(ルートアール)で測定しました．結果は4.3 Wでした．これをもとに熱抵抗値を計算すると，次のとおりになります．

16℃/4.3 W = 3.72℃/W

冷却プレートには3.72℃ /W以下の熱抵抗値のヒートシンクを設置すればよいことになります．

● ②条件に合うヒートシンクを選択する

ヒートシンクを使った空冷には，主に2つの方式があります．1つはヒートシンクのみで冷却する自然空冷です．もう1つはヒートシンクと冷却ファンを組み合わせた強制空冷です．強制空冷のほうが圧倒的な冷却が可能ですが，冷却ファンを使用しているため，常に故障のリスクがともないます．

本稿ではできるだけ故障の少ない産業機器グレードのコンピュータづくりを目指すため，あえて自然空冷による冷却を行います．

冷却ファンを使わずに自然空冷で冷却するとき，どのようなヒートシンクを設置すればよいか検討します．今回製作した冷却プレートの有効面積は50 mm × 65 mmです．この面積で熱抵抗値が3.72℃ /Wになるヒートシンクを探します．

図6にヒートシンク・メーカのカタログを示します．L50の意味は，幅78.4 mm，高さ40 mmの押出材を長さ50 mmにカットし，放熱面に一様に熱負荷を掛けたときの熱抵抗値が3.23℃ /Wということです．これでヒートシンクの大きさはおおむね見当がつきました．

(a) 設置状態

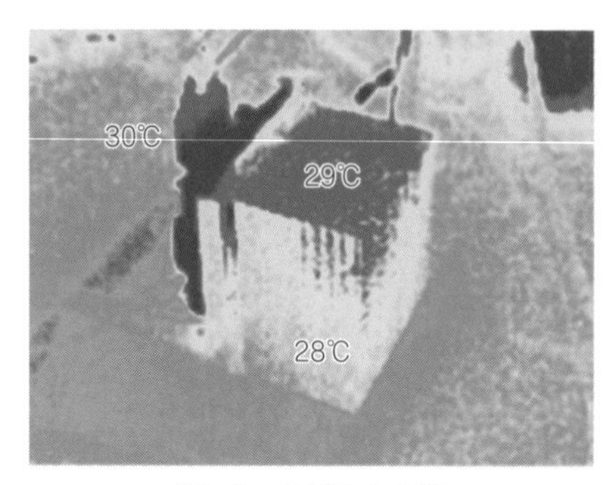

(b) サーモグラフィ画像

図7 サーモグラフィで観測したヒートシンクを設置したラズベリー・パイ3の温度分布

表5 実験結果5…垂直置き(ヒートシンク付き)**の温度**

ラズベリー・パイの状態	SoC表面温度	LANコントローラ表面温度	メモリ表面温度	無線チップ表面温度	CPUモニタ表示温度	CPU動作状態
縦置きヒートシンク付き	50.6℃	37.9℃	33.8℃	34.7℃	50℃	1.2 GHz
外気温50℃換算	75.6℃	62.9℃	58.8℃	59.7℃	75℃	1.2 GHz

表6 実験結果6…水平置き(ヒートシンク付き)**の温度**

ラズベリー・パイの状態	SoC表面温度	LANコントローラ表面温度	メモリ表面温度	無線チップ表面温度	CPUモニタ表示温度	CPU動作状態
平置きヒートシンク付き	56.3℃	43.2℃	39.2℃	40.2℃	55℃	1.2 GHz
外気温50℃換算	81.3℃	68.2℃	64.2℃	65.2℃	80℃	1.2 GHz

● ③実験で冷え具合を確かめる

図6と同じ製品は用意できませんでしたが，80 mm × 80 mm，高さ60 mmのヒートシンクが手元にありましたので，これを使用しました．ヒートシンクと冷却プレートの間にグリスを塗布し，**写真1**のようにラズベリー・パイを貼り付けた状態にて，CPU使用率100 %動作状態で温度を測定しました．**図7**に測定時のサーモグラフィ画像を示します．具体的な測定方法はステップ2の実験と同じです．

結果を**表5**に示します．メーカの目安よりも大きいヒートシンクを使用したため冷却的には有利でしたが，外気温が50℃でも冷却ファンなし(ファンレス)でCPUが1.2 GHzで動作するめどが立ちました．

LANコントローラの温度も70℃を下回りました．周囲温度はもとより基板温度も70℃を十分下回っているので，問題なしと判断します．

写真8 水平置きでもちゃんと冷えるか確かめた
ヒートシンクのフィンを下向きにした状態だと冷えにくい

● ④ヒートシンクが下向きでも冷えるか確かめる

設置方法が垂直置きに限られると使い勝手に影響があります．そのため，**写真8**のようにラズベリー・パイを上にし，ヒートシンクのフィンを下向きにした状態で温度を確認します．これはヒートシンクにとって最も冷えにくい姿勢です．CPU使用率100 %動作状態で温度を測定しました．具体的な測定方法はステップ3の実験と同じです．

結果を**表6**に示します．想定どおり垂直置きよりも温度は上昇しましたが，ギリギリでCPUモニタの温度は80℃になりました．

＊　＊　＊

ラズベリー・パイは熱関係の仕様がはっきりせず，取り扱いが難しかったのですが，冷却プレートを取り付けて，その表面温度の指標を示すことで，格段に熱設計がしやすくなりました．

第3部

今どき小型・高密度回路の熱設計テクニック

第3部　今どき小型・高密度回路の熱設計テクニック

第11章　回路シミュレータLTspice×基礎知識でOK!

今どき小型・高密度回路の熱解析入門

加藤 隆志 Takashi Kato

本稿のテクニックは放熱板が付かないベタのプリント・パターンだけで放熱するものに向いています.

- LDO(Low Drop Out)レギュレータなどのリニア電源(損失1W以上)
- FPGA(Field Programmable Gate Array)やCPUなどの高密度ディジタル・デバイス(放熱板なし)
- オーディオやRFのパワー・アンプ(放熱板なし)

高密度回路の熱解析にLTspiceのススメ

● 小型で高密度な回路は熱予測が難しい

図1に示すように発熱部品どうしが隣接していたりすると, 熱予測が困難です. 熱解析できる市販シミュレータは数十万円以上と高価であるため, 趣味など個人で購入するのには無理があります.

● 熱抵抗回路のLTspice解析ならやりやすい

熱解析は, オームの法則で等価的に解けることが知られています. 本稿では, フリーの電子回路シミュレータLTspiceを使って複雑な熱経路を計算します.

放熱経路は, すべて3次元の熱抵抗回路として扱えるため, 抵抗モデルを作れば理論上どんな熱経路も計算できます.

図2にLDOレギュレータの放熱パターンを示します. 熱解析を実行すると, むだに広い放熱ベタのプリント・パターンを作ったり, 放熱経路が貧弱で部品が過剰に発熱したりすることを防ぐことができます.

● データシートのスペックだけでは基板の最適な熱予測が難しい

図3にパッケージの熱抵抗を示します.

T_J(ジャンクション温度)はチップ内部の半導体の接合部温度です. ここの温度が寿命や破壊の危険性を決定します. 実際にT_Jを測ることはできません.

基板の放熱面積や風速などの条件を決めて環境温度(空気)から接合部までの熱抵抗をθ_{JA}とします.

空気ではなく, ケース表面温度から接合部まではθ_{JC}とします. 放熱板が付いているデバイスの場合, 放

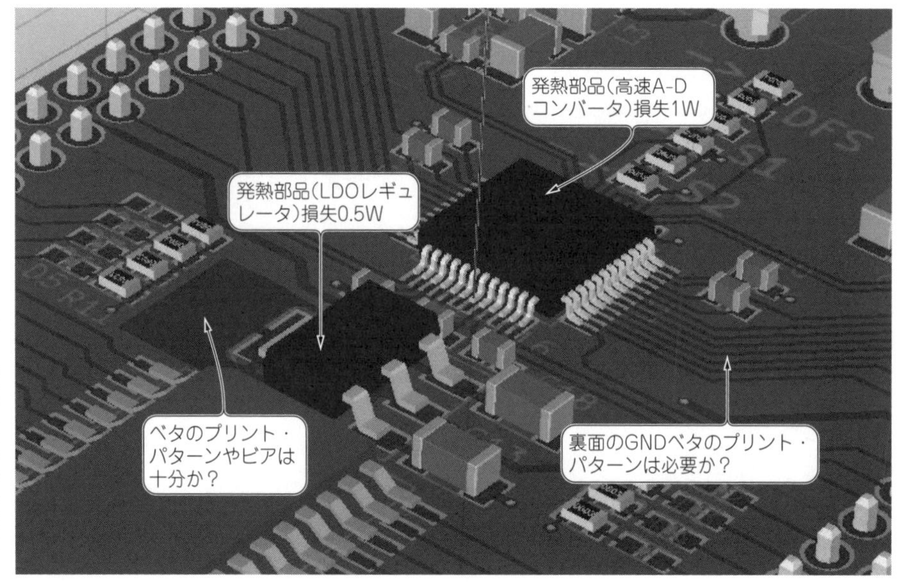

図1　発熱部品2個が近くにあり互いに影響しあうため熱予測が難しい例
プリント基板設計ツールKiCadの3D表示. フリーの電子回路シミュレータLTspiceを利用すると複雑な回路であっても熱予測ができる. 熱解析を実行するとむだに広い放熱ベタのプリント・パターンを作ったり, 放熱経路が貧弱で部品が過剰に発熱したりすることを防ぐことができる

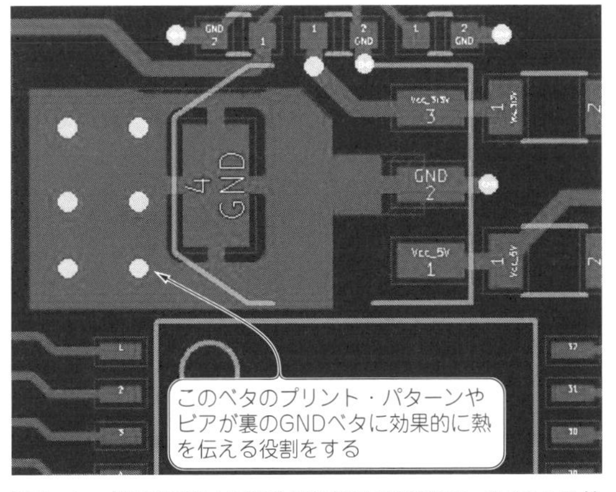

図2 1 cm² 以下の狭い面積の発熱部品は慎重にレイアウトを検討する
必要な面積のベタのプリント・パターンとビアを置き，裏のGNDベタに熱を逃がすなど熱解析により検討できる．正確に熱予測できるとむだに広い放熱ベタのプリント・パターンを置かなくもよい

熱板の表面温度になっていることが多いです．

半導体ではほとんどの場合，データシートに記載されているθ_{JA}の値に損失をかけて環境温度とのマージンを確認します．ここに記載されているθ_{JA}の値は，ある程度の面積のGNDベタに部品を配置した想定になっているため，自作する機器の条件とは一致しません．

● 半導体以外にも熱に弱い部品がある

熱に弱い部品は，半導体だけではありません．半導体のジャンクション温度の限界は，データシートなどに記載されています．ボンディング・ワイヤの接合部が異種金属であるなども影響します．

電解コンデンサ(ケミコン)も熱によって寿命が大きく左右されます．電気製品の故障の多くはケミコンの不具合によるものが多いです．プリント基板は，耐熱300℃です．それはリフロ時です．長期にわたって100℃を超える状態が続くと基材が劣化します．

今回は他の部品の耐熱温度の議論はしません．基板のパターン形状と部品の発熱量から部品のケース温度をどうやって求めるかに焦点を当てます．

ケース温度が求まれば，部品メーカが公表しているθ_{JC}などのパラメータを使ってT_Jが求まります．

バーチャル解析の準備…熱モデルを作る

技① 基板と空気との熱抵抗も含めてモデルを作る

重要なのはモデルの作り方です．

放熱ベタのプリント・パターンの形状，銅はくの厚み，ビアの長さ/直径，めっき厚，材質/厚み，基板と空気との熱抵抗も含めてすべてモデル化します．これらを正確にモデル化できれば実測とほぼ一致します．

一度手法を理解できれば，さまざまなモデルを作ってどんどん発展させることができます．初めての形状で熱解析が必要になっても，解決できるでしょう．

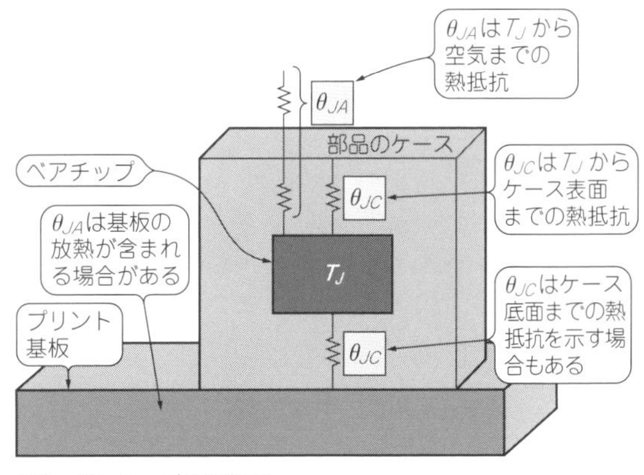

図3 パッケージの熱抵抗
T_Jはチップ内部の半導体の接合部温度．この温度が寿命や破壊の危険性を決定する．実際にこの温度を測ることはできない

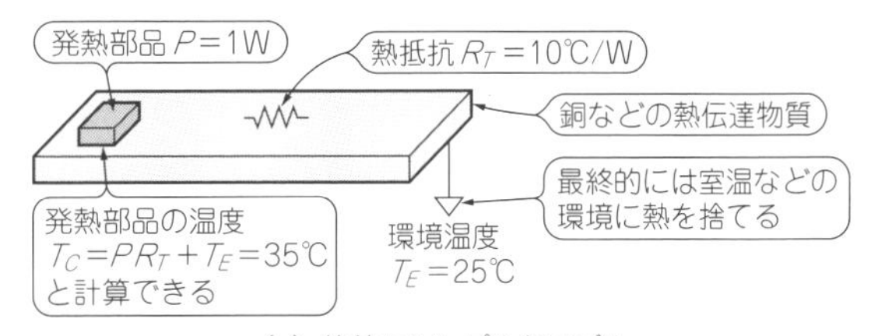

(a) 放熱のシンプルなモデル

電気回路に置き換えて
オームの法則で計算できる

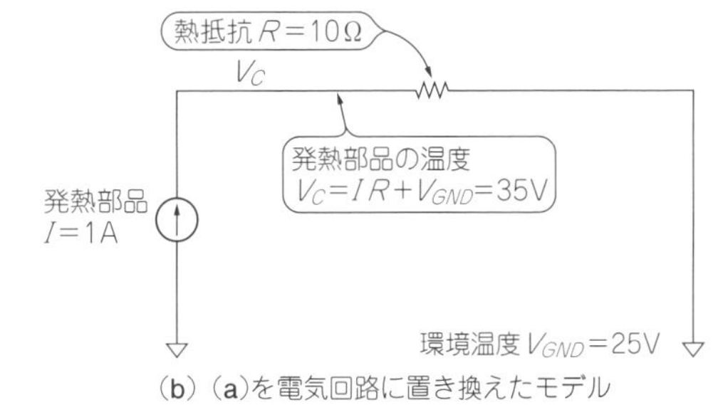

(b) (a)を電気回路に置き換えたモデル

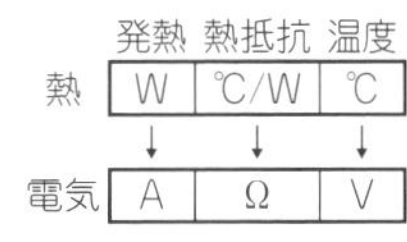

	発熱	熱抵抗	温度
熱	W	℃/W	℃
	↓	↓	↓
電気	A	Ω	V

(c) 熱は電気に置き換えることができる

図4 熱を計算するときの基本的な考え方
熱計算はオームの法則に置き換えることができる．実際の熱経路はさらに複雑

● 発熱のようすはオームの法則で解ける

放熱の最もシンプルなモデルを図4に示します．発熱部品を銅板だけを通して環境に放熱するというものです．

本モデルが成立する条件は，銅板の周りは100 %断熱されていて，銅板の片方だけが絶対に25 ℃が保たれる物体に接続され，反対側に1 Wの発熱体が接続されます．このような熱モデルは，電気に置き換えてオームの法則で解くことができます．

物質には固有の熱抵抗があり，それを電気の抵抗に置き換え，発熱［W］を電流［A］に，温度［℃］を電圧［V］に置き換えて解くことができます．

$$V_C = IR + V_{GND} \cdots\cdots (1)$$

式(1)から発熱部品の温度は，35℃（= 1 × 10 + 25）です．

この原理を応用すれば，複雑な電気回路の計算と同じように熱計算もできます．

図5は，実際に近い熱モデルです．100 %の断熱などは無理なので，このように銅板の放熱経路の途中からどんどん熱が拡散していきます．25℃が保たれる物体もないので現実にはある熱抵抗を持ちます．

等価回路は，**図5**のようになります．それぞれの熱抵抗が求められた場合，電気回路として解くことができます．

技② やっかいな銅はくの熱拡散を求める

求めるべき熱抵抗は，次のとおりです．

(1) 銅はくの2次元方向への熱の拡散
(2) 他の層へ伝わる基材を介した熱抵抗
(3) 銅はく表面から空気への熱抵抗

一番やっかいなのが(1)の熱拡散です．拡散は，積分で求めた近似式を使う方法もありますが複雑な形状は困難です．そこで便利な方法が有限要素解析（FEM：Finite Element Method）です．FEMができるシミュレータは高価ですが，工夫すれば，フリーのLTSpiceでも解析できます．

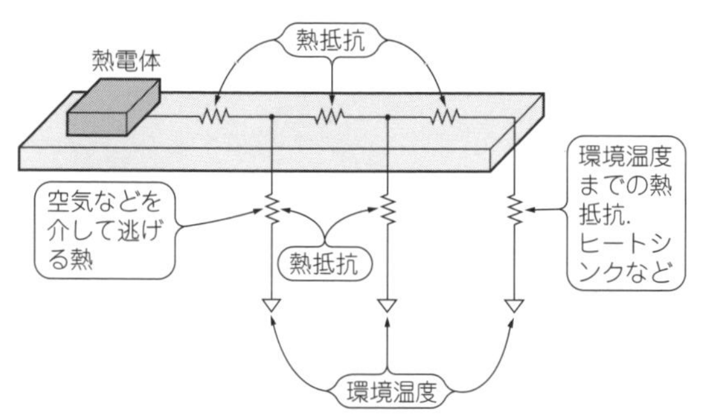

図5 実際の熱経路は空気などを介してさまざまな経路で拡散するため計算は複雑
熱経路の等価回路

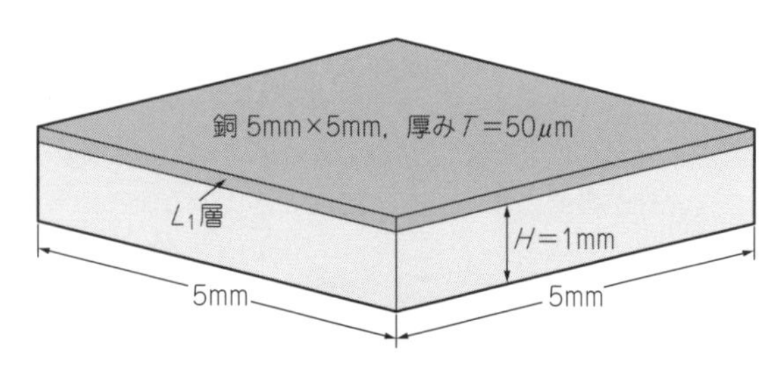

図6 ベタのプリント・パターンを有限要素解析するときの要素1セルの大きさを5 mm×5 mmとした
サイズが大きいほど入力や解析は楽になるが分解能は低くなる

分布定数として回路を扱うため，近似式よりも正確な結果を得られるのも特徴です．FEMは1セルあたりのモデル化が重要です．1セルが大きいほど，回路規模は小さくなりますが，分解能は荒くなります．今回は実験しやすい5 mm × 5 mmを採用しました．

技③ 実測と計算が合うようにする

今回は実測との比較をするため，入手できた生基板のパラメータからモデルを作ります．**図6**が入手できた基板の1セルあたりの構造です．

図7は，この1セルを等価回路にしたものです．R_Cは幅5 mm，長さ2.5 mm，厚さ50 μmの銅はくの熱抵抗です．R_Tは5 × 5 mm銅はくと空気との熱抵抗です．これらの熱抵抗の求め方は，後述します．

基材方向の熱抵抗はありません．今回は水平に置いた自然対流で実測するので，裏面は断熱として扱います．実際に断熱とするため基板を机上に3 mm浮かして対流などの風の流入が起こらない条件を作りました．

何も対策しないと，中途半端な対流や熱伝導が発生して計算と合わなくなります．

裏面も強制空冷などの方法で放熱経路とするとき，**図7**の下側に熱抵抗を縦に追加します．

できあがったセルを**図8**のように並べると，どのような形状でも解析できます．

基材方向の熱抵抗を考慮して，**図7**のモデルを積み重ねれば多層基板にも応用できます．

● 銅はくの熱抵抗の求め方

銅はくの横方向の熱抵抗を求めます．**図9**のように銅の熱伝導率の逆数が熱抵抗となります．

これは1 mm^{3}あたりの熱抵抗なので，3辺の寸法から熱抵抗を計算します．

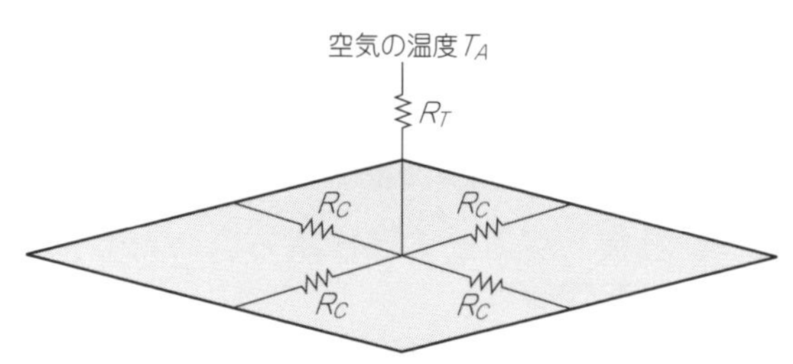

図7 5 mm × 5 mmの銅はくを5 mm × 2.5 mm，4枚に分解して熱抵抗R_cを求める
空冷の場合は風速に応じた熱抵抗R_Tを加える．これら5個の素子が有限要素解析の1要素となる．多層基板の場合はR_Tを基材の熱抵抗としたものを下段に積み重ねる

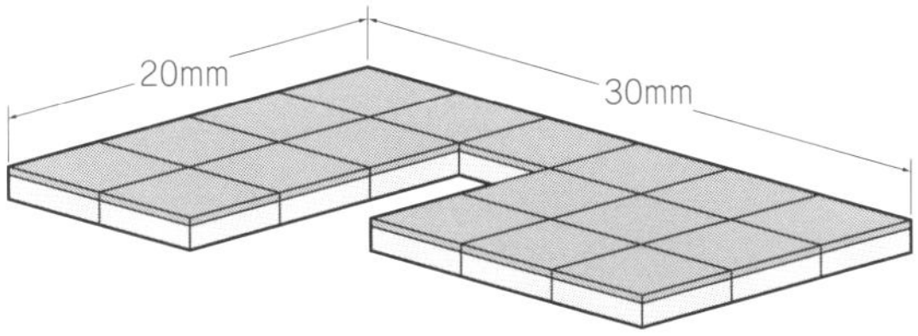

図8 5 mm×5 mmのセルを組み合わせると大規模で複雑な形状もバーチャル解析できる
途中で空気などに拡散する熱も計算できる

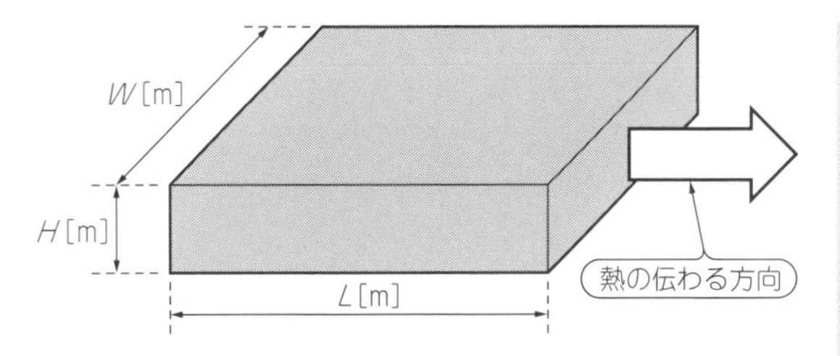

横方向(銅はく)の熱拡散は次式を使う
銅の熱伝達率 $\lambda=398\mathrm{W/mk}$
熱抵抗 $\theta=1/\lambda=2.513\mathrm{Kmm^3/W}$
上記寸法の熱抵抗 $R_T=\theta\frac{L}{HW}$[K/W]
5mm×5mm×0.05mmの場合 $R_T=2.513\times\frac{5}{0.05\times5}$
$=50.26\mathrm{K/W}$

図9 熱抵抗はL, H, Wの比が等しければ大きさに関係なく同じ値になる
基板の場合，銅はく厚は重要なパラメータになる

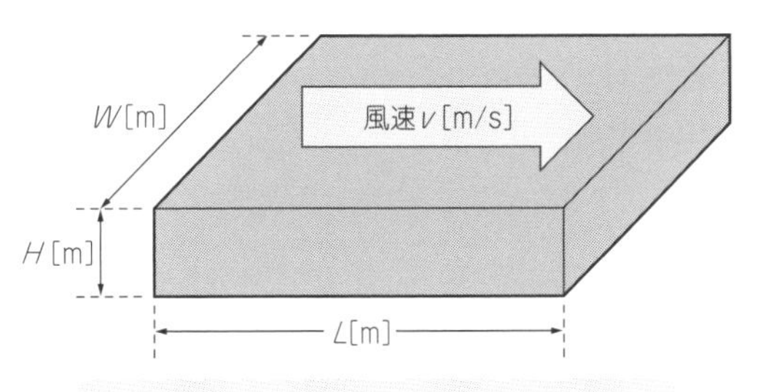

縦方向(空気)への熱拡散は次式を使う
熱伝達率 $\alpha=2.66\sqrt{\frac{v}{0.5L}}$[W/m²K]
表面温度 $T=\frac{P}{LW\alpha}$[K]
熱抵抗 $\theta=\frac{T}{P}=\frac{1}{LW\alpha}$[K/W]
$$\alpha=2.66\sqrt{\frac{0.5}{0.5\times0.005}}=37.6\mathrm{W/m^2K}$$
$$\theta=\frac{1}{0.005^2\alpha}=1063\mathrm{K/W}$$

図10 銅はくから放熱される熱量は風速によって大きく変わる
5 mm×5 mmで風速0.5 m/sの場合，空気への熱抵抗は約1000 K/Wとなる

5 mm × 5 mm × 0.05 mmの場合，熱抵抗は50.26 K/Wです．R_Cはその半分の長さなので25.13 K/Wです．

● 空気への熱抵抗の求め方

空気への熱抵抗は，風速によって大きく変わります．図10に示すように熱伝達率は風速の平方根に比例します．銅はくの表面温度は，熱伝達率の逆数に発熱量をかけ表面積で割ったものです．

自然対流の風速が問題です．これは環境温度と発熱部分の温度差によって変化します．

実際に測るのも簡単ではありません．小型の熱電対式風速計などを使用できないと難しいです．

筆者の経験上，次の値を用いるとおおむね実測と一致します．

- 0.5 m/s：自然対流(水平で温度差50℃以上)
- 1～2 m/s：強制空冷(障害物多い，狭い流路)
- 3～5 m/s：直接風が当たる強制空冷

今回は0.5 m/sとして計算し，空気への熱抵抗は約1000 K/Wと求められました．これは空間に置いた5 mm × 5 mmの銅はくに1 Wの損失を与えると，赤熱する程の温度になります．

5 mm × 5 mmで1 Wの密度は，250 mm × 30 mmで300 Wに相当します．このサイズで300 Wはトースタの電熱ヒータ1本分に近いです．

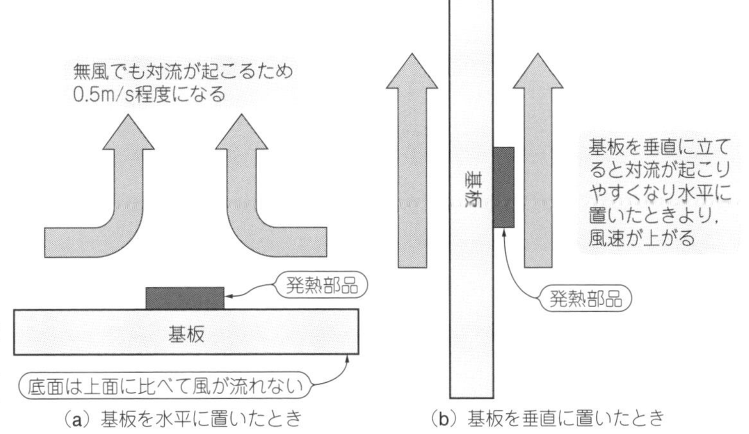

図11 実際は発熱部品と流体(空気)の温度差に応じて自然対流が発生する
完全な無風だと発熱部品の温度は際限なく上昇する．今回は対流によって約0.5 m/sは風速があると仮定した

自然対流の場合，基板の向きで風速が変わります．**図11**のように基板を垂直に立てると対流が起こりやすくなり風速が上がります．この場合，周辺環境の影響を強く受けるため，どの程度の風速になるかはさまざまです．

LTspiceでバーチャル熱解析

● 製作する基板

図12は，今回実験する基板のパターン図です．手計算では，計算が難しいプリント・パターンを想定してみました．発熱点2カ所が近接していてお互いの熱が影響しあう上に，仕切りがあり熱が逃げにくい最悪のプリント・パターンです．FPGAなどの多電源のデバイスを想定しているため，LDOレギュレータが周囲に分散配置され独立した電源のベタのプリント・パターンが存在し，それぞれの熱の影響があります．

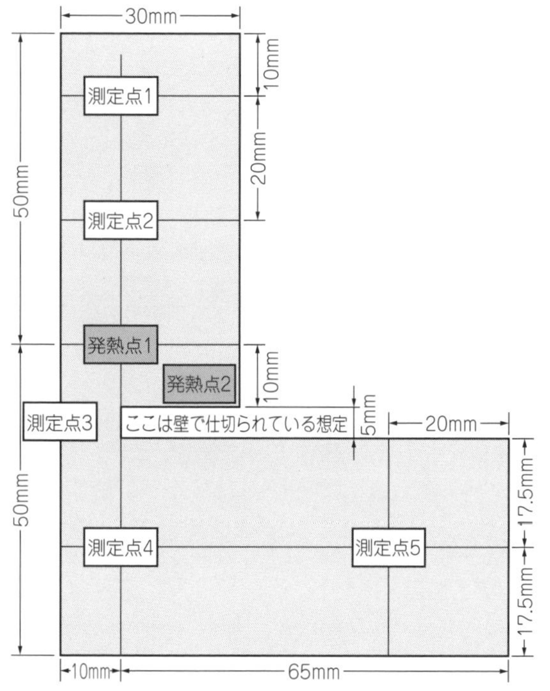

図12　発熱点1が3.2 W，発熱点2が1.6 W，合計4.8 Wと空冷では対策できないと思われる事例
ベタのプリント・パターンの面積が広い割には冷えにくいがよくある形を想定した．発熱点は2カ所が接近し，お互いに影響を強く受けるため手計算では計算が難しい

● 回路構成

図9と**図10**で求めた熱抵抗を使って，**図13**のライブラリと**図14**のシンボルを作り，お互いを関連付けて，1セル分の回路とします．

発熱点は，合計で4.8 Wもあり，直感的にも破綻するだろうと思われる例です．

図12のようにシンボルをプリント・パターンの形に並べれば熱回路が完成します．

技④ 発熱点が広い場合はその部分のセルを抜く

発熱点は慎重に設定します．そのまま発熱点(定電

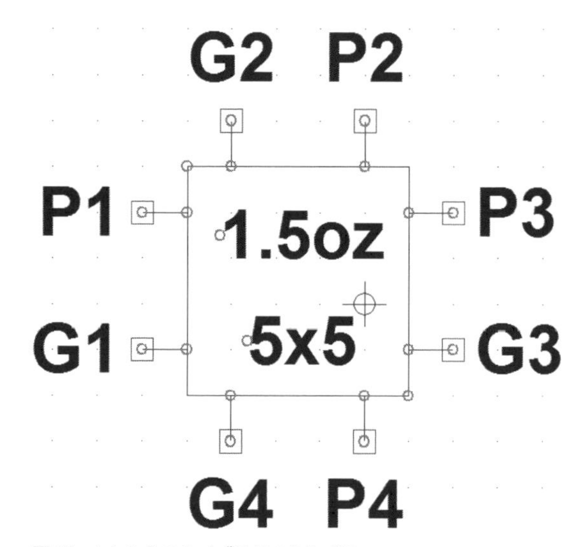

図14　1セル分のライブラリのシンボル
セルを2次元につないでいくことでさまざまな形状のパターンの熱解析ができる

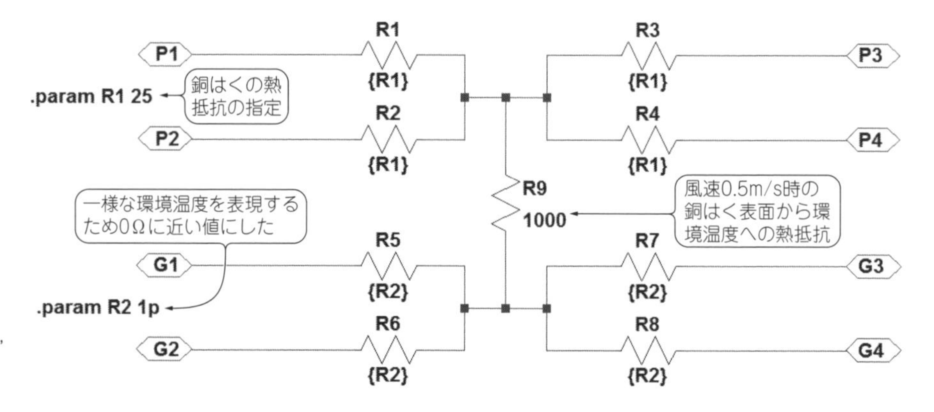

図13　5 mm × 5 mm，1セル分の等価回路のライブラリ
R_1は幅5 mm，長さ2.5 mm，厚さ0.05 mmの銅はくの熱抵抗

流源)を置くと，微小な範囲に熱源を接続したことになるため，その部分の温度が異常に高い値になります．**図15**のように，実際のデバイスの面積分セルを抜いて同一ノードとして平均的な発熱を加えることが重要です．

● 解析結果

LTSpiceでの解析は，DC解析を使います．トランジェント解析でも構いませんが，時間軸方向に意味はないのでDC解析が向いています．発熱点1(**図15**の回路図ではI_1)を変数にし，発熱点2(I_2)は定数です．

解析結果を**図16**に示します．発熱点1が3.2 Wのとき，発熱点2が最高温度の142℃アップ，室温が25℃

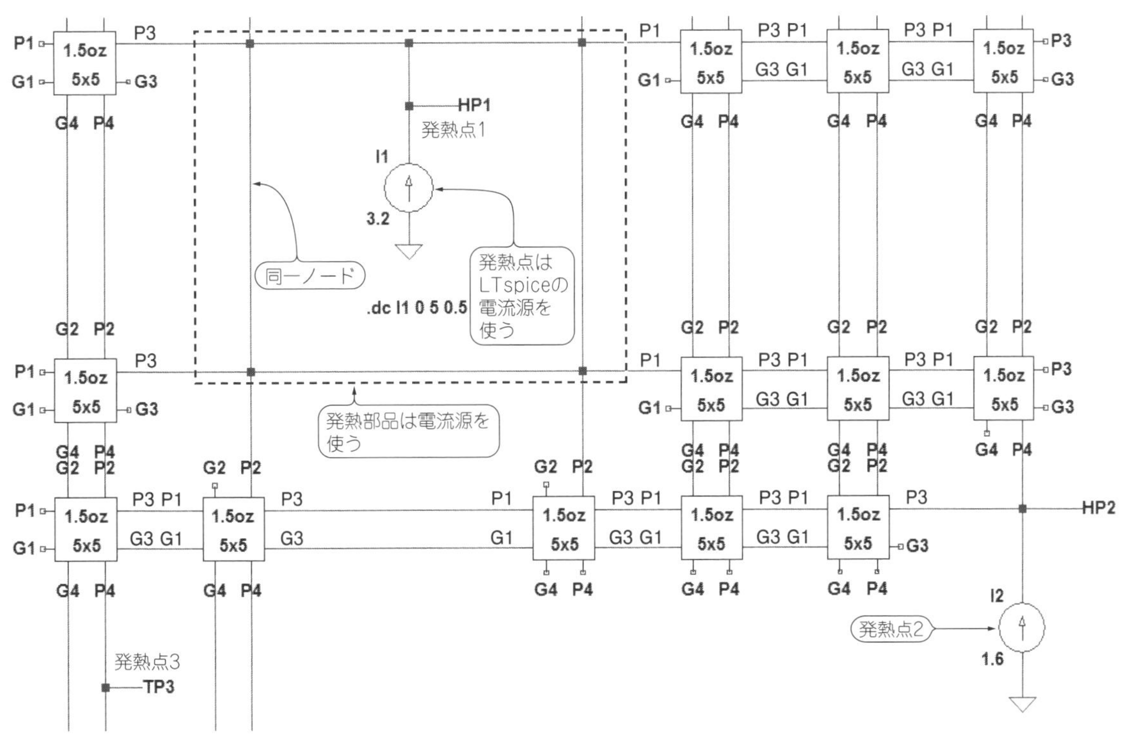

図15 発熱源が広い場合はその部分のセルを抜く(発熱源周辺部を抜粋)
セルを抜いておかないと，その部分の面積が極小ということになり温度上昇が実際には起こらないような異常な高値となる．素子の面積分のセルを抜いて同一ノードにする．発熱箇所以外は実際のパターン形状に従いセルを並べる

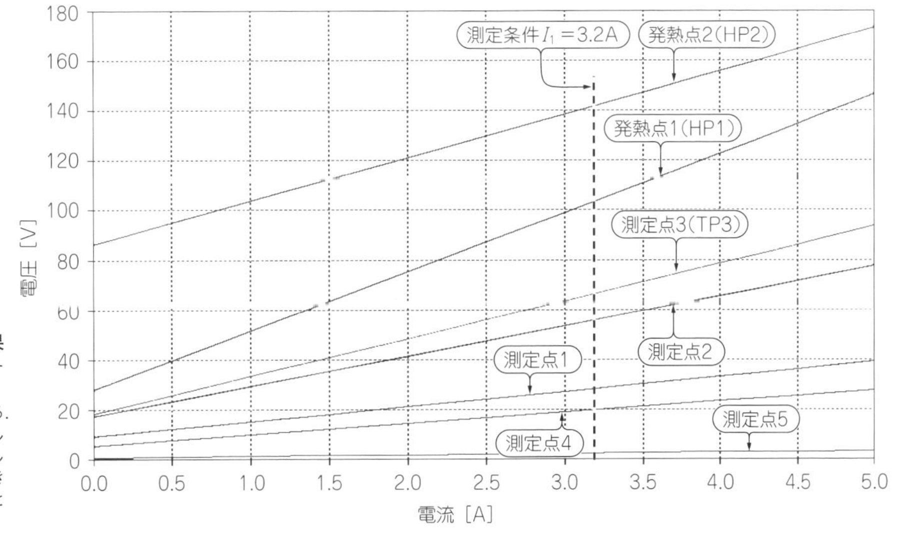

図16 発熱の解析結果
(LTspiceによるシミュレーション)
[V]を[Δ℃]に置き換える．環境温度からの上昇分を表している．発熱源1を変数としているため3.2 A([W]に置き換える)の部分が読み取る値となる

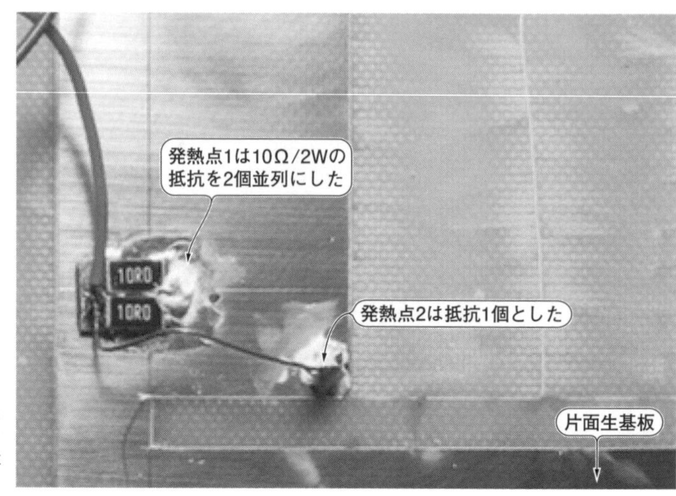

写真1　製作した実験基板(発熱点周辺)
水平なマットの上に水平に置き，底面からの放熱を抑えるため3mmだけスポンジで浮かせて断熱する．抵抗は熱を効果的に銅はくに伝えられるようシリコン・グリスを大量に塗布する

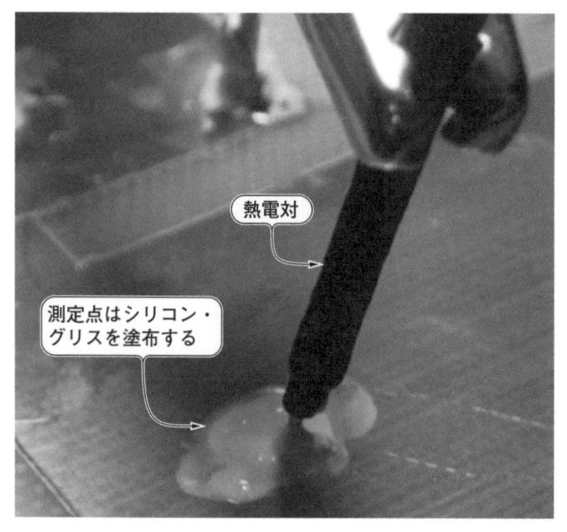

写真2　測定点はシリコン・グリスを塗布して熱電対を当てる
触るだけ，テープで貼るなどの方法は誤差が大きくなる

では167℃になることがわかります．

実際はこれにケース温度からT_Jまでのθ_{JC}が加わるため，半導体は即死の状況です．発熱点1でも139℃(＝114＋25)なので，半導体の動作可能温度範囲を超えています．壊れないボードを目指すならT_Jは，90℃以下にはしたいところです．仮にθ_{JC}を3 K/Wとすると，発熱点1は，85℃以下にします．この基板は少々の変更では対策できず，大幅に見直しが必要だとわかります．

実測で熱予測の精度を確かめる

● 測定方法

本当にバーチャル実験のとおりの結果になるのか検証してみます．

写真1は，150 mm × 100 mmの片面生基板をアクリル・カッタP-450(オルファ)で銅はくを剥がして作った実験基板です．50 μmの銅はくに比べて，厚さ1 mmの基材の横方向の熱抵抗は極めて大きく，今回の実験の内容では無視しても結果はほとんど変わりません．

多層基板など基材に対して垂直方向に熱が伝わる上に面積がある場合は無視できなくなるため，基材の熱抵抗を求めて組み入れる必要があります．

水平な机上に3 mm浮かして基板を設置し，発熱点1には10 Ω /2 Wの表面実装抵抗を2個並列に，発熱点2は1個配置します．

抵抗の温度が上がり過ぎず，効率的に基板に熱を伝えるためにシリコン・グリスを多めに塗布します．

温度の測定は熱電対で行います．熱電対は計測器のコネクタ部の温度と測定点の温度差を測るため，環境温度がキャンセルされます．

写真2のように測定点は，シリコン・グリスを盛り上がる程度に塗布し，熱電対の先端が完全に埋没するようにして測定誤差が小さくなるようにします．テープで貼るなどの方法は誤差が大きくなります．

表1　バーチャル実験と実機結果の比較
シミュレーションと実測はおおむね合っている

項目	LTspice	実測
発熱点1	114℃	118℃
発熱点2	142℃	138℃
測定点1	29℃	29℃
測定点2	57℃	46℃
測定点3	68℃	66℃
測定点4	20℃	24℃
測定点5	3℃	8℃

● 結果

表1は実測結果をまとめたものです．

図14のLTspice解析結果の同条件のものも併記して

column 01 半導体は温度が10℃上がると寿命が半分，故障率が2倍になる

加藤 隆志

電子部品は熱に弱いものが多く，熱設計で手を抜くと信頼性が著しく低下します．

基板上に1 cm^{2}程度の面積の発熱部品を数cm程度のベタのプリント・パターン上に置く場合，無風状態で特別な熱対策が必要ない目安は，一般的に1 W以下と言われています．部品1個あたり1 Wを超える場合，放熱経路が貧弱な場合など，ジャンクション温度(チップの接合部温度)は，規定値に収まっているか確認が必要です．

規定値に収まっていても安心はできません．部品は温度が高いほど寿命が短くなります．規定値内でも頻繁にON/OFFを繰り返す機器では，熱膨張を繰り返すストレスで驚くほど早く劣化，故障します．

半導体の発熱は素子のジャンクション温度の絶対最大である125℃や150℃以下に抑えておけば，大丈夫なのでしょうか．

すぐに壊れないという意味では正解ですが，1年後も動いているかというとかなり不安です．

大ざっぱに言って，ジャンクション温度が10℃上がれば寿命が半分，故障率が2倍になると言われています．**図A**に示すようなボンディング・ワイヤとパッドの金属が異種接合である(アルミと金など)場合は，さらに寿命が短くなる傾向があります．通電したままではなく，ON/OFFを繰り返す装置の場合はさらに厳しい条件になります．

温度が上がると，化学的に素材の劣化が進むという現象もあります．異種金属やON/OFFの繰り返しで劣化が加速する問題は主に膨張係数の違いによる接合面の劣化や破壊によるものです．ON/OFFを繰り返すことは熱膨張による応力の変化をかけ続けることになり破壊を加速させます．

これはデバイス内部の問題だけではなく，基板にはんだ付けされたQFNやBGAのようなリードが短い表面実装デバイスのはんだ接合部の破壊も基板とデバイスの熱膨張率の差によって起こります．

このようにデバイスの温度が不用意に上昇することはデバイスの寿命の低下，故障率の増大だけでなく，繰り返しによるはんだ接合部の破壊を招くこともあるため極力温度を上げない工夫が大切です．

指で触ってられない温度70～80℃以上のとき，デバイスのジャンクション温度は100℃を超えている可能性があります．この領域は，寿命の劣化が無視できない領域であると認識しましょう．

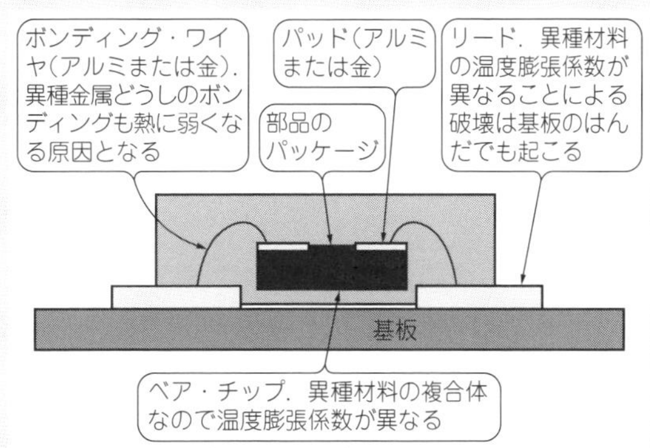

図A　ボンディング・ワイヤとパッドの金属が異種接合である場合，寿命が短くなる傾向がある
異種金属やON/OFFの繰り返しで劣化が加速する問題は主に膨張係数の違いによる接合面の劣化や破壊による

あります．これを見ると温度の高い部分ほど数値がよく一致しています．複雑な形状のパターンの放熱を実用的な精度で予測できることがわかります．

● スルーホールへの対応

多層基板については前述したとおりですが，多層基板のスルーホールにも対応できます．

スルーホールのドリル径とめっき厚がわかれば**図9**と同じ計算方法で熱抵抗を求めることができます．

スルーホールを含んだライブラリを追加してもよいですし，5 mm間隔で置くのならセル間の層間に抵抗を配置すれば済みます．

*　　*　　*

電子機器を作るとき，熱設計は避けて通れません．規定を超える熱で半導体などが壊れてしまうのは論外としても，ある程度高い温度域では機器の寿命にも大きく影響します．今回作成した熱予測のようなシミュレーションは，モデルの出来不出来が成否を左右します．自分の環境で実験とモデルやパラメータの修正を繰り返すとだんだん正確に予想できます．結果が一致しないときは，何か重大な見落としや勘違いがあるものです．専用のソフトウェアを使わずに自分の力で問題が解決できるようになると，熱問題もきっと怖くなくなるでしょう．

第12章 無償の熱シミュレータPICLS Liteで分布をサッとつかむ

全部品を快適温度で動かす放熱器レス・プリント基板

原 義勝 Yoshikatsu Hara

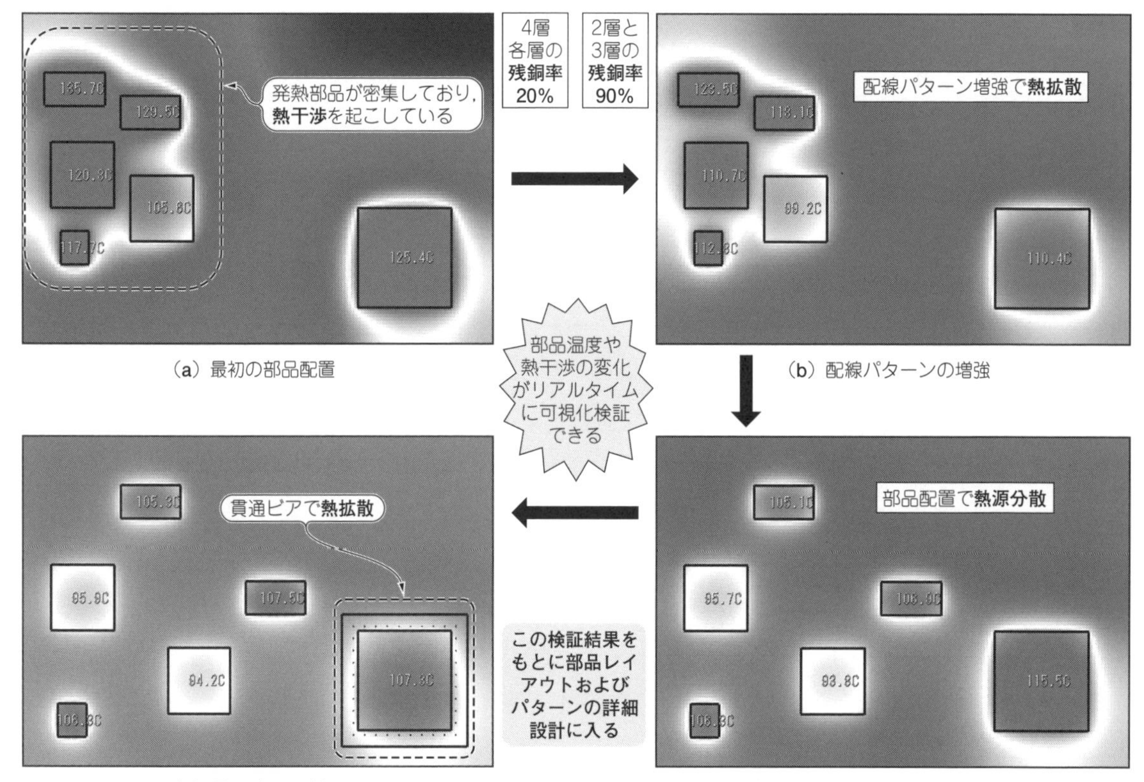

図1　PICLS Liteを使って基板の熱分布を高速に解析し改善した事例
配線層の銅パターンの面積を増やして熱を拡散し，発熱部品の配置を分散し，貫通ビアを増やして，全体として基板の均熱化を図る．部品の位置を動かせば，リアルタイムに温度分布が変化するので，危ない部品への対策案の検討と検証が簡単に実施できる

電子部品の小型化や面実装部品の増加で，電子機器が小型化されています．一方，熱問題が頻発するようになり，基板の熱設計が重要になっています．

熱分布を評価する熱流体解析ソフトウェアは市販されていますが，設計の初期段階から使える，簡易的な解析でリアルタイムに結果を表示してくれるソフトウェアはありませんでした．

それに対応するために，プリント基板用熱シミュレータPICLS（ソフトウェアクレイドル）[1]が2015年に発売されました．その後改良され，機能限定版として無償のPICLS Liteもリリースされました．

図1に示すのが，基板上に部品を配置したときの熱分布をリアルタイムに解析し，部品配置などの条件を変更して熱分布の均一化を図る事例です．

本稿では，プリント基板の熱設計の基本と，PICLS Liteの使い方を解説します．基板の熱設計にぜひ一度使ってみてください．

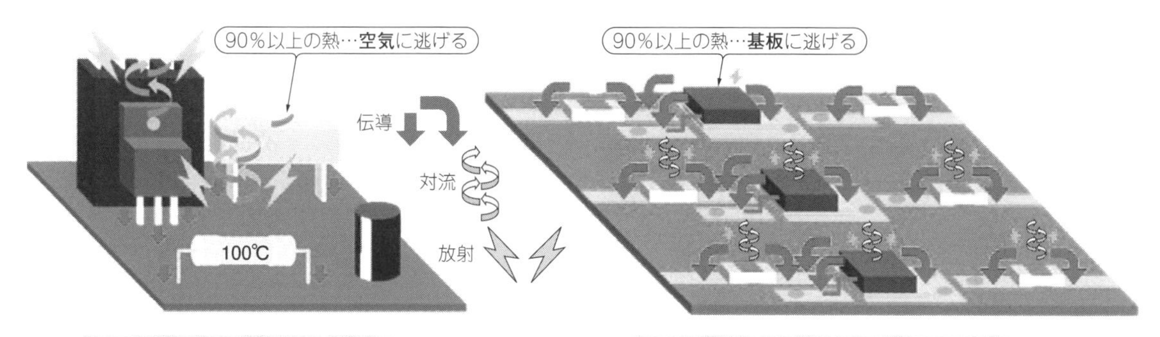

(a) 昔は部品表面から放熱　(b) 今は基板から放熱

図2 部品の小型化と放熱形態の変遷[(2)]

基板の熱設計の重要性

● なぜ熱設計する必要があるのか

電子部品は動作すると発熱します.電子部品の温度が高くなると,次に示すような問題が発生します.

▶(1)熱暴走を起こす

一般的な半導体素子は,温度が高くなると電気抵抗が減少するという温度特性があります.そのため,温度上昇→抵抗値減少→電流増大→発熱増大→温度上昇というサイクルに陥り,熱暴走を引き起こします.

▶(2)電子部品の寿命を縮める

1つは,化学反応の加速による劣化の促進,もう1つは,熱応力による接合部の疲労破壊です.

▶(3)低温やけどの原因になる

モバイル機器の場合,表面温度が高くなると,それに接触している皮膚などが低温やけどします.

これらの問題の発生を防ぐために,動作時の部品の温度や製品の表面温度を下げる設計が必要です.

技① 基板設計の初期段階から熱検証を行う

図2に示すように,昔の電子機器は次のような特徴がありました.

- 部品の表面積が大きく,基板にリードで接続
- 筐体(きょうたい)には通気口があり,換気は良好
- 部品で発生した熱の90 %以上が空気に放熱

そのため熱設計は,主に筐体設計者が主体で進められてきました.筐体を大きくしたり,黒くしたり,穴を開けたり,ファンを付けたりして熱対策を行っていました.

最近の電子機器は,筐体の小型化・密閉化,電子部品の小型化・基板の表面実装化・高集積化が進み,次のように変遷してきました.

- 部品の多くが表面実装部品になり表面積が小さい
- ファンがなく筐体の密閉化により空気が流れない
- 基板の多層化により等価熱伝導率が高い
- 部品の熱の90 %以上が基板のパターンから放熱
- 銅はくパターンを通って隣の部品から熱が伝わり発熱

したがって,これからの熱設計は,筐体設計者とともに基板設計者も主体となって進めていかなければならない状況です.

技② 熱設計フローと熱検証ツールを活用する

図3に示すのは,基板設計者と筐体設計者が連携した熱設計のフローと,各設計段階で活用できる熱検証ツールです.設計初期の計画立案段階では,まだ3D設計モデルがないので,数値流体力学(CFD:Computational Fluid Dynamics)ツールを使った熱検証はできません.この段階では,次に示すような簡単な熱設計の基本式をExcelに組み込み,筐体内部の温度や,熱流束,目標熱抵抗などの計算結果から熱的に危ない部品の抽出を行う手法が効果的です.

▶筐体内部温度 T_E [℃]

$$T_E = \Delta T_A + T_A$$

ただし,ΔT_A:筐体内部温度の上昇値 [℃],
T_A:周囲温度 [℃]

▶筐体内部温度の上昇値 ΔT_A は次の式からExcelのゴール・シークという機能を使って求める

$$Q_{all} = (2.8S_{top} + 2.2S_{side} + 1.5S_{bottom})(\Delta T_A/2)^{1.25}$$

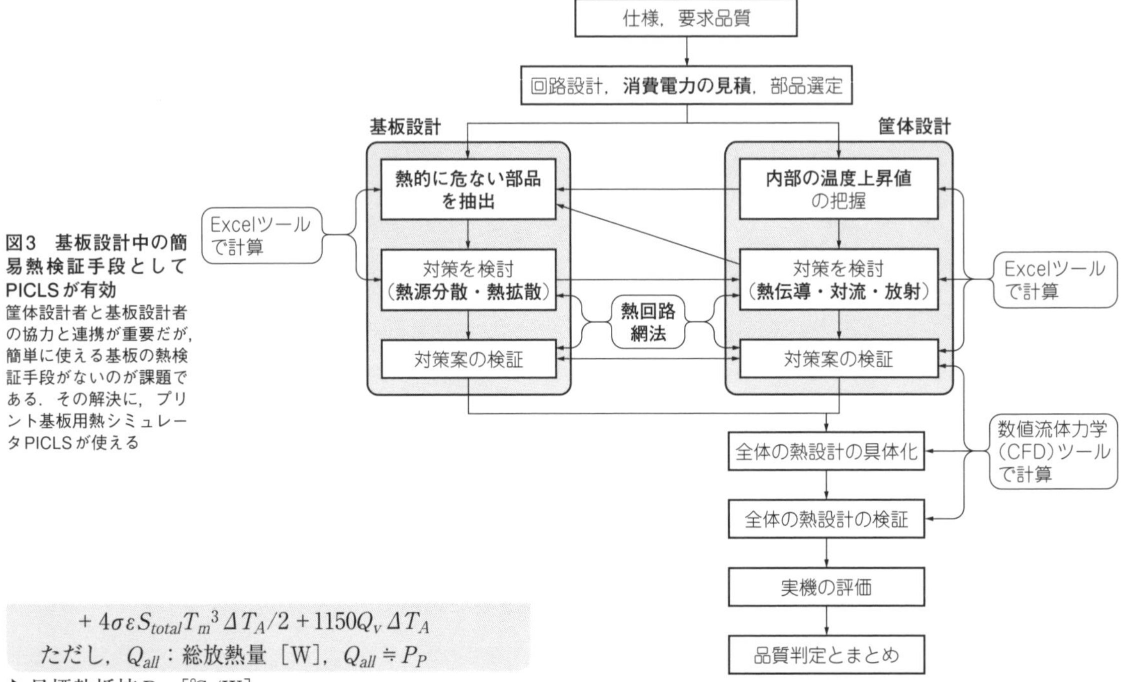

図3 基板設計中の簡易熱検証手段としてPICLSが有効
筐体設計者と基板設計者の協力と連携が重要だが，簡単に使える基板の熱検証手段がないのが課題である．その解決に，プリント基板用熱シミュレータPICLSが使える

$$+4\sigma\varepsilon S_{total}T_m{}^3\Delta T_A/2+1150Q_v\Delta T_A$$

ただし，Q_{all}：総放熱量［W］，$Q_{all}\fallingdotseq P_P$

▶目標熱抵抗R_T［℃/W］

$$R_T=(T_R-T_E)/P_E$$

ただし，T_R：部品の耐熱温度［℃］，T_E：筐体内部温度［℃］，P_E：部品の消費電力［W］

▶筐体の熱流束q_E［W/m²］

$$q_E=P_P/A_P$$

ただし，P_P：製品の総消費電力［W］，A_P：製品外形の総表面積［m²］

▶基板の熱流束q_S［W/m²］

$$q_S=P_C/A_S$$

ただし，P_C：搭載部品の総消費電力［W］，A_S：基板の総表面積［m²］

▶部品の熱流束q_E［W/m²］

$$q_E=P_E/A_P$$

ただし，P_E：部品の消費電力［W］，A_P：部品の総表面積［m²］

危ない部品の抽出ができたら，対策案の検討・検証に進みます．Excelでは基板の銅はくパターンの粗密やビアの追加，他の部品からの熱干渉といった現象の計算は苦手です．またCFDツールでは計算に時間がかかりすぎます．このように配線パターンやビアを含めた放熱と熱干渉の可視化検証は困難でした．

この問題を解決する1つの手段として今回紹介するのが，プリント基板用熱シミュレータPICLSです．PICLSを使えば，部品温度・基板温度の分布を可視化して検証できます．基板設計者が簡単に使えて，リアルタイムに基板の熱設計案を検証できます．

熱シミュレータPICLSとは？

● 本シミュレータとの出会い

PICLSは，ソフトウェアクレイドルが開発し，販売している国産のソフトウェアです．

ちょうど，基板の熱検証に有効なツールを探していたところ，2015年4月に幕張メッセで開催されていたTECHNO-FRONTIER 2015の熱設計・対策技術展で，発売前のPICLSデモ版が展示されているのを見ました．発売は2015年後半で，実際に2016年3月に導入し，基板設計者への活用推進を始めました．発売当時は，現在無料で提供されているPICLS Liteが，PICLS Version1として有料で販売されていました．その後いろいろと機能追加を要求をし，2016年7月にPICLS Version2となりました．後で紹介する基板CADからの形状やパターンのインポート機能，簡易筐体機能，簡易ヒート・シンク機能などが追加されました．そのとき，これまでのPICLS Version1の機能がそのままPICLS Liteとして無料で提供されるようになりました．

● 本シミュレータの特徴や利点

▶操作が簡単

基板設計者が設計初期段階から簡単に使えるので，問題箇所の早期発見が可能になります．

▶計算が速い

リアルタイムに結果が表示されます．発熱部品の移動，パターンの増強，ビアの追加などの設計対策案の検証が素早くでき早期治療につながります．

▶対策の有効性の検証が簡単
対策前後の結果を素早く比較できるので，デザイン・レビューにも有効に活用できます．

▶基板の熱設計の教育ツールとしても使える
基板熱設計の理屈をビジュアル的に教育するツールとしても活用できます．

▶安い
製品版は198,000円/年(2020年1月時点)です．PICLS Liteは無料で使えます．

● 何の開発に使えるのか

PICLSは，電子機器の基板の熱設計に使えるツールです．基板設計者が，設計初期の部品レイアウト段階から使えば，威力を発揮できます．

基板の熱設計は，部品配置やパターン設計ができてから時間をかけてCFDツールで詳細検証して問題が発見できたとしても，すでに手遅れの状態になります．したがって詳細なパターン設計に入る前に事前検証を実施できれば，手遅れの状態を回避できます．熱設計は，早期発見，早期治療が重要です．

● PICLS Liteの活用事例

まず，無料版のPICLS Liteについて，**図1**に示した活用事例を簡単に解説します．

▶最初の部品配置［**図1(a)**］
発熱部品が集まっており，熱干渉を起こし温度が高くなっています．

▶配線パターンの増強［**図1(b)**］
中間層のパターン残銅率を上げると，熱拡散が増強され部品の温度が変化します．パターンを増強したので，基板の右上まで熱が伝わり温度が上昇しているのが確認できます．ここに部品があれば，その部品の温度は上がります．

▶発熱する部品の間隔をあける［**図1(c)**］
部品どうしを離すと，お互いの熱干渉がなくなり温度が下がります．部品は，結果表示中にマウスでドラッグして移動することができ，リアルタイムに部品や基板の温度分布の変化を確認できます．

▶貫通ビアの追加［**図1(d)**］
右下の部品の下にビアを追加したときの温度変化の検証ができます．

技③ 部品配置で熱源分散，パターンとビアで熱拡散して基板の均熱化を図る

図1に示したように，部品温度や熱干渉の変化がリアルタイムに可視化して検証できます．この検証結果を基に部品配置とプリント・パターンの詳細設計に入れば，手戻りを最小限に抑えることができます．

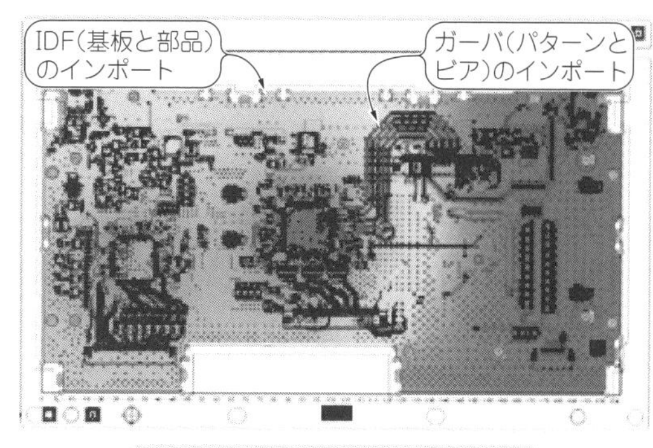

●プリント・パターンやビア設計後の**詳細熱検証**が可能
●計算が早い
●基板設計者が使える

図4 製品版PICLSでの追加機能：IDF3.0およびガーバ・データのインポートに対応
基板CADデータからのインポートや，簡易筐体，簡易ヒートシンク，TIM(Thermal Interface Material)接続検証機能などが追加され，より詳細な検証が可能になる

● 製品版のPICLSの追加機能

PICLS Liteは無料で使えるツールですが，次第に物足りなく感じてくると思います．基板CADデータから，基板外形，部品配置，プリント・パターンやビアなどのデータを取り込んで検証したいと思ってきます．そんな場合は製品版のPICLSを使えば実現できます．**図4**にPICLSの追加機能を紹介します．

- IDFデータがインポートできるので，基板外形・部品配置データを取り込める
- ガーバ・データがインポートできるので，基板のパターンやビアを取り込める
- 簡易筐体，簡易ヒートシンク，TIM(Thermal Interface Material)接続の検証機能も追加される

プリント基板の熱設計の基本

● そもそも熱設計とは？

熱設計をひと言で言うと，動作時のすべての部品の温度が，その耐熱温度を超えないようにする設計です．表面温度も規格値以下にする必要があります．

部品の温度が上昇する要素としては，**図5**に示すように，次の要素があります．

(1) 周囲(外気)の温度
(2) 筐体内部の空気温度の上昇分
(3) 部品自身の温度上昇分
(4) 基板温度の上昇分(他の部分からプリント・パターンなど伝わってくる熱による温度上昇分)

これらの合計が部品の温度となります．

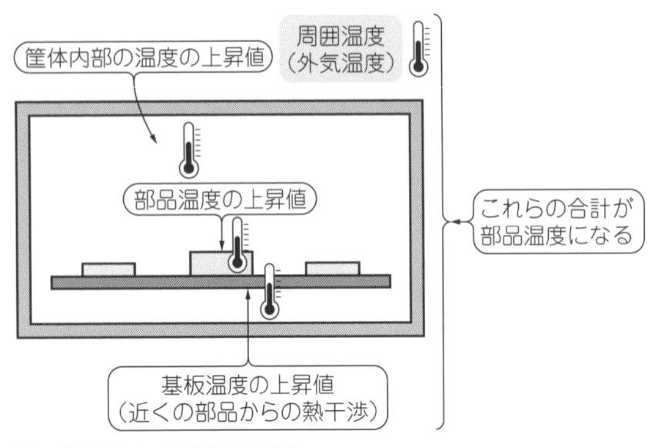

図5 部品温度が上昇する要素
部品の温度は，単に部品自身の温度上昇分だけではなく，周囲の基板や筐体内部の温度，機器周囲の温度も含めて総合的に考えなければならない

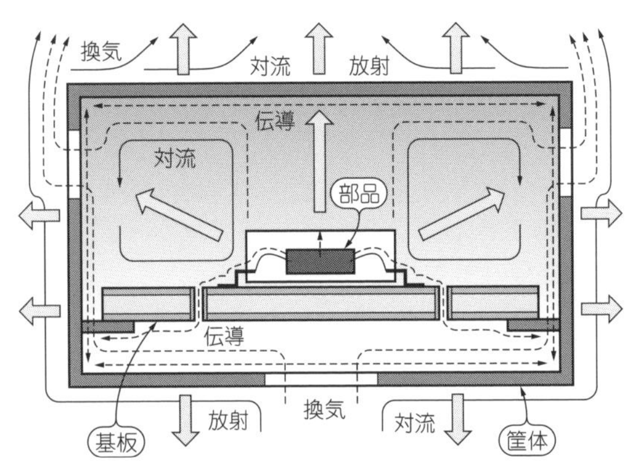

図6　4つの要素が絡む電子機器の放熱経路
伝導，対流，放射，換気という要素が複雑に絡み合って形成されており，計算は簡単ではない

$T_C = T_A + \Delta T_E + \Delta T_C + \Delta T_B$
ただし，T_C：部品の温度［℃］，T_A：周囲温度［℃］，ΔT_E：筐体内部温度の上昇値［℃］，ΔT_C：部品温度の上昇値［℃］，ΔT_B：基板温度の上昇値［℃］

部品の温度を下げるために，周囲温度やそれぞれの要素の上昇値を下げる設計検討をする必要があります．

● 電子機器の放熱経路

図6に示すように，伝導，対流，放射，換気，という伝熱要素が複雑に絡み合って機器内での放熱経路が形成されます．放熱経路を熱抵抗で考えると，図7のように表現できます．種々の経路を経て筐体に達した熱は，筐体表面へと伝わり外部空気に放熱されます．それぞれの放熱経路の熱抵抗を小さくするようにして，できるだけスムーズに外部の空気に放熱するような設計をすれば，部品の温度を下げることができます．

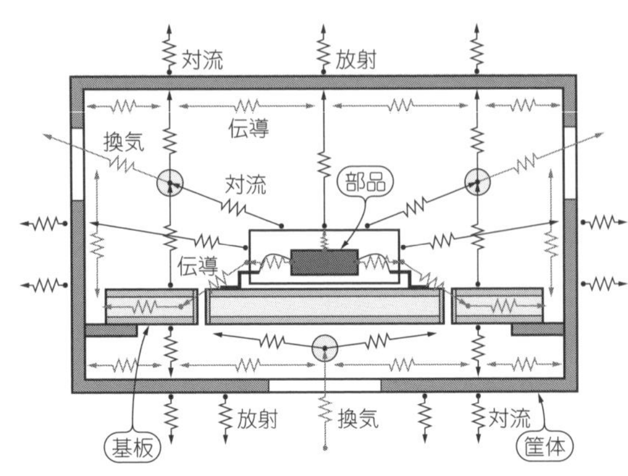

図7　放熱経路を表す「熱抵抗」モデル
それぞれの熱抵抗を小さくして，スムーズに筐体や外部空気へと熱を逃がす対策案を考える

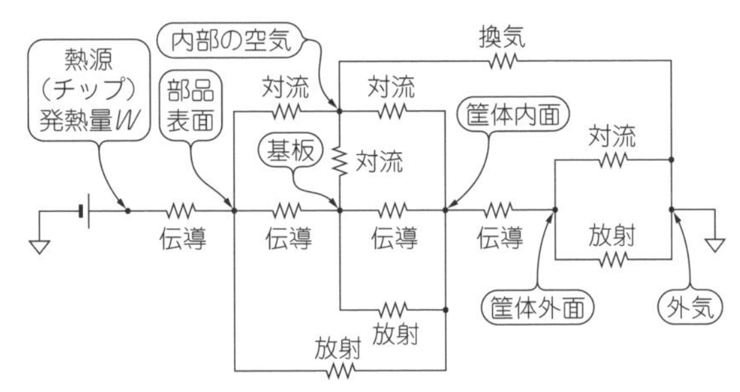

図8 「熱回路網法」による筐体の概念モデル
熱の流れを熱抵抗回路網で表現すると理解しやすい

技④ 放熱経路を熱回路網で考える

図8は，熱回路網法による筐体の概念モデルです．PICLSは，熱回路網法を使って計算処理しています．私も含め筐体設計者は苦手な人が多いですが，基板設計者には，熱の流れを電気回路のように熱抵抗で表現すると理解しやすいと思います．部品の温度を下げるには，各放熱経路を構成する熱抵抗を小さくすればよいということがわかります．

▶温度上昇値ΔT［℃］

$\Delta T = RW$
ただし，R：熱抵抗［℃/W］，W：熱流量［W］

▶伝導の熱抵抗R

$R = L/(A\lambda)$
ただし，L：長さ［m］，A：断面積［m^2］，λ：熱伝導率［W/m℃］

▶対流の熱抵抗R

$R = 1/(Sh)$
ただしS：表面積［m^2］，h：対流熱伝達率［W/m^2℃］

▶放射の熱抵抗R

$R = 1/(Sh)$
ただしS：表面積［m^2］，h：放射熱伝達率［W/m^2℃］

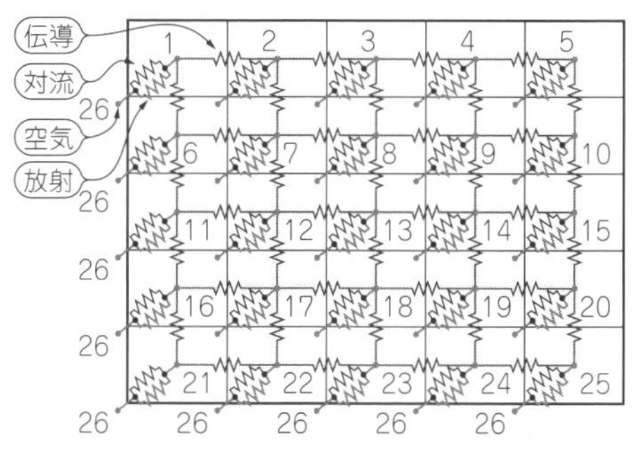

図9 5×5分割基板，26節点の「熱回路網モデル」の例

熱伝導率	30 [W/m²℃]
放射率	0.85

熱伝導率変更

【発熱設定】

	3W			
			5W	
	4W			

発熱部品移動

【温度分布】

42.8	56.2	45.7	47.3	39.0
44.1	71.1	48.3	55.8	40.5
43.9	63.4	49.8	79.1	42.3
44.1	76.5	48.0	54.7	39.7
42.1	57.1	44.5	45.3	37.6

図10 「熱回路網法」の計算結果
Excelツールで計算した例．温度分布の色はExcelの機能，条件付き書式→カラー・スケールで表現している

▶換気の熱抵抗R

$R = 1/(1150\,Q_v)$

ただしQ_v：風量［m^3］

合成熱抵抗Rを求めます．

直列：$R = R_1 + R_2 + \cdots + R_n$

並列：$R = 1/(1/R_1 + 1/R_2 + \cdots + 1/R_n)$

熱抵抗が直列に連なった放熱ルートでは，最大熱抵抗の箇所を，熱抵抗が並列に構成された放熱ルートでは，最小熱抵抗の箇所を対策すると効果が大きくなります．合成熱抵抗Rの値を求めるのは簡単ではありませんが，書籍「熱設計と数値シミュレーション」(5)の中に，フリーで使えるExcel版の熱回路網法プログラムが紹介されているので，これを利用してみるとよいと思います．

● 熱回路網法を使った計算例

次に，熱回路網法を使った簡単な基板モデルの計算例を紹介します．

図9は，縦100 mm×横200 mmを縦横5分割にした厚み1 mmの平板に発熱を設定した場合の簡単な26節点の熱回路網モデルの例です．このモデルで，平板の熱伝導率変化(パターン増減)や発熱部品の位置を変更して温度分布を見ながら対策を検討します．**図10**に温度分布表示の例を示します．熱伝導率の値を変更したり，発熱部品の位置を移動したりして検証します．

さらに規模の拡大，多層化，部品の追加，TIM(Thermal Interface Material)やヒートシンク，筐体などの熱抵抗回路を追加していけば大規模の検証も可能となりますが，少し知識と手間が必要です．そこで，このベース理論を理解したうえでPICLS LiteやPICLSを使えば，手軽に基板の熱検証ができます．

シミュレータを使った温度分布検証のステップ

● ［STEP1］PICLS Liteのインストール

ソフトウェアクレイドルの「PICLS」のページの「PICLS Lite」の申し込みフォームからダウンロードの申し込みをします．

https://www.cradle.co.jp/product/picls.html

ダウンロード後にPICLS Liteをインストールし，立ち上げます．

● ［STEP2］［寸法と構成］の設定

図11に示すように，基板の寸法や層数を設定します．次の項目を設定します．

- 基板の寸法(X，Y方向)，厚み，層数，基準配線層厚みを入力する
- 必要に応じて配線層と絶縁層の厚みを変更する
- 各配線層に対して残銅率を入力する
- ［物性値の設定］ボタンから基板の物性値(配線の熱伝導率，絶縁層の熱伝導率，基板の輻射率)を変更できる

● ［STEP3］［基板カット］の設定

図12に示すように，基板が単純な矩形でない場合には，基板を切り抜いて自由に形状を作成できます．

- エリア指定方法から矩形を選択した場合，基板上でドラッグ操作にて基板の切り抜きを行うことができる
- エリア指定方法から多角形を選択した場合，基板上で連続してピック操作を行うことで任意形状の基板を作成できる
- 多角形の作成をやり直す場合には，［多角形のリセット］をクリックする

● ［STEP4］［環境］の設定

図13に示すように，基板が設置される周囲環境を指定します．

- 雰囲気温度を入力する．雰囲気温度は，筐体内部の空気の温度とする
- 基板の向きから水平置きまたは垂直置きを選択します
- 向きから基板の向きを選択する

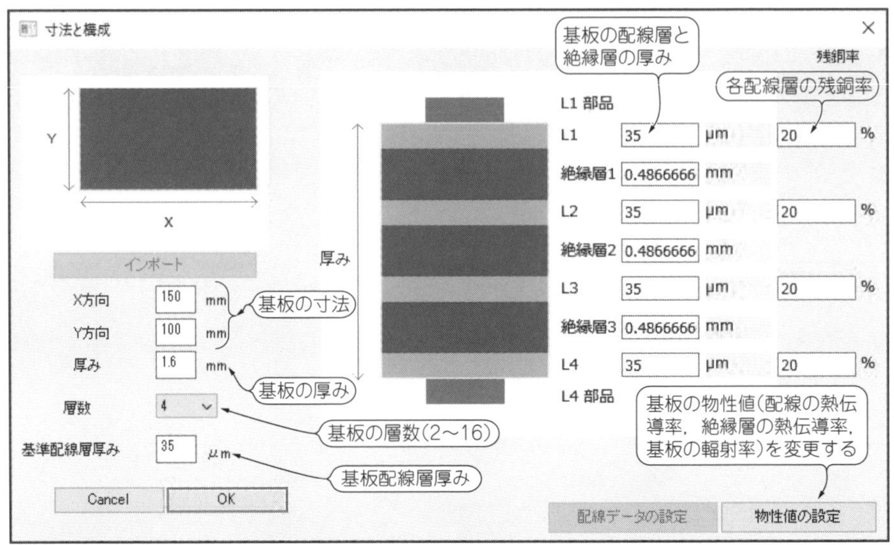

図11 ［寸法と構成］にて基板の大きさ，層数，物性を設定

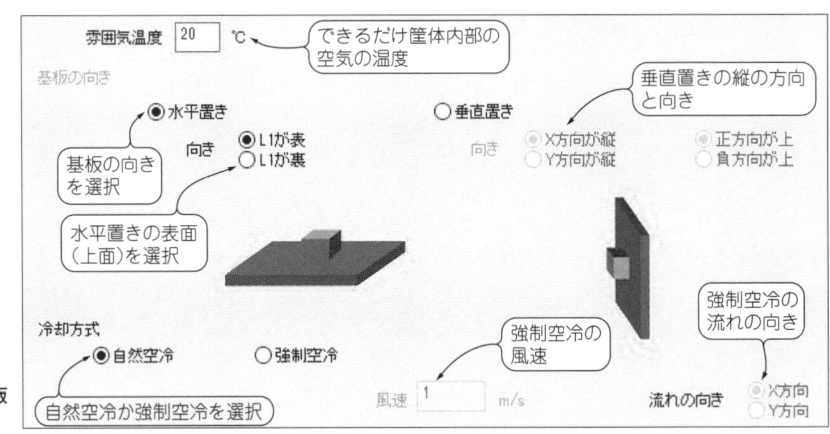

図13 ［環境］にて周囲環境や基板の向き，冷却方式を設定

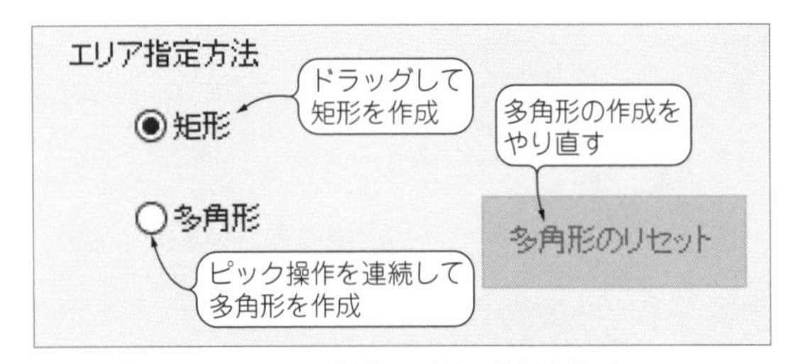

図12 ［基板カット］にて複雑な形状の基板を作成

- 冷却方式から自然空冷または強制空冷を選択する
- 強制空冷の場合は，風速を入力して，流れの向きからX方向またはY方向 を選択する

● ［STEP5］［部品］の設定

図14に示すように，基板に実装される部品を作成して配置します．「作業レイヤー」から部品を配置するレイヤ(面)を選択します．

- 外形寸法，発熱量，熱特性を入力する
- 必要に応じてその他の設定を行う
  - 輻射率：部品の輻射率
  - 接触熱抵抗：部品と基板の接触熱抵抗［℃/W］
  - 許容温度：部品の許容温度［℃］
  - 対流熱伝達の補正係数：通常は1を入力する
- ［作成］をクリックする
- この操作を繰り返して複数の部品を作成する
- 基板上でドラッグ操作により部品を移動する

● ［STEP6］［結果］にて基板の温度分布を表示

図15に示すように，基板の定常状態における温度分布が表示されます．

- ［部品］メニューで設定した許容温度を超えると，その部品からモクモクと煙が出てアラート表示してくれる．この表示はOFFにすることもできる
- 結果表示中にマウスで部品の大きさの変更や移動をできる
- 部品をダブル・クリックして部品の仕様(熱特性

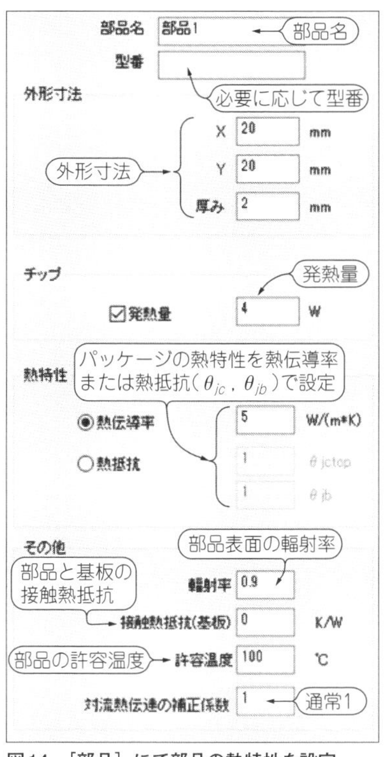

図14 [部品]にて部品の熱特性を設定

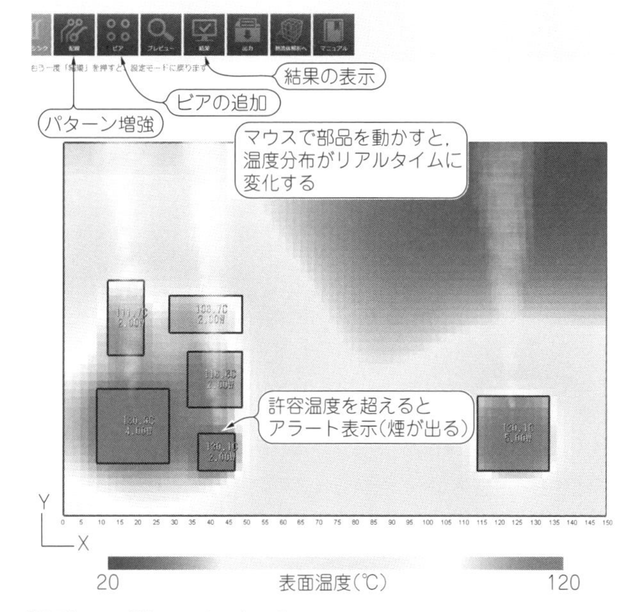

図15 [結果]にて基板の温度分布を表示
許容温度を超えると煙が出る(アラート表示)．この状態で部品を動かせば，リアルタイムに温度分布が変化するので対策効果がすぐにわかる

など)を変更できる
- 部品や基板の温度分布の結果が，リアルタイムに変化する

● [STEP7] 温度低減策の検討・検証

次に具体的な対応策に対応した操作などを示します．

- パターン増強
  [寸法と構成]または[配線]メニューから設定する
- 部品配置の変更
  マウスでドラッグして移動する
- ビアの追加
  [ビア]メニューからサーマル・ビアを作成して配置する

また，部品配置で熱源分散，パターン・ビアで熱拡散などの手段で基板の均熱化を図って，部品の温度を下げる検討・検証を進めていきます．

* * *

電子機器の小型化や密閉化，電子部品の小型化や基板の表面実装化，高集積化，多層化が進み，熱設計における基板設計の重要性が非常に大きくなってきています．したがって基板設計の早い段階から熱を考慮した設計検討や熱検証が求められるようになっています．

しかし，基板設計者にとっては，従来からEMC対策設計に多大な工数を裂かれ，とても熱設計までやっていられないというのが実情だと思います．

また，EMC(Electromagnetic Compatibility)対策設計と熱対策設計は相反関係にあります．EMC対策を考慮した部品配置と並行して熱検証を行い，EMCも満足しながら熱対策もある程度満足できる方策を探っていく必要があります．PICLSならそのような場面で気軽に簡単に使えて効果を発揮します．しかも，PICLS Liteは無料で使えますので，試してみる価値は大きいと思います．

製品版のPICLSを使ってみたくなったら，「PICLS 1ヵ月トライアル版」もあります．ただし，簡単なツールとは言え，熱設計に関する基礎知識は必要です．書籍やセミナなどで学習してください．計算結果の精度は，設定したそれぞれの境界条件次第であるということをお忘れなく．

◆参考・引用*文献◆

(1) 基板専用熱解析ツールPICLS,
https://www.cradle.co.jp/product/picls.html
(2)* 有賀 善紀；基板放熱型熱設計の勘所，CEATEC JAPAN 2017.
https://www.koaglobal.com/technology/seminar_doc
(3) 国峰 尚樹；エレクトロニクスのための熱設計完全入門，日刊工業新聞社，1997年7月.
(4) 国峰 尚樹；エレクトロニクスのための熱設計完全制覇，日刊工業新聞社，2018年5月.
(5) 国峯 尚樹，中村 篤；熱設計と数値シミュレーション，オーム社，2015年8月.

第13章 高密度時代は放熱設計が許容損失確保のキモ

表面実装型パワーICの放熱テクニック

弥田 秀昭 Hideaki Yata

ディジタルICの高集積化と高性能化は年々進んでおり，トランジスタ数の増加と高速クロック化による消費電力増大の抑制が急務となっています.
そこで，微細化加工でトランジスタを小型化し，1個当たりの消費電流の低減と低電圧化で消費電力を抑え，機器の高性能化と低消費電力化，そして小型化を実現しています.
小型化の要求は，ディジタル回路だけでなくアナログ回路にも要求されています．それは，信号処理回路だけではなく，パワー・アンプや電源回路などの電力制御素子を持つ回路にまで広がっています.
しかし，電力制御素子をもつパワーICでは，抵抗損失による発熱を避けては通れません.
本稿では，表面実装型電源ICの許容損失と基板実装時の放熱設計について解説します.

ICパッケージの小型化による許容損失の問題

ICパッケージは小型化のために，2.54 mmピッチのDIPから1.27 mmピッチ品へ，そして0.6 mmピッチ品へと，狭ピッチ化と薄型化が進んでいます．さらにはリードレス化も進み，最も小さいものではシリコンのチップに直接ボールを付けてBGA化した製品まで登場しています.

リニア・レギュレータを見ると，パワー・トランジスタ形状のTO-220パッケージから，現在では3 mm角程度の表面実装型リードレス小型パッケージになっています．しかし，このICパッケージの小型化により，ICで発生する熱をどのようにして逃がすかが大きな問題になっています．ICパッケージが大きくその表面積が広い場合はその表面から，それで不足する場合はアルミの放熱器を使用して表面積を拡大させることにより，周辺の空間に逃がしています.

技① 実装基板を放熱器として利用し，熱を拡散させて許容損失を確保する

リードレスの小型パッケージでは，チップの表面積が小さく放熱器が取り付けられません．実装する基板を放熱器として利用しチップで発生した熱を基板に拡散して許容損失を確保しています.

しかし，銅はくとエポキシ層のサンドイッチ構造の基板は，アルミの放熱器に比べるとその放熱器としての能力は小さく，許容損失は制限されたものとなります.

表面実装部品の許容損失

● データシートの記載内容は特定条件下での参考値

電源ICのデータシートには許容損失が記載されています．例えば，3 A出力のLDOレギュレータTPS74901（テキサス・インスツルメンツ）の場合，RGW（5 mm × 5 mmの20ピンQFN）パッケージの許容損失は2.74 W（T_A = 25 ℃未満），熱抵抗 $\theta_{J\text{-}A}$ は36.5 ℃/W，環境温度の上昇により許容損失が27.4 mW/℃減少すると記載されています．多くの設計者は，この値を基に最高使用環境温度での許容損失量を求め，発生する損失がこれ以下かどうかで設計を行っています.

しかし，データシートの許容損失は，特定条件下での測定による参考値であり，実際に使用するときにはこれだけの許容損失を実現できないことがほとんどです.

● 許容損失測定時の基板はメーカにより異なる

許容損失の値は，国内メーカでは各半導体メーカが独自の形状の基板に実装して測定を行っていることが多く，使用した基板の図面がデータシートに掲載されていることが多いようです.

海外半導体メーカではほとんどが，JEDECで規定されたHigh-KやLow-Kというスペックの基板構造による3インチ角や4インチ角の基板の中央に，チップを実装した状態で測定が行われています．なまじ規格化されているために，データシートに測定基板の図面が掲載されていないことが多いようです.

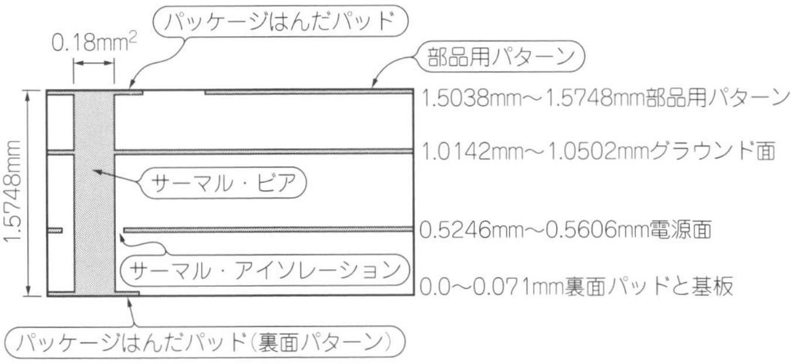

パッケージはんだパッド
0.18mm²
部品用パターン
1.5038mm～1.5748mm部品用パターン
1.0142mm～1.0502mmグラウンド面
サーマル・ビア
1.5748mm
0.5246mm～0.5606mm電源面
サーマル・アイソレーション
0.0～0.071mm裏面パッドと基板
パッケージはんだパッド(裏面パターン)

図1　JEDEC High-Kボードの断面構造

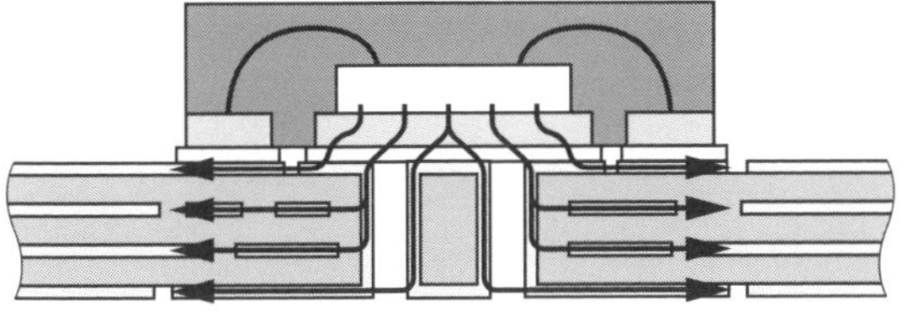

図3　チップから基板への熱拡散のようす

JEDEC規定のHigh-K基板は**図1**に示す4層基板で，表面と裏面の銅はくが厚さ2オンス(70 μm)，内層の2層が1オンス(35 μm)の4層の銅層を持った総厚さ1.5 mmの基板です．ICのパッケージの大きさにより3インチ角か4インチ角の大きさの基板が選ばれます．

● 基板実装時の熱拡散と基板の熱抵抗

図2は基板全体のイメージです．これは3インチ角＝58 cm²の面積をもつ板状の放熱器として考えられます．この基板に実装されたIC内部のシリコン・チップの上面で発生した熱は，**図3**のようにチップ自身のシリコン中を通り，チップがマウントされている金属製のサーマル・パッドまで伝導します．

サーマル・パッドは基板のランドにはんだ付けされているので熱ははんだを経由して基板へ，そして主に基板中の銅パターンを伝導して拡散します．基板を拡散した熱は最終的には基板の表面温度を上昇させ，周囲空間との温度差の発生により周辺の空気を加熱します．そして，対流による熱伝達により基板で発生した熱を周囲空間へと拡散します．

よって，データシートに記載されている熱抵抗θ_{J-A}は，

① ジャンクション-サーマル・パッド間の熱抵抗θ_{J-C}(伝導)
② サーマル・パッド-基板間のはんだの熱抵抗(伝導)
③ 基板内部の銅箔とエポキシ樹脂による熱抵抗(伝導)
④ 基板から空間への対空間の熱抵抗(対流)

の合計の熱抵抗となります．

データシートでは，TPS74901のθ_{J-C}(ジャンクションとパワー・パッド間の熱抵抗)は4.05 ℃/Wとなっています．基板とチップを接続するはんだの熱抵抗は1 ℃/W程度なので，3インチ角のHigh-Kの4層基板は31 ℃/W程度(≒36.5－4.05－1)の熱抵抗をもつ面積58 cm²の板状の放熱器ということになります．

図2　JEDEC High-Kボード(3インチ×3インチ)の平面図

アルミ板による放熱器の利用

技② アルミ板の面積を広くして空間への熱伝達が良くなり熱抵抗を下げる

それでは，これを同じ寸法のアルミ板(3インチ角，1 mm厚)による放熱器と比較してみます．**図4**は，アルミ板の板厚と面積による熱抵抗のグラフの一例です．板の面積が広いほど板から空間への熱伝達が良くなるので，熱抵抗は板の面積が広いほど下がっています．

技③ アルミ板は厚くすれば熱抵抗をある程度まで下げられる

アルミ板を使用した放熱器では，熱は**図5**のように板の内部を熱伝導により伝わります．板の表面から接している空気に熱伝達され，温められた空気は対流により周囲空間へと拡散していきます．板が薄いほど板

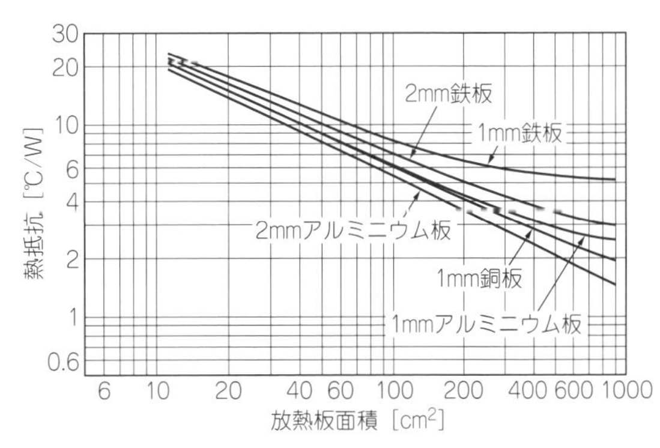

図4　金属板による放熱器の熱抵抗対面積

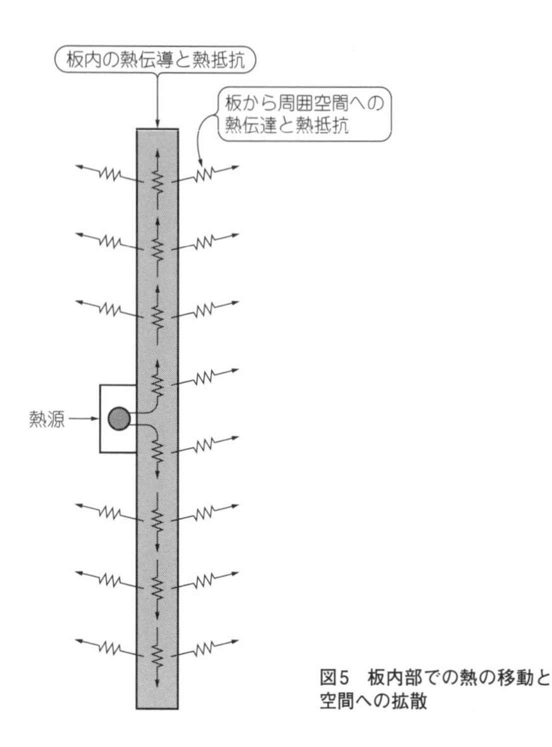

図5　板内部での熱の移動と空間への拡散

内部での熱抵抗が高くなり，空間まで含めた熱抵抗も高くなりますが，板を厚くすると熱抵抗は下がります．

しかし，板をいくら厚くしても熱抵抗はある一定値より小さくはなりません．板厚に反比例して板内部の熱抵抗は低下しますが，元々金属の熱伝導率は低いので0に近づくだけとなります．それは，表面の熱が周囲空間の空気に伝導するための熱抵抗があり，板内部の熱抵抗をいくら下げても対空間熱抵抗の値以下にはならないからです．

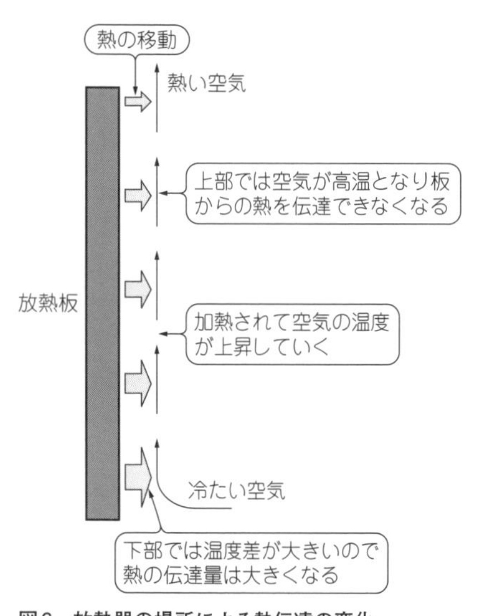

図6　放熱器の場所による熱伝達の変化

技④ 面積が同じ放熱器でも水平方向に長いほうが効率良く冷却できる

放熱板の厚さ方向には限界がありますが，面積方向はどうでしょうか．熱抵抗は，板の面積が広いほど下がります．しかし，これにも制限はあります．

まず，面積が大きくなるほど熱源から放熱器の端までの距離が増加して放熱器内部の熱抵抗が加算されます．また，**図6**のように，面積が大きくなるほど温められた空気で上部での熱の置換効率の低下などにより冷却能力が低下します．単位面積あたりの熱抵抗は減少してしまい，面積が2倍になっても熱抵抗は半分にはなりません．

図4の熱抵抗のグラフから得られる数値はいかなる条件でも使用可能かというと，実はこのデータも特定条件での値となります．

同じ面積でも正方形と長方形の場合では異なります．長方形の場合は短辺が下か長辺が下かにより変化し，**図7**に示すように水平方向に長いほうが効率良く冷却できることになります．

アルミ板とプリント基板の放熱器としての比較

● 基板の配置と大きさの影響

図4から，3インチ角 = 58 cm^{2}で1 mm厚のアルミ板の熱抵抗を求めると8 ℃ /Wとなります．JEDECの測定基板と同じ大きさですが，基板では熱抵抗が31 ℃ /W程度だったので4倍に高くなっています．同じ表面積で同じ配置の場合，板と空間との間の対流による熱移動での熱抵抗は，同じ値となります．

しかし，アルミ板での値は放熱器として測定されているので，板を垂直に置くなど周囲の空気の対流条件が良い状態での測定です．それに対して，基板での測定は水平に置かれていて対流が起きにくい状態での測定です．

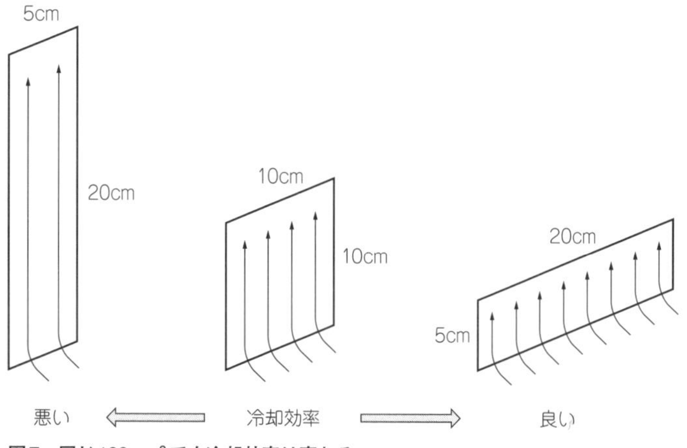

図7　同じ100 cm^{2}でも冷却効率は変わる

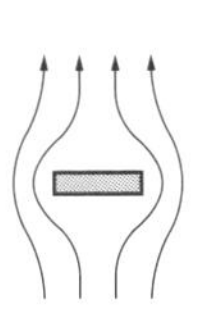

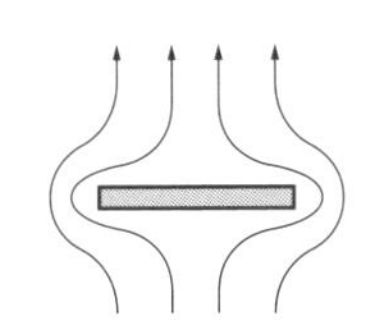

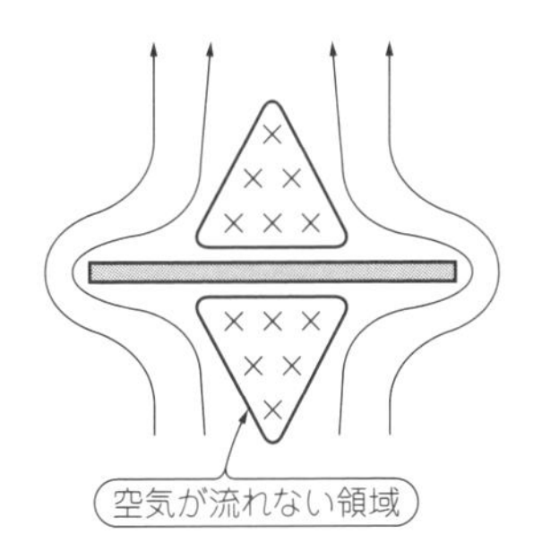

図8　基板サイズと空気の流れ

● 1辺が10 cm以上の基板の放熱能力は基板の周囲長に比例する

また，水平に置かれた板での周囲の空気の流れを考えると，**図8**のように基板が大きくなるほど，中央部に空気が流れない部分ができ，基板の冷却効率が低下します．効率良く熱が伝達できるのはせいぜい基板の端から5 cm程度なので，1辺が10 cm以上ある基板では基板の放熱能力は基板の面積ではなく，基板の周囲長に比例することになります．

● 材質と構造の影響

さらに大きな違いを発生させている要因が，プリント基板を構成する材質と構造の影響です．銅はくとエポキシ樹脂を積層したプリント基板の場合，熱伝導は主に銅で行われます．しかし，High - K基板の場合，銅は35 μmが2層，70 μmが2層の4層構造なので合計しても0.21 mmしかありません．銅はくをサンドイッチしているエポキシ樹脂は，銅に比べると1/1000以下の熱伝導度しかないので断熱材といってよいほど熱を伝えません．

内層の銅はくを伝導した熱は，表面に出てくるのに大きな熱抵抗を経由することになります．表面の銅が最も効果的に熱を伝導し，空間に拡散できることになります．

しかし，現実の基板では配線があるので4層ともべたの銅はくはあり得なく，表面は配線となるので銅は寸断されてしまいます．TPS74901のデータシートには表面に銅がなく，内層の銅もある面積で寸断された場合や，表面にサーマル・ランドと呼ばれる熱拡散専用の銅箔の領域を確保した場合の熱抵抗の変化を表すデータが掲載されています．

3インチ角の基板の場合でも配線パターンによる銅箔の寸断により熱抵抗が上昇し，許容損失が減少します．基板では板内部での熱抵抗の高さによる温度勾配の発生と板の水平配置による空間への熱拡散効率の悪化の結果，アルミ板による放熱器と比べると熱抵抗が何倍も高くなってしまっています．

技⑤　熱源は基板の周囲に配置するか，基板中央部に通風穴を空ける

水平に置かれた大きな基板での効率の良い冷却を考える場合，熱源を基板中央部に配置しないで基板周囲部に配置するか，基板中央部に通風のための穴をあけるなどの対策が必要となります．

多層化による基板の熱抵抗は低下

基板は，回路の複雑化とICの高集積化や多ピン化による配線量の増加から，8層またはそれ以上の多層となりつつあります．

技⑥　多層基板を使うと同じサイズの基板より発熱を抑えた設計が可能となる

基板自体の熱抵抗は，銅の割合が増加し断熱材であるエポキシ層は薄くなっているために低下しています．この結果，基板面内の温度勾配が減少し，同じサイズの基板でもより発熱を抑えた設計が可能となります．

しかし，基板内の熱抵抗がいくら下がっても，純粋な銅板以下になることはないので，アルミによる放熱器同様に基板の面積による許容損失の制限値というものが発生します．

いかに基板自体の熱抵抗を下げても，基板の大きさによりその基板で消費できる電力には制限が発生することに注意が必要です．

基板で発生する総損失

データシートに記載されている許容損失の値は，3インチ角という大きな基板にICが1個だけ実装されている状態で測定されています．しかし，実際の基板では，この状態で使用されることはありません．基板サイズは制限され，小型化のために周辺部品との距離が数cmしかない状態で高密度に部品が実装されていることが多くあります．しかも，基板には電源IC以外に発熱源となるCPUやFPGA（Field Programmable Gate Array）などの消費電力の大きなLSIが多く実装

されており，その消費電力がすべて熱となることを忘れてはなりません．

電源ICの効率と発生する損失とその熱設計がよく話題となります．

仮にLDOレギュレータで5Vから3.3V/1Aを作って負荷に効率66％で電力供給した場合，入力電力は5V×1A＝5W，LDOレギュレータでの損失は(5V－3.3V)×1A＝1.7Wとなります．負荷で消費する3.3V×1A＝3.3Wも熱になるので，結局総入力電力5Wがすべて熱になるということを忘れてはいけません．

技⑦ 基板で発生する損失は総入力電力がすべて熱になると考える

基板で発生する損失は，電源IC単体で考えるのではなく，負荷であるLSIなどで発生する損失も含めた，その基板の総入力電力がすべて熱になると考え，基板で拡散すべき熱量と基板の面積を考える必要があります．

基板とジャンクションの温度上昇の予測

基板の熱設計を行う場合，使用する基板のサイズと構造から板内部の熱伝導による熱抵抗が計算できます．しかし，基板から空間への熱伝達による熱抵抗の部分は，基板のレイアウトや基板が収納されるケースの通風状態などにより大幅に変化するため，計算で求めることは困難です．

アルミ板などによる放熱器の場合の熱抵抗はグラフより求められます．ジャンクション温度と最高使用環境温度から求められる許容損失量が，その基板で消費される総消費電力より低いことは最低条件で，基板条件や通風条件による冷却効率の大幅な低下を見込むと数倍はマージンを見込む必要があります．

試作基板は，評価のしやすさを重視するために大きめに作られており，熱的に余裕のある設計です．最終基板設計時に小型化が図られ，熱の問題が発覚することもあります．

技⑧ 熱電対による温度測定ではできるだけ細い線を使用する

試作段階でどのくらいの温度マージンがあるのかがわかればよいのですが，ICのジャンクション温度が動作時に何℃になっているかを測定するのは困難です．

ICパッケージの上面に熱電対を付けて温度を測定する場合もありますが，ジャンクションとチップ上面間の樹脂部分の熱抵抗により，金属でできた熱電対を経由し熱が逃げてしまい，熱電対を付けていないときより低い温度になった表面温度を測定していることが多いからです．

熱電対による測定では，できるだけ細い線の熱電対を使用し，熱電対の金属が放熱器として熱を拡散してしまわないようにする必要があります．

技⑨ 放射型温度計による非接触温度測定では物質ごとの放射率を測定する

ICの表面温度は，放射型温度計による非接触温度測定のほうがより正しい表面温度を測定できます．しかし，放射型温度計は物質の材質による放射率を正しく設定しないと測定温度自体に大きな誤差が発生します．

従って，放射型温度計は校正された温度計を使用して，物質ごとの放射率を事前に測定しておく必要があります．また，ピンポイントの温度が測定できるタイプを選びますが，それでも直径2mm前後の面積の平均温度になるので注意が必要です．

放射型温度計による表面温度の測定

● ジャンクション温度と表面温度の差

実際に表面温度を測定してみると，ジャンクション温度と思われる値よりかなり低い値となります．IC内部のジャンクションで発生した熱は，パッケージの樹脂に伝わり表面へ伝導される間に拡散します．パッケージの表面に達した熱はその表面から空間に対して熱伝導および放射により空間にも拡散しているので，この温度勾配により温度が低下します．

表面の測定温度は，あくまでも拡散された結果の温度で，ジャンクション温度は表面温度より数℃～数十℃は高い温度となります．

● 実験環境と注意点

実際に放射型温度計で，ICを高損失の状態まで負荷をかけていき，サーマル保護を動作させてそのときの表面温度を測定してみます．測定には**写真1**のTPS74901の評価用基板を使用しました．この製品は5mm×5mmのQFNパッケージで，JEDEC High-K基板での許容損失は2.74Wとなっています．実験で使用した評価基板は3.0cm×5.4cm＝16.2cm^{2}ですからHigh-K基板の29％しか面積がありません．許容損失はデータシートでの規定値よりかなり小さくなると予想されます．

本計測では，ICでの損失を制御するのが目的なので，負荷は1.2V/2Aの一定値として，入力電圧を変化させて(V_{in}－1.2V)×2Aの損失をLDOレギュレータで発生させます．このICは，通常の入力電圧とは別に回路動作用電源を分離供給するタイプですから，5Vの電源をV_{bias}に供給しておけば，V_{in}は自由に電圧を変化させることができます．

負荷は固定抵抗の組み合わせで2Aになるようにしました．電子負荷を使用すると簡単に設定できますが，

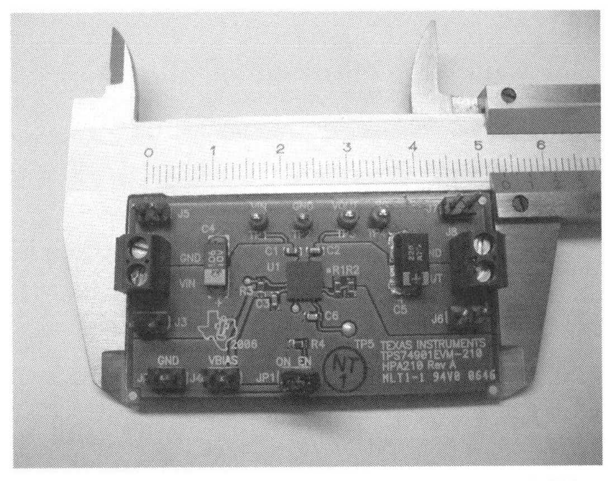

写真1 実験に使用したLDOレギュレータTPS74901評価基板

今回のように電源の出力電圧がサーマル保護で落ちるといった挙動をする試験で電子負荷を使用すると，定電流モードでも定抵抗モードでも電子負荷への電圧供給がなくなります．そのために電子負荷のインピーダンス制御が不能となり変な挙動をしてしまい，何を測定しているのかわからなくなることがあります．

今回は，出力電圧と負荷電流を変化させないために，負荷として0.6 Ωの抵抗を組み合わせて2 Aの負荷電流としました．負荷までの配線などによる影響で電圧が不安定にならないように220 μFのタンタル・コンデンサを追加し，**図9**の構成で実験しました．

● 測定方法と測定結果

測定は入力電圧を0.2 Vステップで増加させ，損失を400 mW単位で増加させて表面温度を測定します．電圧を変更してから数分待って安定状態に達した時点の温度を測定します．

図10は損失電力と表面温度のグラフです．出力電圧をオシロスコープで観測しながら入力電圧を上げていくと，ICでの損失が3.6 Wを超えた時点でときどきサーマル保護回路が動作する状態となりました．放射型温度計での測定値は，この時点で150℃となっていました．入力電圧をさらに上昇させると**図11**のようにかなりの頻度でサーマル保護が動作し，表面温度はほぼ150 ℃に保たれます．

サーマル保護回路が動作する温度は165℃(標準)となっているので15 ℃の差があります．この差は前述した熱伝導による温度低下だけではなく，サーマル保護の動作温度自体が5 ℃程度の誤差がある可能性も含まれますが，外部からの測定ではこれらの値を分離することは不可能です．

しかし，測定値には再現性があるので，実際に使用する基板で過負荷条件を与えて表面温度の測定と出力電圧のモニタを行い，サーマル保護が動作するときの表面温度を測定します．それにより，表面温度とジャンクション温度の相対比が求められるので，実動時の表面温度の測定でジャンクション温度を推測できるようになります．

ただし，過熱保護の動作温度にもばらつきがあると考えられるので温度マージンは十分に見込んでおく必要があります．

評価基板での放熱能力

● 放射冷却による熱放射

測定結果から評価基板の許容損失を計算してみます．測定時の室温は27 ℃なので，TPS74901の評価基板の熱抵抗は，

$$(165 - 27)/3.6 = 38.4\ ℃/W$$

程度となり，$T_A = 25$℃での許容損失は2.6 Wになり

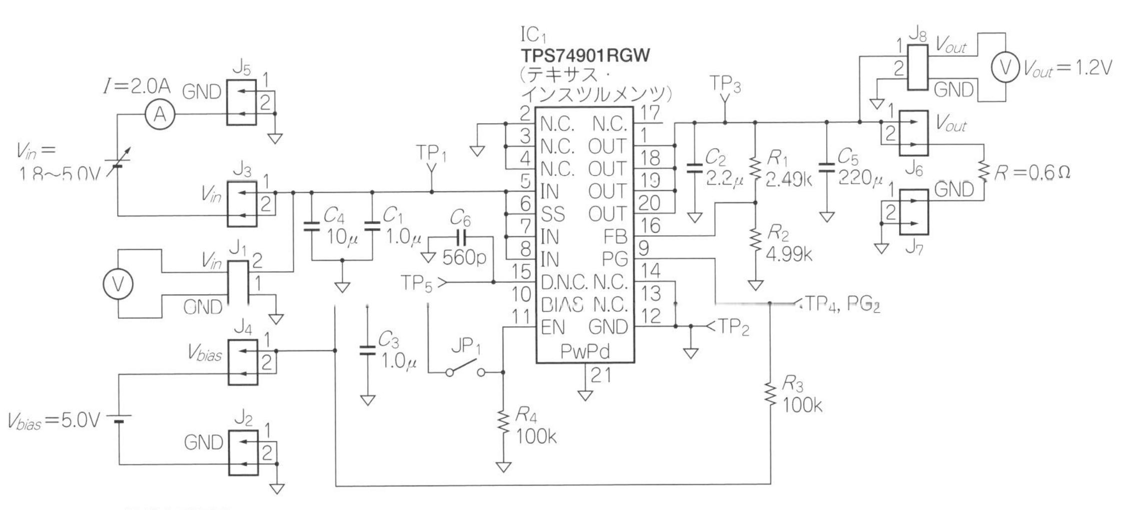

図9 サーマル保護実験回路

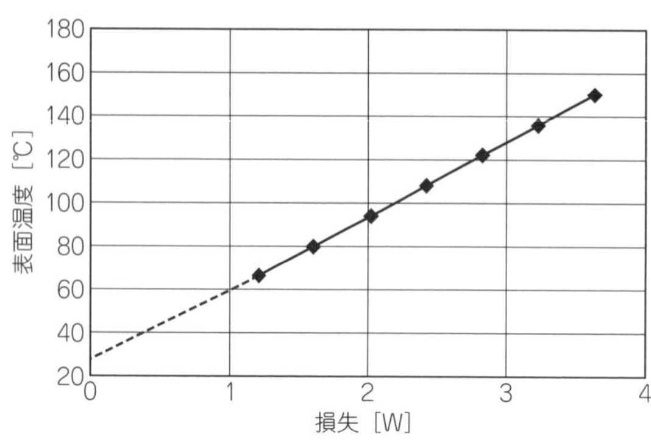

図10　損失電力と表面温度

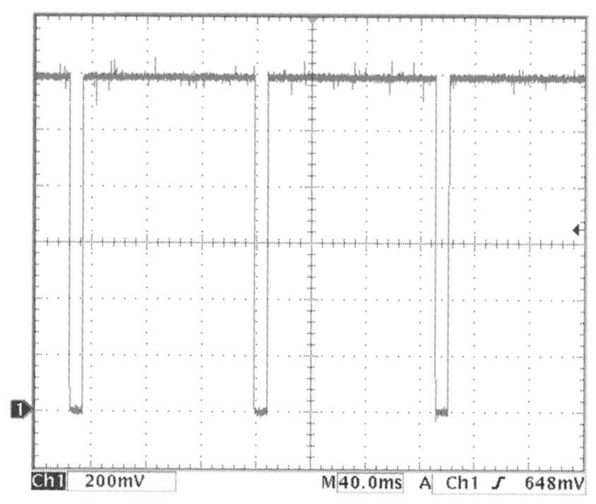

図11　サーマル保護が動作しているときの出力電圧波形
(200 mV/div，40 ms/div)

ます．データシートに記載されたJEDEC High-K基板の2.74 Wよりちょっと少ないだけで，サイズが小さいにもかかわらず大きな差がないように見えます．

サイズが小さいにもかかわらず同じ程度の許容損失に見える原因は，放射冷却による熱放射によるものです．JEDECで規定された熱容量の計算式には温度差と熱抵抗から計算される熱のディレーティングだけが使用されています．

つまり，これは基板内の熱伝導と対流による熱伝達による放熱能力だけを求めており，絶対温度の4乗に比例する放射冷却の項は入っていません．

● 放射冷却エネルギーは発熱体温度の4乗と周囲温度の4乗の差と放射面積の積に比例する

放射冷却により拡散される熱量は，放射熱量が発熱体の絶対温度の4乗と周囲温度の4乗の差と放射面積の積に比例します．

$$E = \varepsilon \rho \,(T_1{}^4 - T_A{}^4)S \cdots\cdots (1)$$

ただし，

E：放射冷却エネルギー［W］

ε：放射率

ρ：シュテファン・ボルツマン定数(5.67×10^{-8} W/m^{2}K^4)

T_1：発熱体温度［K］

T_A：周囲温度［K］

S：発熱体面積［m^2］

放射冷却による熱拡散を基板に実装されたICで考えると，基板での温度分布は基板デザインにより一様ではありません．温度ゾーンごとの温度差と面積を数値化することが困難な点と周囲温度が一定値ではない点があります．また，部位により放射率が異なり，温度がわからないと放射熱量が計算できず，放射熱量が決まらないと温度が計算できないというジレンマが発生します．

さらに，ケースに収納された場合にケースの材質や内面の処理による熱の反射(再放射)の発生とその放射率も，熱の放射量に影響するということから計算による予測はほぼ不可能となります．

● 放射冷却による熱量

今回の測定は開放状態での測定で，チップの表面温度150 ℃に対して環境温度は27℃と大きな温度差があり，放射冷却による熱量は最大値となります．しかし，ケースに入れるとこれだけの放射冷却量は得られないので実際の許容損失はもっと小さいことになります．

仮に，今回使用した評価基板が均一な60 ℃の温度で，平均放射率が0.80だとすると，環境温度27 ℃と面積16.2 cm^{2}を式(1)に代入して計算してみると，0.31 Wの熱量を放射冷却していることになります．

チップ自体はさらに高温となっているので，実験で求めた2.6 Wの許容損失の数十%は熱放射による熱拡散だということになります．

通常，基板は開放された25 ℃の環境で使用されることはなく，ケースに納められています．ケースの内部は，機器の発熱により環境温度が上昇しています．筐体壁面からの熱線放射により，基板からの放射冷却が打ち消されてしまいます．その分損失が増加したのと同じことになるために，ジャンクション温度は上昇しているので，放射冷却分は減算して考える必要があります．開放状態で測定した場合は，ケースに収納された場合のことを考慮し，何割か減算しておく必要があります．

能力以上の過負荷をかけた場合の挙動

● 温度上昇時間とサーマル保護動作

データシートの記載をそのままうのみにして実際に設計を行ってしまい，最高環境温度を85 ℃，許容損失を1.1 Wとして設計するとどうなるでしょうか．

室温では動作したとしても，環境温度が85℃になると当然，許容損失の不足からジャンクション温度が150℃に達して，サーマル保護回路の動作により電源が落ちてしまうことになります．

しかし，設計時の最大電流はピーク値であり，平均電流ははるかに少ない場合が多くあります．特にDSP（Digital Signal Processor）やCPUの消費電流は，その時点で実行している命令によって大きく変化し，平均電流は最大値よりかなり低い場合があります．

また，LDOレギュレータでの損失が高速に増加しても温度上昇には遅延が発生するので，連続使用可能な最大電力を超える負荷でもサーマル保護が動作するまでの温度上昇の遅延により短時間なら保護回路は動作しません．

● サーマル保護が動作するまでの遅延時間を実測

この時間遅延がどの程度あるのかを実験してみます．表面温度が40℃程度まで下がった評価基板に4Vの電圧を印加して，先ほどサーマル保護が動作した損失量3.6Wの1.56倍の5.6Wの損失を与えた状態で起動させて，サーマル保護が動作するまで何秒かかるか測定してみます．

図12は出力電圧の波形です．起動から約12.5秒でサーマル保護が動作して出力電圧がON/OFFを繰り返す状態となっています．温度上昇に秒単位の時間がかかることになるので，CPUの動作時間で考えるとジャンクションの温度はピークの損失電力ではなくあくまで平均での損失電力ということになります．

当然，高負荷となる処理を，秒単位を超えるような連続で処理が発生するような場合は無理ですが，高負荷が短時間で周期的に発生するような場合では平均電力の低下により過負荷状態でもサーマル保護が動作しないことになります．

このような場合では，設計者も過負荷状態になっていることに気がつかないまま製品が評価され，温度試験にもぎりぎりパスすることになります．あとでファームウェアやプログラムの変更を行っただけでCPUの稼働状況が変化して，平均消費電力やピーク負荷電力時間の増加によりサーマル保護が動作してしまうケースも想定されます．温度試験を行う場合は，十分な温度マージンを持っているかを確認するために過負荷試験を行うことを勧めます．

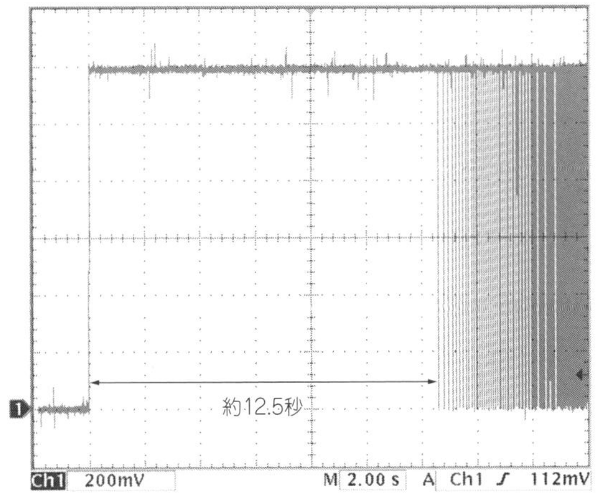

図12 過負荷印加からサーマル保護が動作するまでの遅延
（200 mV/div，2 s/div）

最終製品状態での過負荷試験

基板の放熱能力は周囲環境により大きく変化するため，基板単体の測定はほとんど意味がありません．必ず実際の使用環境状態で最終製品を温度試験にかける必要があります．

製品の動作チェックは設計仕様での最低温度と最高温度で行いますが，最高動作チェック時にはさらに温度を上昇させてチェックします．出力電圧をモニタし温度が平衡するのを確認しながらゆっくりと上昇させていくと，ジャンクション温度が165℃に達した時点でサーマル保護により動作が停止し出力電圧が低下します．

ジャンクション温度が125℃までで使用したい場合は，サーマル保護が動作した温度より40℃低い環境温度のときにジャンクション温度が125℃になるということになります．この40℃低いときの環境温度と設計最高使用温度との差が温度マージンとなります．

なお，過負荷試験によりサーマル保護が動作するまで温度を上昇させてもICは問題なく動作します．シリコン・チップ自体はサーマル保護温度程度ではダメージを受けることはありません．

しかし，ICを封入しているプラスチック・パッケージが高温によりダメージを受けます．プラスチックと金属リードやシリコンとの間に亀裂や剥離が発生し，水分の浸入によるメタル配線の腐食などの原因となり長期的な信頼性に対するダメージを与えることになります．商品として量産する製品には，このような過負荷試験を行ってはなりません．

◆参考文献◆

(1) TPS74901, 3.0 A Low Dropout Linear Regulator With Programmable Soft-Start, SBVS082D, April 2009, テキサス・インスツルメンツ．
(2) トランジスタ技術編集部 編；電子回路部品 活用ハンドブック，CQ出版社．

第14章 数百μm角のLED温度をなんと±0.2℃精度で!

極小な半導体チップのほんとの温度を調べる方法

大塚 康二 Kohji Ohtsuka

温度測定にパルス*I*-*V*測定のススメ

● 部品の温度は*I*-*V*特性に表れている

pn接合をもつトランジスタ(Tr), LED, ダイオード(D)またはカーボン抵抗(*R*)などの*I*-*V*特性をカーブ・トレーサで測定するとき，電流を多めに流すと抵抗がどんどん低くなっていく現象(金属皮膜抵抗では逆に抵抗が増大しますが変化が少ない)をよく経験します．これは温度上昇によって起こる現象ですが,「この挙動をデータ化して利用すれば，なんと百人力」というのが本稿で紹介するパルス*I*-*V*測定方式です．

測定対象は，温度によって*I*-*V*特性が変化するものであればカーボン抵抗，ダイオード，トランジスタなど何でもOKです．温度係数の大きなものほど測定が容易で精度が向上します．

● ターゲットの温度と*I*-*V*特性の対応データを取得しておく

図1を参照してください．**図1(a)**のデータ取得作業は，扱う素子形態(単体素子でなくてもOK)の各温度における*I*-*V*換算表を作るときだけ行います．

例えば，8並列3直結線単位のLED基板が，300 mAの定電流制御電源付きのケースに組み込まれるような照明器具を設計するとします．このとき，この基板全体の300 mAパルス(短時間で温度上昇していないとき)の各温度(*T*)における*I*-*V*特性(この場合，電圧*V*はLED群の順方向電圧V_Fとなる)を取得しておくのです．

実際には，恒温槽を用いて，室温から想定最高温度+α(例えば120℃)まで，温度を変えながらパルス電圧値を取得していきます(念のため，基板とLEDに熱電対も取り付けておく)．

● 実動作ではデータと照合すれば温度がわかる

ここで得られた300 mAにおける温度*T*-電圧*V*の特性曲線ができてしまえば，ケースに実装するときに電圧*V*が測定できる引き出し線をケースの外に出しておき，**図1(b)**の温度環境試験にかけるときに引き出し線の電圧(*V*)をモニタ(テスタやオシロスコープ)するだけで換算表から接合温度が刻々と変化していくようすを知ることができます．

● 温度が上がる前に測るには大電流パルス発生器が必要

説明を聞いてしまえば何だと言うことになりますが，温度上昇していない短時間における大電流パルス電圧*V*を測定できないと，実現しません．温度は100 μs

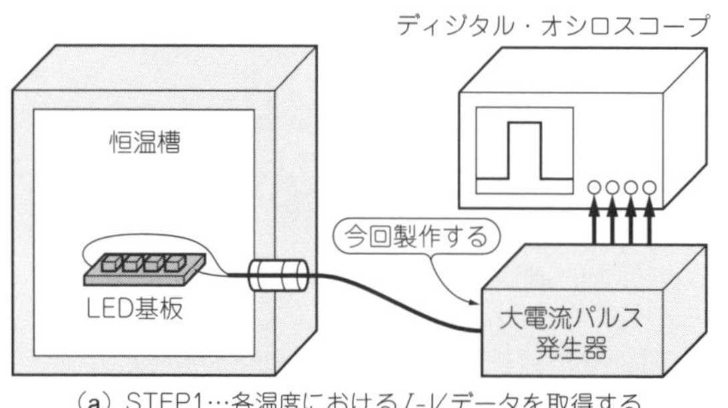

(a) STEP1…各温度における*I*-*V*データを取得する

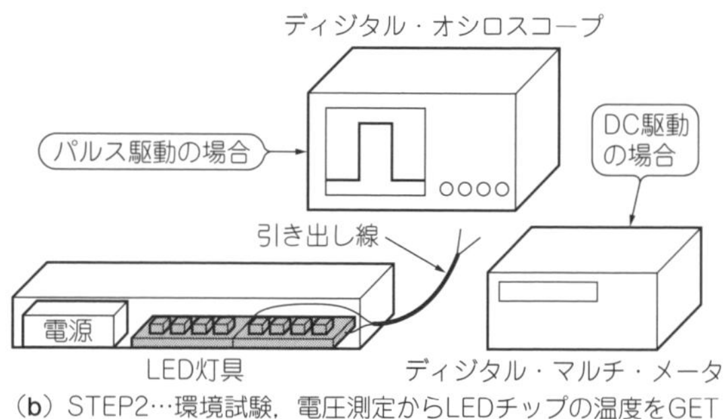

(b) STEP2…環境試験，電圧測定からLEDチップの温度をGET

図1 パルス*I*-*V*測定を行っておけば環境試験時に接合温度が簡単に求められる
うまくパルス測定すると，平均電力が十分小さいので，測定することによる影響(測定対象の温度上昇)を無視できる

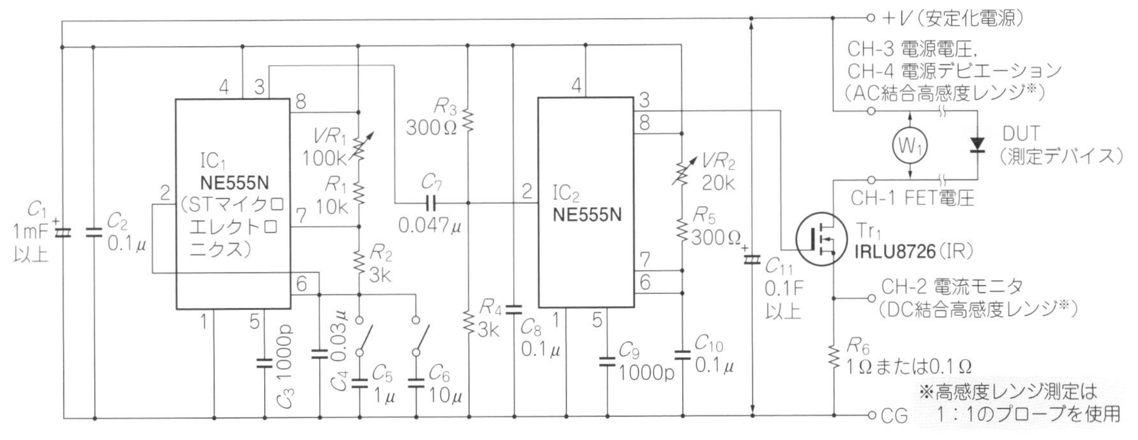

図2 大電流パルスによる精密I-V測定システム用パルス発生器の回路
これに恒温槽や4チャネル・オシロスコープ，データ処理を加えて測定システムとなる

単位でどんどん上昇してしまうので，立ち上がりが10 μs以下と速く，かつ1 mAから数A程度までの広範囲の電流をフラットで，きれいな矩形波として流せる超低インピーダンスのパルス電源が必要です．このようなパルス電源は，ありそうでなかなかありません．通常のファンクション・ジェネレータは内部インピーダンスが50 Ωと高く，厳しい目で見ればノイズだらけですから話になりません．なければ，自ら製作することになります．

大電流パルス発生器の回路

図2に，製作した大電流パルスによる精密I-V測定システムの回路を示します．簡単な回路ですが，高速（熱電対では実現しない）で高精度の温度測定（接合温度T_jなど）が可能になります．

● パルスを生成してMOSFETを駆動する

IC_1，IC_2 のNE555Nはパルス発生に使います．終段のMOSFET（IRLU8726）はオン抵抗の低い素子で，きれいな矩形波パルスを出力できます．IC_1はマルチバイブレータとして使い，VR = 100 kΩで任意のパルス周期を決めます．IC_2はタイマICとして使い，VR = 20 kΩで任意のパルス幅を発生します．

● 電源の検討…1電源か2電源か？

MOSFETの耐圧は30 Vですが，NE555Nの耐圧は18 Vですから，回路全体として許容最大電源電圧は18 Vになります．

NE555Nは1 V以上の電源電圧がないと働かず，終段MOSFETのゲート電圧は2 V以上印加しないとONしないので，動作に必要な最低電源電圧は約3 Vです．

タイマICと終段FETを別電源にするのが理想的ですが，高精度の電源を2台用意するのも煩雑です．かといって，1電源を内部で2電源にするのは都合が悪いことがあります．終段MOSFETはゲート電圧を確保できていれば低い電圧からでも動作しますが，きれいな波形を出力させるにはタイマICの電源に5 V以上が必要です．入力電圧を高いほうの5 V以上にしておき，内部で高精度・大電流パルス発生可能な可変電圧・高電流電源を作るという本格的な電源の製作になってしまうからです．

測定素子がGaNのLEDであればパルス用電源電圧はおよそ3 Vです．3 Vでもタイマ ICは動作しますが，MOSFETのゲート電圧には不足気味なので，DUT（被測定デバイス）に印加されるパルスの立ち上がりスピードが10 μs程度（ゲート電圧が十分であれば0.1 μs）と遅めになってしまいます．とはいえ，電圧が低い場合は，自動的に低電流下での測定を意味しますので，温度上昇も遅く，50 μs以上経過した測定タイミングでも（基礎データ取得として）十分使えます．

もっとも興味ある100 mA以上の多めの電流パルスの場合は温度上昇も速くなりますが，電源電圧も上げているのでゲート電圧も十分確保され，パルスの立ち上がりも高速となり，温度が上昇しない短いタイミングで電圧（V_F値）の測定ができます．

したがって，パルス発生回路と終段MOSFETは，同一電源でも使えると判断して回路を仕上げました．3 V以下のDUTであれば，別電源にしてください．

製作したパルス発生回路の詳細

● オン時間一定のパルスを作る

前述したように，IC_1はマルチバイブレータとして使用しています．8-6ピン間の合計抵抗Rと6ピンの容量CのCR時定数が周期となります．6ピンを2ピン

column 01　温度測定方法のいろいろ

大塚 康二

ものすごく大雑把ですが，非冷却型温度検出器のいくつかを取り上げてそれぞれの特徴を整理してみたのが**表A**です．製品名などの項目の中で，サーモパイルとボロメータはちょっと毛色の変わった非接触タイプのものです(非接触タイプの場合は基本的に精度の高い測定はできない)．寒暖計からボロメータまでは温度検出器そのものですが，本稿にて取り扱う最下端の「パルス測定」はどこかに売っているようなものではなく，測定方式みたいなものです．温度を知りたい素子のそのものが検出器に早変わりするのですから，回路素子すべてが対象です．

温度測定精度を比較すると，1/100℃の熱電対とパルス*I-V*測定が抜きん出ています．熱電対は良く使われる本質的に精度の高い温度検出器です．ただし熱電対の先端の「対」の部分が被測定物に影響を与えないで，かつ被測定物から熱を奪い，同じ温度になっているのかという矛盾する問題を常に抱えています．被測定対象物の熱容量が少ない(サイズが小さい)場合ほど熱電対は線径の細いものを使わないと実際の温度との乖離が激しくなります．細い熱電対を使うほど応答速度が速く(φ13 μmでは応答速度が100 ms)，測定温度も正確になっていきますが，細いゆえに取り扱い時のちょっとしたことで切れてしまうというリスクも増大します．また精度向上には，素子に熱電対の取り付けのための極小径(φ100 μm以下)の穴開けをするなどの細かい作業と煩雑さも無視できない労力です．

パルス*I-V*測定では対象としている回路素子に与える影響は皆無(高精度)で，応答特性も1 μsときわめて高速(容量をもつパワー素子など，場合によっては変位電流が収まるまでに100 μs：ほかに比較すればこれでも桁違いに応答特性が良い)の測定が可能なのです．パルス*I-V*測定でしか実現しない高速トレースができることから，LEDを短時間発光させるストロボ応用の高速過渡熱設計などが簡単に行えてしまいます．

表A　非冷却型温度検出器の種類
ms以下の応答を求めるなら今回紹介する*I-V*しかない

動作原理		材料など	製品名など	測定温度範囲［℃］	確度（検定後確度）	精度	応答速度	備　考
熱膨張	液体	アルコール	寒暖計	−30〜80	(D)	C	〜300 s	水銀使用の体温計は使用不可，サーミスタ使用の電子式に移行
		水銀	体温計	32〜42	(B)	B		
	固体	バイメタル	指針式メータ	−30〜150	E(D)		〜300 s	
熱電効果	熱電対（TC）	アルメル クロメル	K-熱電対など	−150〜1200（一例）	狭範囲C(B) 広範囲E	A	〜100 ms（φ13 μmのTC）	応答速度は対象の熱量による．チップ抵抗をφ300 μm熱電対で測定すると真値から数十℃下回り，応答速度20 s
	多熱電対型	多結晶	サーモパイル	−30〜1200	(D)	D	〜30 ms	非接触測定，MEMS構造，2次元配列で画像も取得
		Bi，Sb						
温度による電気抵抗変化	巻き線等	Ni，Co，Mn，Fe	サーミスタ	−50〜1000	狭範囲C(B) 広範囲F	B	100 s	狭範囲では高確度，サイズが大きく応答は遅い
	微小サイズの薄膜	アモルファスSi	ボロメータ	−40〜1500	(D)	D	〜30 ms	非接触測定，MEMS構造，2次元配列で画像も取得
		酸化バナジウム						
素子自身の温度*I-V*測定	pn接合の順方向電圧を測定			−20〜125	E	E	1 μs〜	パワーICやCPUに組み込まれている
	素子（含むpn接合）のパルス測定	電子回路素子すべて	パルス*I-V*測定	−20〜200	(C)	A	1 μs〜	紹介する方式：1 μs〜の超高速で高精度温度測定ができる（pn接合では変位電流の減衰時間が必要）

確度：真値との一致度　精度：繰り返し測定再現度　A：±0.01　B：±0.2　C：±0.5　D：±1　E：±2　F：>±2

表1 大電流パルス・精密*I*-*V*測定システム用パルス発生器の仕様

項目	条件	値	備考
入力電源電圧	DC2.5 V ～ 18 V		高速パルスのときはDC4 V以上
必要電源容量	0.1 A以上		>1 Aパルスのときは0.5 A以上
外付けコンデンサ	10万μF以上		1F(100万μF)までは多いほど良い
パルス電圧出力	≒電源電圧		
パルス電流	電流検出抵抗1 Ω	最大1 A	
	0.1 Ω	最大10 A	入力電源電圧4 V以上
パルス周期	SW_1, SW_2 OFF	7 ～ 50 ms	VR_1可変による
	SW_1 ON, SW_2 OFF	30 ～ 250 ms	
	SW_1 ON, +SW_2 ON	200 ～ 970 ms	
パルス幅	20 μs ～ 10 ms		VR_2可変による
パルス過度時間	電源電圧2.5 V	～ 10 μs	負荷10 Ω抵抗(DUTによる)
	電源電圧4 V以上	～ 0.1 μs	

のトリガ入力と結線してあり，低下していく電圧を受けて再充電モードに入って自励発振します．7-6間の抵抗に対するピン8-7間の抵抗の比がオン時間("L")とオフ時間("H")の比になります．つまり，*VR*の抵抗を大きくするとオフ時間が長くなります．7-6ピン間の抵抗は3 kΩで固定されているので，オン時間はほぼ一定です．

● パルス幅と周期の生成を独立して行う

当初，IC_1だけでパルスを作り，その負出力をMOSFETで反転させ，終段のMOSFETをドライブする予定でした．しかし，これでは必要とする1周期の中のパルス幅の関係が利用状況と逆行するので，IC_2を追加する回路に変更しました．なぜ都合が悪いのかを，例を示して説明します．

例えば，LEDを1 Aでパルス動作させて激しい温度上昇を観測する場合，100 μs以下のパルスで取得する温度上昇していないときのデータが重要です．また，十分冷却するために，パルス周期は100 ms以上とデューティ比を0.1 %ぐらいにして測定対象に対して経時変化を起こさないようにします．

一方，10 mAと低い電流における温度変化を見る場合，1 ms程度の時間をかけて測定しても温度上昇もわずかですから，パルス周期は10 msと短くても十分です．わずかな温度上昇を気にしない場合は，DC測定でもよいくらいです．IC_1のマルチバイブレータ機能を使えば，周期との比で決まるパルス幅を出力できますが，上記の実状と逆行します．したがって，周期とパルス幅の機能はIC_1とIC_2とに独立させました．

● パルス幅と周期の設定範囲

周期のレンジ切り替えは，6ピンにデフォルトで接続されている0.03 μFのほかに，DIP SWで1 μFと10 μFを接続することで，パルス周期を7 msから0.97 sの範囲で大きく変化させることができます．

IC_2の2ピンのトリガ入力も負論理なので，IC_1の3ピン出力の負論理と整合します．ただし，IC_2のトリガ入力は10 μs以内に"H"レベルに戻さないとセトリングのエラーが発生してしまうので，微分波形に直して鋭いパルスにして入力します．負のトリガ・パルスのあとに正のパルスも出てしまいますが，影響がないのでそのままにしてあります．

タイマとして使用する場合は，7-6ピン間をショートして使います．パルス幅は，8-7ピン間の抵抗と6ピンの容量で決まります．300 Ωのとき，20 μs，20.8 kΩ(*VR*最大時)のときで10 msとなります．IC_2の2ピンの出力は正論理ですから，そのまま終段のMOSFETに入力します．

● 波形の立ち上がり/立ち下がり

電源電圧が十分であれば，タイマICから出力されるパルスの立ち上がり/立ち下がりのスピードは十数nsと切れの良い波形ですが，DUTの電流，すなわち大電流用パワーMOSFETのスイッチング電流は，立ち上がり時間が百数十nsになまっています．これは，大電流用パワーFETのゲート容量やソース・ドレイン容量が大きいためです．スピードを上げるには，中容量(10 Aクラス)のFETに変更するか，終段FETをオーバードライブできるように手前に1段中容量のバッファFETを置くことが有効です．しかし，本回路ではすでに十分なスピードが確保されていると判断できます．

もともと想定したDUTであるLEDを対象にしたとき，電流のオフ波形はかなりなまっています．LEDのPN接合にある電荷はマイナス電圧にすることで速く抜けますが，本回路ではスイッチとして使っているMOSFETは単にLEDをオープンにしているだけなので，電流OFFが遅いのは仕方のないことです．

幸運にも，本測定方式ではオフ波形にスピードは必要ないことと，精密測定を目的としていて余分な回路

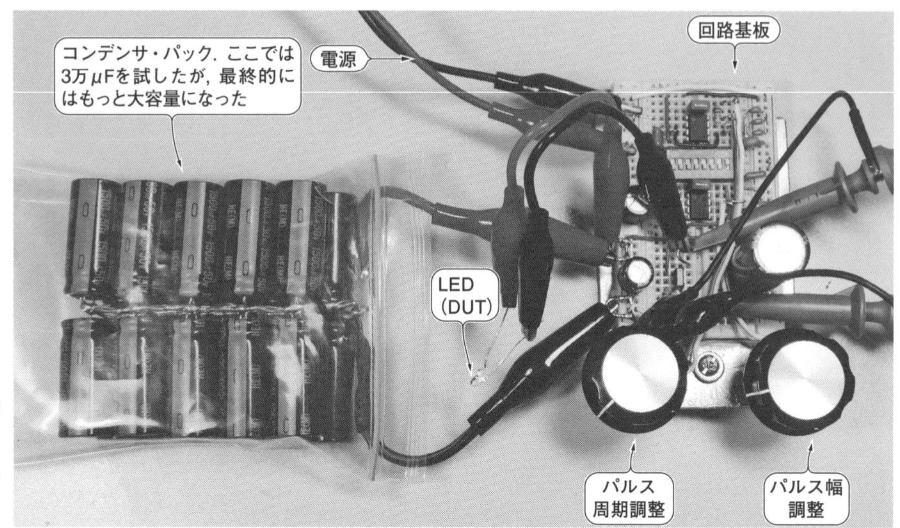

写真1　製作したパルス発生器の外観
測定対象にパルス電流を流しても制御回路の電圧変動が小さくなるように，大容量のコンデンサが必要

要素を追加することは好ましくないことから，ノー・ケアとしています．

本回路は流動的で，最適化は途上ではありますが，システムの仕様を**表1**に示します．

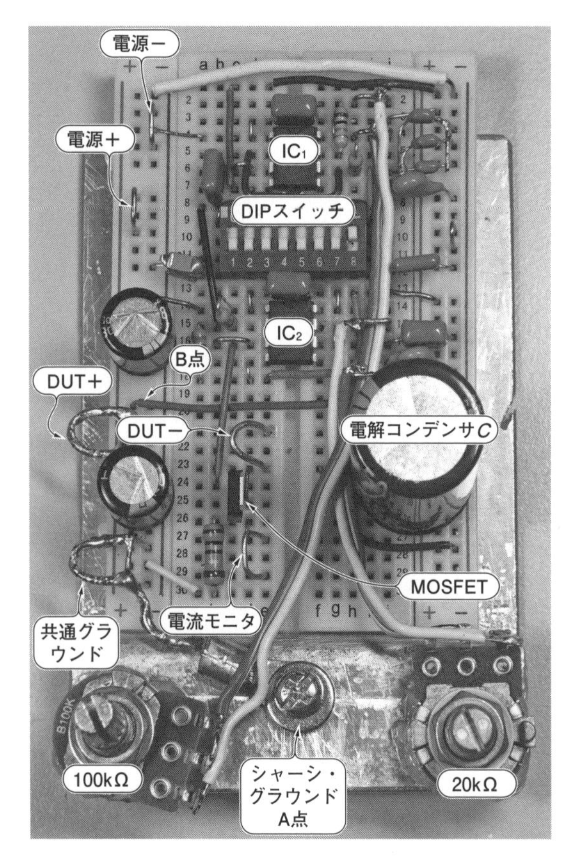

写真2　回路基板を拡大したところ
配線の引き回しには十分注意する

精密測定へのこだわり

精度の高い高速パルス測定をするためには，限りなくきれいな矩形パルスを用意することと，インバータ蛍光灯などのノイズ発生源から遠ざけて，回路間の誘導を受けないようにシールド(グラウンド)と適正な接地が行われている必要があります．

● 測定を繰り返し平均化することで分解能を上げる

分解能の高い測定を行うには，波形を単発で取得するのではなく，所望するS/Nに達するまで繰り返して平均化を行った波形を取得します．したがって，測定環境は長期安定・低ドリフトが原則です．すると，各諸元のデータ間で演算を行うので，同時性と相関性が高いことが要求されます．同じA-Dコンバータをシェアして使う同時多チャネル入力のディジタル・オシロスコープによる測定と，そのデータ保存が最適です．

同時多チャンネルの測定環境下でも，高精度測定を行う場合は，10：1のプローブはプローブ内部の分割抵抗のばらつきがひどくてとても使いものになりません．加算や除算を行うには，1：1のプローブどうしで取得したデータしか使えません．

● ノイズの影響を減らすための工夫

写真1に，実際の測定環境における回路周辺のようすを示します．スイッチングを行うMOSFETにできるだけ近いところに外部コンデンサ・パック(0.1 F＝10万μFなど)を取り付けます．大きな電流をトランジスタがスイッチングするときに，電源ラインの電圧がわずかに低下します．これをできるだけ防ぐために

も，大容量のコンデンサが必要になります．この電源電圧のスパン・モニタをチャネル3で行います．わずかな電圧変化の検出のためにAC結合のチャネル4により同時に測定を行います．電源電圧変動はチャネル4で取得したデータで補正可能ですが，できるだけ電圧の変化をなくすことを原則にすると，精度の高い測定が可能になります．

写真1では，DUTとしてφ3の砲弾型青色LEDを接続しています．実際は長い導入線で恒温槽の中まで引き回しますから，ノイズを拾いやすくなります．したがって，この導入線にはプラス側をシールドとしたケーブルが必要です．2芯シールド線の場合は，シールド側を共通グラウンドにします．回路基板の下，左右にボリュームつまみがあります．左がパルス周期調整用で，右がパルス幅の調整用です．

写真2は，回路基板部を拡大したものです．測定器(オシロスコープ)のグラウンド・ポイントとなる共通グラウンドから，できるだけ近い1点で基板裏のシャーシ・グラウンドA点を取ります．

パルス波形生成回路からの回り込み(不十分だと終段で作られた波形にもわずかに乗ってくる)などを防ぐために，IC_1とIC_2の電源はBの1点のみで引き出します．さらに，引き出した後には大容量(3300 μF)の電解コンデンサCを設けます．B点から引き出した配線に直列抵抗0.1～0.5 Ω程度のフェライト・ビーズ(SMDタイプ)を置くのも有効ですが，ここでは十分な対クロストーク性能が出ていたので行っていません．

DIP SWの6-8のどれか1つをONにすることで，1 μFが5ピンに接続されます．同様に，DIPスイッチの1-3のどれかをONにすることで10 μFが接続されます．IC_1，IC_2のパスコン(0.1 μF)は，それぞれのICの1ピンと8ピンの直近に配置します．

表2に部品表を示します．

● 4チャネルのオシロスコープで4点を同時観測して必要なデータを取得する

図2の回路図に示したように，オシロスコープの測定プローブは4チャネルすべてを使います．プローブのグラウンドは，すべて回路のCG(コモン・グラウンド)にします．

チャネル1は1：1のプローブによりDC結合高感度測定を行い，電流検出用抵抗の電圧を測定します．チャネル2は1：1のプローブにより，MOSFETのドレイン電圧を測定します．チャネル3では，1：1のプローブで電源電圧を測定します．チャネル4も同じ場所を測定しますが，1：1のプローブを用いてAC成分のみを高感度でモニタします．ここに，パルス時の変動やわずかなノイズが乗ってきていますから，ここの波形を見ながら，外部コンデンサの追加やシールド環境の改善などを行います．

▶電流値

チャネル1は電流検出抵抗の電圧なので，直接電流を表します．この抵抗を常に基準とするのであれば，精密に補正する必要はありませんが，高精度タイプを使用すべきです．1 A以下であれば1 Ωを使い，1 A以上しか使わないのであれば0.1 Ωを使用するのがよ

表2 大電流パルス*I*-*V*測定システム用パルス発生器の部品表

記 号	品 名	値など	仕様など	数	メーカ	備 考
IC_1，IC_2	タイマIC	NE555N	18 V	2	STマイクロエレクトロニクス	
Tr	パワーMOSFET	IRLU8726	30 V，6 mΩ	1	インターナショナル・レクティファイアー	
C_1	電解コンデンサ	3300 μF	16 V	1	日本ケミコン	
C_2，C_8，C_{10}	セラミック・コンデンサ	0.1 μF	50 V	3		
C_3，C_9		0.001 μF		2		
C_4		0.01 μF		3		
C_5		1 μF		1		
C_6		10 μF		1		
C_7		0.047 μF		1		
C_{11}	電解コンデンサ	4700 μF	35 V	20	日本ケミコン	外付け用
VR_1	可変抵抗	100 kΩ	パネル取り付け用	1		
VR_2		20 kΩ		1		10 kΩではC_{10}を0.2 μF
R_1	カーボン抵抗	10 kΩ	1/4 W	1		
R_2，R_4		3 kΩ		2		
R_3，R_5		300 Ω		2		
R_6	金属皮膜	1 Ω	2 W高精度	1		
W_1	同軸ケーブル	DFS030	テフロン，1.5D相当	10 m	潤工社	

いと思います．

▶測定データには関係ないがMOSFETのオン抵抗も見える

チャネル2はMOSFETのドレイン電圧ですが，ソースに繋がっている電流検出抵抗の電圧も含まれていますから，次式のようになります．

チャネル2の電圧－チャネル1の電圧
＝MOSFETにかかっている電圧 ……………… (1)

MOSFETのオン抵抗は，この電圧をチャネル1で検出した電流で割ることにより求まります．低いゲート電圧でドライブしたときなどは，オン抵抗が時間とともにゆっくり(～10 μs)減少していくことがわかります．しかも，カタログ値の10倍以上のオン抵抗で落ち着きます．ゲート電圧が10 Vを越えているときはこのオン抵抗が急速に(0.1 μs)減少し，オン抵抗もほぼカタログどおりの値になります．

▶電圧値

次式のように高速現象のリアルタイムV_F値が測定できます．

チャネル3電圧－チャネル2電圧
＝DUTにかかっている電圧
＝LEDであれば電流検出抵抗から
求めた電流におけるV_F …………………… (2)

回路の仕上がりがよく，ノイズの少ない環境で測定できれば，わずか20 mAの通電(パルス)においても，精度の高いV_F値の変化が得られます．温度上昇に置き換えれば，0.1℃の精度かつ10 μs単位で変化していく過程が，取得データから得られます．息を吹きかけたり，手を近づけたりしても検出できます．温度校正してあれば温度計にすらなります．

ましてや100 mA以上の電流であれば，温度上昇〔チャネル1の電流(測定しているのは電圧)の増加〕がオシロスコープの画面で手に取るようにわかります．1 Aクラスの電流(LEDが焼損しないようにパルス幅100 μs以下，周期100 ms以上にする)では，試料電流の上昇が数十 μs単位で起こる(急激な温度上昇)現象が読み取れます．

● 測定対象との間のケーブルも十分吟味が必要

大きな恒温槽を使用するほど，DUTと本パルス電源との距離が長くなります．通常であれば耐熱(テフロン製)の1.5D2V相当の同軸ケーブルを使用しますが，中央導体の抵抗が0.05 Ω/mもありますから，ケーブル長が50 cm以上にならないようにする必要があります．

500 mA以上のパルス電流を流して測定しなければならない場合は，より太いケーブル(例えば，3D2Vを使うとおよそ1/5の抵抗にできますが，テフロン製の太い耐熱ケーブルは非常に高価)に置き換えるか，恒温槽の中のDUT端子から電圧測定専用の同軸ケーブルを別に引き出して電圧(V_F値)を測定する必要があります．

● 十分に精度を確認してデータを取得する

以上のような配慮のもとで，非常に短いパルス時間で計測できるため，所望温度のいかなる実電流においても温度上昇がないときの正確無比なV_F値が測定できます．各設定温度(恒温槽)における正確なI-V_Fを測定して検量線とすれば，LEDなどのT_Jが正確にわかるわけです．

ここまでの説明で，電流検出抵抗の検定，オシロスコープの各チャネルのゼロ点校正，使用するレンジでの感度スパンの校正などが，いかに重要なのかがおわかりいただけたかと思います．

各プローブの帯域調整は別として，一般的なディジタル・オシロスコープは電源立ち上げ時や必要時にセルフ・テストを行う機能を持っていますが，信用してはいけません．使いたいレンジにおける表示値が適正かどうかまでは保証されていないので，自分で確認し調整する(測定器固有の検量になることを避けるには，面倒な話ですがExcelデータ上で確認し補正する)必要があります．

実際の測定とその手順

恒温槽を使って，温度に応じたI-V_F特性のデータを取得します．

● 測定のようす

小型恒温槽を使ったパルスI-V_F特性の測定について解説します．**写真3**に，測定環境全体のようすを示します．写真の左側上下はパルス回路の電源，右は上から温度調節システム，超小型恒温槽，K熱電対用高精度温度計，パルス回路基板です．V_F値を導出するために正確な電源電圧を測定する多桁ディジタル電圧計，波形を観察・測定するディジタル・オシロスコープ，および超小型恒温槽のヒータ元電源となるスライダックは写っていません．

図3に，パルス回路の終段とディジタル・オシロスコープの各チャネルの接続位置を示します．DUTへの同軸ケーブルが長い場合は，高電流領域を測定すると芯線の抵抗で真値より高めの電圧になってしまうので，DUTから別途電圧測定専用の同軸ケーブルを引き出す(これも長すぎると反射の影響で波形が乱れるので必要最小限の長さにする)必要があります．小型恒温槽の温度をパラメータに，パルス電圧-電流測定を行います．チャネル3-チャネル2がDUTのV_F，チャネル1が1 Ω両端の電圧ですからDUT電流I_F，単位

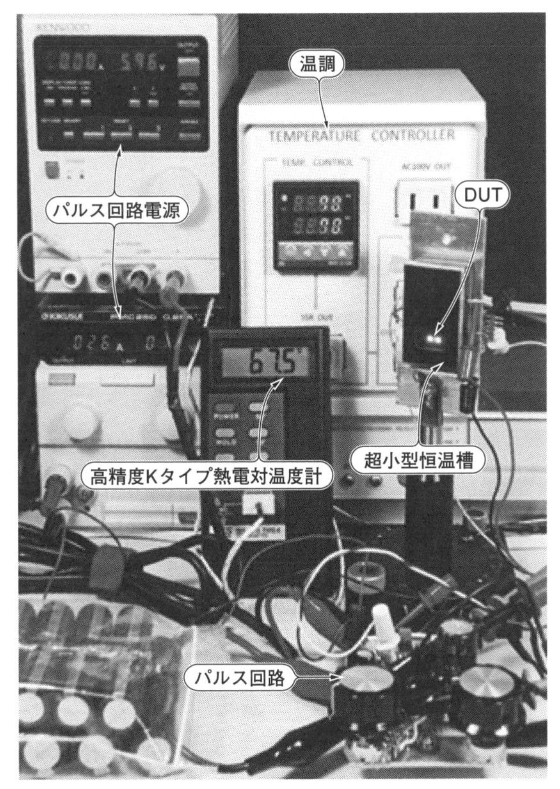

写真3 測定環境全景

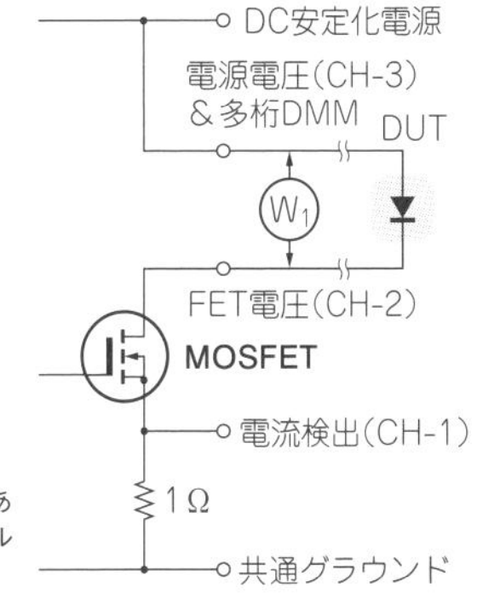

図3 パルス回路との接続
恒温槽の内部までは耐熱性のあるノイズを拾いにくいケーブルで引き込む

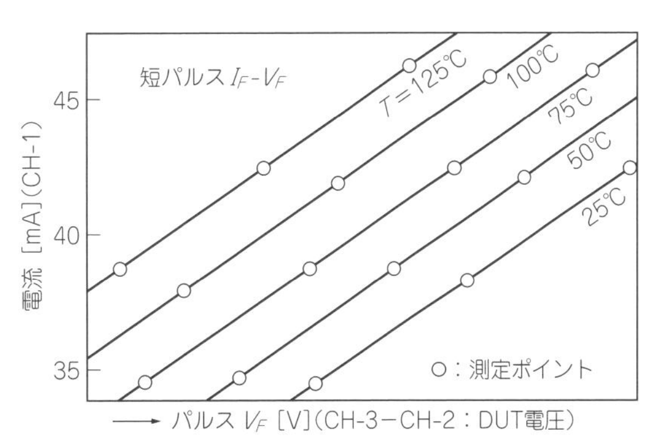

図4 各温度でのパルスI-V_Fの取得
測定しながらグラフ化しておかしなデータを取得していないかを確認する

をAに入れ替えた直読になります．

通常，オシロスコープのアベレージは，128回か256回で十分(0.2℃レベルの分解能)な精度のデータが得られます．100 μs以下の短パルスでは，温度上昇が起こっていない状態でのパルスI-V_F測定となりますから，時間軸のどこのデータを取得するか決めておいて1点のデータを書き出せばこと足りますが，念のために各チャネルのアベレージ波形すべてをCSVデータとしてパソコンに取り込んでおくことをお勧めします(筆者は読み取り／書き取りミスをよくやるのでセーブは必須)．

データはすぐにExeclでグラフ化し，妥当な関係に

column 02 LEDの接合温度T_Jは正しく実測されていない

大塚 康二

LED照明やLEDバックライトのように，大量のLEDを使用したセットを製作する場合の熱設計にかかわって，本機が必要になりました．

パワー・トランジスタやパワーICなどには立派な放熱用ステムが付いており，この温度を測定することで，カタログの熱抵抗を参考にすることでも，かなり実際に近い接合温度T_Jを求めることができますが，LEDの場合はそう簡単には行きません．

LEDの場合，実際に接合温度T_Jの測定をせず，モデルで想定したものに経験値を加味している場合がほとんどです．したがって設計者には，「期待寿命よりLEDの劣化が速いのは，実際の温度が設計温度よりかなり高いからではないか」といった心配が常にあります．

接合温度T_Jを測定する1つの方法は，LEDの温度を知りたい場所に小さな穴を開け，極細線の熱電対を埋め込んで直接測ることにより，かなり正確にT_Jを知ることができます．しかし，この方法は熱設計の機構屋さんにとっては面倒なことで，どちらかと言えば研究所レベルの仕事かもしれません．もう1つの方法が，本稿で紹介するパルスI-V測定法です．この方法は，回路図やプリント基板が机に転がっているような開発現場においても違和感がなく，馴染みやすい方法といえます．

なっているかを確認します．**図4**に，取得データをグラフ化したときの拡大イメージを示します．

これらのデータをカーブ・フィットさせて，異常なポイントがないかを確認することも重要です．**図5**に，通常の5050白色チップLED(定格30 mA)の実データ例を示します．通常のI-V_F曲線であれば，3次関数でぴったり回帰できます(**図5**でも測定プロットは回帰曲線上に埋まっている)から，異常点を検出することは簡単です．測定系に何かが発生したり，設定ミスを測定中に行っていることを疑うのがおよそ正解となります．

正常データであることが確認できれば，以後はこのLEDロットの特性テーブルとしてカーブフィットの関数のみを使います．後述しますが，定格が30 mAのチップLEDに140 mAもの電流までの特性テーブルを準備しておくのは，ストロボなど用途では短時間大電流の使い方があるからです．

本器の応用

● 使用環境下にある照明用LEDチップの接合部温度を測定する

特性テーブルがあれば，照明器具などのLED照明システムのでき上がり状態でも接合温度T_Jの評価が簡便にできます．これを**図6**のT_J(接合温度)トレース概念図で説明します．

照明器具として組み込まれる複数個のLEDは回路基板上に直並列に接続され，例えば37.5 mAで電流制御された電源に接続されます．抵抗が含まれない直並列のブロックの両端の電圧を知るための引き出し線を取り付けるだけで，照明器具の外からLEDのT_Jが刻々と変化していくようすを判定できます．パルスであれば電圧モニタをオシロスコープで測定しますが，DCであればテスタで電圧を測定するだけでT_Jを追跡することができます．

図中①の矢印について説明します．照明器具のスイッチをONして，すぐに測定しても温度上昇が始まっているために，x点の25℃のV_Fではなくⓐ点(図からおよそ40℃)にいます．長時間通電をしていると，最終的にⓒ点(75℃弱)で飽和することがわかります．

室温25℃での通電では，せめてⓑ点の60℃以内に収めないと5万時間の寿命とは言えなくなりますから，電流を下げるなり，放熱改善を行うなりの設計変更をすることになります．このように素早く設計変更の要否判断ができます．

次に，図中②の矢印について説明します．パルスI-V_F測定のとき，大電流かつパルス幅が10 msと少し長めの場合の概念図です．電流目盛は×10倍程度を

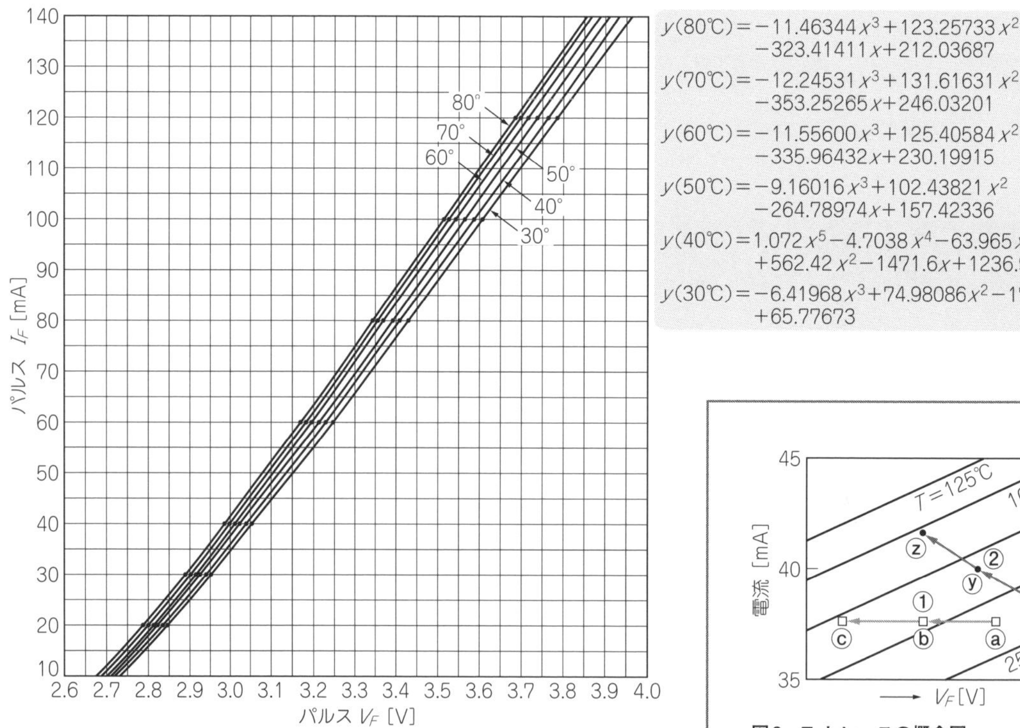

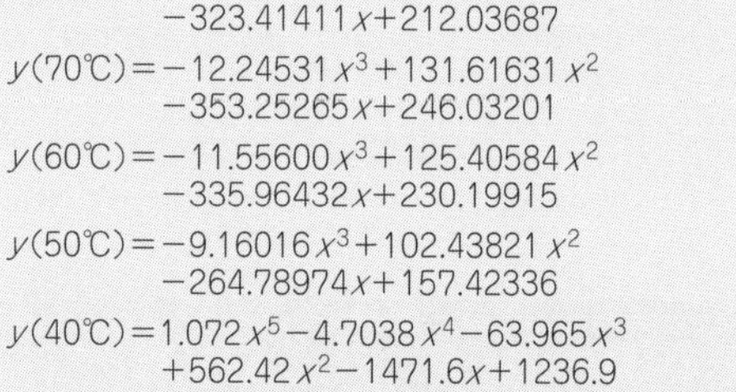

図5 チップLEDのパルスI-V_F特性(回帰曲線)
すべての測定点がカーブフィットした曲線上に載るくらい高精度で測定できる

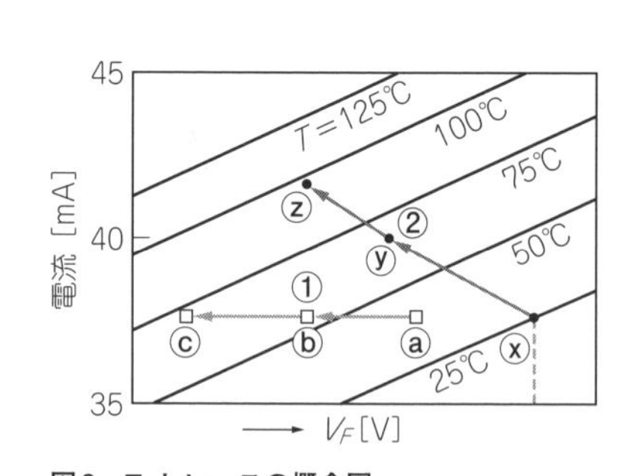

図6 T_Jトレースの概念図
電圧電流をみることで温度変化のようすを把握できる

想定してください．このような場合は急速に温度上昇が起こるので，V_Fが低下するとともに電流も上昇します．もっと長いパルスにすると素子が焼損してしまいます．LEDをこのような厳しい環境で使うのがLEDストロボ・システムです．

パルスが短い(10 μs)と定格電流の5～6倍でも確実に室温のI-V_Fを示しますが，1 msも経過すると急速にy点(70℃)に，10 ms経過ではz点の100℃を軽く超えてしまいそうな勢いです．このシステムでは，ストロボに最低必要とされる20 ms仕様にすることはできません．

▶LEDストロボの信頼性を確保するには

ストロボのような使い方をする場合，常時点灯の照明器具が必須とする大きな放熱構造は不要ですが，LEDチップの直近に熱コンタクトのよい熱溜(ねつだまり)が必要です．平均発熱量はわずかですから，短時間に熱を引き込んでしまえれば凌(しの)げます．

このような用途向けLED構造やヒート・シンク構造の設計の実力を評価するには，物理量も熱抵抗［℃/W］に加えて，加熱速度［℃/W・ms］の概念が必要になります．そして，これらを導出するには本稿のパルスI-V評価システムが必須です．

大電流・長幅パルスにおける測定は，ノイズをほとんど無視できるのでアベレージは8回程度でよいのですが，冷却期間(パルス周期)を長く取る必要があるため，結果的に何倍も測定時間がかかります．また，4チャネル(光出力波形などが加わった)の全CSV波形データを取得する必要があり，扱うデータ量が膨大になります．

● 直流定格の数倍の電流を流したときの特性が得られる

携帯電話のストロボへの応用では，小パワーのヒート・シンク付きチップLEDが使われますが，中級カメラに搭載されるLEDは1チップで大電流を流せるハイパワー品(350 mA，1 W品～1 A，3 W品の発光波長450 nm，1～2 mm角の大型GaNチップ)が複数個必要になります．

このようなハイパワー品をストロボに応用するとき，十分なヒート・シンクが付いていないにも関わらず(十分である必要もない)定格電流の5倍程度で使われます．この場合の評価にも，パルスI-V評価システムが便利です．チャネル4に光出力(PINホトダイオード)を接続することで，電流消光(大電流になるほど発光出力がリニアから外れて飽和する)や温度消光(温度上昇による発光出力の低下)も観測できます．

図7に，定格350 mAのパワーLEDの光出力評価結果を示します．取得データの中から温度上昇がほとんど起こっていない0.1 ms時，電流10 mA～4 A，温度30℃～125℃を抜き出してグラフ化しています．白色LEDの中身である450 nmの青色LEDチップは，光出力の電流飽和も高温消光も他の材料のLEDと比べて少なく優秀なのですが，ストロボ用途では瞬時ですが大電流，高温動作をさせるため，光学特性と信頼性が十分考慮された設計が必要になります．図7の基礎データがあれば，パルス期間中に刻々と上昇していく温度を光出力低下(温度消光)からも求めることができます．

温度上昇によって，単純な光の総量変化ではなく，発光スペクトル変化も起きています．チャネル4にホトマル受光の分光信号を入れることで時間分解スペクトル測定ができます．つまり，スペクトルが時間経過とともに刻々と変化していく状態を捕えることができます．例えば，パルスの初期0.1 msのときは青く鋭い波長スペクトルだったのが，3 msの時間経過後では青緑にシフトしていく……など，変化していくスペクトルを刻々と追うことができます．

これは，ごく普通にGaNの白色LEDを大電流パルス動作させるときに起こる現象です．発熱のために明るさが低下するだけでなく，LEDの発光スペクトルも変化するため，蛍光体の励起効率も変化して，白色光そのものの色合いも変化してしまうような複雑なことが起きています．

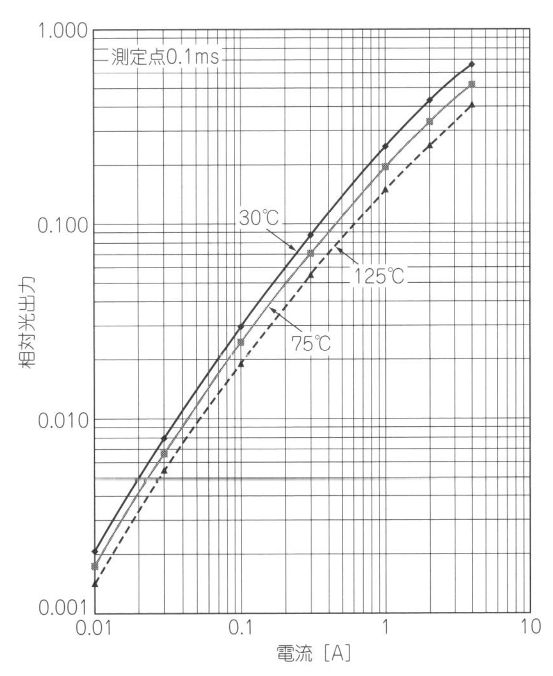

図7 パワーLEDの電流消光と温度消光

● 発光波長の変動と出力の低下のようす

図7と同じ定格電流350 mAのパワーLEDの時間分解スペクトルを，**図8**と**図9**に示します．**図8**はパルス電流が10 mA，**図9**は4000 mAの場合です．

温度パラメータはどちらも30℃，75℃，125℃の3点です．時間データの抜き取りは，どちらもパルス電流開始後0.1 msと9.5 msの2点です．

まず，**図8**の10 mAパルスの場合に注目します．小型恒温槽30℃（室温では加熱温度制御ができないので数℃高め）でのスペクトル・ピークは452 nmですが，125℃では456 nmと長波長側にシフトするとともにピーク（発光強度）が67 %に低下しています．10 mAの低電流ですから素子からの発熱は無視できるため，0.1 msのときも9.5 msのときもまったく同じスペクトルが観察されます．つまり，環境温度のみによる影響だけです．

次に，**図9**の4000 mAパルスの場合です．この電流ではさすがに急速に温度が上昇し，DCでは短時間に

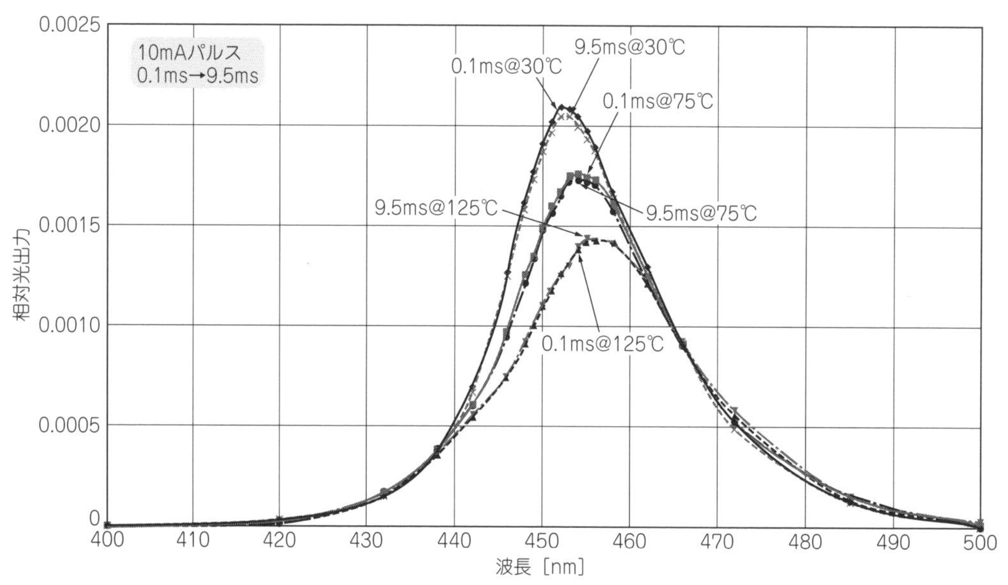

図8　10 mAパルスで時間分解スペクトルを取得
電流が小さいと時間による違いはごく小さい

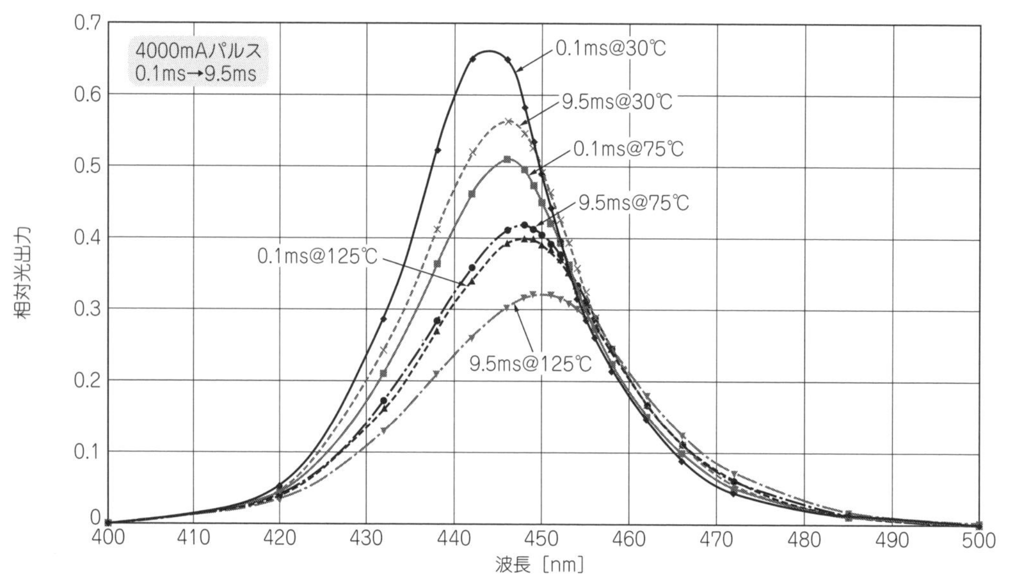

図9　4000 mAパルスで時間分解スペクトルを取得
大電流だと時間経過によってスペクトルや出力が変わってしまうことがわかる

LEDが焼損してしまいます．温度上昇がほとんど起こっていない0.1 msのデータに注目します．30℃ではスペクトルのピーク波長が444 nmと，10 mAの場合より波長が8 nm短くなっています．

原理の説明は省略しますが，大電流による短波長シフトは不思議なことではありません．9.5 msでは，ピーク波長が446 nmと2 nm長波長にシフトするとともに，ピーク強度が85 %に低下しています．この原因は，100 %温度上昇による影響です．125℃の場合は0.1 msで448 nm，9.5 msで450 nmと，同じく2 nmの長波長化，およびピーク強度が76 %に低下しています．このLED特性データ（組み込み環境も含む）から，9.5 msの間に47.8℃上昇し，都合T_Jが172.8℃になっていることが算出されます．これは，樹脂を使わない場合の最大許容温度と同等です．

● 短い時間で発生する急激な温度上昇が観測できる

ストロボ・システムとしての素子の評価項目は安定時の熱抵抗だけでは意味がなく，短時間における温度上昇を表す加熱速度［℃/W・ms］の概念が必要になってきます．この概念は，開発において大変便利な考え方になります．

上記のパワーLEDの実装形態（AuSnはんだによるAlNサブマウント実装，2 mm厚のAl基板へのAgSnCuはんだによる実装）の加熱速度は，0.31［℃/W・ms］と計算されます．つまり，10 Wのパワーで20 msのパルス駆動をすると，T_Jとして62℃の過渡温度上昇が起こることを示します．

以上，熱電対方式ではまったく歯が立たないT_Jの高速過渡熱観測を，パルスV_F評価システムでは難なくこなせることをご理解いただけたと思います．

上記の加熱速度は最大20 ms程度までの短い時間にしか通用しないことに注意が必要です．それは，初期の温度上昇は直線近似できますが，時間経過とともに温度上昇の飽和（かつ複数の時定数の組み合わせ）が現れるので，過大評価してしまうからです．

● 小型化により熱がより切実な問題に

身の回りは，高機能を小さなケースに詰め込んだ機器だらけです．個別試験ではOKでもセットに仕上げると熱問題でNGといった話はよく聞きますし，連続使用で高温アラーム（ユーザは気がつかない）がすぐ出てしまうモバイル製品もあるようです．今後は，熱問題がますます重要な課題になります．

以上，LEDのV_Fを中心に話を進めてきましたが，そのほかの半導体素子にもpn接合のV_Fの温度特性を利用したものがたくさんあります．高精度に温度補償されているA-D変換ICやD-A変換ICなどがそうです．環境温度にかかわらず，IC内部で正確な基準電圧を作る必要があるからです．

それほど精度は高い必要はありませんが，一部のパワー・デバイス（ディスクリート，IC）にも温度センサが付いています．パワー・デバイスは発熱が多いので当該出力端子からの信号を受け動作モードを変えたり，外付けファンの回転制御に使われたりします．大量の放熱が必要なCPUには100 %付いています．CPUも同様に，上限温度に近くなると自動的にクロックや演算スピードを落として発熱を抑えたりする機能も持っています．

製作した小型恒温槽

回路基板や回路モジュールを一定の所望の温度に保つには恒温槽を使います．小さなモジュールや素子だけのちょっとした実験には，**写真4**に示すような超小型恒温槽（30 mm × 50 mm）を製作して使っています．机上でLEDなどを所定の温度にして，本稿のような各温度におけるI-V_F特性を測定する場合や，温度-発光スペクトルなどの測定にも重宝します．構造が簡単な上，配線が短くて済みますからノイズの少ない測定が手軽です．1台作っておくと便利に使えます．

● 自作した小型恒温槽の外観と構造

写真4（a）は，回転スタンドに装着した全体を示します（全高約200 mm）．回転スタンドは受光素子やLEDなどの配向特性，あるいは分光特性を取得するためにはなくてはならない治具です．カプトン蓋を貼り付けていますが，測定環境に風がある場合に温度を安定維持するのに有効です．また，LEDなどを大きな電流で発光させると，眩しさで測定作業に支障が出るのでサングラス代わりにもなります．

写真4（b）は，小型恒温槽部を拡大したものです．カプトン蓋は取ってあります．内部には，Al基板に3 Wのパワー LED（上部）と2直の100 mWのチップLED（下部）が実装されています．発熱体として使用している50 Ωのパワー抵抗のリード線に，ヒータ電源を接続します．ヒータの電圧（制御していない）と安定温度の関係は，およそ14 Vで80℃，23 Vで150℃です．

写真5に，この小型恒温槽の構造を示します．**写真5（a）**は，恒温ボックスを保持用Al板から外した状態です．熱伝導の悪いベーク板（黒）を選んでいます．この裏は保持用Al板との熱絶縁を強化するために，フライス盤にて縦横に溝を入れて接触面積を1/10にしています．**写真5（b）**は，Al製メガネを外した状態です．同時に，Al基板とパワー抵抗（50 Ω）を収めたベーク板も解放されます．

図10に，これらの断面構造を示します．パワー抵

抗のヒート・シンクの周辺の一部しかベーク板に接触しないように中空状態となっています．一方，素子が実装されているAl基板とはメガネによってパワー抵抗のヒート・シンクとしっかり密着されています．このような構造を取ることで，少ない電力で高い温度を得ることと，保持用Al板の温度上昇を10℃以下に抑えることを実現しています．

実際に，この小型恒温槽を使用するとき，AC100 V

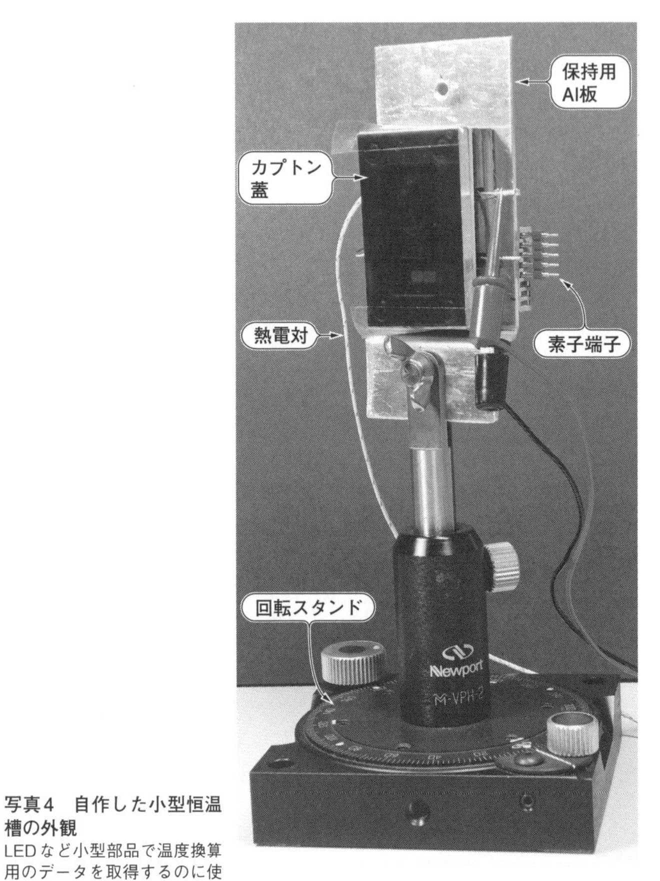

（a）全体

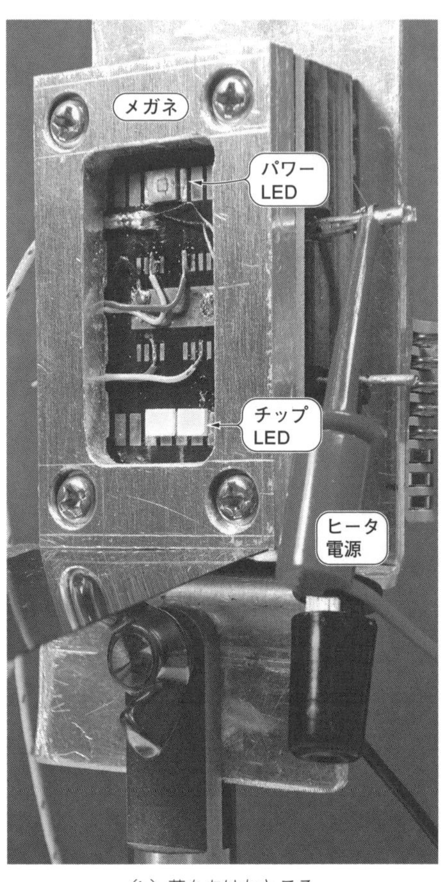

（b）蓋をあけたところ

写真4　自作した小型恒温槽の外観
LEDなど小型部品で温度換算用のデータを取得するのに使っている

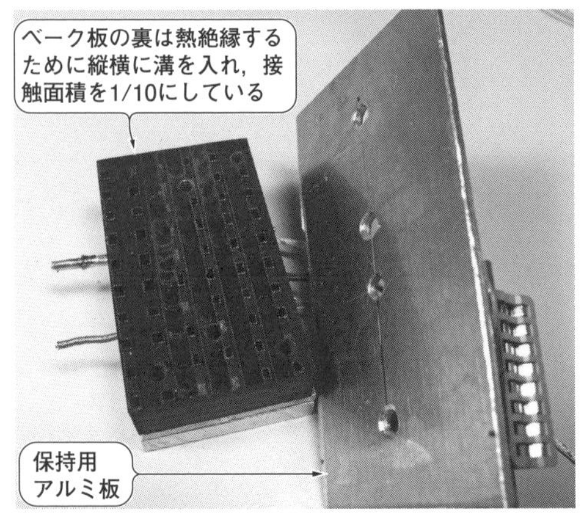

（a）小型恒温槽を保持用Al板から外した状態

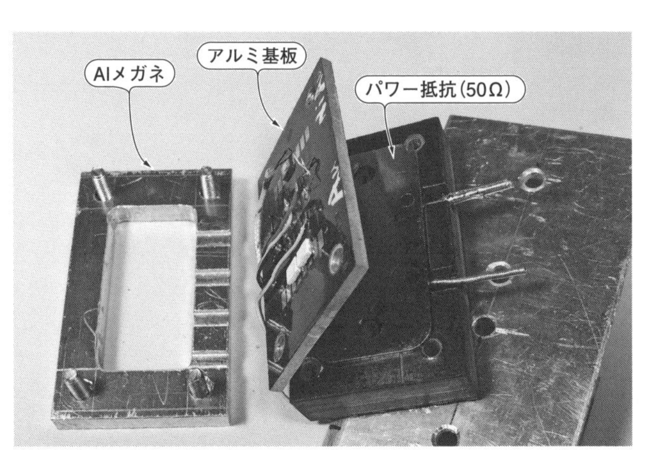

（b）Al基板をベーク版から外した状態

写真5　小型恒温槽の構造
アルミ基板上の素子のまわりをアルミのメガネで囲う．アルミ基板から熱が逃げにくいように作る

をスライダックでAC30 Vに降圧した電源を使用(高い電圧のままではパワー抵抗に許容電流以上が流れて断線しやすくなる)し，ゼロクロスSSRを介してPID制御の温度調節を行います．熱電対によるAl基板内の温度分布測定により，均熱度は最大使用温度の150℃において1℃以内と大変優れていることが確認できました．

● 温度分布の観察結果

参考に，サーモビュアによる温度分布観察の結果を**写真6**に示します．**写真6(a)**は小型恒温槽のメガネ内部の通常の可視画像で，**写真6(b)**はサーモビュア画像です．メガネを含めて画像内はどこもほとんど同じ133℃ですが，それぞれの材料の放射率が違うために赤外線(波長範囲8 μm～14 μm)の強度がかなり違っている(明るいほど強い)ように写ります．宙に浮いているリード線を除いたAl基板内は同じ温度であることから，表面材料の放射率を逆算できます．**写真6(b)**の右側に環境温度26℃における放射率解析の結果を示します．

レジストの下に配線パターンのない場所のレジスト面P1が0.905，配線パターンのある場所のレジスト面P3が0.876，チップLEDの樹脂表面P2が0.87，……そしてAuメッキされているパッド部分P5の放射率は0.074，一番放射率の低い場所はメガネのAl表面P7で0.0395であることが導出されています．

サーモビュアでの温度測定では，被測定材料に固有の(しかも温度領域によって異なる)放射率がわかっていないと正確な温度を知ることができないという欠点があります．理想的な黒体であれば温度で決まる赤外線放射量がありますが，実際の物質ではその材料固有の放射率分しか放出しません．金属表面のように放射率0.1ともなると，反射率が0.9ですから，周辺環境の映り込みの赤外線の影響がほとんどになっているのが実情です．したがって，放射率が低い材料になるほど，放射率が既知であったとしても正確な温度を求めることが困難になります．

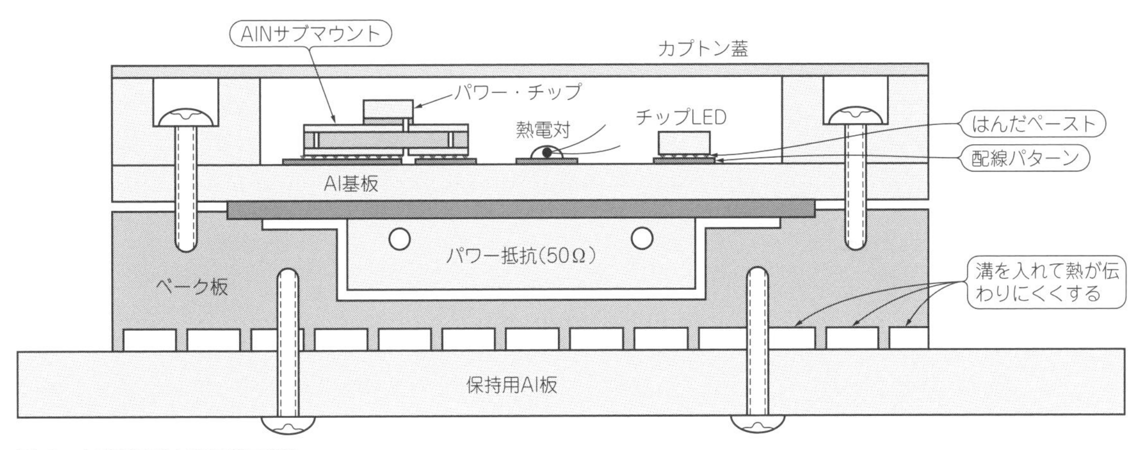

図10 小型恒温槽内部の断面構造

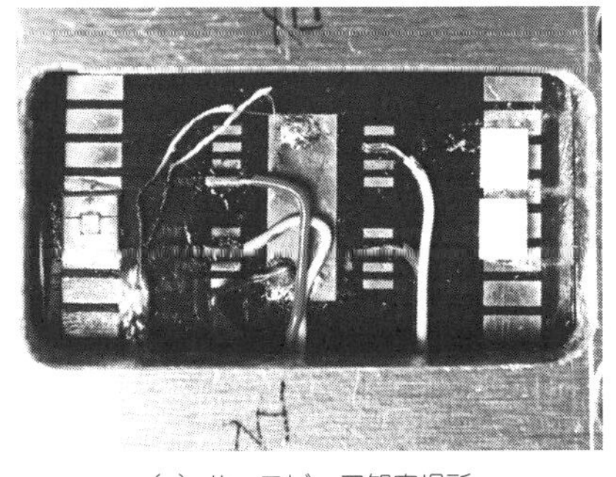

(a) サーモビュア観察場所

名称	最高温度	放射率
IR...	133.5	0.945
P1	133.46	0.905
P2	133.55	0.87
P3	133.55	0.876
P4	133.52	0.666
P5	133.54	0.074
P6	133.48	0.0453
P7	133.49	0.0395

(b) サーモビュア画像と温度解析

写真6 サーモビュアによる小型恒温槽内部の温度分布の観察
表面状態による放射率の違いが見える

第4部

シミュレータによる熱解析テクニック

第4部 シミュレータによる熱解析テクニック

第15章 モータ駆動に使われているMOSFETの放熱対策

電子回路シミュレータLTspiceの熱解析モデル

志田 晟 Akira Shida

第11章では，回路の熱抵抗網を作成し，電子回路シミュレータLTspiceを使って熱解析する方法を紹介しました．本稿では，LTspice製熱解析モデルと使い方を紹介します．

今回のターゲットMOSFET

最新のLTspice XVII(2022年現在)には，MOSFETの熱解析モデル，プリント・パターン，放熱フィンの3種のモデルが標準装備されています．これらのモデルを適切に利用すると，実機を作る前に熱予測ができるため，パワー・デバイスを長持ちさせることができます．

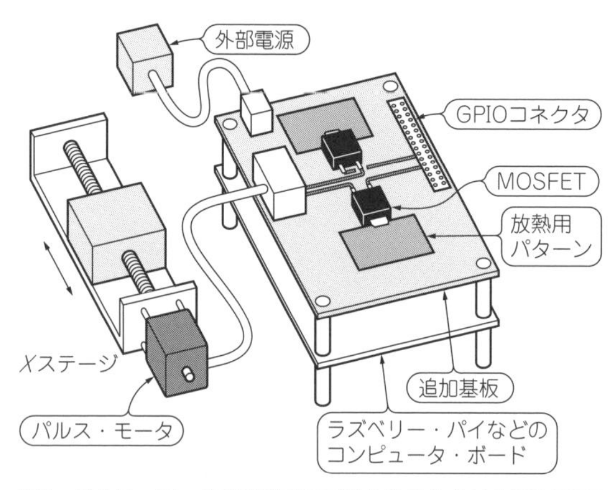

図1 パルス・モータを駆動する回路を作るときにもMOSFETの放熱用パターンが利用される
ラズベリー・パイで直接モータ駆動するには負荷が重いため別電源を利用する

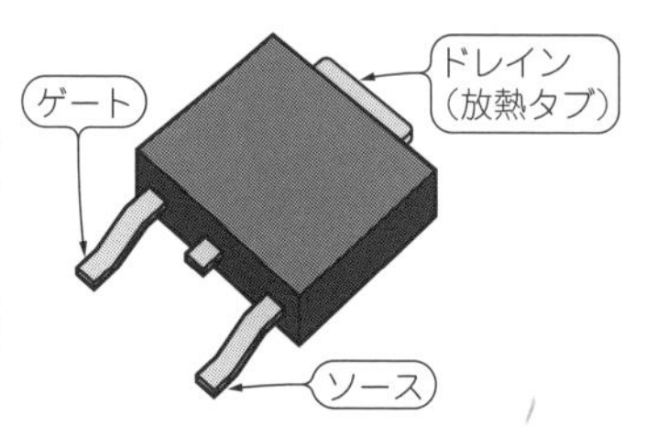

図2 MOSFET RSD200N05はねじ止めの放熱フィンを付けられない
ドレインを基板上に広く取った銅パターンで放熱する

● MOSFETを使ってパルス・モータを回す

LTspice XVIIには，NチャネルMOSFETをパルス動作させたときにどこまでピーク電流が流せるかのダイナミックな解析ができる部品モデルが追加されています．

図1に示したとおり，小型コンピュータ・ボードのラズベリー・パイなどで外部のパルス・モータを駆動するためにはシールド基板を追加します．パルス・モータは，普通のサーボ・モータと比べるとパルス駆動で比較的重い負荷などを駆動できます．パルス・モータのコイルに流す電流のスイッチにMOSFETを使います．

● MOSFETに流せる最大電流

▶パルス電流とDC電流で変わるチャネル温度

スイッチ・デバイスとして，ここでは5Vのロジッ

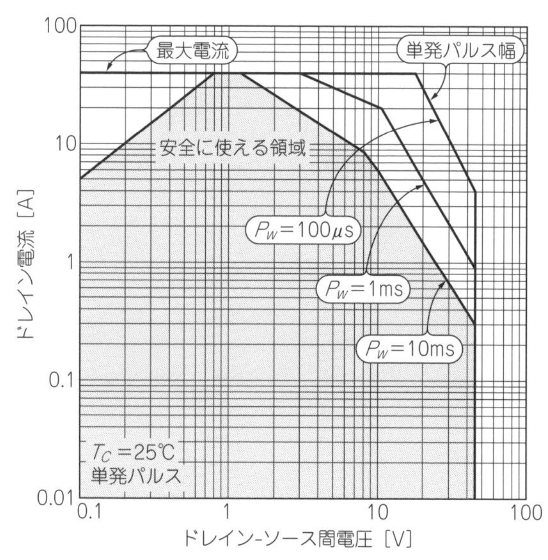

図3 NチャネルMOSFET RSD200N05(ローム)の安全動作領域
単発のパルス幅ごとにシンプルな線で示している．ケース温度が25℃に十分放熱されている条件

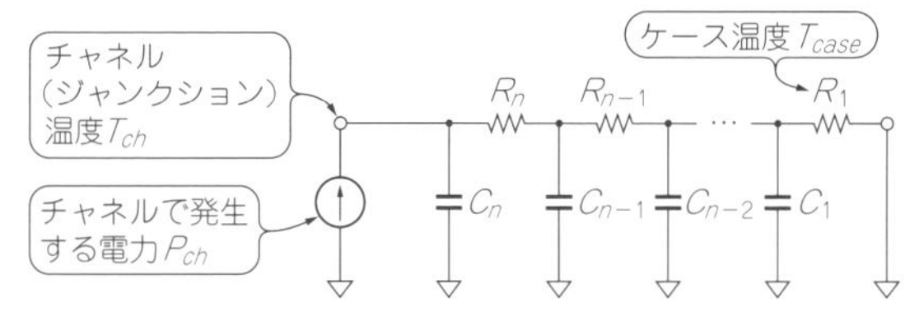

図4　CRによる過渡温度モデル
デバイス内は異なる熱特性の多層構造でできている．各層をCRで近似する

クで駆動しやすいRSD200N05(ローム)を選びました．

図2にRSD200N05の外観を示します．絶対最大定格はドレイン電流が20 A，ドレイン-ソース間電圧が45 Vです．両方その条件で使えるわけではありません．

パワー・デバイスは通常安全動作領域(SOA：Safety Operating Area)という規定がされています．

図3はRSD200N05のSOAを示したグラフです．x軸がゲート-ソース間電圧です．5 Vのとき，最大ドレイン電流11 Aです．

このグラフは周囲温度が25 ℃でゲート電圧も10 Vと十分高い電圧を加えた場合の特性です．ゲート電圧を5 Vにして周囲温度も40 ℃などの場合は，これより低い電流条件でないとデバイスが破損されます．

図3には$P_w = 1$ msなどの記載があります．これは単発1 msのパルスを加えたときに，ここまでの条件で使ってもよいということです．このようにSOA特性は各デバイスの内部の熱時定数によって異なります．デバイスの内部構造は，ソース(ジャンクション)部からケース外側まで複数の熱係数や時定数が異なる材料で構成されているのが普通です．

技① 温度の時間変化はRCの時定数で表す

DC電流を連続的に流したときにNチャネル型MOSFETに流せる最大電流はチャネル温度(バイポーラ・トランジスタのジャンクション温度に相当)が許容最大値を超えない範囲に制限されます．

MOSFET内のチャネルを流れる電流で発生する熱はデバイスのケースまたは，基板パターンや放熱フィンを経由して周囲の空間に放出されます．チャネルから周囲空間までの熱の流れは瞬時に伝わるのでなく遅れ(時定数)を持ちます．ステップ波形の電流を流すと，チャネルの温度は指数関数的に上昇します．

パルス電流の場合は，**図3**でもわかるようにパルス幅によって連続電流での最大値よりも多くの電流を流しても，チャネル温度が許容値以内に収まります．

熱の流れは電流に対比させて考えることができます．時定数はRとCを使って表すことができます．

LTspiceのダイナミック熱特性は，**図4**のような多段CR回路で近似されます．各CR定数がわかれば，それを入力すればよいです．半導体メーカからその値

表1　基板の放熱量を調べることができるSOAtherm-PCBの設定パラメータ

パラメータ	説　明	備　考
Area_Contact_mm2	デバイスの放熱部接触面積［mm²］	放熱する銅箔と接触する面積
Area_PCB_mm2	放熱に使う銅箔面積［mm²］	なし
Copper_Thickness_oz	基板の銅パターン厚［オンス］	35 μm厚は1オンス
Tambient	周囲温度［℃］	デフォルト：85℃
LFM	空気流量［LFM］	feet/m
PCB_FR4_Thickness_mm	基板厚み［mm］	なし

表2　放熱フィンSOAtherm-HeatSinkの設定パラメータ

パラメータ	説　明	備　考
Area_Contact_mm2	接触面積［mm²］	ヒートシンクとデバイス間
Volume_mm3	ヒートシンク容量［mm³］	外形サイズ
Rtheta	熱抵抗［℃/W］	エア・フロー200feet/m時
Rinterface	絶縁シート熱抵抗［℃/W］	オプション
Tambient	周囲温度［℃］	デフォルト：85℃

が提供されることはあまりないため，今回は類似のSOA特性をもったMOSFETモデルを流用します．

LTspiceに用意された熱解析用モデル

● LTspiceの入手方法

最新版の回路シミュレータLTspiceは，アナログ・デバイセズの下記Webページから入手できます．

https://www.analog.com/jp/design-center/design-tools-and-calculators/ltspice-simulator.html

技② 標準装備されているMOSFET単体の熱解析モデルを使う

動的な熱パラメータが設定されているデバイス・モデルだけが，パルス的に電流を加えたときの熱特性の解析をLTspiceで行うことができます．

SOAtherm-NMOSという名前のライブラリのシンボルには，T_CとT_Jという値が表示されたブロックが置かれています．T_Cはデバイスのケース温度，T_Jはジャンクション温度です．T_Jがデータシートの既定の限度を超えるとデバイスが破壊されますので超えないようにすることが目標となります．

技③ 放熱対策用の基板やヒートシンクのモデルを使う

LTspiceにはNチャネルMOSFET単体の熱解析モデ

リスト1 LTspice標準ライブラリstandard.mosをテキスト・エディタで開き最後の行にRSD200N05のSPICEモデルを追加する
「VT0」は4VでMOSFETがONするように0.9とした

```
Qg=53.5n)
.model RSD200B05 VDMOS(Rg=0 Vt0=0.9 Rd=0…
```

最後の行にRSD200N05のデータを追加(ここではデータを抜粋している)

ルSOAtherm-NMOSだけでなく，放熱基板の放熱量を設定するSOAtherm-PCBとヒートシンクSOAtherm-HeatSinkというモデルが追加されています．MOSFETにある程度の面積の基板上の銅はくをつないだ場合やヒートシンクをつないだ場合にチャネル(ジャンクション)温度がどのように変わるかも調べることができます．**表1**にSOAtherm-PCB，**表2**にSOAtherm-HeatSinkの設定パラメータを示します．

シミュレーションの手順

前述したとおり，今回は4VでONできるRSD200N05をLTspiceで熱解析してみます．

● 手順①：MOSFETのシミュレーション・モデルをLTspiceに登録する

ロームのWebサイトからダウンロードしたRSD200N05のモデルをLTspiceに登録します．**リスト1**に示したとおり，LTspiceのライブラリ・フォルダ内にあるstandard.mosの最後の行に，RSD200N05のSPICEモデルを追加します．RSD200N05はサブサーキット形式のモデルであったため，主にNMOSの発熱にかかわる抵抗関係のパラメータを入力し，「VTO」の値を変更しました．電気性能を十分反映させたいときには，他のパラメータの追加修正も必要になります．

● 手順②：類似のSOA特性をもったデバイス・モデルを選ぶ

LTspiceで温度パラメータが設定されているNチャネル型MOSライブラリの中から新しく追加したいNMOSとSOA特性のグラフが近いデバイスを選択します．その温度データを新しく追加するNチャネル型MOSFETの温度データとしてライブラリに追加します．LTspiceには，28個のダイナミック温度変動に対応するMOSFETが装備されています．これらのSOA特性は次のWebサイトでダウンロード後Excelで確認することができます．

http://www.linear.com/docs/45385

BSC070N10NS3(インフィニオン テクノロジーズ)のSOA特性がRSD200N05に近かったので，この温度パラメータをコピーします．

リスト2 SOAtherm-NMOS.lib内最下部にあるUserdefinedをRSD200N05に書き換えたところ
所望のMOSFETに近いSOA特性を持つデバイス・モデルの*CR*データをコピーした

```
.subckt RSD200N05 D G S D2 G2 S2 Tj Tc
* The following two lines are customized for each
DanTherm model *
.param Tambient=85 RthetaJA=50 Cheatsink=0
.param Imult=1.50E+01 Iexponent=3.00E-01
R6=4.95E-03 C6=5.43E-04 R5=8.38E-02 C5=6.99E-06
R4=4.60E-01 C4=9.36E-04 R3=4.75E-01 C3=8.69E-03
R2=1.98E-01 C2=1.67E-03 R1=1.20E-02 C1=2.54E-07
```

デバイスの型名を入力する

*CR*を追加する

● 手順③：既存のライブラリをコピーする

リスト2は，SOAtherm-NMOS.libの中のuserdefinedの部分にRSD200N05を加えたところです．このファイルはSUBCKTのように回路図(*.asc)のあるフォルダに置けばよいのではなく，LTspiceの標準ライブラリが置かれているフォルダ内のライブラリ・ファイルを置き換えます．その場所は［Component］アイコンをクリックして表示されるSelect Component Symbolウィンドウ上部のTop Directoryに表示されています．

ユーザのドキュメント・フォルダに作成されたLTspiceフォルダ内のlibフォルダにコピーされたライブラリ・ファイルを編集します．

SoAtherm-NMOS.lib内の「.param Imult = ***」行の値を設定します．SOAカーブが類似したNチャネル型MOSFETの値をこのライブラリ・ファイル内で見つけて，ここにコピーします．今回，SOAカーブが類似したデバイスがBSC070N10NS3だったのでその熱データをここにコピーしました．

シミュレーション結果

● 作成した熱モデルで実験した

図5は熱解析を行うための回路です．

U_1は基板に放熱，U_3は放熱フィンをつけて放熱させた場合です．R_2とR_4はパルス・モータの2つのコイルを想定した負荷です．実際にはコイルなので，このような単純な抵抗ではないです．抵抗分が5Ωというモータの使用を想定しています．

図6はジャンクション(チャネル)温度を調べた結果です．y軸の電圧は温度として読み替えます．上の線が基板上の放熱用銅はく面積が50 mm^{2}の場合で30秒で180℃まで上がっており，デバイスが破損しかねないという結果です．下の線は放熱フィンを付けたとしたときの結果で60℃までに収まっています．

放熱フィンを使った場合を想定して計算させてみました．このデバイスは放熱フィンを取り付けるタイプ

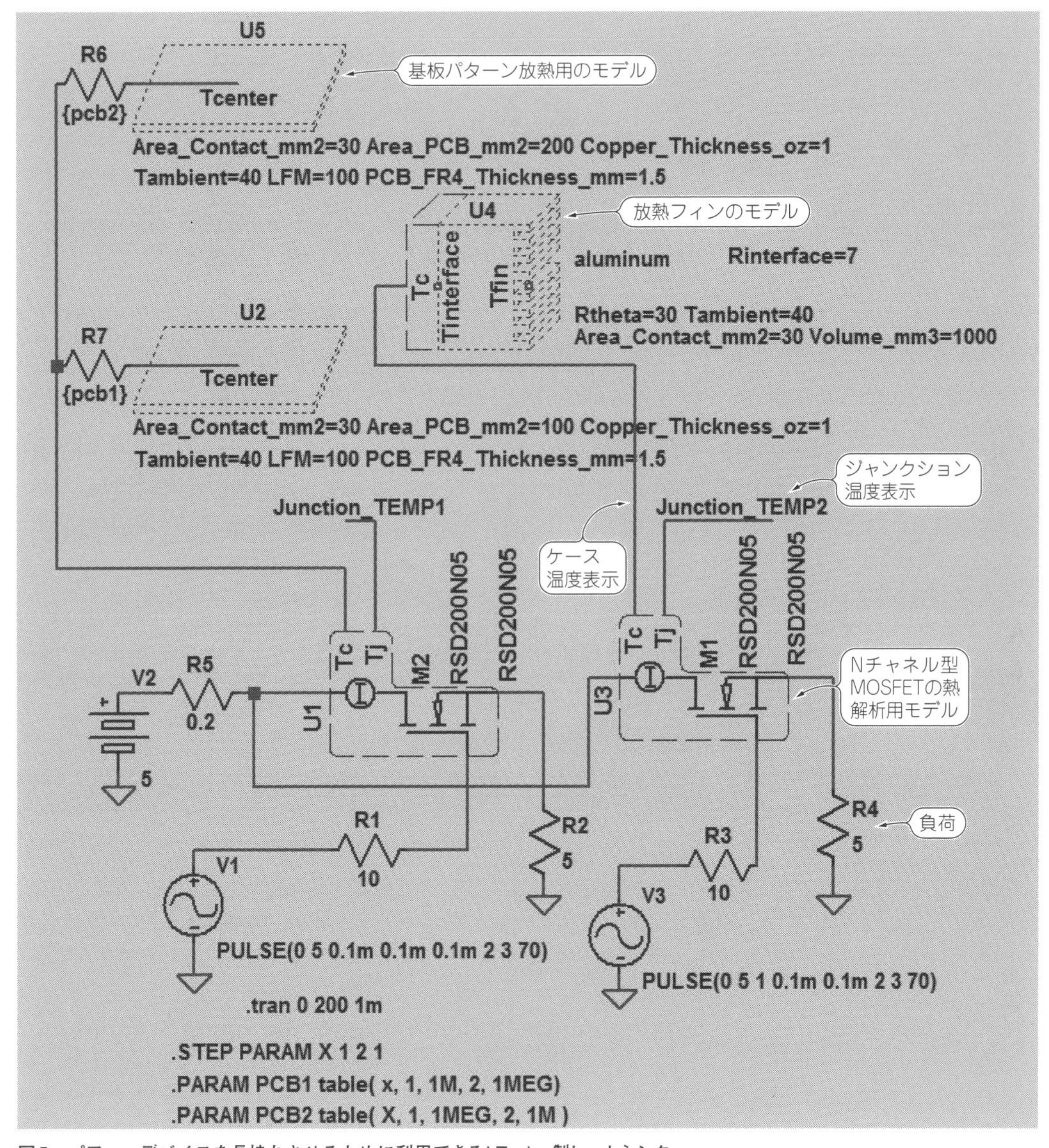

図5　パワー・デバイスを長持ちさせるために利用できるLTspice製ヒートシンク
MOSFET単体の熱解析モデル，プリント・パターン，放熱フィンの3つのモデルが最新のLTspice XVIIには標準装備されている．ここでは基板パターン面積が100 mm^{2}と200 m^{2}を.stepコマンドで切り替える．負荷はモータのコイル代わりに抵抗を使った．周囲温度は40 ℃とするためMOSFET含め各SOAモデルはTambient＝40と設定した

ではありません．放熱フィンを付けるとデバイス内の熱があまり上昇しません．

＊　　＊　　＊

SOAthermモデルを使うと放熱フィンや基板パターン放熱の条件を変えた条件下でパルス電流時のNチャネル型MOSFET内部の温度をプロットして予測できることを確認しました．SOAtherm(熱特性)モデルが標準で用意されていないNチャネル型MOSFETデバイスの場合でも，SOAグラフが標準品と類似であれば，SPICEモデルや温度パラメータをライブラリに追加することで，ある程度活用することができます．

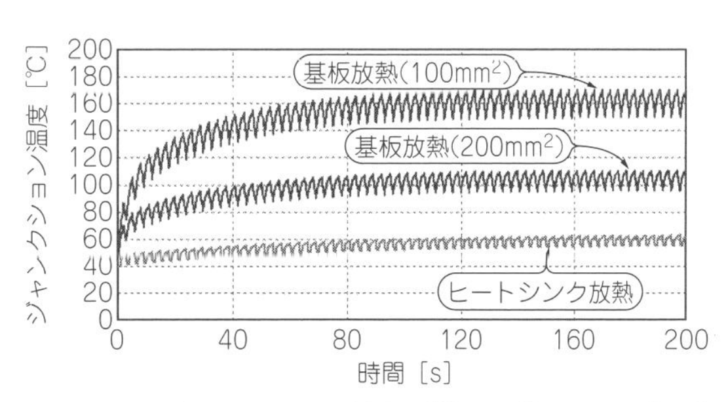

図6　図5のシミュレーション結果…基板の面積が100 mm^{2}の場合はジャンクション温度150 ℃を超えるのでデバイスが壊れる可能性がある
LTspiceの波形ビューアでは，y軸は電圧［V］で表示されるので，温度［℃］に置き換えて読み取る

第16章 チップ部品を基板で冷やすテクニック

熱シミュレータPICLSによるチップ部品の放熱設計

志田 晟 Akira Shida

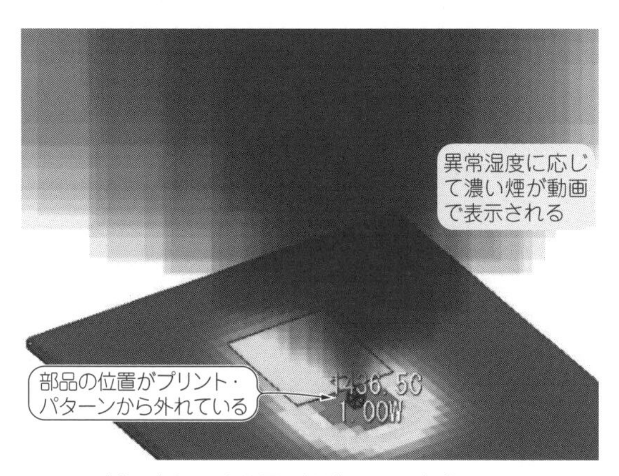

(a) デバイスから黒い煙がモクモクと出ている

(b) プリント・パターンで放熱するとデバイスから出る煙は少なくなる

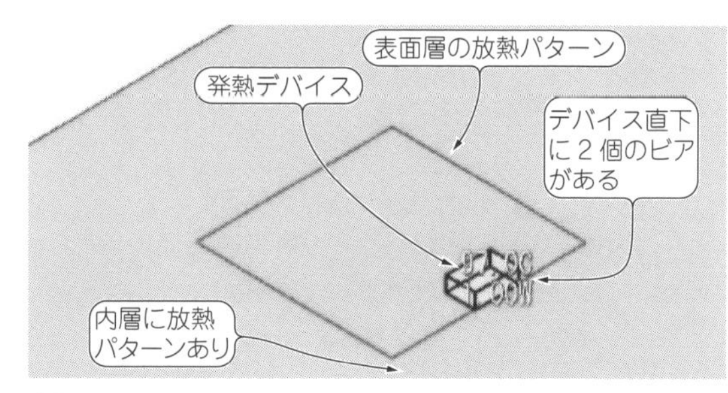

(c) 4層基板で内層パターンを利用して放熱を施すと煙は出ない

図1 PICLSは部品の発熱のようすを動画で見ることができる
(a)のように部品に設定した許容温度の設定に近づくと煙が動画で表示され温度の過剰度に応じて激しい煙の動画になる．過大の程度に応じて大きく黒く表示される．(b)のようにデバイスの直下に放熱パターンがあると(a)に比べ煙が少なくなる．(c)は発熱デバイス直下のビアで内層ベタ・パターンに放熱しているため，両面基板に比べて大きく温度が低下している．周囲温度50 ℃でもジャンクション温度が低く抑えられている

現在，国産の熱シミュレータPICLS(ソフトウェアクレイドル)の無料で利用できるLite版を使います．**図1**にPICLSによる熱解析例を示します．

プリント・パターンの形状や条件を設定・変更すると各点の温度をリアルタイムで表示してくれます．多層基板のパターンでも放熱のようすを把握したり，ビアの位置や数を決めたり，複数のデバイスがあるときの熱分布を確認したりできます．

市販のソフトウェアにありがちな使用期限の制限もなく，放熱パターンの設計に活躍してくれます．

● なぜ放熱するのか？

電源ICやMOSFETなどはデバイス内部の抵抗分で熱が発生します．3端子レギュレータのような電源ICの場合，出力3.3 Vで入力が5 Vだとすると電位差が1.7 Vです．0.5 Aの電流出力の場合，0.85 W(= 1.7 × 0.5)がIC内で発生します．その熱が内部にこもると，IC内が高温になります．デバイスのジャンクション部が150 ℃を超え，長い時間使っているとICが劣化する可能性があります．ICは，内部温度を検出して故障温度に達する前に出力されないよう通常保護対策が施されています．しかし，電圧が出力されない状態で放置するとデバイスの寿命が短くなるため，これを回避するための設計を行います．

通常MOSFETやパワー・トランジスタには自動保護機能は内蔵されていないため，設計時にデバイスが破損しない内部温度の範囲に収まるように熱設計します．

今回の電源ICを放熱する方法は，MOSFETやパワ

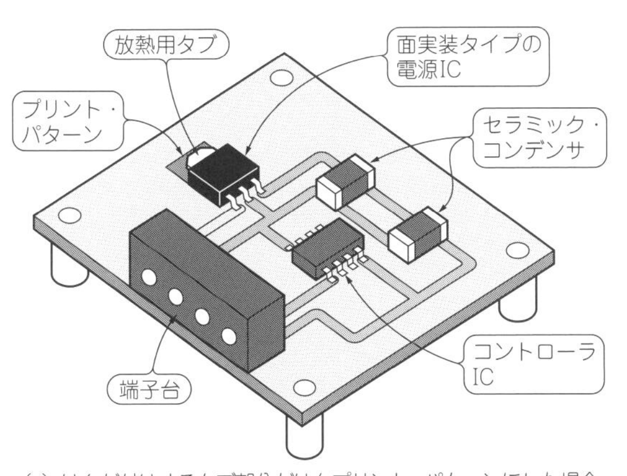

(a) はんだ付けするタブ部分だけをプリント・パターンにした場合　(b) 広めのプリント・パターンにした場合

図2　面実装タイプの電圧レギュレータICの放熱パターン例
(a)のようにデバイスのタブをはんだ付けする部分だけのプリント・パターンを設計すると，電子回路が動作不良になったりデバイスが劣化したりすることがある．(b)のように広くプリント・パターンを取ると放熱でデバイス内の温度が下がり，正しく電子回路が動作する

ー・トランジスタなどのデバイスをプリント・パターンで放熱する設計にも適用できます．

今やチップ部品だらけ！基板で冷やすテクニックが必須

● 面実装タイプのICのパッケージを観察

写真1に代表的なパッケージの電圧レギュレータICを示します．それぞれ表面と裏面を並べて示しています．最近の電源ICは，表面実装化品が使われることが多く放熱フィンは使えないため，プリント・パターンを利用して放熱します．サイズが小さいだけでなく放熱用タブがないICもあります．**写真1**のような小さい形状の表面実装品では，パッケージ自体からはほとんど放熱されないため，プリント・パターンを利用します．

面実装専用で小型のパッケージで提供されるデバイスの場合は，パッケージの表面積も少なく，デバイス単体での許容消費電力がかなり小さく制限されます．

図2(a)のようにデバイスのタブをはんだ付けする部分だけでプリント・パターンを設計してしまうと，過熱してIC内部の保護回路が働き，電圧が出力されなくなります．面実装タイプで小型の電源ICは，**図2**(b)のようにはんだ付けする周りの銅パターンを広く取り放熱します．この広いパターンによる放熱でデバイス内の温度が下がり，電圧が正常に出力されます．

物質内の分子の振動が激しいほど物質は熱くなります．熱源の周囲に物質が接触しているとその物質に振動が広がって行き周囲空気に熱が拡散します．熱源につながる物質の空気に触れる面積が広いと空気への放散の効率がよくなり，発生源の熱も下がります．プリント・パターン(外層)の面積を広くすることは空気に触れる面積を増やすので放熱効果がよくなります．

(a)SOT-223　(b)SOT-89　(c)SOT-23-5　(d)SOT-23

写真1　最近の電圧レギュレータICはチップ部品ばかり

技① 内層ベタのプリント・パターンにより放熱する

通常面実装基板は全体の実装密度が高いので放熱用に広い面積をとることは許されず，狭い面積で十分な放熱をさせるプリント・パターン設計技術が必要です．具体的にはビアを使って内層ベタのプリント・パターンに放熱させる技術などがあります．内層ベタのプリント・パターンを広げた場合，パターンと周囲空気の間のエポキシ層は，薄いシート状であれば空気への放熱効果があるため，広く取れば放熱性が良くなります．

技② パターン放熱の基本は熱抵抗で考える

電圧レギュレータICのデータシートから放熱設計に必要なパラメータを取り出して基板パターンで放熱する方法を紹介します．

写真2はTO-220パッケージの電圧レギュレータICのパッケージをニッパを使ってあけたところです．

放熱タブにそのままつながる銅板上に，半導体のダ

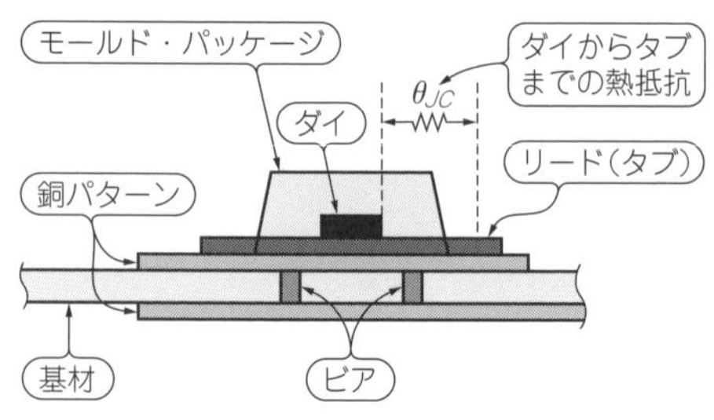

図3 SOT-89の内部構造断面(概念図)
SOT-89の放熱パッドにチップが直接接触させて取り付けられており，ジャンクションから放熱パッドまでの熱抵抗が小さい

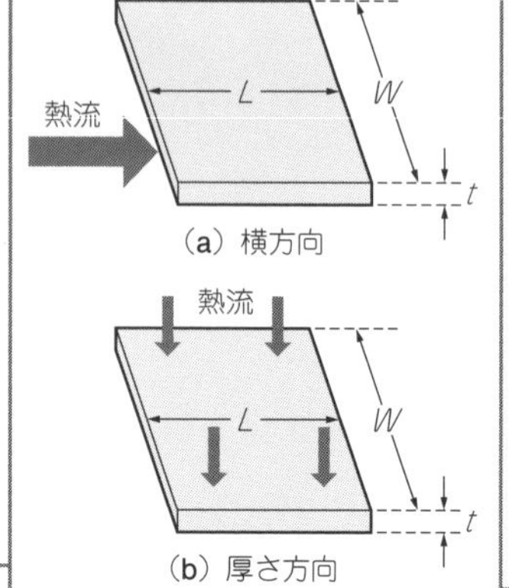

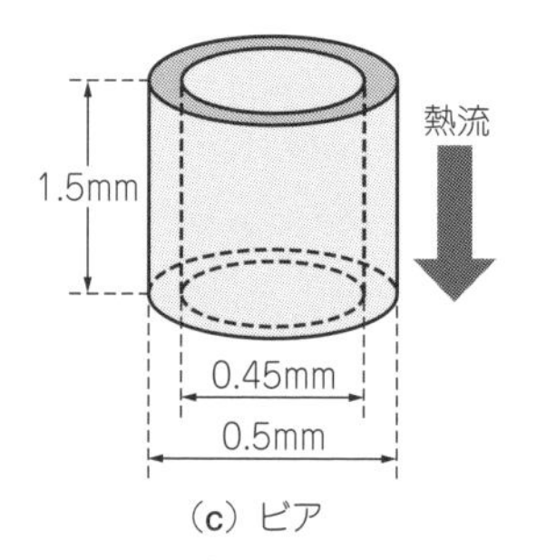

図4 表1のプリント・パターンの熱抵抗と熱流[8]
銅パターンとビア，エポキシ層の熱抵抗を示している．平面を貫通する場合はエポキシ層でも熱抵抗が小さくなる

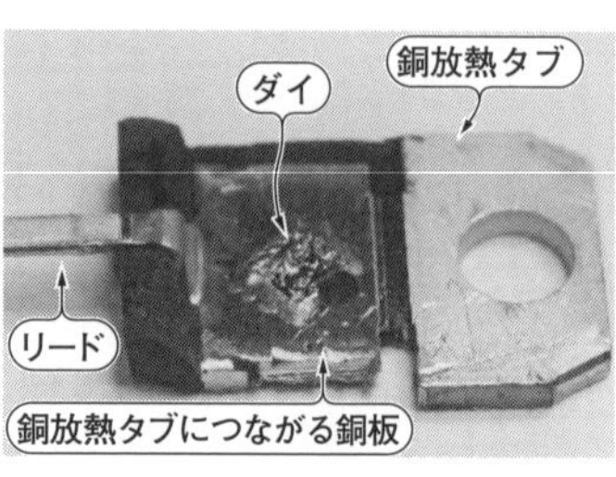

写真2 TO-220内部…厚み1 mmで10 mm×12 mmの銅放熱フィンを持つ
GND以外のピンはカットしている．チップのダイはそのフィンに直付けされており，別のフィンがなくても放熱性能はかなり良い

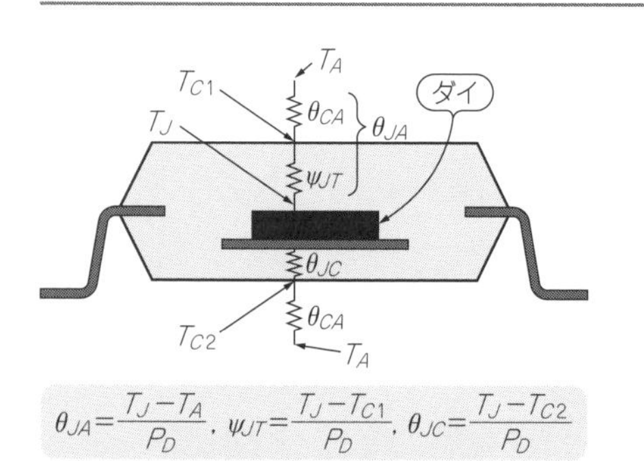

$$\theta_{JA}=\frac{T_J-T_A}{P_D},\ \psi_{JT}=\frac{T_J-T_{C1}}{P_D},\ \theta_{JC}=\frac{T_J-T_{C2}}{P_D}$$

図5 JESD51規格による温度パラメータの定義[3]
θ_{JA}：T_JとT_A間の熱抵抗，ΨJ_T：T_Jとケース表面温度T_{C1}間の熱抵抗，θ_{JC}：T_Jとケース裏面温度T_{C2}間の熱抵抗，θ_{JA}：T_CとT_A間の熱抵抗，P_D：最大許容電力

表1 基板の材料の熱抵抗[8]

物質名	条件	熱抵抗[℃/W]
銅	横方向[t = 35 μm]	79
	厚み方向[t = 35 μm, 2.54 cm^2]	0.00015
	ビア1個	100
ガラス・エポキシFR4	横方向[t = 1.5 mm]	2600
	厚さ方向[t = 1.5 mm, 2.54 cm^2]	9.3

イが取り付けられています．前述したとおり電源ICなどでは，このダイの熱が150 ℃以上になり長い時間使っているとデバイスが劣化します．ダイの温度はジャンクション温度と呼ばれています．TO-220パッケージのダイは放熱用タブに直接載っているため，ダイとタブ間の熱抵抗は非常に低くなっています．面実装でタブが付いているパッケージとしてSOT-89があり，**写真2**と同様の構造になっています．

SOT-89はデバイスの裏側に出ている放熱タブの金属板に**図3**で示すようにダイが貼り付けられています．**図3**ではダイからタブへの熱抵抗をθ_{JC}としています．放熱タブにダイが直接付いているSOT-89は，この熱抵抗θ_{JC}が低くなっています．前述した**写真1**のSOT-23-5，SOT-23は外部ピンにつながる導体に直接ダイが接触していないため，θ_{JC}が大きいです．

図3では，タブに直接パターンをはんだ付けし，別の層のパターンにビアで接続して放熱容量を増やしているようすも示しています．ここではθ_{JC}をジャンクションから放熱タブまでの熱抵抗としました．θ_{JC}はジャンクションからケースまでの熱抵抗としている場合もあります．データシートにθ_{JC}と記載されていても，どのような定義かを確認しておく必要があります．デバイスの熱抵抗はEIA規格やJEITA規格でパッケージの熱パラメータが測定法とともに各種規定されています．詳細は文献(4)や文献(8)を参照してください．

技③ 放熱パターンの大きさも熱抵抗で考える

▶パターンの基本的な熱パラメータとジャンクション温度

上記のダイとタブ間の熱抵抗θ_{JC}[℃/W]と，それにつなげるプリント・パターンなどの熱抵抗θ_{CA}がわかれば，トータルのジャンクション温度T_J[℃]を次式で求めることができます．

$$T_J = A \times (\theta_{JC} + \theta_{CA}) \cdots\cdots (1)$$

Aは消費電力[W]です．

基板材の銅パターンとエポキシ材の熱抵抗を**表1**に示します．絶縁材のガラス・エポキシで面積による効果で25.4 mm(1インチ)角，基板厚1.5 mmで，厚さ方向に9.3 ℃/Wという低い熱抵抗です．多層基板ではエポキシの厚さは薄くなるので，熱抵抗はさらに小さくなっています．**表1**にはサーマル・ビアの熱抵抗の例も示します．**図4**に**表1**のプリント・パターンの熱抵抗と熱流を示します．

1つで100 ℃/Wなので10個並べて使うと，1/10の10 ℃/Wになり，2.54 cm^{2}の広さの基板面に相当する

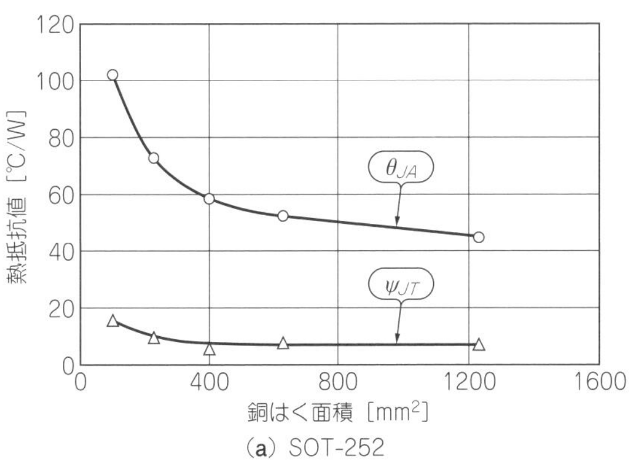

(a) SOT-252

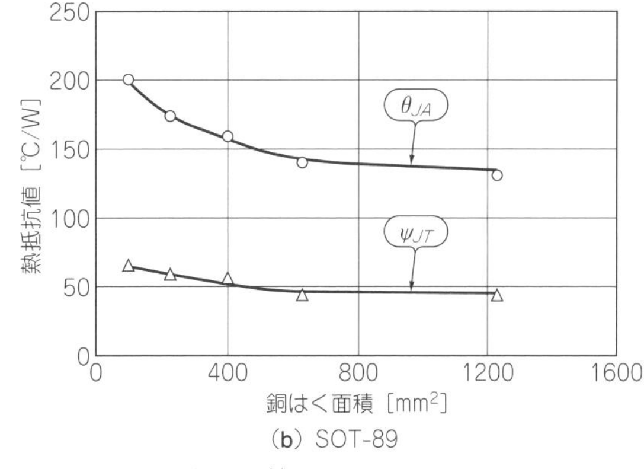

(b) SOT-89

図6 低飽和レギュレータNJM2884(日清紡マイクロデバイス)の基板サイズと熱抵抗のデータ例[3]

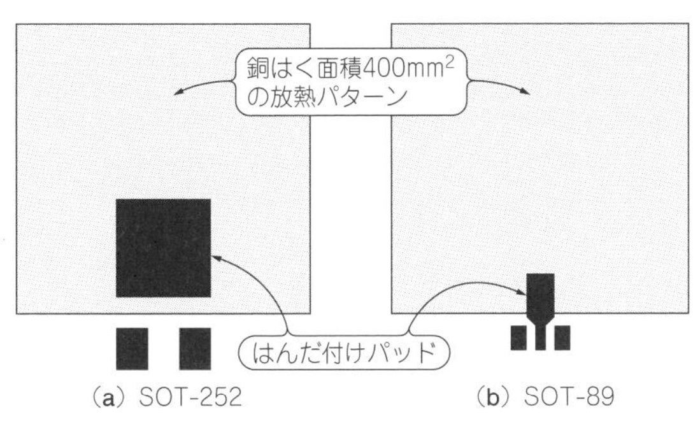

(a) SOT-252　(b) SOT-89

図7 図6の基板パターン形状例
放熱させる20 mm×20 mm＝400 mm²のプリント・パターンに対して，フットプリントを配置する位置を示す

図8 SOT-223の基板サイズと熱抵抗のデータ例
SOT-223デバイスをパターンで放熱するときの面積と熱抵抗を示す

熱伝導を確保できます．ICの放熱パッドの直下にビアを配置すれば，ICで発生した熱を基板内に効率良く拡散させることができます．

▶半導体メーカの温度パラメータ

前述した式(1)は熱抵抗の基本的な関係を示しています．実際にはさまざまなパッケージや実装方法(両面基板かビア付きの4層基板かなど)によってθ_{JC}，θ_{CA}もかなり異なります．

デバイス・メーカ間で共通の熱抵抗の測定方法も含めた定義としてEIAのJESD51規格が定められています．**図5**にJESD51で定義している温度パラメータを示します．最近のデバイスは，この方法で熱パラメータを表示することが多くなっています．

デバイスの温度を測定するときに使う治具基板のパターンなどの条件についてもJESD51で規定されており，メーカ間で統一的なパラメータが得られるように配慮されています．例えば，デバイス表面トップの中心温度T_{C1}をJESD既定の治具と測定方法で測ることで，Ψ_{JT}値からデバイス内部のジャンクション温度T_Jをかなり正確に知ることができます．Ψ_{JT}は対流も含めた総合的な値です．

▶同じパッケージでもメーカやデバイスにより温度抵抗が異なる

JESD51で定義されたパラメータは，既定のパターン/形状の基板上にデバイスが1つ置かれた条件での測定です．実際にそのデバイスを自身の設計パターンに配置した場合にそのままの値を適用してもよいとは限りません．プリント・パターン形状とサイズに応じた熱抵抗と許容消費電力について，メーカ作成のデータ(グラフ)が得られる場合はそれを活用するとよいです．

図6に示すのは文献(3)のプリント・パターン面積と熱抵抗グラフの例です．**図7**に，**図6**の放熱パターン形状の一部を示します．**図8**に示すのは，別のメーカの**図6**とは異なるパッケージSOT-223のデバイスの放熱パターン面積と熱抵抗のグラフ例です．

無償版の熱解析シミュレータ PICLS Liteを使ってみる

機能が限定されますが，フリーで提供されている基板の熱解析シミュレータです．多くの基板の熱解析シミュレータは物理解析に注力しており，基板設計者が使うには敷居が高いことがあります．PICLSは回路設計者や基板設計者が熱状態を確認できるように開発さ

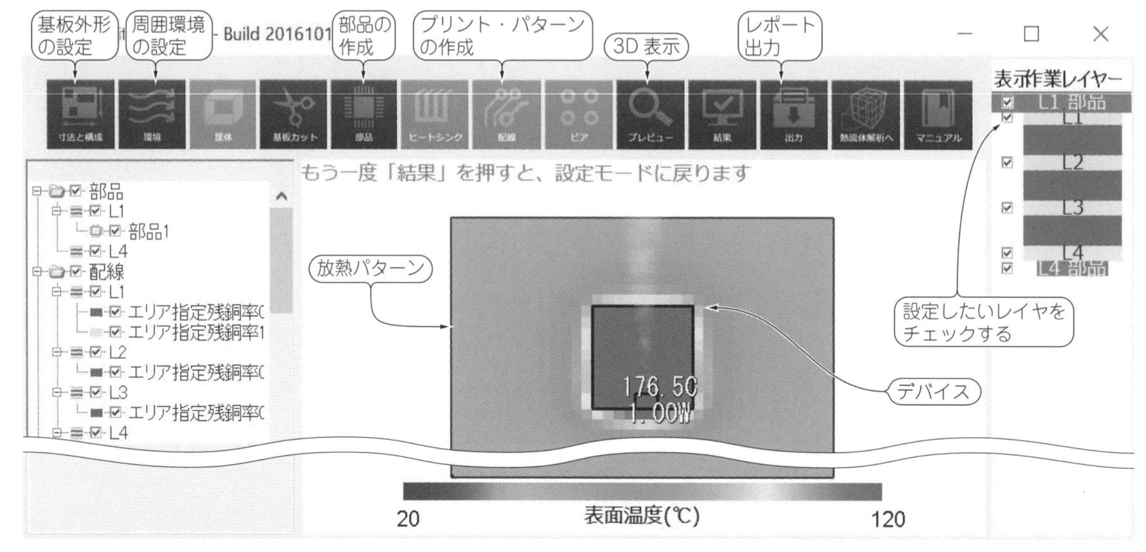

図9　発熱部品を解析するための画面
温度数値はジャンクション温度を表示している．176.5℃となっており，長い時間使っているとデバイスが破損する温度である

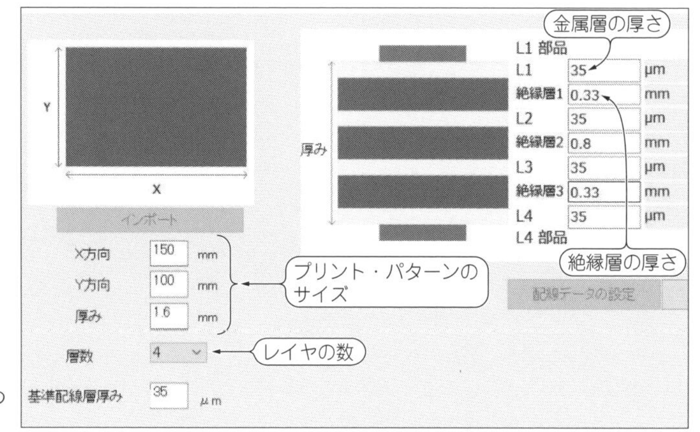

図10　基板の層構造を設定するための画面
［寸法と構成］アイコンをクリックすると表示される．この画面で外形サイズと層構成を設定する

れています．多層基板の設計にも利用できます．部品やプリント・パターンを移動したときに熱の分布の変化がすぐわかるようにリアルタイムで熱表示をします．

図9にPICLSの画面を示します．温度が過剰の場合は，前述したとおり動画で煙を示してくれます．放熱フィン，または板金ケースに放熱した場合の解析，ガーバ・データの読み込み機能などについては製品版が必要ですが，多層基板の金属層で16層までLite版で使えます．Lite版の使用期間は無制限です．

● ［STEP1］ソフトウェアを入手する

次のWebページで「PICLS Lite」の欄の下のほうにある［申込フォームへ］ボタンをクリックし氏名，会社名などを入力後ダウンロードします．

https://www.cradle.co.jp/product/picls.html

● ［STEP2］基板の層構成を設定する

図10に示すのはPICLSを起動後，［寸法と構成］アイコン押して表示される基板の層設定ウィンドウです．ここで基板外形寸法，層数，導体層厚，絶縁層厚などを設定します．導体と絶縁体は熱抵抗を変更することができます．基板外形は76×114 mmで基板厚は1.6 mmとしました．

● ［STEP3］プリント・パターンの作成

Lite版ではガーバ・データを読み込みはできないため，PICLSで作画します．

プリント・パターンやビアおよび部品を作成または編集するときは，レイヤを選択します．これは基板設計CADなどと類似の操作です．この設定をしないとプリント・パターンや部品作成のアイコンが選択できません．レイヤの選択は前述した**図9**の画面の右上で

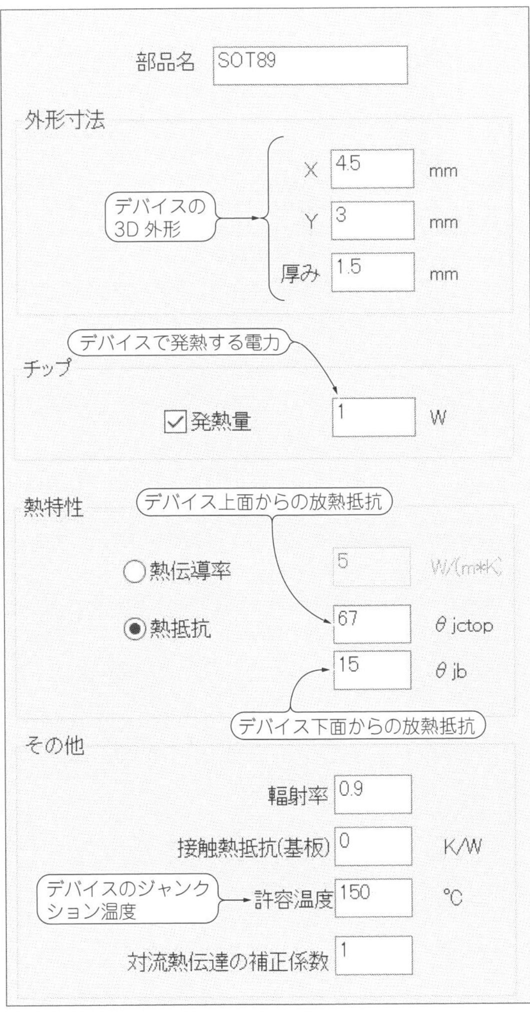

図11 発熱部品の作成画面
部品外形サイズ，熱抵抗，デバイスの発熱量，許容温などを設定する

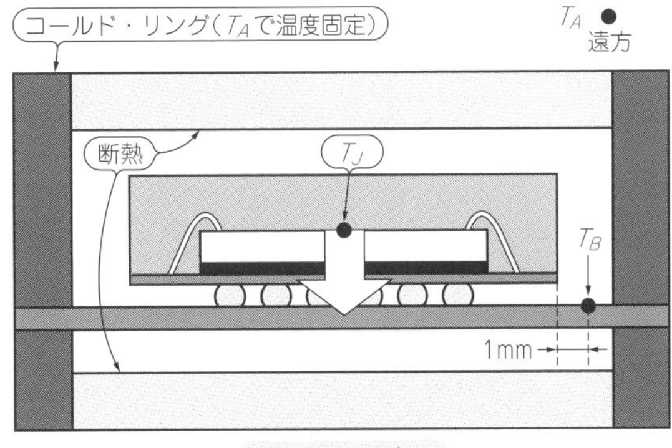

図12 ジャンクション温度T_Jとパッケージ近くのボード温度T_B間の熱抵抗θ_{JB}の定義(8)
パッケージ上面や基板下面からあまり放熱されないように上下に断熱材を置いている

該当するレイヤをクリックして選択します．**図9**はL1部品レイヤを選択している状態です．この選択状態で第1層上に配置する部品を作図できます．裏面の部品レイヤを選択して部品を配置することもできます．

● [STEP4] 部品の作成

図11に示すのは部品アイコンを押して表示されるウィンドウです．ここでは部品形状と発熱条件などを入力します．部品アイコンを選択できるようにするには表示作業レイヤで表面のL1部品またはL4部品(4層の場合)を選択します．部品でXとYはSOT-89の場合，放熱パッドのおおよその大きさとして1.5 mmと2 mmを入力しました．

「θjctop」と「θjb」は文献(8)に従って測定される熱抵抗です．SOT-89の場合，放熱パッドからパターンに放熱させるためθ_{JB}が主な値となります．

図12にθ_{JB}の定義を示します．θ_{JB}のJはジャンクション，Bはデバイスから1 mmの位置での基板の温度です．測定方法で基板にのみ温度が流れる設定で計られる熱抵抗で，ジャンクションからデバイス底の放熱パッドへの熱抵抗θ_{JC}と近いのでθ_{JB}に適用しました．文献(3)のSOT-89の熱データには，θ_{JB}がないため他社のデータなどから推定して，ここでは15としました．半導体メーカからθ_{JB}が得られれば，それを使うとよいでしょう．

θjctopはデバイスの放熱をケース・トップに付けたフィンなどで行う場合の値です．SOT-89ではデバイス・パッケージ・トップにフィンを付けたりして放熱しません．θjctopはここでは放熱にはほとんど寄与しませんが，データシートΨ_{JT}を入れておきます．

● [STEP5] 表示の設定

設定タグをクリックして現れる**図13**の画面で表示させる内容を設定します．ジャンクション温度を数字で表示させるには，部品温度にチェックを付けて温度と「最高」のラジオ・ボタンをクリックして選択します．カラー・バーは通常「標準」にしておきます．温度範囲は20～120 ℃程度でよいでしょう．

● [STEP6] プリント・パターンの作成

2層基板は部品面の銅層だけにプリント・パターンを形成しました．4層基板は表面層に2層基板と同じプリント・パターンを作成した他に，内層の2つの金属層に一方の端から1 mm離して74 mm×74 mmで35 μm厚のベタ層を配置し，JESD51規格に類似の形状としています．

● [STEP7] シミュレーション条件の設定

SOT-89デバイスを想定して発熱量は1 Wとして計

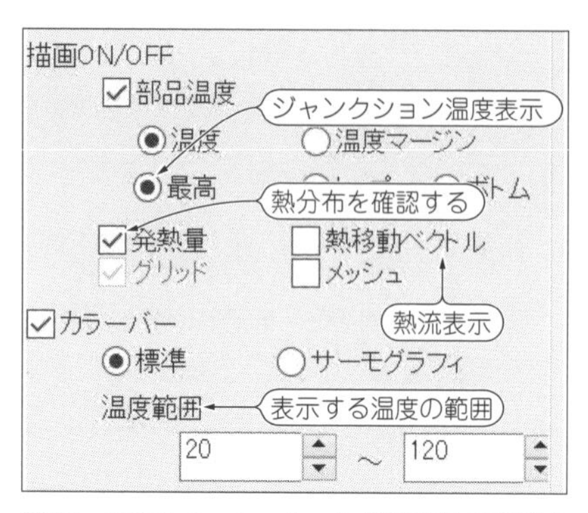

図13 温度シミュレーション結果表示の設定を行う画面
ジャンクション温度を表示するときは［最高］にチェックを入れる

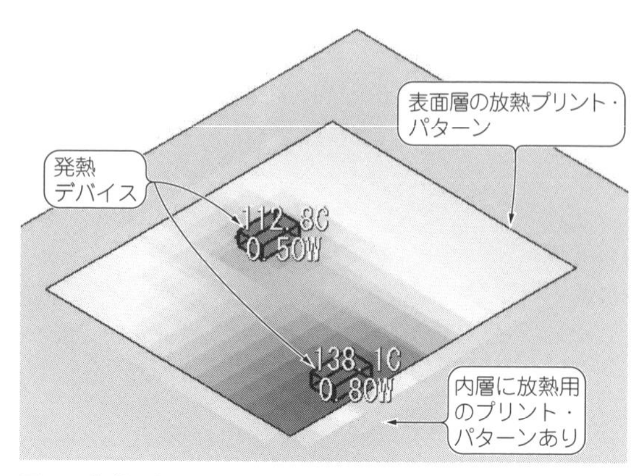

図14 複数の熱源があるときの解析例
同じ熱抵抗のデバイスで1つの消費電力を1W，もう1つを0.5Wに設定した．任意の位置に移動させると放熱の状況をリアルタイムで確認できる

算しました．デバイスの基板パターンへの接触タブ面は1.5 mm × 2 mmの大きさとしました．

シミュレーション結果

前述した**図1(b)**は周囲温度が50 ℃のときの2層基板，**図1(c)**は4層基板の熱解析結果です．内層ベタのプリント・パターンとデバイス・パッド直下に0.38 mmのビアを2個配置しています．内層は2層と3層に設けています．内層のプリント・パターンで放熱するとジャンクション温度が97 ℃に下がっていることがわかります．

内層はエポキシ材で密閉されているので，それほど放熱に寄与しないのではという印象を持つ読者もいるとと思います．しかし**表1**に示すようにエポキシでも大きい面積(2.54 cm角)であれば1.6 mm厚でも熱抵抗はかなり小さくなっており，銅のベタ面(2.54 cm幅)を箔方向に進む熱抵抗より1桁程度低くなっています．

基板厚方向に広い熱経路をとれば，エポキシ材で囲まれた内層銅パターンでも大きい放熱効果が得られます．

図14に示すのは複数の熱源があるときのシミュレーション結果の例です．シンプルな構造ではExcelによる計算でも放熱設計を実行することができます．しかし複数の熱源が絡んでくる**図15**のような場合の熱分布は，PICLSのような解析ツールを利用することが有効です．

＊　＊　＊

プリント・パターンでパワー・デバイスを放熱する方法として，電源ICを例にとって説明しました．デバイスの温度パラメータはデータシートに出ているそのままでは使うのが難しく，どのように使えばプリント・パターンの設計に展開できるかの方法も紹介しました．

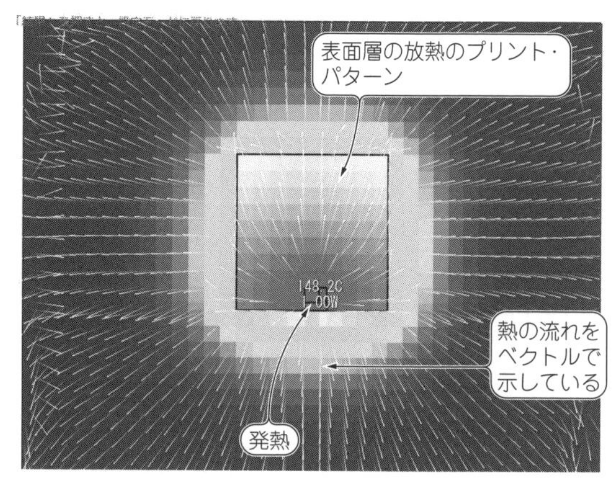

図15 熱流解析結果
発熱源から熱が流れている流路を表示させることができる

チップ部品を放熱するときはプリント・パターンが主となるため，パターン幅や厚み，サイズなどと放熱量の関係を把握する必要があります．熱解析シミュレータPICLSは，パターン・サイズや構造によって部品の温度がどのように変化するかを推定することができるため，放熱設計に役立ちます．

◆参考・引用*文献◆

(1) トランジスタ技術SPECIAL編集部；プリント基板作りの基礎と実例集，トランジスタ技術SPECIAL forフレッシャーズ，CQ出版社．
(2) NJM2884データシート，日清紡マイクロデバイス．
(3)* 熱抵抗について，日清紡マイクロデバイス，2015年．
(4) JESD51-5，EIA，1999．
(5) LM1117データシート，テキサス・インスツルメンツ，2016年．
(6) 半導体およびICパッケージの熱評価基準，テキサス・インスツルメンツ，2012年．
(7) ソフトウェアクレイドル，http://www.cradle.co.jp/picls/
(8)* 半導体技術委員会他；JEITA EDR-7336，電子情報技術産業協会，2010年．

column 01 金属と絶縁体の熱伝導の違い

志田 晟

● 材料の熱伝導率

表Aに主な金属と絶縁体の常温でのおおよその熱伝導率を示します.

銅が400, 鉄が80に対してFR-4は0.4, 塩ビが0.5となっています. 金属と絶縁体では一般に金属のほうが熱伝導がよいです. 絶縁体の場合, 原子または分子が一種のばねのような構造で結合していて, 熱が高いと構造が大きく振動します. 原子, 分子の振動が固体の構造内を伝わり, 熱が伝わっていきます.

● 金属の熱伝導は自由電子によるものが支配的

金属は構造を形作るイオン(原子から電子が抜けた+電荷のもの)と各イオンに束縛されない自由電子から構成されています. **図A**に銅の場合のイオンと周囲の自由電子空間を示します. 実際のイオンの直径と間隔の比率に合わせて作図しています. 自由電子は分子レベルで見ると, 粒のような電子は存在していないとされています. イオンの間を液体または気体のような形で埋めています. 個々の電子の移動速度は, 光の速度の2桁程度低い速さで勝手な方向に移動し, イオンで跳ね返っているとされています.

絶縁体の場合, 電子は原子に強く結合しており自由電子のように物質構造内部を液体のように動けません. 金属ではイオン(原子)の熱振動よりも自由電子による熱の伝わりのほうが支配的です.

一般に金属のほうが絶縁体より熱がよく伝わります. 半導体も金属のように自由電子が液体状に埋まっているわけでないので, 銅などの金属より基本的に熱伝導は劣ります.

表A 主な金属と絶縁体の熱伝導率

種類	物質	熱伝導率 [W/mK]
金属	銅	400
	アルミ	240
	真鍮	120
	鉄	80
	ステンレス	27
	ニクロム	17
半導体	GaAs	54
	InSb	17
絶縁体	ガラス	1
	塩ビ	0.15
	テフロン	0.24
	FR4	0.4
	ダイヤモンド	2000
	サファイア	40
	窒化ホウ素	60
	アルミナ	24
	炭化窒素	200
液体	食塩水	0.5
	水	0.6
気体	空気	0.03

● 金属より熱伝導の良い絶縁体

表Aをよく見ると銅より数倍も熱伝導が良い絶縁体があります. ダイヤモンドです. 原子間の結合は原子に束縛されている電子によりますが, ダイヤモンドではその電子が非常に密に存在しているため, 熱エネルギーはその電子を介して伝わると考えられています. しかしその電子は各原子に束縛されているため(自由電子でないため)直流電流は流れません. ダイヤモンドはある程度のサイズのある材料としては現実的には得にくいですが, 鉄レベルの熱伝導率の窒化ホウ素が材料として実用化されています.

◆参考文献◆

(1) 関信弘編；伝熱工学, 森北出版.
(2) Characteristics of Kyocera Fine Ceramics, 京セラ, 2017年.
(3) デンカボロンナイトライド・カタログ, デンカ.

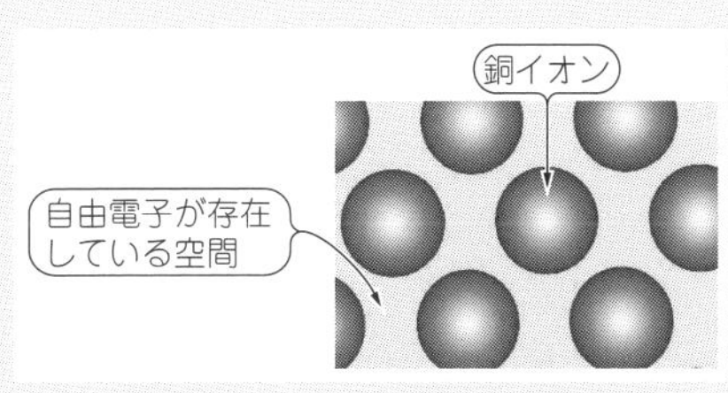

図A 銅の内部のイオンと自由電子空間

電気・熱・機械の連携解析入門

西 剛伺 Koji Nishi

自動車やロボットは，たくさんの部品やモジュールで構成され，高機能化・複雑化しています．機器の制御性や安全性を確保しつつ，CO_2削減目標の達成に向け，複雑なシステム全体での高効率化や省エネ化を実現する必要があります．

そのためには，電気や機械など，さまざまな物理ドメインや，条件下でシステム全体のふるまいや性能を検証する必要があります．

電気ドメインだけのシミュレータとしては，SPICEをベースとしたツールが有名ですが，複数の物理ドメインのシミュレーションを行うには限界があります．そのような中，注目されているのがModelicaです．

Modelicaは，システムをモデル化するためのオブジェクト指向言語です．OpenModelicaは，Modelica言語を用いたオープンソースの物理モデリング/シミュレーション環境です．**図1**に示すのは，永久磁石型直流モータを液冷で冷却した際のマルチドメイン・モデルです．**図2**にそのシミュレーション結果を示します．本シミュレータは，電気，磁気，機械，熱などの複数の物理ドメインを組み合わせたマルチドメイン・シミュレーションが可能です．

本稿では，OpenModelicaモデルの使い方と作成方法を解説します．

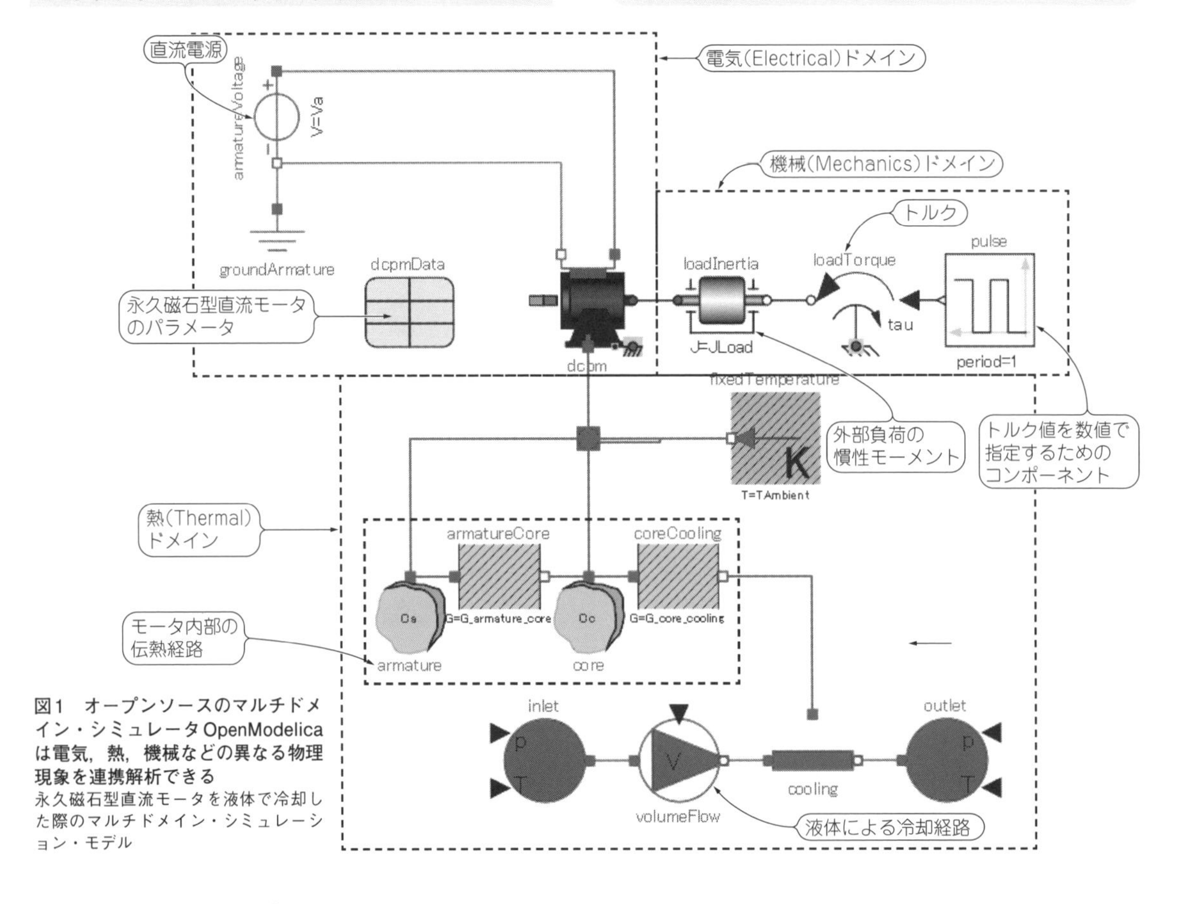

図1 オープンソースのマルチドメイン・シミュレータOpenModelicaは電気，熱，機械などの異なる物理現象を連携解析できる
永久磁石型直流モータを液体で冷却した際のマルチドメイン・シミュレーション・モデル

オープンソースのマルチ物理ドメイン・シミュレータ OpenModelica

● テキスト画面のプログラムの記述が不要でシステムのモデル化ができる

オブジェクト指向言語Modelicaの特徴は次のとおりです．

(1) 代入式だけでなく，方程式も記述できる
(2) 単位の概念を有し，複数の物理ドメインを定義し，それらを連成して解くことができる(**図3**)
(3) 言語仕様にGUI(アイコンやダイヤグラム)が規定されている
(4) GUIを規定した有償，無償のライブラリを活用することで，マウス操作でモデルを作成できる
(5) モデルがクラスとして実装されている．既存のモデルに新たな機能を追加したモデルが作成できる

これらの特徴により，システムの記述を簡素化できます．また，ライブラリを用いることで，多くのケースでは，テキスト画面によるプログラムの記述をほとんど行うことなく，システムのモデル化ができます．

● 商用ライセンス不要であるオープンソースのWindows版を導入する

システム・シミュレーション・プラットフォームTwin Bulider(ANSYS)や物理モデリング・ツールDymola(ダッソー・システムズ)のようにModelicaを

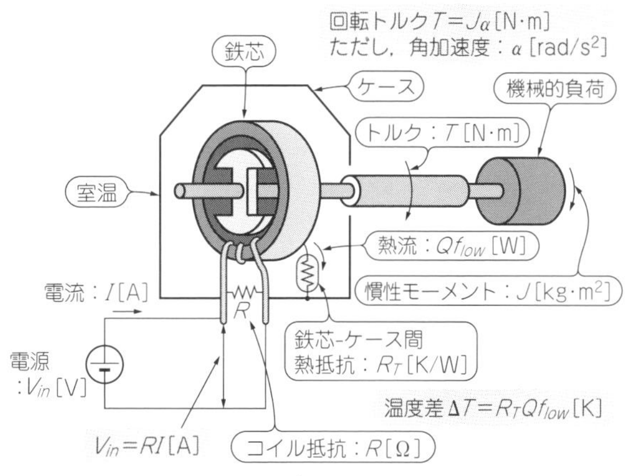

図3 本シミュレータのモデルは，方程式を記述することで各物理ドメインのコンポーネントの動作を定義できる
本シミュレータは単位の概念を有する．SPICEシミュレータでも疑似的に電気ドメインを用いて複数の物理ドメインを表現できるが汎用性は低い

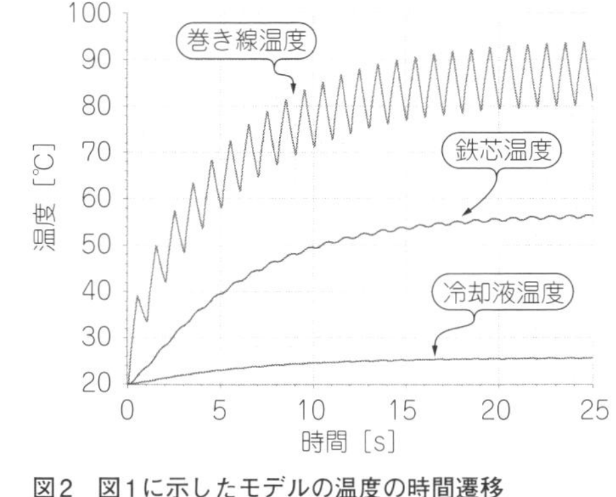

図2 図1に示したモデルの温度の時間遷移
冷却の度合いを確認できる

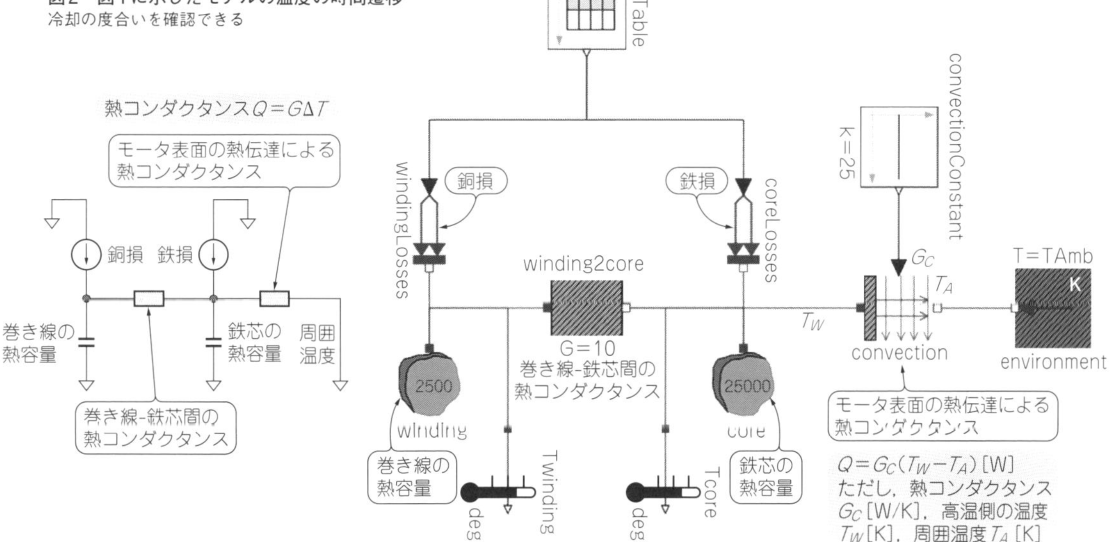

図4 モータの熱解析モデル
モータの内部発熱による温度上昇を調べることができる

サポートする商用のツールもありますが，ここで紹介するOpenModelicaはオープンソースで，商用ライセンスを購入する必要はありません．しかもWindows版が提供されており，シンプルに導入可能です．

使い方①伝熱サンプル・モデルのシミュレーション

● 例題…モータの熱解析

EV（Electric Vehicle）をはじめ，ロボット，ドローンなど，モータを用いた機器の小型・省エネ化は喫緊の課題です．その要素技術として熱設計の重要性が増しています．そこで，モータの熱解析を例に，基本的な使い方を説明することにします．

図4に，モータの伝熱サンプル・モデルを示します．本図からわかるように，Modelicaではさまざまなコンポーネント（部品）をつなぎ合わせてモデルを構成します．Modelicaは，主に次の流れで使用します．

(1) Modelicaクラスの新規作成
(2) Modelicaクラス内でコンポーネント配置
(3) コンポーネントの接続
(4) コンポーネントのパラメータ設定
(5) シミュレーションを実行
(6) 結果を表示する

OpenModelicaは，これら一連の作業を1つのウィンドウ内で行うことができる，いわゆる，Modelicaの統合開発環境と言えます．

● ［STEP1］OpenModelicaのインストールと起動

OpenModelicaをインストールします．本ソフトウェアは，下記のWebサイトから入手できます．

https://openmodelica.org/download/download-windows

インストール後，Windowsのスタート・アイコンをクリックして，OpenModelicaの中にある［Open Modelica Connection Editor］を選択します．すると，**図5**に示すOpenModelica Connection Editor（以下，OMEdit）ウィンドウが現れます．

● Modelicaで記述されたモデルは連立方程式として解かれる

OpenModelicaには，32ビット版と64ビット版があります．32ビット版がメモリ空間を4Gバイトしか使用できないのに対し，64ビット版ではより広いメモリ空間を使用できます．Modelicaで記述されたモデルは，シミュレーション実行時のコンパイルで連立方程式としてまとめられています．その連立方程式を解くのがシミュレーションの実行になります．規模の大きいモデルは，それだけ連立する方程式の数が増えますから，使用できるメモリ空間は広いに越したことはありません．64ビット版の利用がおすすめです．

● ［STEP2］Modelicaライブラリの選択

Modelicaによるモデル作成の近道は，Modelica Standard Library（以下，MSL）の中身を知り，それを利用することです．MSLは，Modelica言語の仕様を策定・管理しているModelica Associationが管理，アップデートしているオープンソースのModelicaライブラリで，Modelicaの基本ライブラリの役割を果たしています．OpenModlicaにはMSLが同梱されています．「ライブラリブラウザ」にデフォルトでロードされており，すぐにモデル作成に利用できます．

図5に示したOMEditウィンドウ内，左側のライブラリ・ブラウザにあるModelicaアイコンがMSLです．アイコンの前の［>］または［+］をクリックすると，その中身が表示されます（**図6**）．

● 各物理ドメインで定義されているポテンシャルと流量を扱う

Electricalは電気，Magneticは磁気，Mechanicsは機械，というようにそれぞれが各物理ドメインを扱うサブライブラリになっています．MSLの各物理ドメインでは，ポテンシャル（Potential）と流量（Flow）が

図5 OMEditウィンドウ
左部に「ライブラリブラウザ」，中央には過去に使用したファイルの情報，右部にWebから取得したOpenModelicaに関連する情報が表示される

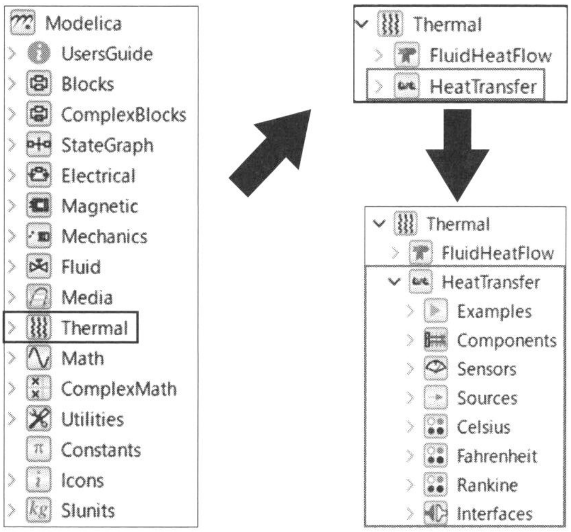

図6　MSL(Modelica Standard Library)の構成
熱(Thermal)ドメインは，熱流体(FluidHeatFlow)と伝熱(HeatTransfer)サブライブラリから構成される

定義されています．前者をポテンシャル変数，後者をフロー変数として扱います．**表1**にMSLの各物理ドメインと変数の扱いを示します．

電気(Electrical)ドメインでは，ポテンシャルは電位，流量は電流です．磁気(Magnetic)ドメインでは，ポテンシャルが磁気ポテンシャル，流量が磁束です．また，熱(Thermal)ドメインの伝熱(HeatTransfer)では，ポテンシャルが温度，流量が伝熱量です．

● ポテンシャルと流量の間にオームの法則が成り立つ

電気ドメインでは，電圧(電位差)V，電流I，電気抵抗Rに$V=RI$の関係，または電気抵抗の逆数であるコンダクタンスGを用いて$I=GV$の関係が成り立ちます．伝熱(HeatTransfer)ドメインでは，温度差dT，伝熱量$Q_{_flow}$，熱抵抗Rに$dT=RQ_{_flow}$または熱抵抗の逆数である熱コンダクタンスGを用いて$Q_{_flow}=GdT$の関係が成り立ちます．Modelicaは時間微分に対応しているので，過渡解析も実行できます．

技① 物理ドメイン学習の近道にはサンプル・プログラムを見る

熱設計で使用する伝熱(HeatTransfer)サブライブラリを例に，MSLの内部構成について見てみます．

各物理ドメインは，複数のサブライブラリから構成されます．伝熱(HeatTransfer)サブライブラリは，**図6**に示したように熱(Thermal)ドメインの一部です．本ドメインには，伝熱現象を熱回路網としてモデル化するのに必要なコンポーネントが収録されています．

各サブライブラリは，サンプル・モデル(Examples)，コンポーネント(Components)，センサ(Sensors)，ソース(Sources)の4つで構成されています．電気ドメインのアナログ(Analog)サブライブラリのように，コンポーネントが役割に応じて，複数(Basics, Ideals, Lines, Semiconductors)に分類されている場合もあります．MSLには300～400のサンプル・モデルが収録されています．サンプル・モデルを見ることが，興味のある物理ドメイン学習の近道です．

コンポーネントには，経路を構成する部品が収められています．伝熱サブライブラリの場合，熱伝導による伝熱経路を表現する熱抵抗(ThermalResistor)，熱コンダクタンス(ThermalConductance)，熱容量(HeatCapacitor)，対流熱伝達による伝熱経路を表現する熱伝達(Convection)，熱伝達抵抗(ConvectiveResistor)，ふく射伝熱による伝熱経路を表現するふく射(BodyRadiation)のコンポーネントなどで構成されています．

ソースは，電気ドメインでは電圧源，電流源，伝熱サブライブラリでは発熱源のように，流れを作る源にあたる部品を収録しています．

伝熱サブライブラリには，その他，摂氏(Celsius)，華氏(Fahrenheit)，ランキン度(Rankine)があります．

MSLの基本単位系はSI単位系で実装されています．そのため，前述のコンポーネント，センサ，ソースはSI単位系で作成されています．しかし，温度については，絶対温度(ケルビン)ではなく，［℃］などが慣

表1　Modelica Standard Libraryの各物理ドメインと変数の扱い

ドメイン	サブドメイン	ポテンシャル変数	フロー変数
Electrical	Analog	v：電位［V］	i：電流［A］
Magnetic	FluxTubes	V_m：磁気ポテンシャル［A］	Phi：磁束［Wb］
Mechanics	Translational	s：位置［m］	f：力［N］
	Rotational	phi：角度［rad］	tau：トルク［Nm］
Fluid	－	p：圧力［Pa］	m_flow：質量流量［kg/s］
Thermal	HeatTransfer	T：温度［K］	Q_flow：伝熱量［W］
	FluidHeatFlow	p：圧力［Pa］	m_flow：質量流量［kg/s］
		h：比エンタルピー［J/kg］	H_flow：エンタルピー流量［W］

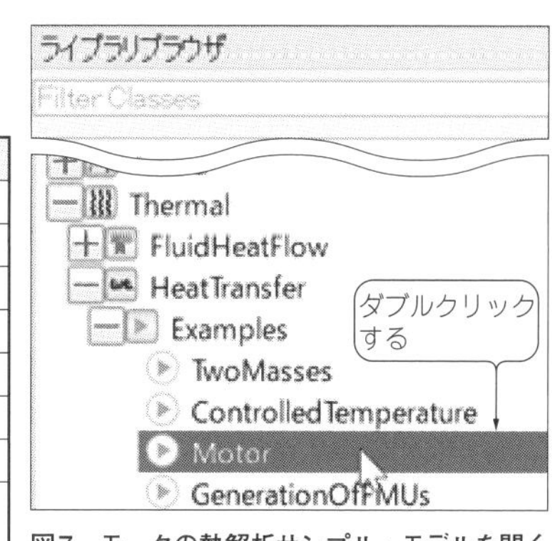

図7　モータの熱解析サンプル・モデルを開く

用的に用いられることが多いため，温度をそれぞれの単位で示すことのできる部品が別途用意されています．

● ほとんどの変数値がシミュレーションの実行結果で確認できる

センサは名前のとおり，シミュレーションで値を確認したい箇所に挿入するコンポーネントです．Modelicaでは，一部の変数を除き，ほとんどの変数の値をシミュレーション実行の結果として確認することができるため，センサの使用は必須ではありません．

他にインターフェース(Interfaces)がありますが，多くの場合，自作のコンポーネントを作成する際に使用するものなので，ここでは説明を割愛します．

● [STEP3] 伝熱サブライブラリのサンプル・モデルを開く

図4に示したモータの熱解析を見てみます．**図7**に示すようにライブラリ・ブラウザのExamples内のモータ(Motor)をダブル・クリックすると，**図4(b)**のようにモデルの中身を見ることができます．本モデルは，モータの熱損失を数値として与えた際の，温度の時間推移をシミュレーションできます．

▶サンプル・モデルのふるまい

モータは電気エネルギを投入し，機械エネルギを取り出す電気機器です．その際に発生する損失として，巻き線で生じる銅損(Winding Losses)，鉄心で生じる鉄損(Core Losses)を伴います．これらを熱損失/発熱源として扱うため，実数のテーブル(lossTable)からソース(windingLossesとcoreLosses)に値を渡すことで，発熱量の単位［W］を持つ量に変換しています．

銅損と鉄損は伝熱経路を介して外気に放出されます．巻き線は鉄心に巻かれているため，銅損による熱は巻き線から鉄心に向かって流れます．巻き線から鉄心への伝熱経路としてモデル化した熱コンダクタンスがwinding2 coreです．温度は比熱の影響で，電気と比べてはるかに遅いスピードで変化します．その影響をモデル化したものが熱容量です．巻き線の熱容量windingと鉄心の熱容量coreが配置されています．鉄心に集まった銅損と鉄損による熱はモータ筐体表面で周囲の空気(environment)による熱伝達(convection)で冷却されます．対流熱伝達による熱コンダクタンスを実数の固定値(convectionConstant)で与えています．

▶パラメータの変更方法

コンポーネントによっては，パラメータを有し，その値を変更することでふるまいを変更できます．対象のコンポーネントをダブルクリックする，または右クリック・メニューの［パラメータ］を選択することで，コンポーネントのパラメータを確認できます．

winding2coreのパラメータを**図8**に示します．熱コンダクタンスの値をパラメータとして設定できます．熱容量(windingおよびcore)では，熱容量をパラメータとして設定できる他，その初期温度や初期温度こう配も設定できます．

ソース(windingLossesおよびcoreLosses)には，伝熱量の値に温度依存性を持たせるパラメータもあります．lossTableのパラメータについては後述します．

一方，パラメータを有しないコンポーネントも存在

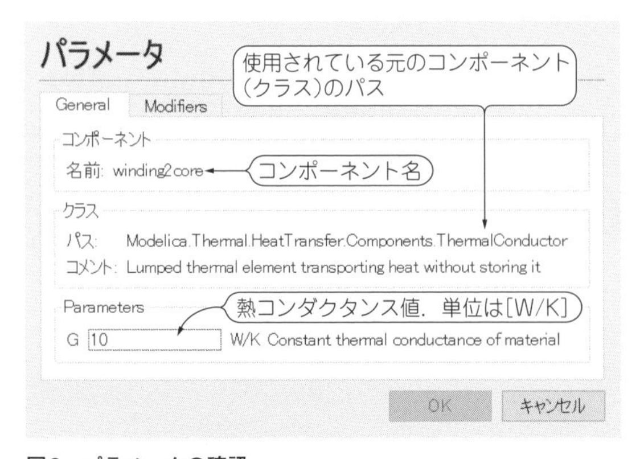

図8 パラメータの確認

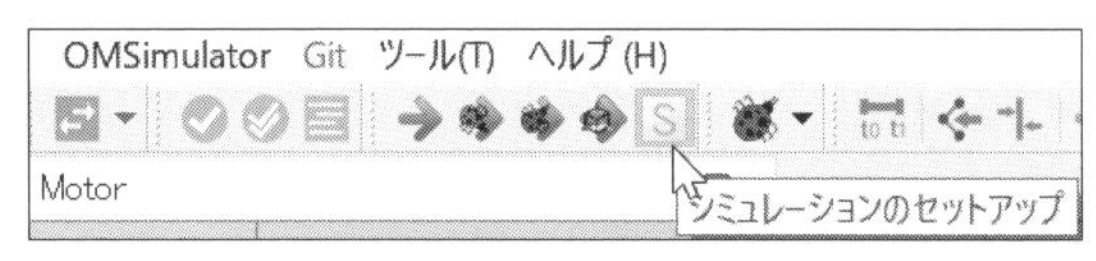

図9 シミュレーション設定画面の起動方法

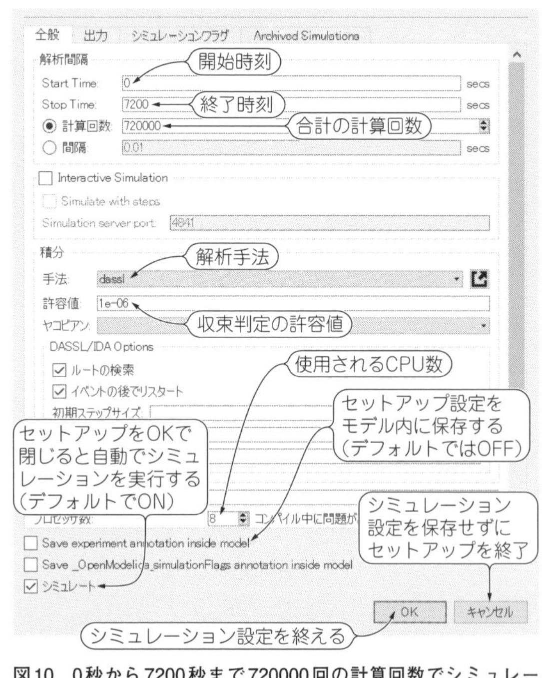

図10 0秒から7200秒まで720000回の計算回数でシミュレーションを実行する
シミュレーション条件の設定

します．パラメータのないコンポーネントは決まった使い方をすることになりますから，パラメータを有するものはより汎用的なコンポーネントと言えます．

● ［STEP4］シミュレーション設定の確認と実行

次に，サンプル・モデルのシミュレーションを実行してみます．まずはシミュレーションの設定を確認します．図9に示すようにOMEditウィンドウ上部のシミュレーションのセットアップ・アイコンをクリックします．すると，図10に示すようにシミュレーション設定を行うダイアログ・ボックスが表示されます．

ここでは，主要な設定だけ確認します．「解析間隔」では，シミュレーションの開始(Start Time)，終了時刻(Stop Time)，シミュレーションのタイム・ステップ(時間刻み)を計算回数または間隔で指定します．この設定では，2時間分のモータの温度の時間遷移を1秒当たり100回の計算を行います．「積分」では解法アルゴリズムに関する設定を行います．ここではDASSLというアルゴリズムが選択されています．収束判定に用いる許容値は1×10^{-6}という設定になっています．解法アルゴリズムについては，特に問題がない限りデフォルト設定のまま使用し，変更は不要です．

確認を終えたら，ダイアログ・ボックス下部の［OK］ボタンをクリックします．すると，Modelicaで記述されたモデル，つまりプログラムはOpenModelicaが内蔵するModelicaコンパイラによっていったんCコードに変換されます．CコードからCコンパイラによって実行ファイルが生成された後，実行ファイルが実行されることでシミュレーションが開始されます．

シミュレーションが完了すると，「The simulation finished successfully.」というメッセージが表示された後，OMEditウィンドウが自動的にプロット表示に切り替わります(図11)．

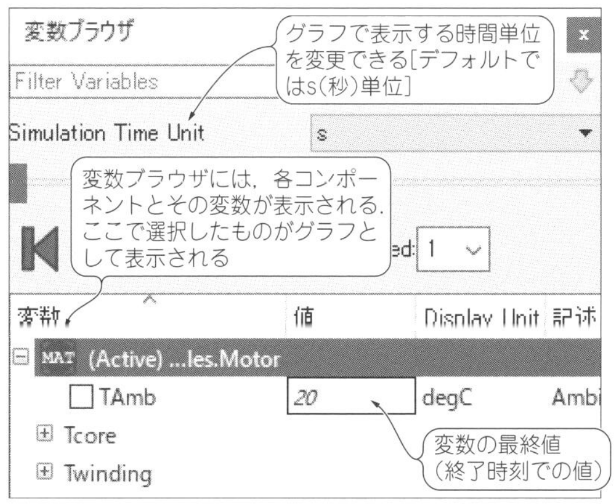

図11　OMEditウィンドウで空プロットが表示されたら右側のブラウザで単位や，変数の最終値を設定する
シミュレーションが完了すると，自動でプロット表示に切り替わる

● ［STEP5］グラフ表示による結果の確認

▶巻き線と鉄心の温度

プロット表示の画面では，左部のライブラリ・ブラウザに加えて，中央に何も表示されていないグラフ・プロット画面，右部に変数ブラウザが表示されます(図11)．グラフに表示させたい変数を変数ブラウザ内で選択します．まずは巻き線と鉄心の温度(T_{core}, $T_{winding}$)を確認してみましょう．なお，変数ブラウザに表示されている各変数の「値」は最終値，つまり，このシミュレーションでは7200秒における値です．

変数ブラウザ内でT_{core}と$T_{winding}$の温度Tのチェック・ボックスをONにすると，図12のようにグラフ・プロットにこれらの値が表示されます．x軸は時間で変数ブラウザ上部のSimulation Time Unitで指定された単位で表示されます．デフォルトは［s］(秒)です．

y軸は選択した変数が有する単位で表示されます．グラフ表示結果から温度が一定周期で波打っていることがわかります．なお，シミュレーション結果のデータは，CSV形式でファイルに保存できます．変数ブラウザ内で保存したい変数のチェック・ボックスをONにし，図13に示すように，OMEditウィンドウ上部にあるCSVマークの付いた「Export Variables」ア

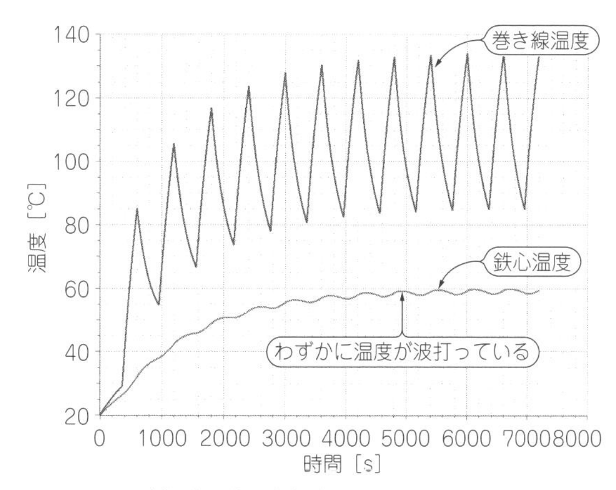

(a) 巻き線温度と鉄心温度の過渡解析

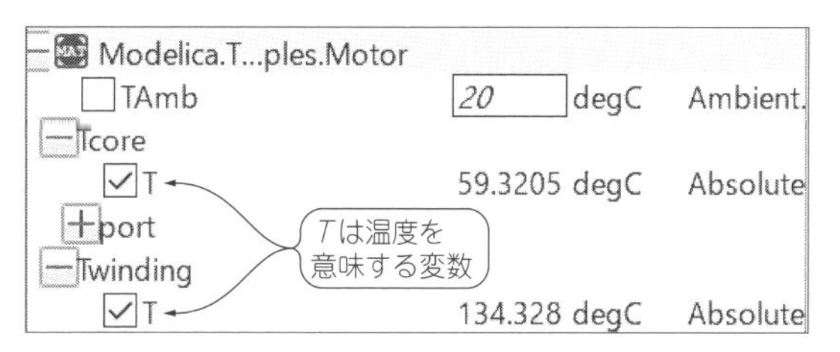

(b) 変数ブラウザ

図12　巻き線温度が大きく波打っている
鉄心温度と巻き線温度の時間遷移

イコンをクリックします．その後，ポップアップするダイアログ・ボックスでファイル名を指定するだけです．

▶温度の波打ちの原因を探る

銅損と鉄損(windingLosses，coreLosses)の値を確認します．**図13**に示したOMEditウィンドウ上部にある「新規プロットウィンドウ」アイコンをクリックすると，グラフ・プロット画面が新しいタブとして表示されます．今度は，変数ブラウザ内でwindingLossesとcoreLossesの発熱量「Q_flow」のチェック・ボックスをONにすると，**図14**のようにグラフ・プロットに値が表示されます．鉄損(coreLosses)は500 W一定であるのに対し，銅損(windingLosses)は一定周期で100 Wと1000 Wを繰り返しています．これが温度の波打ちの原因であることがわかります．

● Modelicaのパスとヘルプ

銅損と鉄損の設定を見直してみます．**図15**に示すように，OMEditウィンドウ右下部の［モデリング］タブをクリックすれば，表示が元のモデリング画面に戻ります．同じように，［プロット］タブをクリックすれば，グラフ・プロット画面に戻ります．

モデリング画面で，lossTableのパラメータを確認してみます(**図16**)．tableの項に［0, 100, 500；360, 1000, 500；600, 100, 500］という設定が入っています．「クラス」のパスを見ると，このコンポーネントはModelica.Blocks.Sources.CombiTimeTableを用いたものであることがわかります．そこで，Modelica.Blocks.Sources.CombiTimeTableを開き，そのヘルプを見てみます．

Modelica言語で記述されたライブラリなどのモジュールでは，階層構造でモデルを絶対参照できるようになっています．Modelica.Blocks.Sources.CombiTimeTableはMSL(Modelica)のBlocksサブライブラリ内にあるソース(Sources)の1つであるCombiTimeTableであることを意味します．このように絶対参照するこ

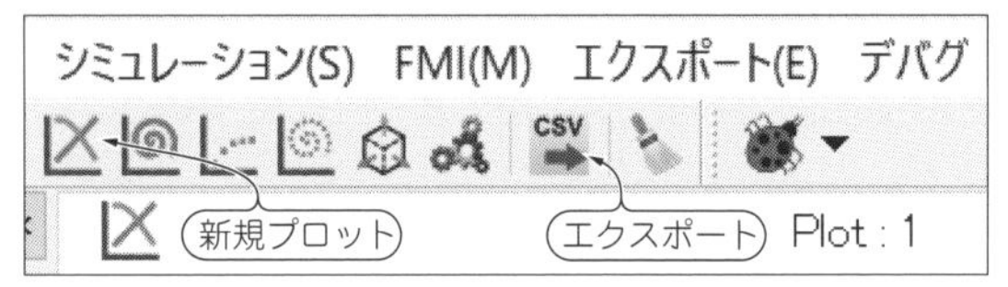

図13 新規プロット・ウィンドウと変数のエクスポート

図15 モデリング表示への切り替え

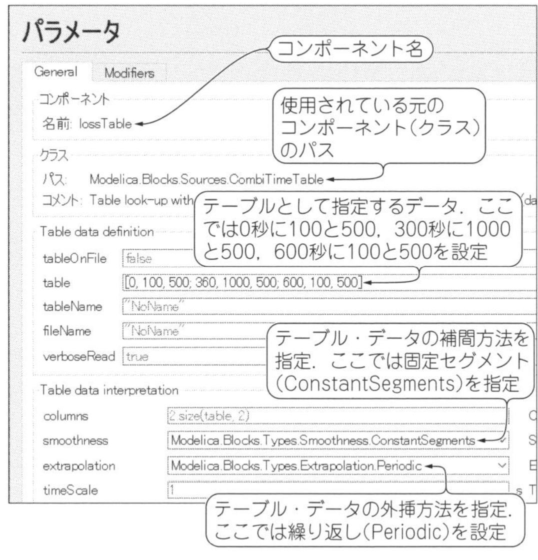

図16 銅損は360秒間100 W，その後240秒間1000 Wの変化を繰り返し，鉄損は500 W一定
lossTableのパラメータ

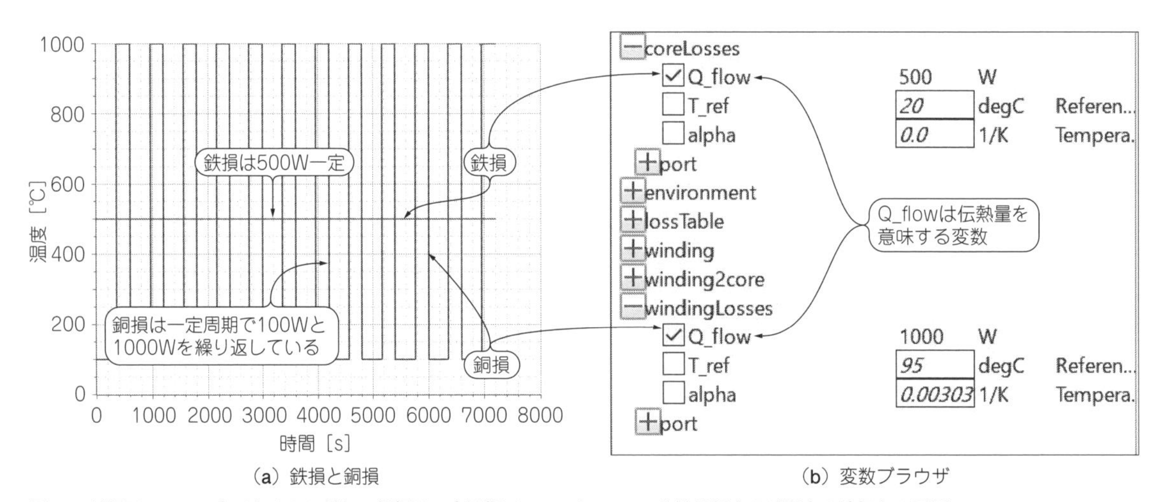

図14 鉄損は500W一定であるのに対し，銅損は一定周期で100Wと1000Wを繰り返すのが温度の波打ちの原因
鉄損と銅損の時間遷移

とで，複数のライブラリやサブライブラリで同名のコンポーネントが存在できます．

多くのコンポーネントには，ヘルプにあたる「ドキュメント」が用意されています．モータ・サンプル内のlossTableを右クリックし，**図17**に示すように［ドキュメントを見る］を選択すると，OMEditウィンドウ右部にドキュメント・ブラウザが現れます．ドキュメントブラウザには，コンポーネントの説明，つまり，ヘルプが表示されます．コンポーネントの使い方や動作がわからないときには，ドキュメントを活用するとよいでしょう．

使い方②電気-機械-熱ドメインを組み合わせたシミュレーション

● 例題

前述で使用したサンプル・モデル(Modelica.Thermal.HeatTransfer.Examples.Motor)は伝熱解析のための簡単なモデルでした．一方，実際のモータでは，回転数やトルクの状況，つまり，動作点によって損失が変動します．そのため，実際のモータの伝熱解析では，モータの電気的特性，回転数やトルクを決定づける負荷もモデル化し，シミュレーションを実行する必要があります．つまり，(モータの電気的特性を示す)電気，(負荷の特性を示す)機械，(モータの温度遷移を示す)熱という，3つのドメインをまたぐモデルを作成し，シミュレーションを実行する必要があるわけです．幸いなことに，電気ドメインの電気機械サブライブラリ(Modelica.Electrical.Machines)には，モータのモデルが収録されています．永久磁石型直流モータ・モデルの内部構成を**図18**に示します．本図のモデルのコンポーネントや線(コネクタ)のうち，青色は電気ドメイン，黒色は機械ドメイン，えんじ色は熱ドメインです．つまり，モータ・モデルそのものがマルチドメインで構成されています．この先，**表2**に示した6つのコンポーネントを用いて，マルチドメインのモータ・シミュレーション・モデルの作成方法を確認しましょう．

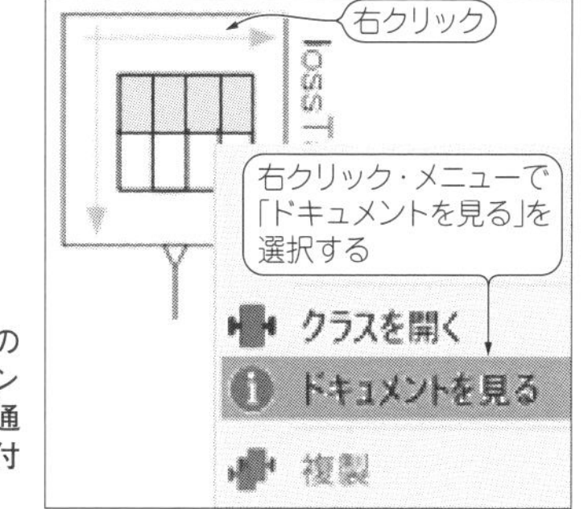

図17 ライブラリのコンポーネントやサンプル・モデルには，通常，ドキュメントが付属している

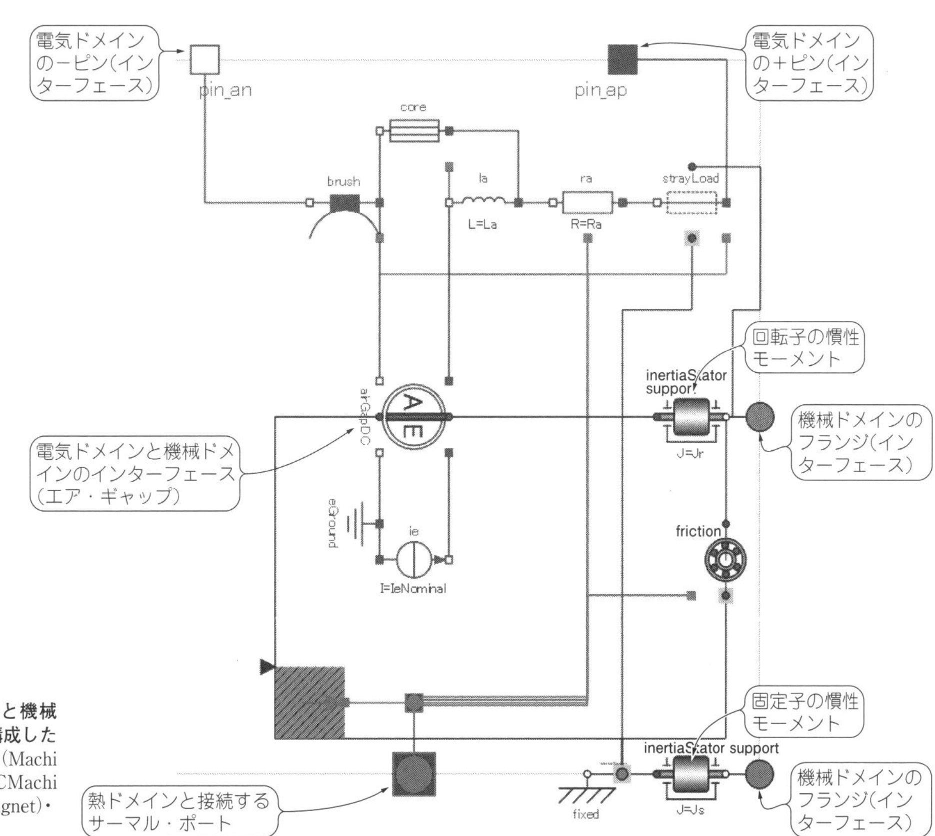

図18 電気ドメインと機械ドメインを接続して構成した永久磁石型直流モータ(Machines.BasicMachines.DCMachines.DC_PermanentMagnet)**・モデル**

表2 モデル作成に使用するコンポーネント一覧

番号	ドメイン	コンポーネント名	役割
1	電気ドメイン（Modelica.Electrical）	Machines.BasicMachines.DCMachines.DC_PermanentMagnet	永久磁石型DCモータ
2		Analog.Sources.ConstantVoltage	直流電源
3		Analog.Basic.Ground	接地
4	機械ドメイン（Modelica.Mechanics）	Rotational.Components.Inertia	慣性
5		Rotational.Sources.Torque	トルク
6	実数ブロック（Modelica.Blocks）	Sources.Ramp	ランプ

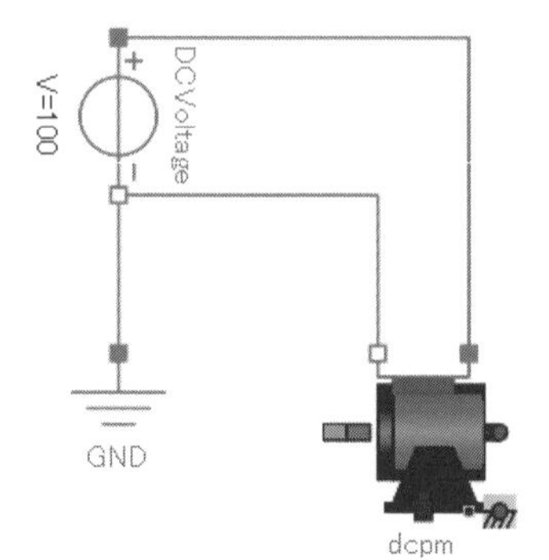

図19 永久磁石型直流モータモデルに電気ドメインのみを接続して構成したモデル
DCMotorModel1

● ［STEP1］クラスの新規作成

ここでは，単純な電気ドメインのオリジナル・モデルを作成してみます．**図19**に完成イメージを示します．直流電源を用いて，永久磁石型直流モータを駆動するだけのモデルです．

まず最初にModelicaクラスを新規作成します．**図5**に示したOMEditウィンドウ左上部の［Modelicaクラス新規作成］アイコンをクリックしましょう．名前は適当に決めて構いませんが，ここではDCMotorModel1とします．クラス作成すると，ライブラリブラウザにそのクラスが表示されます．

● ［STEP2］Modelicaクラス内でコンポーネント配置

必要なコンポーネントを配置していきます．**図20**に示すように使用するコンポーネントをライブラリ・ブラウザ内でマウスをドラッグし，配置したい場所でドロップします．すると，名前を入力するダイアログ・ボックスが開くので，それぞれ名前を付けます．ここで配置するコンポーネントは**表2**の1～3です．配置が終わったら，接続しやすくなるように，位置やコンポーネントの向きを調整しましょう．向きの調整は，右クリック・メニューの［時計回りに回転］や［反時計回りに回転］を用いて行います(**図21**)．

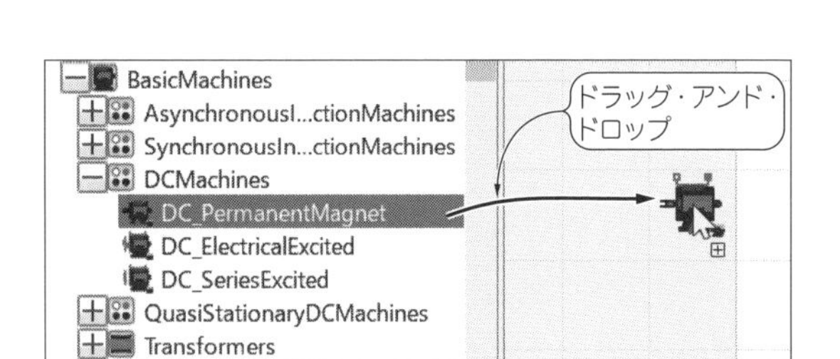

図20 コンポーネントの配置方法

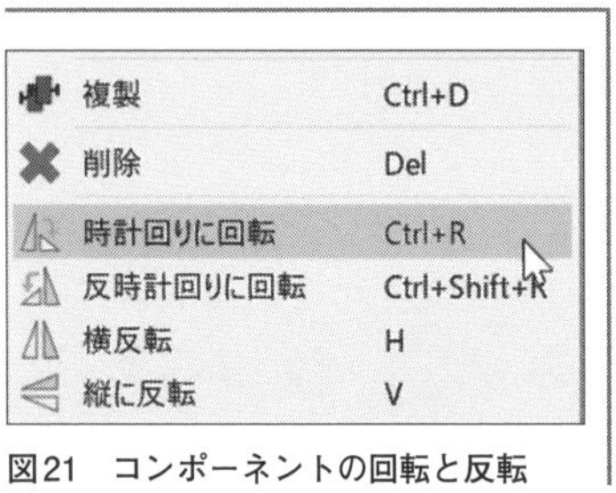

● ［STEP3］コンポーネントの接続

コンポーネントを接続します．コンポーネントどうしを接続するには，接続したい一方のコンポーネントのピン(□または■)をドラッグし，別の場所でドロップ後，もう一方のコンポーネントのピンの上でクリックします．モータの＋ピンに電源の＋ピン，モータの－ピンに電源の－ピンを接続し，電源の－ピンには接地も接続します．

● ［STEP4］コンポーネントのパラメータ設定

モータ・モデルをサンプル・プログラムでも使用されている設定で動かしてみましょう．100 V駆動で定格運転時1425 rpmの直流モータの設定を入力します．**表3**は電気ドメイン作成時に入力するパラメータです．

表3 電気ドメイン作成で入力するパラメータ

コンポーネント名	パラメータ名	値	単位	備 考
dcpm	Js	0.15	［kg・m^2］	回転子の慣性モーメント
	TaOperational	20	［℃］	電機子の動作温度
	VaNominal	100	［V］	定格電機子電圧
	IaNominal	100	［A］	定格電機子電流
	wNominal	1425	［rpm］	定格回転数
	TaNominal	80	［℃］	電機子の定格温度
	Ra	0.05	［Ω］	巻線抵抗
	TaRef	80	［℃］	電機子抵抗の参照温度
	alpha20a	※	―	電機子抵抗の温度係数
	La	0.0015	［H］	電機子インダクタンス
DCVoltage	V	100	［V］	直流電圧値

複製 Ctrl+D
削除 Del
時計回りに回転 Ctrl+R
反時計回りに回転 Ctrl+Shift+R
横反転 H
縦に反転 V

図21 コンポーネントの回転と反転

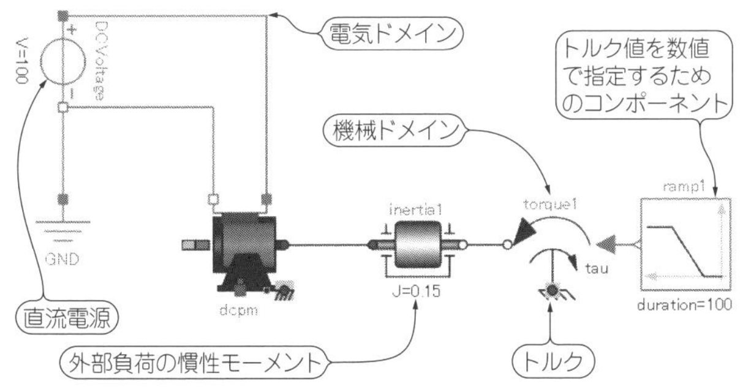

図22　電気ドメインに加えて，永久磁石型直流モータ・モデルに機械ドメインを接続して構成したモデル

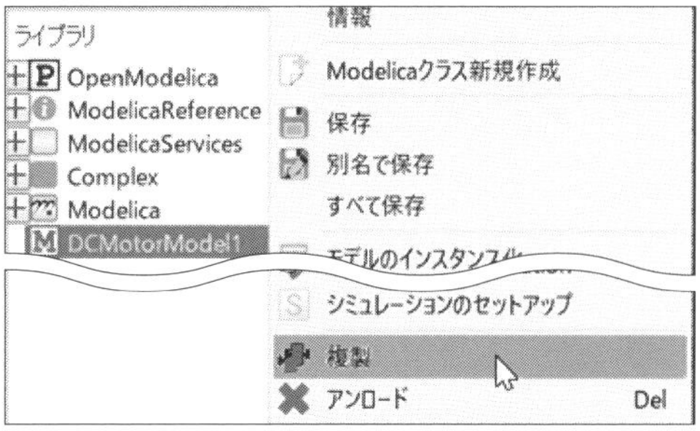

図23　モデルのコピー

● ［STEP5］シミュレーションの実行

サンプル・モデルのときと同じように，シミュレーション設定を確認します．今回はモータに何も繋いでいない無負荷でのシミュレーションなので，設定は特に変更せず，実行します．シミュレーション実行が完了したら，回転数（*wMechanical*）が1500 rpmとなることを確認しましょう．

本格的にモータ・モデルを使用する場合には，専用のパラメータ記録用データ構造（Modelica.Electrical.Machines.Utilities.ParameterRecords.DcPermanentMagnetData）を使用するとよいでしょう．

● ［STEP6］自作モデルへの機械ドメインの追加

次に，機械ドメインを追加したモデルを作成し，時間とともにトルクを変化させた際の特性の変化を見てみましょう．外部の機械負荷を，時刻ゼロでは0，その後，徐々に大きくしていき，100秒後に100N・mに到達するモデルを作ります．完成イメージを**図22**に示します．上記で作成済みの電気ドメインのモデルをコピーして使うことにします．ライブラリ・ブラウザ内でDCMotorModel1を右クリックし，［複製］を選択してください（**図23**）．名前をDCMotorModel2にして，［OK］ボタンをクリックします．

ここで追加配置するコンポーネントは**表2**に示した4～6です．なお，トルク・コンポーネントは外部から与える実数によってコントロールできるため，実数値をスロープ状に変化させることができるコンポーネント（Modelica.Blocks.Sources.Ramp）を使って外部の機械負荷を表現します．外部の機械負荷は負のトルクを与えることになりますから，このモデルにはマイナスの値を設定することになります（**表4**）．

● ［STEP7］シミュレーションの実行

今回は100秒間で外部機械負荷のトルクを変化させるので，シミュレーション設定で，0秒から100秒まで実行するよう，開始時刻と終了時刻を設定します．計算回数は1 sあたり500回，合計で50000回実行する

表4　機械ドメイン作成で入力するパラメータ

コンポーネント名	パラメータ名	値	単位	備考
inertia1	J	0.15	［kg・m2］	慣性モーメント
ramp1	height	－100	－	高さ
	duration	100	［s］	継続時間
	offset	0	－	オフセット

設定にして，シミュレーションを実行してください．シミュレーション実行が完了したら，グラフでモータに流れる電流（*ia*）や電圧（*va*），回転数（*wMechanical*）などの時間遷移を確認します．

● ［STEP8］電気-機械-熱ドメインを有するマルチドメイン・モータ・モデルを動かす

同じように熱ドメインを追加すれば，電気，機械，熱ドメインを組み合わせたマルチドメイン・シミュレーションになります．作成の流れは前述の方法と同様ですが，ここでは，永久磁石型直流モータ・モデルを用いた冷却サンプル（Modelica.Electrical.Machines.Examples.DCMachines.DCPM_Cooling）モデルを開いてみましょう（**図1**）．

本サンプル・モデルでは，熱ドメインの伝熱（HeatTransfer）サブライブラリでモータの内部の伝熱経路をモデル化するとともに，同じく熱ドメインの熱流体（FluidHeatFlow）サブライブラリのコンポーネントを用いてモータを外部から液冷した場合の伝熱経路をモデル化しています．MSLには，他にもギア，位置センサ，Hブリッジ回路などのコンポーネントが収録されているので，ロボット・サーボ・モジュールなどもモデル化できます．

使い方③ オリジナル・コンポーネントの作成

● 既成ライブラリにないモデルの自作

Modelica利用のメリットは，ライブラリ収録のコンポーネントを用いてモデルを作成できることだけではありません．自分が考え出したアイデアやアルゴリ

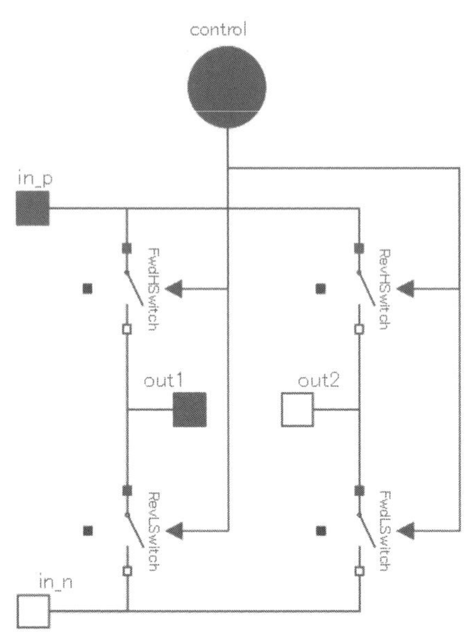

図24 理想スイッチによるHブリッジ回路

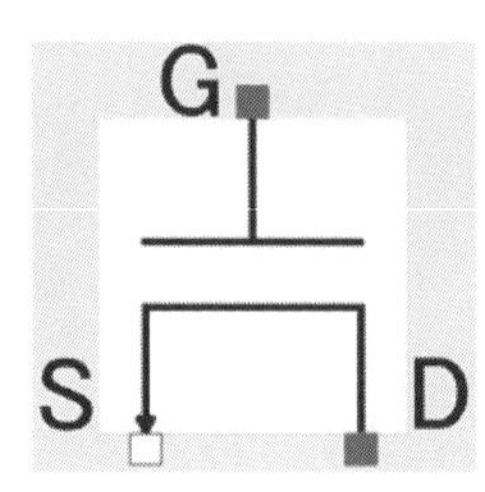

図25 自作したMOSFET素子モデル

図26 テキスト・ビューを表示してモデルを定義する

リスト1 MOSFETモデルに記述した方程式プログラム

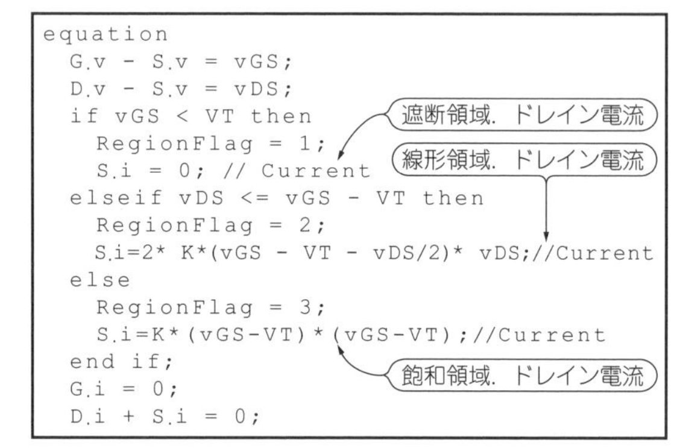

```
equation
  G.v - S.v = vGS;
  D.v - S.v = vDS;
  if vGS < VT then
    RegionFlag = 1;
    S.i = 0; // Current
  elseif vDS <= vGS - VT then
    RegionFlag = 2;
    S.i=2* K*(vGS - VT - vDS/2)* vDS;//Current
  else
    RegionFlag = 3;
    S.i=K*(vGS-VT)*(vGS-VT);//Current
  end if;
  G.i = 0;
  D.i + S.i = 0;
```


ズムをコンポーネントとして手軽に自作できるところもModelicaの魅力です．ライブラリにはない複雑なモデルでも単純な理想モデルでも自作できます．

図24は，MSLのコンポーネントを組み合わせて作った，理想スイッチによるHブリッジ回路コンポーネント・モデルです．Modelicaでは，このようにライブラリのコンポーネントを組み合わせて独自のコンポーネントを作成することができます．

技② モデルのふるまいを決定する方程式を直接記述する

Modelicaでは，プログラミングを行うことで，モデルのふるまいを決定する方程式を直接記述することも可能です．**図25**は，半導体の教科書にあるMOSFETのモデル式を記述して構成した自作MOSFETコンポーネントの例です．アイコン(MOSFET記号)も独自に作成していますが，それらの作成はGUIで行っています．一方，MOSFETモデルのふるまいはGUIを使用せず，プログラムとして方程式を記述しています．

● 各モデルのプログラムはテキスト・ビューに切り替えて確認する

OpenModelicaでは，マウスによるGUI操作でモデルの作成が可能ですが，モデルそのものは.moという拡張子のファイルにテキストのプログラムとして記録されます．各モデルのプログラムは，テキスト・ビューに切り替えることで確認できます(**図26**)．

リスト1に，**図25**に示したMOSFETコンポーネントの方程式の記述を示します．GUIでは表現しにくい式でも，プログラムであれば1行で記述できます．GUIとテキストによるプログラム入力をうまく使い分けることで，効率的に自作モデルを作成できます．

*　　*　　*

本稿を通じて，皆さんに，ModelicaとOpenModelicaの良さ，面白さを感じてもらえたら嬉しいです．

OpenModelicaは北欧で開発されています．そのためか，現行バージョンv1.13.2(2019年10月時点)では日本語を含む2バイト文字には十分に対応できていないようです．インストールするフォルダやモデルを保存するフォルダの名前には，日本語は使用せず，英数文字を使用するようにしてください．日本語を用いると，ファイル・パスを認識できず，保存したモデルが開けなかったり，コンパイルでエラーが出る可能性があります．また，WindowsのユーザID(アカウント)が日本語の場合にも正常に動作しないケースがあります．

第18章 基本をおさえて熱の流れがよいプリント基板を作る

ラダー化した熱抵抗モデルによるシミュレーション解析

弥田 秀昭 Hideaki Yata

電子部品の小型化，基板の高密度化が進み，限られたスペースで熱対策を行うことが増えています．基板ではパワー・デバイスなどに熱が集中しないプリント・パターンを描きます．主に次のような対策を施すことによって，高温となる部品の放熱を改善します．

- **絶縁層を薄くする**
- **ベタGNDパターン層の面積を増やす**
- **基板のサイズを大きくする**
- **基板の銅はくの量を多くする**
- **熱源の近くにはできるだけたくさんのビアを設ける**
- **配線パターンのスリットを避ける**

本稿では，まず熱設計の基本をおさらいしてから，回路シミュレータによる熱解析を行い，熱対策までのテクニックを紹介します．回路シミュレータには無料のTINA-TI(テキサス・インスツルメンツ)を使い，ラダー化した熱抵抗モデルによりプリント基板のシミュレーションを行います．

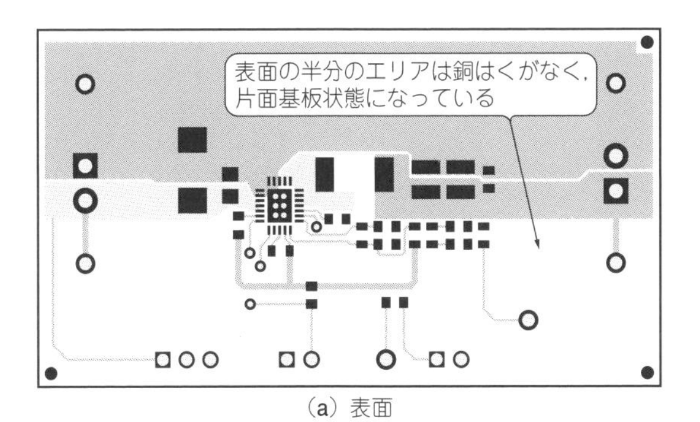

(a) 表面

(b) 裏面

図1 表面の銅はく量が少なく熱の流れが良くない基板の例
電源ICはQFNパッケージで4方向にリードが出ている．パワー・パッドの周囲がすべて切れているため表面では熱が拡散しない

● 熱の流れが良いプリント基板を作る

図1に示すのは熱の流れが良くない基板の例です．本基板は両面タイプで，裏面にはGNDのプリント・パターンがあります．表面は下半分がすべてエッチングされ，配線だけが残っています．この部分は片面基板と同じ状態です．電源ICはQFNパッケージです．表面ではパワー・パッドの周囲がすべて切れているので，熱が拡散しません．裏面には熱流を阻害する配線パターンがあります．熱がビアから全方向に拡散しようとしても，それらの配線により一部遮へいされます．

図2に示すのは熱の流れが良い基板の例です．表面の銅はくの量を多くし，上下両面の銅はくで熱拡散ができるようにしています．さらに，ビアの位置をずらして，基板の裏面の配線方向を熱源から放射状に変更しています．これにより，裏面の熱源から周囲へ熱拡散する角度が広がり，熱抵抗が下がります．**図1**を**図2**に示すような基板レイアウトに変更すると，IC内部のジャンクション温度が下がります．

熱計算の基本をおさらい

技① 熱抵抗は熱流の流れやすさを数値化したものと考える

電位差のある箇所を抵抗で接続すると，電流が流れます．電流量は抵抗値によって変わります．これと同じように温度差$\varDelta T$［℃］がある箇所の間に個体，液体，気体があると，その物質を経由して熱が移動し，熱流P［W］が発生します．この熱流の流れやすさを数値化したものが熱抵抗θ［℃/W］で，次式で表せます．

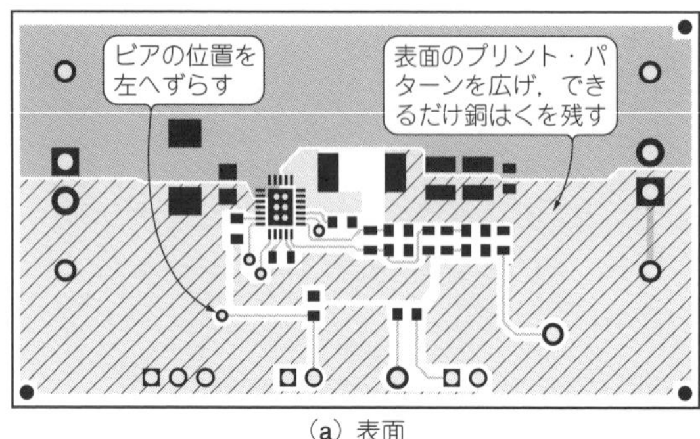

(a) 表面

(b) 裏面

図2　両面の銅はくにより熱の流れを良くした基板の例
表面は銅はく量が多い．ビアや配線パターンを変更し裏面の熱源から周囲へ熱拡散する角度を大きくしている

$$P=\frac{\Delta T}{\theta} \quad \cdots\cdots (1)$$

熱抵抗を持つ物質に熱流を流すと，温度差ΔTは$P\theta$になります．3Wの発熱体を30℃/Wの熱抵抗をもつヒートシンクなどで放熱すると，90℃(＝3W×30℃/W)の温度差が発生します．室温が25℃の場合，発熱体の温度は115℃(＝25＋90)になります．

技② データシートに記載された熱抵抗θの値をあてにしてはならない

半導体のデータシートには，θ_{JA}[半導体の接合部(Junction)と周囲温度(Ambient)との間の熱抵抗]が記載されています．この値は，JEDECでは3インチ角の4層基板の中央に，ICを搭載して測定すると規定されています．メーカによっては，独自に作った基板(熱抵抗の異なる放熱器)に部品を搭載し，規格化しています．これはJEDECとは測定条件が異なります．

実際には評価基板のように条件が良いことはありません．たくさんの半導体デバイスが基板に搭載されているので，データシートのθ_{JA}の値を使って設計すると，予想以上の温度上昇が発生することがあります．

熱移動の3原則

熱には，熱伝導，熱伝達，熱放射の3つの移動形態があります．

■ 熱伝導

物質内の分子はエネルギーを受けて振動します．その振動が隣の分子に伝わります．振動を伝搬することによりエネルギーの移動が発生します．個体や非流動性の液体での熱移動を熱伝導と言います．熱の移動度は材質ごとにほぼ一定の値を持っています．金属は一般的に移動度が大きいので放熱器として利用されます．移動度が低いものは，断熱材(保温材)として利用されます．

● 熱伝導率は材質や温度によって異なる

熱の移動度を数値化したものが熱伝導率です．熱伝導率は材料の組成，結晶構造や温度により変化します．**表1**に電子回路で一般的に使用される物質の熱伝導率を示します．値は幅を持っています．

表1では銅が一番高い値です．アルミは2番目です．この数値からすると放熱器は銅で作るのが一番良いのですが，価格の低さ，加工性の良さからヒートシンクにはアルミが多く利用されています．

● FR-4の熱伝導率は銅に比べ3桁以上低い

一般的な基板は，ガラス・エポキシ樹脂(FR-4)による絶縁基材と，銅はくによる配線層との積層によりできています．銅の熱伝導率は非常に良いです．基板で使用される銅は厚さが17μ～70μmです．厚みに比べ，配線が非常に長いため，熱抵抗値はあまり低くなりません．それでも数Wの発熱を拡散するには有効な値です．FR-4の熱伝導率は断熱材である静止空気より，1ケタほど高いのですが，銅に比べると3桁以上低い値です．

● 正方形のパターンでは基板のサイズによらず同じ熱抵抗の値をもつ

銅はくとFR-4の水平方向の熱抵抗を計算してみます．熱抵抗は電気抵抗と同じように，断面積に反比例し，長さに比例します．**図3**に厚さt，幅W，長さLの基板を示します．水平方向の熱移動に対する熱抵抗θ[℃/W]は次式で表せます．

表1　電子回路で使用される主な物質の熱伝導率
銅が一番高い伝導率．ヒートシンクとして利用されるアルミは2番目になっている

材　質	熱伝導率 [W/cm℃]
空気(静止空気)	0.00024
アルミニウム	2.04～2.37
銅	3.72～4.03
FR-4基板	0.002～0.003
鉄	0.67～0.84

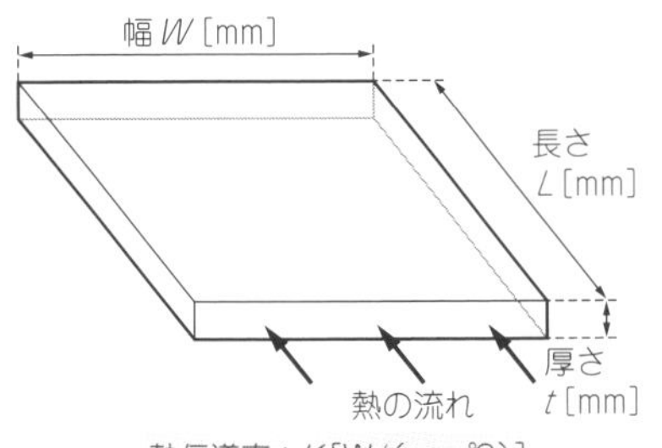

図3 水平方向の熱の移動
厚さ1 mmのFR-4や35 μmの銅はくパターンで水平方向に流れる熱流とその抵抗を考える

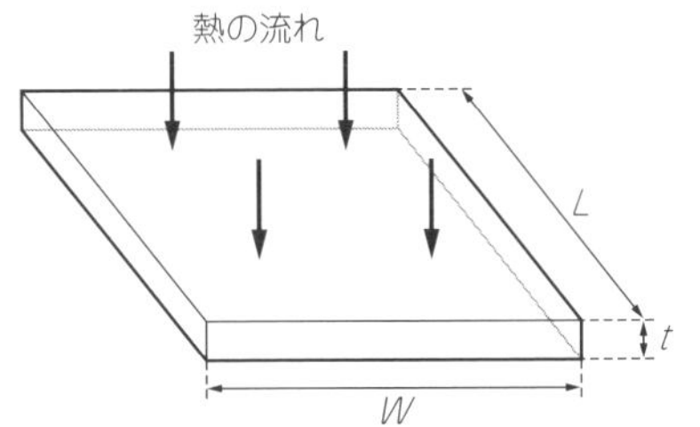

図4 垂直方向の熱の移動
基板の表面から裏面へ流れる熱流による熱抵抗を考える

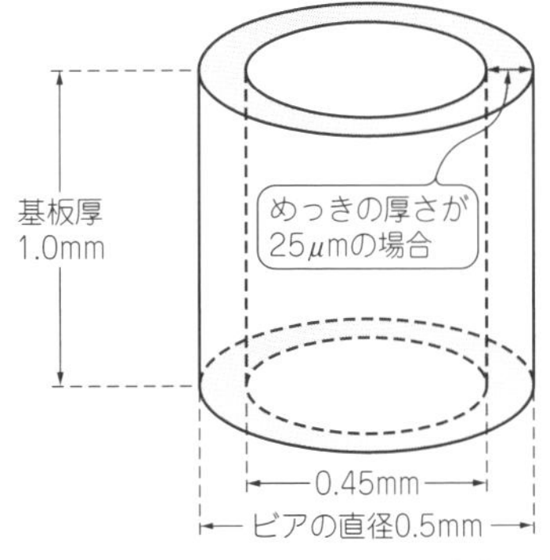

図5 ビアの熱抵抗計算のための模式図
ビアを銅のパイプと考える

$$\theta = \frac{L}{KWt} \quad \cdots\cdots (2)$$

ただし，K：銅の熱伝導率

基板の場合，銅はくの厚さは17 μmや35 μm，FR-4の厚さは1 mmなど，一定です．

正方形の場合，$L = W$で相殺されるので，次式で表せます．

$$\theta = \frac{1}{Kt} \quad \cdots\cdots (3)$$

つまり，プリント・パターンが正方形であると，どのような基板の大きさでも，同じ熱抵抗の値を持ちます．銅の熱伝導率がK = 3.9 W/cm℃の場合，35 μmの銅はくのスクエア熱抵抗θは73 ℃/W[= 1/(3.9 × 0.0035]です．つまり，正方形1個あたり73 ℃/Wです．プリント・パターン内の正方形の数を数えると，その熱抵抗がわかります．

1.0 mm厚のFR-4のスクエア熱抵抗は，FR-4の熱伝導率がK = 0.0025 W/cm℃の場合，4000 ℃/W(= 1/0.0025 × 0.1)です．FR-4の水平方向の熱拡散能力は，銅はくの55倍の温度差が必要で断熱材と考えてよいです．したがって，基板の水平方向の熱拡散は，銅はくが主に担っています．

● 基板を垂直に置いた場合FR-4は低い熱抵抗をもつ

基板の表面から裏面へ熱が拡散する能力を調べてみます．ここでは**図4**に示すような基板の垂直方向の熱抵抗を計算します．銅はくとFR-4の厚さは一定の値です．基板の面積あたりの熱抵抗を計算してみます．1 mm厚の両面基板でLとWが1 cm角の面積当たりの熱抵抗を計算してみます．銅はくが35 μm，断面積が1 cm^{2}の場合，両面の銅はく部分の熱抵抗は次式で表せます．これは無視できるレベルです．

$$\theta_{cupper} = \frac{0.0035}{3.9 \times 1.0} = 0.00090\ ℃/W \quad \cdots\cdots (4)$$

水平方向では断熱材に等しかった厚さ1 mmのFR-4の熱抵抗を計算してみます．

$$\theta_{FR\text{-}4} = \frac{0.1}{0.0025 \times 1.0} = 40\ ℃/W \quad \cdots\cdots (5)$$

水平方向では断熱材と言えたFR-4も，垂直方向では低い熱抵抗を持ちます．基板全体の面積を考えると，熱抵抗はかなり低くなります．これは基板の厚さが1 mmのときの値です．基板が8層基板の場合，各層間のFR-4の厚さは0.12 mm程度になるので，層間の熱抵抗は4.8 ℃/Wです．多層基板の層間の熱移動は，FR-4でも低い熱抵抗になります．

技③ 熱源の近くにはできるだけたくさんのビアを設ける

多層基板では層間の信号接続にビア(スルーホール)がたくさん利用されます．ビアを**図5**に示す銅のパイプと考えて計算します．銅の熱伝導率がK = 3.9 W/cm℃の場合，長さ1 mm，外径0.5 mm，めっき厚25 μmとして内径0.45 mmの銅パイプの熱抵抗を計算すると次式が求まります．

$$\theta = \frac{0.1}{3.9\pi \times (0.25^2 - 0.225^2)} = 68.7\ ℃/W \quad \cdots (6)$$

1個あたりの熱抵抗は69 ℃/Wと高い値です．多層基板では，基板全体で数百個のビアが使用されていることが多いです．ビア全体の合成熱抵抗はビアがない場合に比べ数百分の1に低下します．このことからビアは，表面と裏面間の熱伝導に大きく寄与しています．

熱源の直近に9個のビアを設けると，熱抵抗は1/9の7.6 ℃/Wになります．表面に実装された熱源の熱を裏面に拡散することができ，熱源直近の急激な温度上昇を軽減できます．このような熱拡散のために使用されるビアをサーマル・ビアと呼びます．

■ 熱伝達

熱源から物質の内部を伝わって拡散した熱は，物質の表面に達し，表面に接した気体や液体の分子を加熱します．エネルギーを受けた分子は運動エネルギーの増加により表面から離脱し，低温の分子と置き換わります．これが繰り返され物質表面の温度が低下します．これを熱伝達といいます．

● エネルギーの移動量は表面積，表面温度と周囲空間の温度差に比例する

熱伝達によるエネルギーの移動量は表面積A，表面温度と周囲空間の温度差ΔTに比例します．

$$\Delta T=\frac{P}{hA} \quad \cdots\cdots (7)$$

ただし，h：熱伝達率[W/m^2℃]

hは周囲空間の液体，気体の組成，空間の状態などにより決まる係数です．hは熱を伝達する物質の周囲の状態によって大きく変化します．

静止空気は，熱伝導の能力はほとんどありません．しかし分子が移動可能な場合，エネルギーを受け取った分子が熱を持って移動し，温度の低い分子と置き換わります．これを繰り返すことで熱が移動します．

エネルギーの移動は，空気の温度と物質の表面温度との温度差が大きく，エネルギーを受け取った分子が物質表面から離脱しやすいほど，熱の伝搬能力が向上します．環境条件により熱伝達率は大きく変化します．静止空気の場合，hの値は1～20です．

● 水平に置かれた基板の裏面からの放熱は熱伝達率が約1/4に下がる

一例として10 cm角程度の水平に置かれた基板の表面からの熱伝達hが12 W/m^2℃，表面積がA[cm^2]の場合，温度差は次式で求まります．

$$\Delta T=\frac{\mathrm{P}}{(hA/10000)}=\frac{833P}{A} \quad \cdots\cdots (8)$$

これを対空間熱抵抗の値θとして変換すると，次式が求まります．

$$\theta=\frac{1}{hA}=\frac{833}{A} \quad \cdots\cdots (9)$$

表面積が100 cm^{2}のとき，対空間の熱抵抗は8.33 ℃/W程度です．しかし，水平に置かれた基板の裏面から放熱を行う場合，**図6**に示すように空気分子の移動度が低下します．熱伝達率は表面からの放熱に比べ，1/4程度に下がります．

● 風速0.5 m/sのときの熱伝達率は無風時の約2倍になる

周囲の空間が静止空気ではなく，強制空冷を行うと熱伝達率hが増加します．0.5 m/sの風速の場合，hの値は無風時の約2倍になります．

周囲に広い空間があると対流による空気の移動が発生します．**図7**に示すように基板を垂直にすると，空気の移動が容易になりスムーズな自然対流が発生します．この対流による空気の移動速度が0.5 m/s程度になると，hの値が約2倍になります．基板の両面とも高いhの値になるので，基板の対空間熱抵抗は大幅に低下します．

熱伝達率hの値は，周囲空間の状態によっても大きく変化します．開放空間におかれた基板と筐体内に組み込まれた基板では，周囲空間の状態が異なるため，値が変化します．計算により熱抵抗を求めるのは非常に難しいので，実機による温度測定からhの値を求めます．

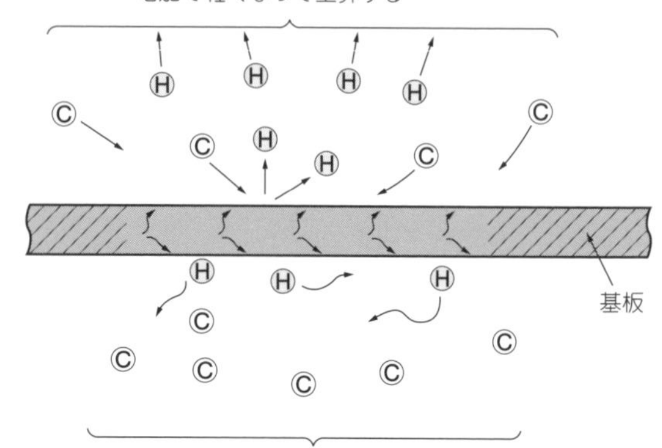

図6　水平に置いた基板の表面と裏面の空気分子の動き
基板周辺の冷たい空気分子が入れ替わり表面にくる

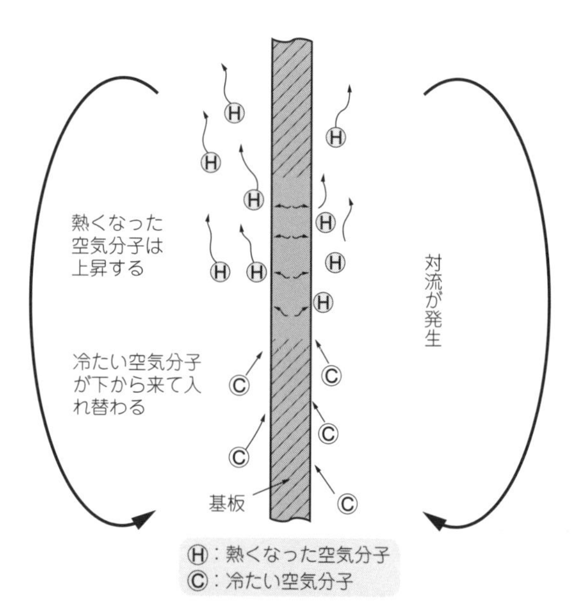

図7　基板が垂直に置かれたときの空気の動き
熱くなった空気分子は上昇し冷たい空気分子と入れ替わる

■ 熱冷却

温度を持つ物質はすべて次式のエネルギー量E[W/m²]を遠赤外線などの電磁波で放出します．このエネルギー放射により放射冷却が行われます．

● 放射冷却は絶対温度の4乗に比例する

$$E = \varepsilon \sigma T^4 \cdots\cdots (10)$$

ただし，ε：放射率(0～1.0．物質の表面状態により変化)，σ：シュテファン・ボルツマン定数(5.67×10^{-8}W/m²K⁴)，T：絶対温度［K］

放射冷却は絶対温度の4乗に比例するので，高温になるほど冷却効果があります．

技④ 基板の熱設計は内部の熱伝導と基板表面から空間への熱伝達だけで行う

放射冷却は次の理由により計算が難しいです．

- 物質によっては放射率が0，つまり放射冷却が起きないことがある
- 放射は1方向ではなく，周辺にあるすべての物質が放射を行っているため周囲からのエネルギーを受け取る

放射冷却は自身の放射エネルギーと周囲から受け取る放射エネルギーとの差分です．放射率が1の場合は，100％エネルギーを受け取ります．放射率が0の場合，外部からのエネルギーは全反射して0％になります．このような放射冷却の場合，自身の温度，放射率，表面積，周辺の各部位の温度と放射率によるエネルギー量をすべて計算します．さらに，周囲温度と自身の温度が等しいと，エネルギーの授受バランス，放量は0になります．これは基板の周囲を放射率0の物質＝熱反射率100％の物質で覆った場合にも発生し，基板の放射した熱エネルギーがすべて反射して基板に戻ってきてしまいます．

アルミの放射率は0.04～0.08と低いため，アルミの箱に入れると，基板の放射エネルギーの96～92％が反射により戻ってきます．薄いプラスチック・フィルムにアルミを蒸着したレスキュー・シートが毛布なみに保温できるというのも，体温による赤外線放射エネルギーが90％以上反射して戻るからです．アルミ・ケースの内側を黒く塗ると，放射率が1に近づき，基板の放射熱を吸収します．放射冷却は，周囲環境に大きく影響します．基板の熱設計を行うときには放射冷却は考慮せず，基板内部の熱伝導と基板表面から空間への熱伝達だけで計算します．

回路シミュレータによる熱解析

技⑤ 熱抵抗による温度上昇は電気回路に置き換えて計算する

基板上の温度を予測するには，熱解析ソフトウェアなどを利用して基板のパラメータや各ICの発熱量を入力します．ここでは無料の電子回路シミュレータTINA-TI(テキサス・インスツルメンツ)を使って基板の熱モデルのシミュレーションを実行してみます．

ICのジャンクションで発生する損失が3W，ジャンクションとパッケージ底面間の熱抵抗θ_{JC}が2.5℃/W，はんだ部分の熱抵抗θ_{CS}が0.5℃/W，基板の熱抵抗θ_{SA}が30℃/W，環境温度T_Aが40℃の場合，ジャンクション温度T_Jは次式のように求まります．

$$T_J = P_d(\theta_{JC} + \theta_{CS} + \theta_{SA}) + T_A$$
$$= 3 \times (2.5 + 0.5 + 30) + 40 = 139℃ \cdots\cdots (11)$$

この計算を電気回路に置き換えると，熱量が定電流源，熱抵抗が抵抗，温度が電圧になります．計算結果の電圧値(139V)はそのまま温度[℃]に読み替えることができます．現実の熱モデルはこのようにシンプルなモデルにはならず，さまざまな熱経路を通って熱拡散が発生するために複雑です．しかし，回路シミュレータ上で複雑な熱モデルを抵抗ラダーとして記述すれば，問題なく計算できます．

技⑥ 抵抗と定電流源だけでシンプルな熱モデルを作る

現実の基板の熱抵抗計算は難しいので，シンプル化するために，**図8**に示すように円形の基板の中央に熱源を配置します．熱エネルギーが均等に周辺部へと拡散するシンプルなモデルです．本モデルで熱拡散がどのように行われるかを調べてみます．プリント・パターンによって銅はくが寸断されていない両面ベタの基板です．

円形の基板はリングの集合体として考えます．熱エ

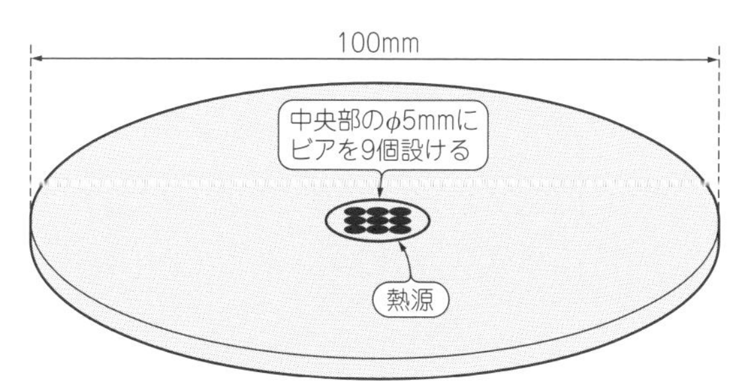

図8　例題…シンプルな円形基板のモデル
熱は360°均等に拡散し，リングごとに同じ温度になる．FR-4の厚みは1mm，銅はくの厚みは35μmまたは75μm

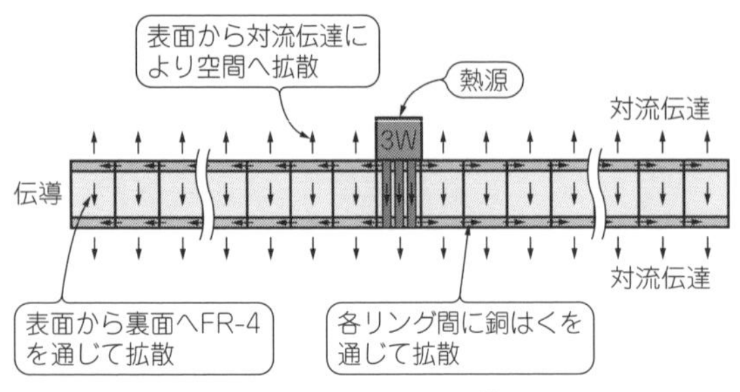

図9　水平方向の熱拡散は銅はくにより拡散される
円基板をリングの集合体と考える

ネルギーはリングからリングへと熱伝導で拡散していきます．**図9**に示すように，水平方向の熱拡散は銅はくだけで拡散され，表面と裏面の銅はくとの間の熱移動はFR-4により熱伝導されます．各リングに熱伝導された熱はリングの表面から空間へと熱伝達により放熱されます．

これらの熱抵抗が簡易的に点で接合しているものとして簡略化します．**図10**に円形基板の熱抵抗モデルを示します．直径が100 mm，円板状の厚みが1 mmのFR-4，表裏35 μmの銅はくの両面基板として計算します．本基板の中央表面に熱源を配置します．

1つのリングが2.5 mmピッチ，円板の半径が50 mm，中心円がφ5 mmです．ここでは19個のリングとして計算します．各リングの面積から厚さ1 mmのFR-4の垂直方向における熱抵抗を計算します．周囲の空気への熱伝達は，厳密には熱源からの位置と温度により変化します．ここでは熱伝達率を，表面では$h-12$，裏面では$h-3$と仮定します．

N番目のリングの内径をR_n[mm]とするとリングの面積S_n[mm²]は$S_n=\pi((R_n+2.5)^2-R_n^2)$で求まります．

表面の対空間熱伝達率hが12 W/m²℃のときのリング表面の対空間熱抵抗は，$\theta_{RA\_TOP}=83333/S_n$[℃/W]で求まります．

裏面の対空間熱伝達率hが3 W/m2 ℃のときのリング裏面の対空間熱抵抗は，$\theta_{RA\_BTM}=333333/S_n$[℃/W]で求まります．

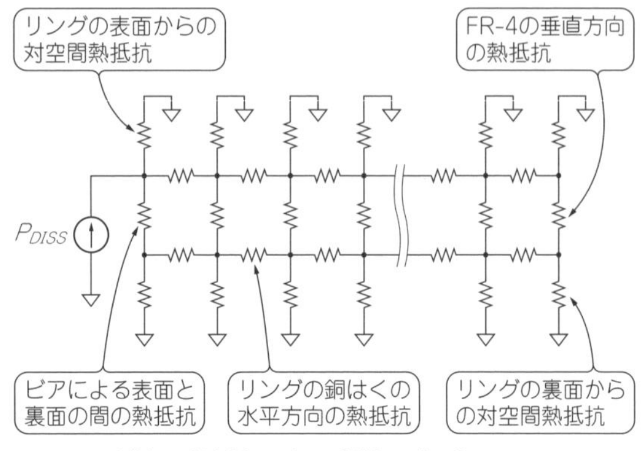

図10　円形基板の熱抵抗モデルの抵抗ラダー化
熱抵抗を電気抵抗として回路を作成する

これをリングの数だけ計算します．銅はくの熱抵抗は断面積に反比例し，長さに比例します．リングは外周部へ行くほど広がるので計算を簡略化してリングを切り開いた直線の板の熱抵抗として計算します(**図11**)．幅Wを内周と外周の平均とします．

$$W=\frac{2\pi(R_n+R_n+2.5)}{2}=\pi(2R_n+2.5)\,[\text{mm}] \quad \cdots\cdots(12)$$

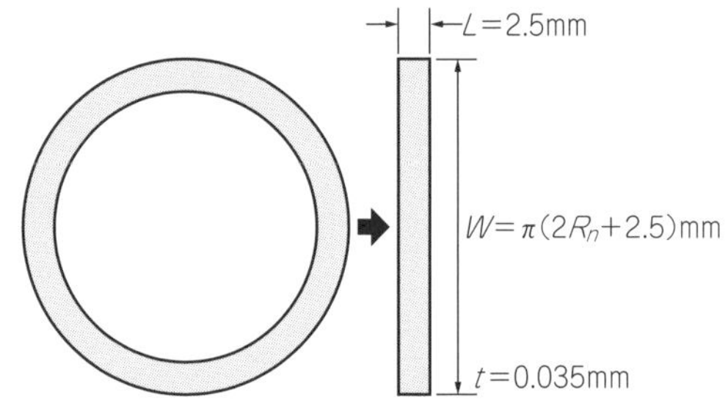

図11　リングを切り開いた直線の板を熱抵抗として計算する

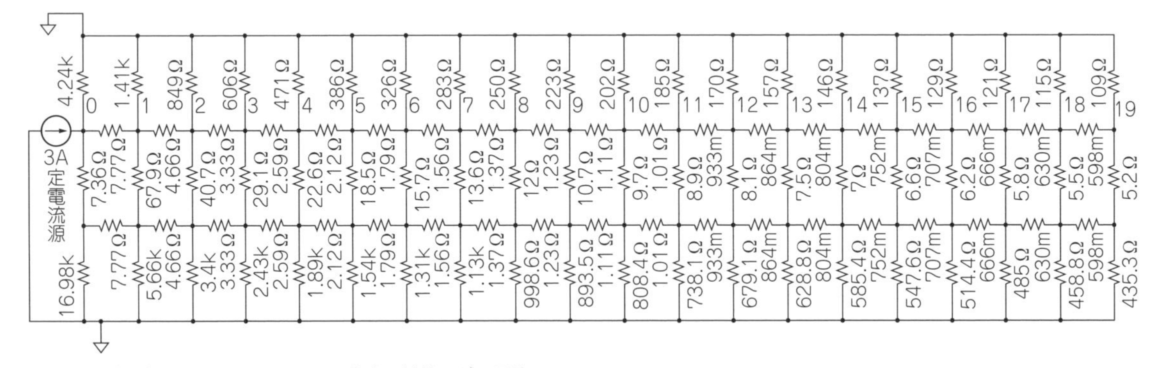

図12　回路シミュレータTINA-TIで入力する抵抗ラダー回路
面積が大きくなるので抵抗値は外周に行くほど小さくなる．抵抗ラダーの回路と定電流源を配置して，Excelなどで計算した銅はくとFR-4の熱抵抗値を入力する

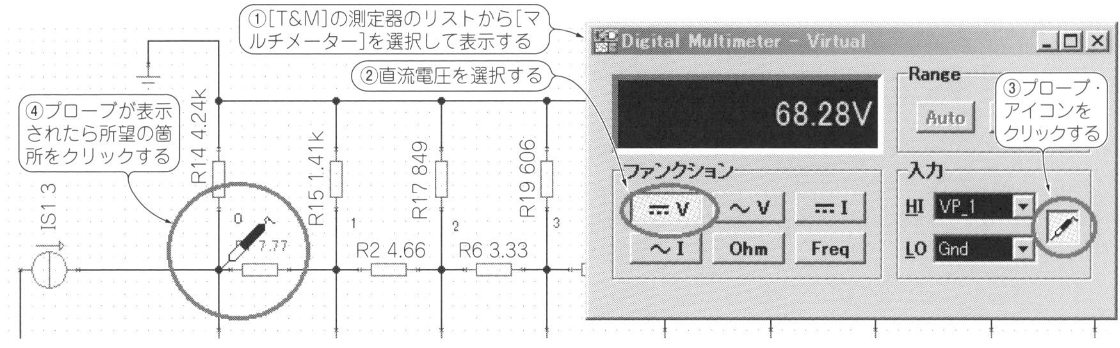

図13 TINA-TIのマルチメータ・ツールで各ノードの電圧を測定しているところ
プローブを回路図中の部品接続点にもっていき，左クリックすると電圧が測定される

長さLが2.5 mm，厚さtが0.035 mmで，銅の熱伝達率が0.39 W/mm℃のとき，N番目の板の熱抵抗θ_{RN}は次式で求まります．

$$\theta_{RN} = \frac{L}{Wt \times 0.39} = \frac{2.5}{0.035\pi(2R_n + 2.5) \times 0.39} \quad \cdots\cdots (13)$$

これもリングの数だけ計算します．

中央部は0.5 mmのビアを9個設け，表面と裏面の間のサーマル・ビアとして表面の熱を裏面に伝達します．このサーマル・ビアがない状態とある状態で計算し，その効果も確認してみます．

回路シミュレータで抵抗ラダー回路を作り，計算した各抵抗値を入力します．今回は3 Wの熱源なので，3 Aの定電流源を置きます．**図12**に示すように抵抗ラダーの回路と定電流源を配置して，表計算ソフトで計算した銅はくとFR-4の熱抵抗値を入力します．

TINA-TIのツール・バーから［T & M］をクリックします．測定器のリストから［マルチメーター］を選択すると，**図13**に示すようにマルチメータ・ダイアログが表示されます．

ファンクションから[直流電圧]を選択後，プローブのアイコンをクリックすると，回路図にそのポインタが表示されます．プローブを回路図中の部品接続点にもっていき，左クリックすると，電圧が測定されます．

技⑦ サーマル・ビアの有無で基板の熱抵抗を5℃/W変化できる

各ノードの電圧を測定後，電圧を基板の各リングの表面と裏面の上昇温度と読み替えて表計算ソフトで温度変化をグラフ化します．

図14に**図12**の測定結果を示します．温度はエッジ部分から徐々に上昇し，中心部分に近づくほど温度上昇のこう配が大きく(富士山型の形状に)なります．中心部分から周囲に拡散する熱は，中心部分では面積が小さく熱抵抗が高いので，大きな温度差が発生します．周辺部にいくほど面積が大きくなり熱抵抗が下がるの

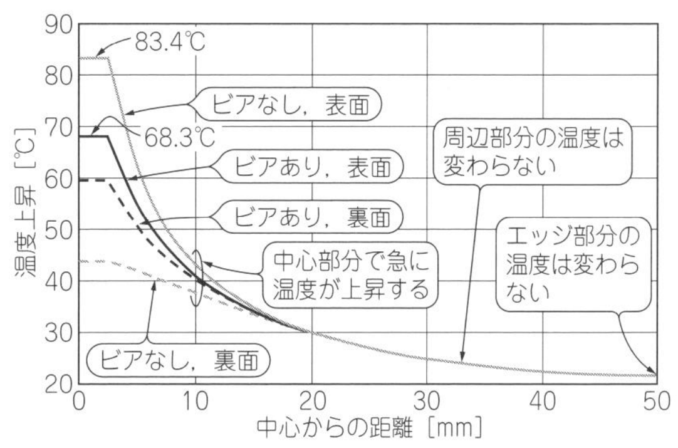

図14 ビアがあると，表面と裏面の温度差が小さい
35 μmの銅はく厚でサーマル・ビアの有無による差を確認した．ビアがないと，表面と裏面の温度差が小さくなる

で，温度差が小さくなります．その結果このような温度こう配が発生します．サーマル・ビアがある場合，中心部の温度上昇は68.3 ℃でした．円基板の熱抵抗はθ_{CA} = 68.3 ℃/3 W = 22.8 ℃/Wで求まります．

中心部の9個のサーマル・ビアがないときは，裏面への熱拡散が減少して裏面温度が低下，表面温度が上昇します．中心部は83.4 ℃なので，サーマル・ビアがあるときに比べ15.1 ℃上昇しました．熱抵抗は27.8 ℃/W(= 83.4/3)です．サーマル・ビアの有無だけで基板の熱抵抗が5 ℃/W変化するので，3 Wの発熱に対して熱源の温度上昇が15 ℃も異なります．

技⑧ 基板中心部の温度上昇を下げるには基板の面積を広げる

図14では周辺部の温度上昇は小さく，放熱にあまり寄与していないようにみえます．そこで，円板の半径を半分の25 mmとして計算してみます．外側の10個のリング部分を削除して内側の10個のリングだけのモデルとしました．

図15に示すように，温度分布の形状には大きな変化はありません．基板のエッジ部分の温度は大幅に上

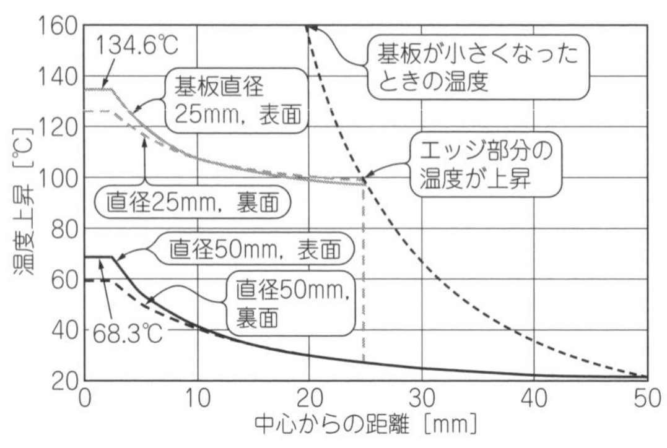

図15 基板が小さくなると中心部の温度が66.3℃上昇する
基板のサイズの違いによる温度上昇分布の変化．中心部の温度上昇は134.6℃となり，円基板の熱抵抗は48.8℃/Wと大きくなる

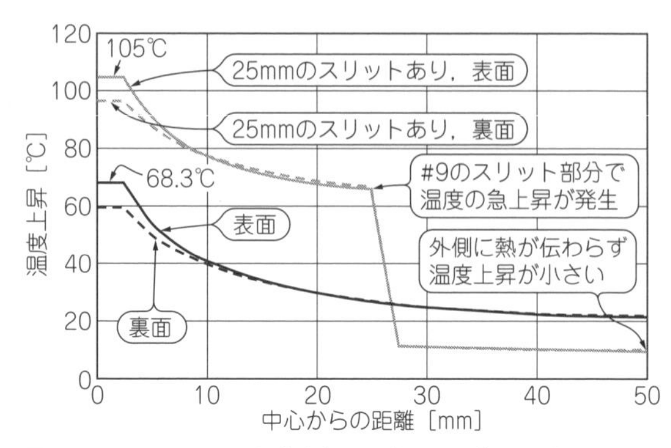

図17 スリットがあると中心部の温度が36.7℃上昇する
外周部の放熱が低減し基板面積が小さくなった状態と同じになる

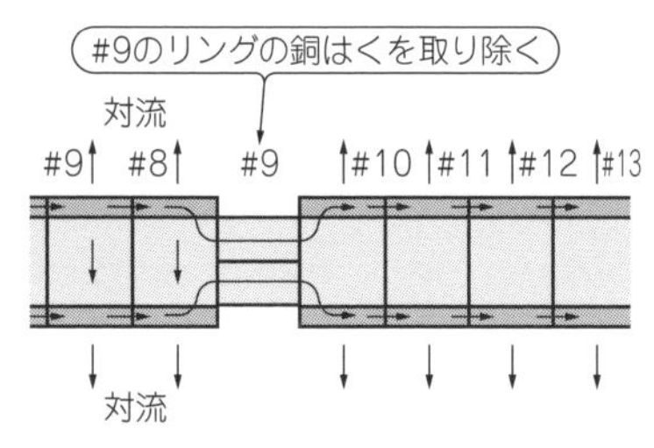

図16 スリットにより銅はくの熱伝導が遮断された基板
＃9の部分は銅はくがないのでFR-4部分を熱流が流れる

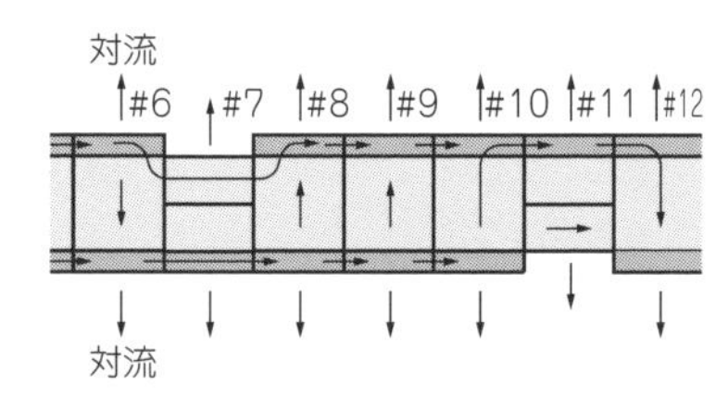

図18 リングのスリットの位置がずれて上下の銅はくに重なりがある基板

昇しました．中心部分の温度上昇は非常に大きくなります．中心部の温度上昇は134.6℃なので，円基板の熱抵抗は48.8℃/W(＝134.6/3)です．

基板の直径が半分なので，表面積は1/4です．対空間面積の減少により基板の平均温度が大幅に上昇しています．熱源から遠くて温度上昇が小さい部分でも，面積は対空間への放熱に大きな役割を担います．したがって基板の熱抵抗を下げるには基板の大きさが重要な項目になります．**図15**の破線は，基板のサイズを小さくしていったときのエッジ部分の温度上昇です．熱源で3Wの熱発生があると半径20mmの円基板では，エッジの温度が150℃の温度上昇になっています．基板の面積により，基板での総消費電力に制限が発生することになります．

● ベタGNDパターンにスリットが入っていると熱抵抗が上がる

多層基板を使っている場合，ベタGND層は1層だけで他の層は信号配線に使われます．GND層以外は配線だけを残してほとんどの銅はくはエッチングされてなくなってしまい，熱伝導の経路としてはほとんど利用できません．

ベタのGNDパターンの一部を配線エリアに使ってしまい，そのパターンにスリットが入っていることがあります．スリットがあると熱拡散がどうなるかを調べるため，**図16**に示すように9番目のリングで両面の銅はくをなくしてみます．銅はくがないと，熱はFR-4のみで外側のリングへ伝導していきます．よってFR-4のリングの熱抵抗を計算し，その2倍値を水平方向のリングの熱抵抗として上下に代入しました．

図17に**図16**の測定結果を示します．FR-4のリングの高熱抵抗により，リングの外側では10℃程度しか温度上昇は発生しません．中心部は基板が小さいときのような温度上昇になります．中心部の温度上昇は105℃になり36℃上昇します．円基板の熱抵抗は35℃/W(＝105/3)です．

基板が大きくてもスリットがあると，そこから先の部分は熱拡散能力が減少し，熱抵抗が上がります．

技⑨ 他の層の銅はくとの重なりを設けて熱拡散できる経路を確保する

プリント・パターンが切れている部分が表面と裏面でずれているとどうなるか確認してみます．**図18**に示すように表面はリング7，裏面はリング11のプリント・パターンをなくしてみます．熱源から拡散した熱流は表面層ではリング6の部分で止まってしまいます．裏面ではリング10まで拡散し，リング8からリング10までの間でFR-4層を伝導して裏面から表面に流れ，そこから先は表面から裏面へと熱が伝導しエッジまで

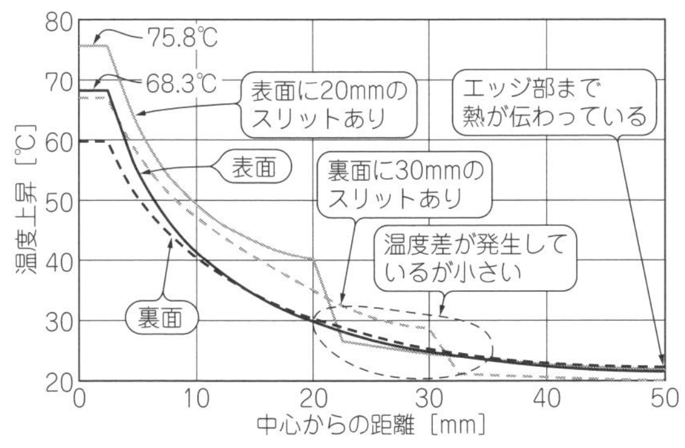

図19 表面と裏面のスリットの位置がずれていると中心部の温度上昇が7.5 ℃になる
銅はく重なり部分で熱が外周部まで拡散するので，スリットがあっても7.5 ℃の温度上昇に収まる

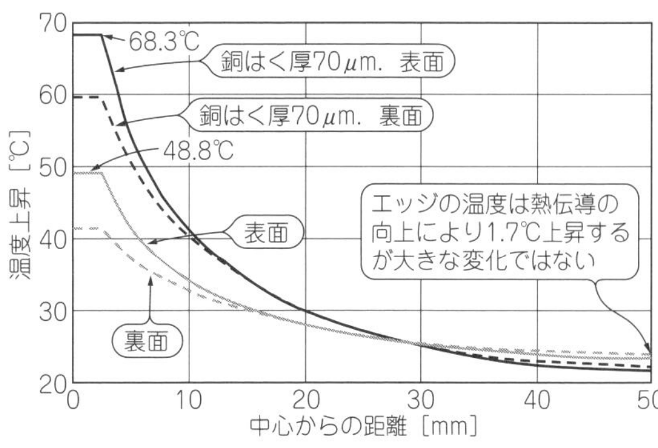

図20 基板の銅はく量を多くすると，同じサイズの基板でも熱抵抗が下がり，中心部の温度上昇が19.5 ℃低減する
銅はくの厚さが2倍になることによる熱分布の変化

両面で放熱拡散していきます．

図19に**図18**の測定結果を示します．エッジの温度は20 ℃まで上昇し，中心部の温度上昇は75.8 ℃となります．円基板の熱抵抗は25.3 ℃/W（＝75.8/3）です．

この結果スリットがあっても，中央部の温度上昇は7.5 ℃とかなり軽減されています．プリント・パターンが寸断されていても，他の層の銅はくとの重なりがあると，寸断された先まで熱を拡散できる経路を確保できます．重なり部分が多いほど熱的に優れた基板といえます．寸断されたプリント・パターンに重なりがないと，その先の基板は放熱器として有効に利用できません．つまり，重なり部分がまったくない部分が存在する基板は，熱的には問題がある基板です．

技⑩ 銅はくの量を多くして基板でも熱抵抗を下げる

基板の層数が増加して，基板内の銅の総量が増加すると中心部の温度上昇はどうなるか確認してみます．銅はくの厚さを2倍の70 μmにしてみます．

図20に示すように，エッジ部分の温度は少し上昇します．水平方向の熱抵抗の低下からエッジからの温度上昇のこう配は緩やかになりました．中心部の温度上昇は48.9 ℃と温度上昇が19.4 ℃低下し，熱抵抗は16.3 ℃/Wに下がります．基板の銅の総量を大きくすることにより同じサイズの基板でも熱抵抗を下げ，発熱源の温度上昇を低減できます．

● 基板の厚みを薄くすると熱抵抗が下がる

FR-4の基板の厚みを1 mmから0.5 mmに薄くして確認してみます．層間の熱抵抗が低下し，銅はく間の熱移動量の増加と，表面と裏面の温度差が減少します．その結果，エッジ温度の変化は小さいですが，中心部の温度上昇は66.3 ℃となり，2 ℃低くなっています．

基板を薄くすることも熱抵抗の低下には，少し寄与することがわかります．

多層基板の層数が増えると，銅はくの層間のFR-4が薄くなり，層間の熱抵抗が低下します．したがって，配線パターンにより銅はくにスリットが多い状態でも，FR-4層を通して熱が別層の銅はくに伝わり，基板を効率的に放熱器として利用できます．

* * *

以上の結果から，次のことがわかります．

- FR-4が薄いと層間の熱伝導が良くなり，基板の両面からの放熱効果が良好になる．同じサイズの基板でも熱抵抗が低下する
- ベタGNDパターン層を持つ多層基板の層数が多いほど熱抵抗が下がる
- 基板のサイズが大きいとエッジ部分の温度が下がる．下がった分だけ熱源の温度も低下する
- 基板内の銅の量が多くなると，熱的に優れた基板を作ることができる．エッチングして銅はくのなくなった空間には，電気的に未接続でもよいので，銅はくを残しておく．基板のアートワークを行うときには，RF回路の基板のように，全層にベタ・パターンに近い銅はくを設け，配線間の細いスリットだけで銅はくを分離してプリント・パターンを構成するようにして，できるだけ銅のエッチング量を減らす
- 多層基板の銅はくを重ねたとき，銅はくのない部分があると，その部分は熱が拡散できない．そのため基板の有効面積が減少する．したがって基板をすかして見たときに光が透過しない基板となるようにどこかの層が重なるように設計する

以上のように放熱能力の優れた基板とすると，ICのジャンクション温度の上昇が低くなり，信頼性が向上します．

第5部

パワエレ/電源まわりの放熱入門

第5部 パワエレ/電源まわりの放熱入門

第19章 できるだけヒートシンクを付けずに済ませるには

必ずお世話になる 3端子レギュレータの放熱

宮崎 仁 Hitoshi Miyazaki

3端子レギュレータは，部品点数が少なく簡単に使える便利な電源ICです．しかし，出力電流と入出力間の電圧差に比例して発熱が大きくなる欠点があります．十分に放熱しないと，内部が過熱して保護回路が働き，停止することもあります．給電を受けている回路からすれば，いきなり停電してしまうようなものです．

3端子レギュレータを使うには，発熱がパッケージの放熱能力を超えないように，出力電流や入出力電圧差を抑えて使うことが必要です．放熱能力は，パッケージの種類や周囲温度，放熱器，放熱パターンなどによって変わります．本稿では，特に小型面実装パッケージにおける放熱特性の違いや，放熱パターンの効果について解説します．

放熱器なしのとき許容される最大損失

● 損失は出力電流と入出力電圧差の積で決まる

3端子レギュレータは，出力トランジスタの内部抵抗を制御して電圧を降下させ，入力電圧よりも低い定電圧を出力します．したがって，出力電流I_O×入出力電圧差V_{I-O}だけの電力を内部で消費します．たとえば，出力電流1A，出力電圧5Vの3端子レギュレータの損失は，入力電圧が7Vのときは1A×(7－5)V＝2Wですが，入力電圧が35Vなら1A×(35－5)V＝30Wにもなります．その他にも若干の損失はありますが，通常はこのI_O×V_{I-O}の分が支配的です．

低飽和電圧(LDO)タイプやCMOSタイプなど，低損失を特徴とする3端子レギュレータは，V_{I-O}が小さくても動作するというだけで，V_{I-O}が大きい条件で使えば損失は大きくなります．

● 外形寸法が小さいと許容損失も小さい

3端子レギュレータは，一般に最大出力電流が規定されていますが，いつでもその電流を出力できるわけではありません．許容損失P_Dや接合温度T_Jの絶対最大定格を超えない範囲で使います．

許容損失はパッケージ，実装，放熱器の有無，周囲温度で大きく異なります．例として，CMOS 3端子レギュレータのXC6202シリーズ(トレックス・セミコンダクター)の定格を**表1**に示します．パッケージは挿入実装用のTO-92，面実装用のSOT-23，SOT-89，SOT-223と，チップサイズ・パッケージのUSP-6Bがあります(**図1**)．

パッケージ単体の許容損失はSOT-89が500mWと大きく，次いでTO-92の300mW，SOT-23の250mW，USP-6Bの120mWの順です(SOT-223の1200mWは基板実装時なので同列には比較できない)．おおざっぱに言えば，外形寸法が小さいほど許容損失も小さい傾向です．許容損失から150mAの出力電流

表1 表面実装タイプの3端子レギュレータの許容損失はパッケージによって違う(XC6202シリーズ，トレックス・セミコンダクター)

項目	パッケージ	記号	定 格	単位	外形寸法
入力電圧	－	V_{in}	22	V	－
出力電流	－	I_{out}	500	mA	－
出力電圧	－	V_{out}	$V_{SS}-0.3$～$V_{in}+0.3$	V	－
許容損失	SOT-23	P_D	250	mW	2.9×2.8×1.1mm(リード含む)
	SOT-89		500		4.5×4.0×1.5mm(リード含む)
	TO-92		300		4.65×4.8×3.7mm(リード含まず)
	USP-6B		120		1.8×2.0×0.65mm(リードレス)
	SOT-223		1200*		6.6×7.0×1.68mm(リード含む)
動作周囲温度	－	T_{opr}	－40～＋85	℃	－
保存温度	－	T_{stg}	－55～＋125	℃	－

*両面基板実装時

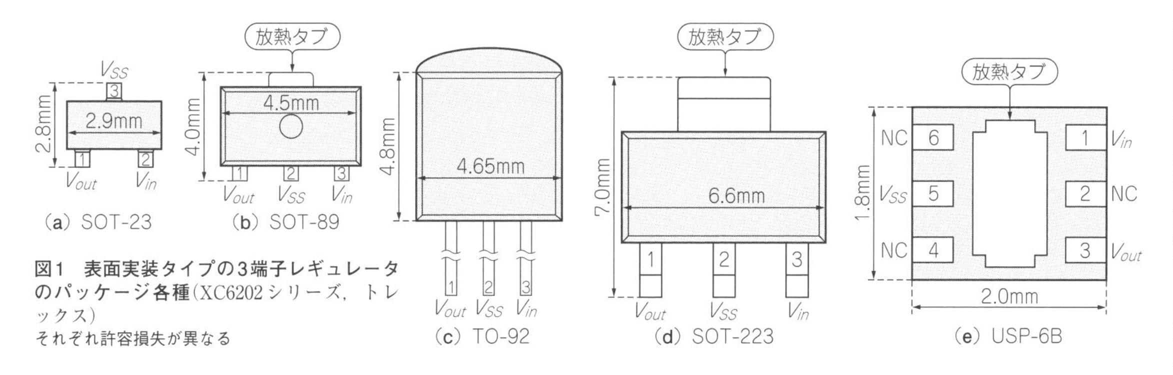

図1 表面実装タイプの3端子レギュレータのパッケージ各種(XC6202シリーズ，トレックス)
それぞれ許容損失が異なる

が得られる最大の入出力電圧差を求めると，SOT-89が3.3 V，TO-92が2 V，SOT-23が1.6 V，USP-6Bが0.8 Vとなります．逆に，入出力電圧差が2 Vの場合を考えると，許容損失を満たす最大の出力電流はSOT-89が250 mA，TO-92が150 mA，SOT-23が125 mA，USP-6Bが60 mAとなります．

実用回路の設計において，小型化はきわめて重要な要素ですが，電源設計では熱特性も考慮してパッケージを選択する必要があります．

プリント・パターンで放熱するとき許容される最大電力

● 放熱パターンと許容損失は密接に関連している

小型・面実装パッケージの電源ICでは，グラウンドなどの基板パターンを利用して放熱するのが一般的です．特にパワー用として放熱性を重視したパッケージでは，入力，出力，グラウンドのリードとは別に，放熱用のリード(放熱タブ)を備えています．放熱タブをグラウンドに接続可能なICと，絶縁された放熱パターンが必要なICがあります．**表2**に示すのは，XC6202シリーズ(トレックス・セミコンダクター)のパッケージ許容損失です．グラウンドなどの放熱パターンを十分に広く取ることによって，実装時の放熱性を向上し，許容損失を大きくできます．

技① 放熱パターンを広くすると許容損失を大きくできる

例として，40 × 40 mmの両面基板(1.6 mm厚FR-4)の両面にそれぞれ約50 %の面積の銅はくを設けて放熱パターンとし，4個のスルーホール(サーマル・ビア)で両面の銅はくを接続します(**図2**)．この銅はくに放熱タブ(またはグラウンド)を接続することで，放熱性が向上し，許容損失を大きくできます．

USP-6B単体の放熱性は低いのですが，パッケージ下面の放熱タブを放熱パターンに接続するとSOT-89と同等の放熱性になります．放熱タブをもたないSOT-23は，グラウンド・ピンを放熱パターンに接続しても，それほど許容損失は向上しません．

▶熱抵抗または損失が大きいと接合温度が高温になる

表2では，パッケージの放熱性を示す値として，許

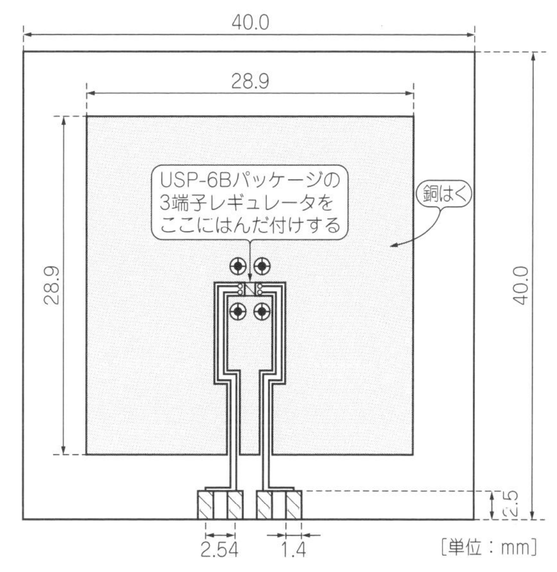

図2 40 × 40 mmの両面基板(1.6 mm厚FR-4)**に放熱パターンを設けた例**(USP-6Bパッケージを実装する)

表2 表面実装タイプの熱抵抗はプリント・パターンにはんだ付けしたときの値を参考にする
XC6202シリーズ(トレックス・セミコンダクター)の例

パッケージ	放熱タブ	単体での許容損失 T_A=25℃	広い放熱パターンでの許容損失と熱抵抗		
			T_A = 25℃	T_A = 85℃	熱抵抗
SOT-23	なし	250 mW	500 mW	200 mW	200℃/W
SOT-89	あり	500 mW	1000 mW	400 mW	100℃/W
SOT-223	あり	−	1500 mW	600 mW	66.7℃/W
USP-6B	あり	120 mW	1000 mW	400 mW	100℃/W

容損失と熱抵抗を記載しています．ここに記載されているのは，半導体内部の接合面からパッケージ表面に接する外気までの熱抵抗$\theta_{J\text{-}A}$です．接合面で発生した熱P_Jはパッケージ表面から外気に放出されます．そのとき接合温度T_Jと周囲温度T_Aの間に$\theta_{J\text{-}A}$に比例した温度勾配ができ，次の式で表せます．

$$T_J - T_A = \theta_{J\text{-}A} \times P_J$$

熱抵抗が大きいパッケージほど，周囲温度に対して接合温度が高温になります．また，損失が大きいほど，周囲温度に対して接合温度が高温になります．さらに，熱抵抗や損失が同じでも，周囲温度が高いほど接合温度が高温になります．

技② 許容損失は周囲温度が高温になるほど減定格しなければならない

許容損失は，接合温度が最大定格(一般に125℃または150℃)以下に収まる損失の最大値です．同じ熱抵抗のパッケージでも，周囲温度が高いほど接合温度は高くなるので，許容損失は小さくなります．**表2**ではT_A = 25℃，85℃の2つの条件で，$T_J \leqq 125$℃に収まる許容損失P_Dが規定されています．

SOT-89とUSP-6Bは熱抵抗が$\theta_{J\text{-}A}$ = 100℃/Wなので，T_A = 25℃，85℃での許容損失は，

$$P_{D25} = (T_J - T_A)/\theta_{J\text{-}A} = (125 - 25)/100 = 1\ \mathrm{W} = 1000\ \mathrm{mW}$$

$$P_{D85} = (T_J - T_A)/\theta_{J\text{-}A} = (125 - 85)/100 = 0.4\ \mathrm{W} = 400\ \mathrm{mW}$$

となります(**図3**)．また，TO-223は熱抵抗が$\theta_{J\text{-}A}$ = 66.7℃/Wと小さく，許容損失は，

$$P_{D25} = (125 - 25)/66.7 = 1.5\ \mathrm{W} = 1500\ \mathrm{mW}$$

$$P_{D85} = (125 - 85)/66.7 = 0.6\ \mathrm{W} = 600\ \mathrm{mW}$$

となります．このように，許容損失は周囲温度が高温になるほど減定格(derating)しなければならないので注意が必要です．

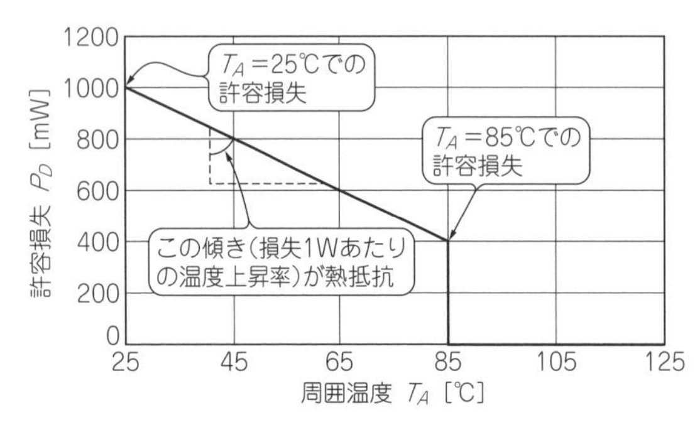

図3 SOT-89パッケージの温度特性
グラフの傾きが熱抵抗を表す

プリント・パターンの面積と熱の伝わりやすさ

● 放熱パターンは広いにこしたことはない

実装時の熱抵抗は基板の放熱パターンの面積で変化します．放熱パターンなしでは最も熱抵抗が大きく，面積を広くするにつれて熱抵抗は小さくなります．ただし，ある程度の面積になると，それ以上広げてもあまり変わらなくなります．

● 熱抵抗は大きく2つに分かれる

熱抵抗は，接合面からケース表面までの熱抵抗$\theta_{J\text{-}C}$と，ケース表面から外気までの熱抵抗$\theta_{C\text{-}A}$に分かれます(**図4**)．熱抵抗が直列，並列につながっている場合の合成熱抵抗は，抵抗(電気抵抗)と同様に計算します．したがって，直列の場合は最も大きい熱抵抗，並列の場合は最も小さい熱抵抗が支配的です．

パッケージ単体ではケース表面から外気に対して効率良く放熱できないため，$\theta_{C\text{-}A}$の部分が支配的で，ケース温度T_Cと周囲温度T_Aの間に大きな温度勾配ができます．そのため，ケースの表面が高温になり，接合面はさらに高温になってしまいます．

● 放熱パターンの銅はく面積を変えたときの熱抵抗

放熱パターンの銅はくには$\theta_{C\text{-}A}$を小さくする効果があるので，ケース温度T_Cが下がり，それによって接合温度T_Jも下がります．ただし，接合面からケース表面までの熱抵抗$\theta_{J\text{-}C}$の部分は変わらないので，全体の熱抵抗は一定以下には下がりません．

表3に示すレイアウトで銅はくを広げていったときの熱抵抗の変化の例を**図5**に示します．PAT1(銅はく面積100 mm^2)は，JEDECで規定された標準測定条件です．このときの熱抵抗は，TO-252では$\theta_{J\text{-}A}$ = 105℃/W，SOT-89では$\theta_{J\text{-}A}$ = 200℃/W，SOT-23-5では$\theta_{J\text{-}A}$ = 260℃/W，SOT-23-6では$\theta_{J\text{-}A}$ = 245℃/Wとなっています．この銅箔面積をPAT5(1225 mm^2)またはPAT4(1600 mm^2)に広げることにより，それぞれ熱抵抗が低減しています．

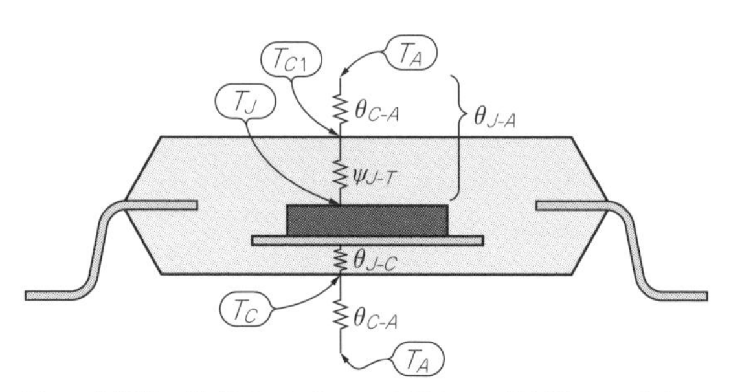

図4 熱抵抗は接合面からケース表面までの熱抵抗$\theta_{J\text{-}C}$とケース表面から外気までの熱抵抗$\theta_{C\text{-}A}$の2種類

表3 実験に使用した銅はくのレイアウト・パターン

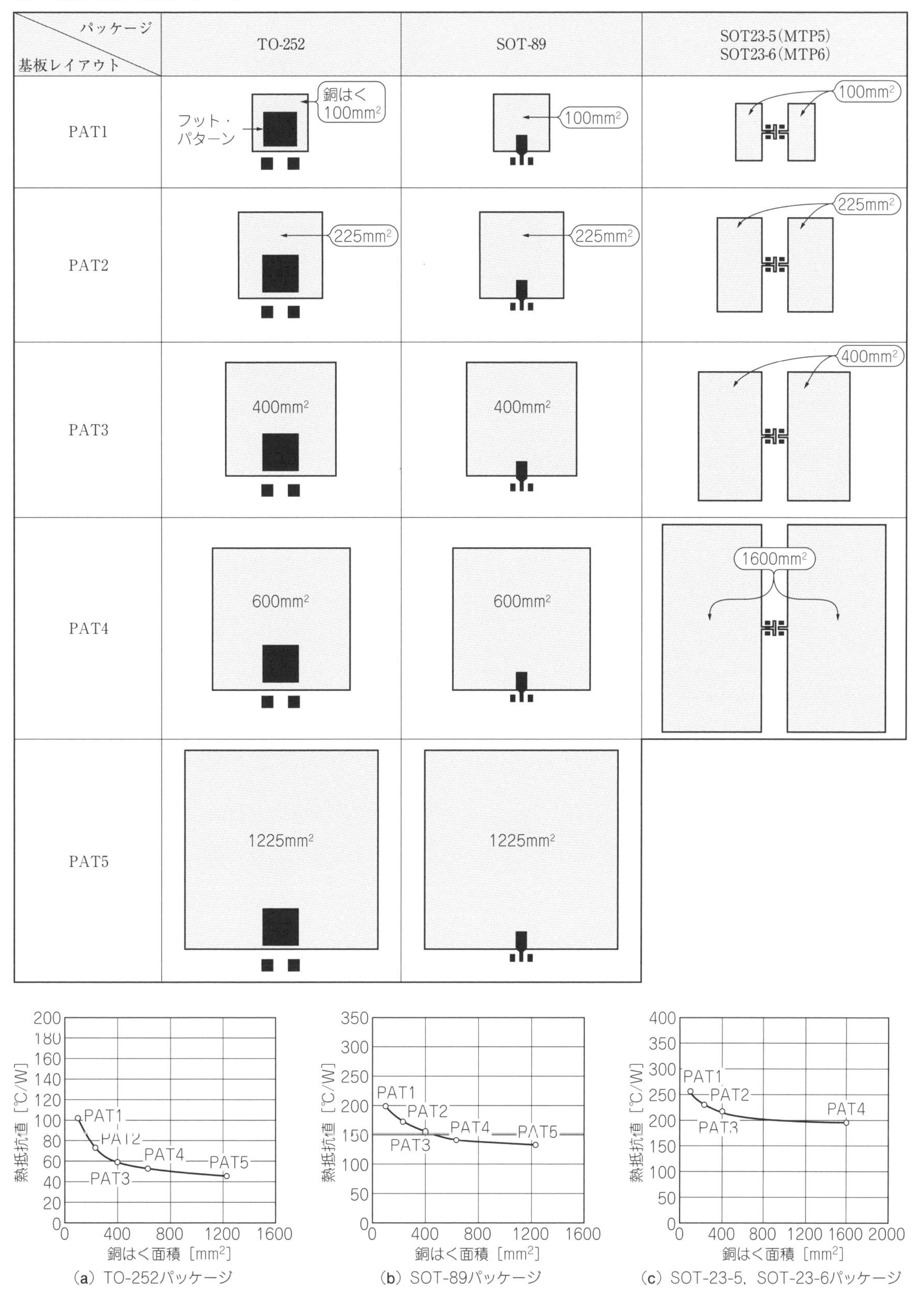

基板レイアウト ＼ パッケージ	TO-252	SOT-89	SOT23-5(MTP5) SOT23-6(MTP6)
PAT1	銅はく 100mm² / フット・パターン	100mm²	100mm²
PAT2	225mm²	225mm²	225mm²
PAT3	400mm²	400mm²	400mm²
PAT4	600mm²	600mm²	1600mm²
PAT5	1225mm²	1225mm²	

図5 銅はく面積を広げると熱抵抗が小さくなる

第20章 オンボード電源を安定して動作させるために

ディジタル回路電源のありがち発熱トラブル&対策

高木 円 Madoka Takagi

ディジタル回路の電源回路に数多く使用されているシリーズ・レギュレータや降圧型スイッチング・レギュレータが，安定した電圧を供給しなければディジタル回路も正常に動作しません．本稿では発熱が大きいありがちなトラブル事例を紹介します．

①通常動作でもシリーズ・レギュレータの発熱が大きい

技① 電源回路の入出力電圧の差を小さくすると消費電力を下げられる

シリーズ・レギュレータは，安定した出力電圧を作り出すために，無駄な電圧を熱として放出します．

そのため入出力間電位差が広い場合や，出力電流が大きい場合は，**図1**のようにシリーズ・レギュレータの発熱が大きくなります．シリーズ・レギュレータの消費電力P_D［W］は次式で求められます．

$$P_D = (V_{in} - V_{out}) \times I_{out} + V_{in} \times I_q \text{ [W]} \cdots\cdots (1)$$

ただし，V_{in}［V］：入力電圧，V_{out}［V］：出力電圧，I_{out}［A］：出力電流，I_q［A］：レギュレータの無効電流

最近では，LDO(Low Drop-Out)と呼ばれる低飽和型のシリーズ・レギュレータが数多くラインナップされています．LDOレギュレータは入出力間電位差が小さくても安定した出力電圧を得られるメリットがあり，**図2**のようにシリーズ・レギュレータの発熱を抑え，回路の消費電力を下げられます．

技② 放熱性の高いパッケージを選ぶ

例として300 mA LDO NJM2880U1とNJM2881F(いずれも日清紡マイクロデバイス)を動作させたときの，ICパッケージの表面温度の違いを測定しました．結果を**図3**に示します．消費電力が大きい場合や周囲温度が高い条件ではパッケージ温度も上昇するため，出力電流の大きいランクへの変更や，放熱性の高いパッケージへの変更も考えます．また，表面実装パッケージ(SMD：Sarface Mount Device)では，基板の銅はくパターンによっても放熱量が異なるので，基板裏面で銅はく面積を確保するなどレイアウトを工夫します．

②過負荷/短絡時にシリーズ・レギュレータの発熱が大きい

技③ 適切な過電流保護特性を選ぶ

シリーズ・レギュレータには，過電流が流れたとき，出力を制限するための過電流保護回路が内蔵されてい

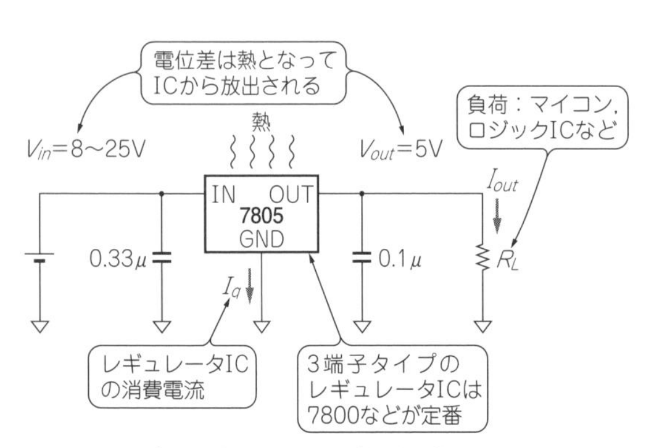

図1 シリーズ・レギュレータの回路例と発熱

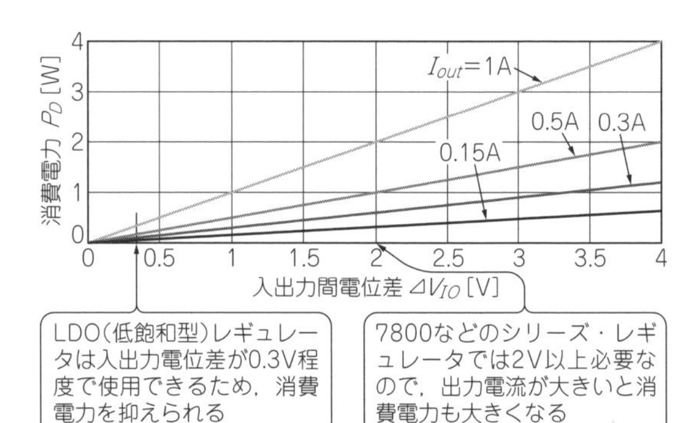

図2 シリーズ・レギュレータは入出力電位差が大きいと消費電力が大きくなり発熱が大きくなる
ここではICの消費電流は考慮していない

品名	パッケージ	サイズ[mm]	消費電力[mW]		
			単体	2層基板実装*	4層基板実装*
NJM2880U1	SOT-89-5	4.5 × 4.5	350	500	765
NJM2881F	SOT-23-5	2.9 × 2.8	200	350	520

*基板実装時 114.3 × 76.2 × 1.6 mm(2層)でEIA/JEDEC規格準拠による.

(a)実験に使ったLDOレギュレータの仕様

入出力条件	パッケージ	パッケージの表面温度 T_C			
		I_{out} = 50 mA	I_{out} = 100 mA	I_{out} = 200 mA	I_{out} = 300 mA
V_{in} = 3.3 V, V_{out} = 2.5 V	SOT-89	32 ℃	36℃	42 ℃	50℃
	SOT-23	34 ℃	40℃	51 ℃	63 ℃
V_{in} = 5 V, V_{out} = 2.5 V	SOT-89	40 ℃	49℃	69 ℃	87 ℃
	SOT-23	46 ℃	64℃	94 ℃	127 ℃

基板:1.7 × 1.3 mm 両面基板にて測定(T_a = 25℃)
実験に使った300 mAのLDOレギュレータは次のとおり
- SOT-89:NJM2880U1(日清紡マイクロデバイス)
- SOT-23:NJM2881F(日清紡マイクロデバイス)

発熱が大きい.放熱パターンを広げるか,大きいパッケージへの変更を考える.

(b)実験結果

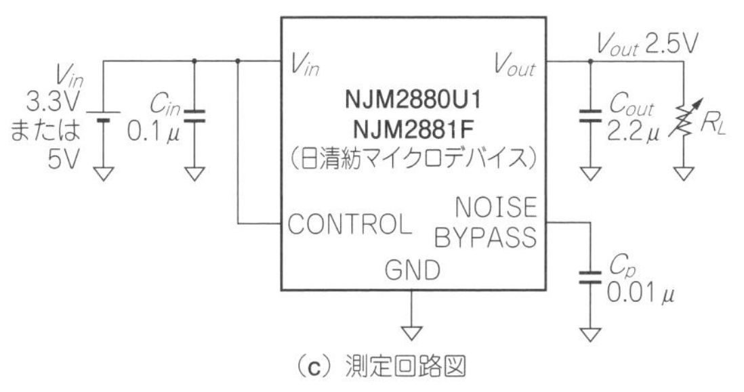

(c)測定回路図

図3 パッケージ・サイズと発熱の関係

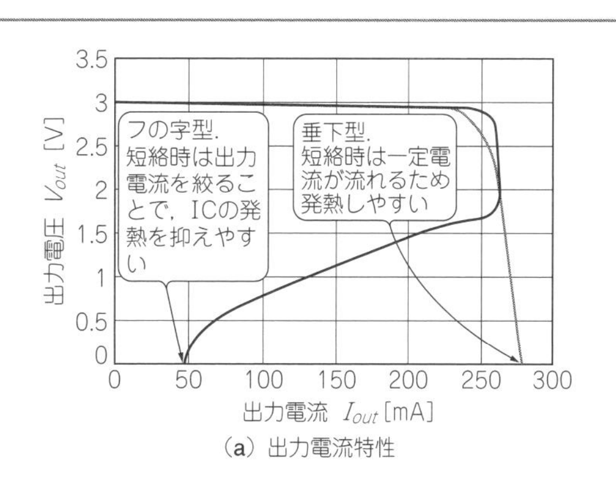

(a)出力電流特性

過電流保護特性	パッケージの表面温度T_C
垂下型(NJM2870)	140℃
フの字型(NJM2871B)	47℃

基板:1.7×1.3mm両面
T_a=25℃,入力電圧=3.3V

(b)出力短絡時のパッケージの表面温度

図4 過電流保護特性により保護動作時の発熱が違う

ます.過電流保護回路には,大きく分けてフの字型と垂下型の2種類があります.垂下型とフの字型の出力電圧-出力電流特性を図4で比較してみます.

フの字型は,出力電圧の低下とともに,出力電流も抑える特性になります.垂下型は,出力電圧が低下しても出力電流は一定の値を保ちます.

シリーズ・レギュレータの出力が短絡すると出力電圧は0Vとなり,消費電力P_D[W]は,次式になります.

$$P_D = V_{in} \times I_{out}\ [\mathrm{W}] \cdots\cdots (2)$$

ただし,V_{in}[V]:入力電圧,I_{out}[A]:出力電流(短絡電流)

フの字型は,過電流保護回路動作時に出力電流を絞るため,垂下型に比べて発熱を抑えやすくなります.

ディジタル回路では,フの字特性のレギュレータICで十分ですが,モータやバックアップ容量など,起動時に電流が多く流れる負荷では,垂下型を選ばないと起動不良を起こす場合があります.

③スイッチング・レギュレータのインダクタの発熱が大きい

技④ 電流能力が大きなインダクタを使って過飽和を避ける

インダクタは電流量を増やしていくと,ある領域で過飽和し急激にL値が低下します.

図5のようにL値と電流容量を表したグラフを直流

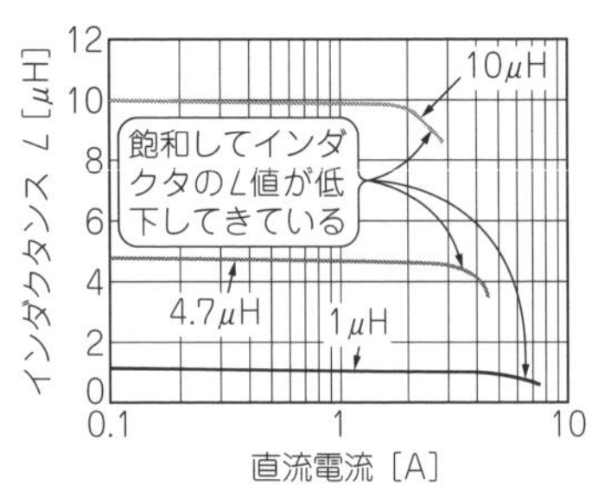

図5　インダクタの直流重畳特性例

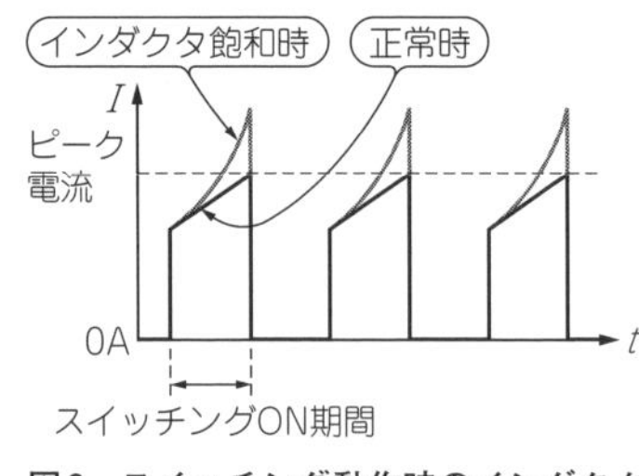

図6　スイッチング動作時のインダクタの電流波形

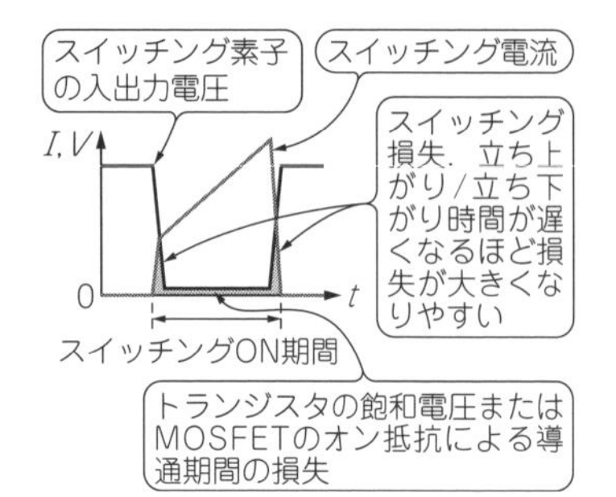

図7　スイッチング素子の損失

重畳特性と言い，インダクタのL値，サイズ，材質，構造などにより電流能力は異なります．インダクタが過飽和した状態では，次のような悪循環を起こします．

① 飽和によってインダクタのL値が低下
② スイッチングのピーク電流が増加
③ インダクタが発熱，①に戻る

最終的に，出力電圧の低下，ICの過電流保護機能の動作に至ります．このとき，インダクタに流れる電流は，**図6**のように異常波形となります．インダクタを電流能力の大きいものに交換して，他に発熱している部品がないか確認してください．

④スイッチング素子に用いたトランジスタやMOSFETの発熱が大きい

技⑤　スイッチング速度が速いトランジスタやMOSFETを選ぶ

スイッチング・レギュレータは，数十k～数MHzの周波数でON/OFF動作をしています．

ディジタル回路のクロックと異なり，**図7**のようにスイッチング波形が鈍っているとスイッチング損失が増大し発熱が大きくなります．スイッチング用途外の素子を選んだ場合，次のような問題が起こります．

▶トランジスタの場合

一般増幅用や低周波電力増幅用は立ち上がり／立ち下がり時間が遅くスイッチング損失が大きくなります．

▶MOSFETの場合

ロード・スイッチ用途などのMOSFETは，オン抵抗を小さくすることに重点をおいているためゲートの入力容量が大きくなっています．高速で駆動することが難しいためスイッチング波形が鈍りやすくなります．

技⑥　駆動する電流能力が高いトランジスタやMOSFETを選ぶ

▶トランジスタの場合

ベース電流が不足すると，コレクタ-エミッタ間のスイッチング電流I_{pk}(コレクタ電流)が十分に流せず，トランジスタの飽和電圧が大きくなります．**図8**のよ

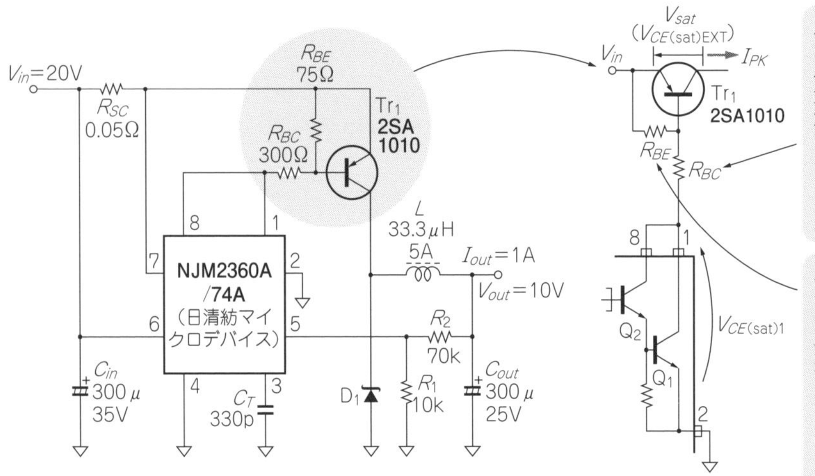

図8　トランジスタ駆動のスイッチング電源回路例とドライブ抵抗の考察

うにベース電流を増やすように周辺回路を調整します．

▶MOSFETを使用の場合

ゲートは，インピーダンスが高いため電流を流さないように思われますが，高速で駆動するには入力容量への充放電が必要なことから瞬間的に電流を流します．**図9**にゲート・ドライブのようすを示します．ドライブ能力が足りない場合やゲート抵抗が大きい場合は，入力容量の小さいMOSFETに選定し直します．

⑤スイッチング・レギュレータのダイオードの発熱が大きい

技⑦ 順方向飽和電圧が低いダイオードを選ぶ

降圧型スイッチング・レギュレータの整流ダイオードには，**図10**のようにスイッチングMOSFETのOFF期間に電流が流れます．このとき発生する単発パルスでの消費電力P_S[W]は，次式で計算できます．

$$P_S = V_F \times I_{out} \times t_{off} \cdots\cdots (3)$$

ただし，V_F [V]：ダイオードの順方向飽和電圧，I_{out} [A]：出力電流，t_{off} [s]：スイッチングOFF時間

それがスイッチング回数分(周波数) 繰り返されるため，式(3)にスイッチング周波数f_{osc} [Hz] をかけて，近似的にダイオードの消費電力P_D [W] が求まります．

$$P_D = V_F \times I_{out} \times t_{off} \times f_{osc} \cdots\cdots (4)$$

消費電力を抑えるためには，順方向飽和電圧V_Fの低いショットキー・バリア・ダイオード(SBD：Schottky Barrier Diode)を用います．一般的なPN接合ダイオードではV_F = 0.7～1.0 V程度で，SBDではV_F = 0.3～0.5 V程度に抑えられます．PWM制御の降圧型スイッチング・レギュレータでは，入出力間の電位差が広いとスイッチングOFF期間が長くなり，ダイオードで消費される電力が大きくなります．

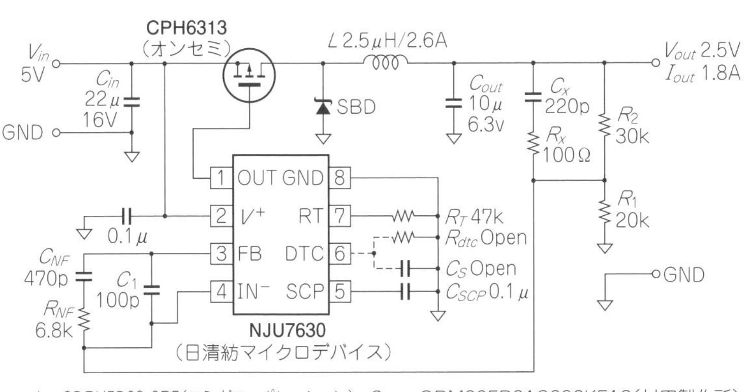

(a) MOSFET駆動のスイッチング電源回路例

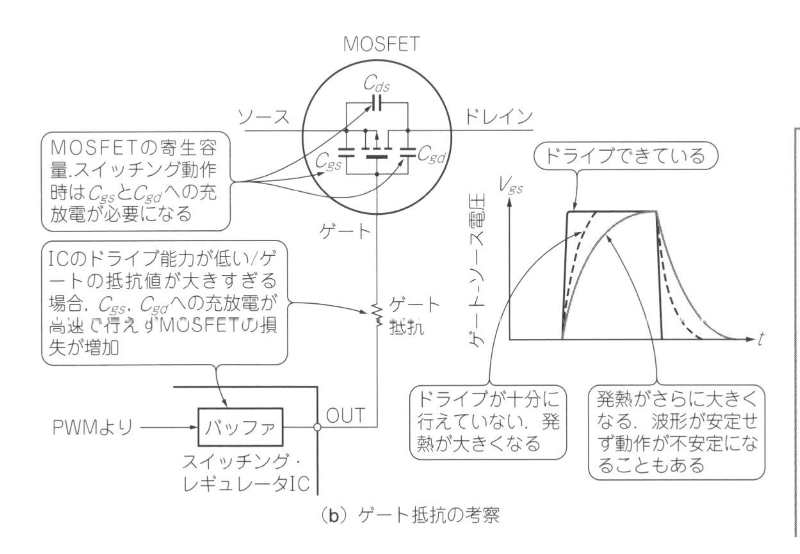

(b) ゲート抵抗の考察

図9 MOSFET駆動のスイッチング電源回路例とゲート・ドライブの考察

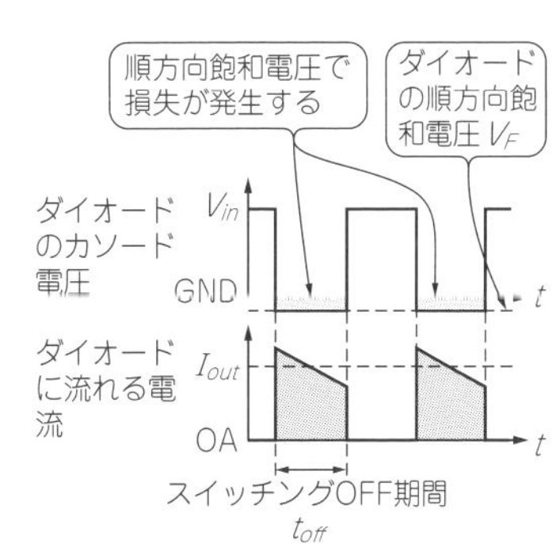

図10 スイッチング・レギュレータのダイオードの損失

第21章 故障しにくい高信頼性回路には熱設計が不可欠

3端子レギュレータからのヒートシンク放熱入門

馬場 清太郎 Seitaro Baba

温度を1℃でも下げられるほど回路は故障しにくい

● ジャンクション温度と故障率

半導体のジャンクション温度は，その信頼性に大きく影響します．電子機器の信頼性予測について書かれたMIL-HDBK-217F[1]によると，リニアICのジャンクション温度が故障率に与える影響は**図1**のようになっています．例えば，ジャンクション温度25℃のときの故障率に対して，100℃での故障率は160倍にもなります．正確には他の要因の影響もあり単純に160倍になるわけではありませんが，ジャンクション温度の信頼性に与える影響は非常に大きくなっています．したがって，電子機器設計にあたっては1℃でも温度を下げる工夫が必要です．

参考までに，**図1**にはCMOSディジタルICも記入してみました．特性の軽微な変動が故障となるリニアICと違って，'1'/'0' が判別できればよいディジタルICの故障率は大幅に小さくなっています．

温度は熱抵抗とオームの法則から求められる

信頼性の高い電源を設計するためには，まず損失を減らすこと，次に熱エネルギーに変換された損失を速やかに大気中に捨てることが必要です．

ここでは，損失からジャンクション温度を求めるために，熱の伝わりやすさを定量化した熱抵抗という概念を使います．熱抵抗θ［℃/W］は，物体に1Wのエネルギーを加えたときの温度上昇で定義されます．

熱抵抗の概念を使うと，**図2(a)**で発熱体に電力P［W］を印加したときの発熱体の温度上昇T［℃］は，**図2(b)**の熱回路図で表すことができます．**図2(c)**のオームの法則が適用できて簡単に計算できる電気回路に相似です．電力Pが電流源，熱抵抗θが抵抗となり，周囲温度をグラウンドと考えると，オームの法則を適用して，温度上昇T［℃］は$T=P\theta$になります．この関係を使えば，特定の印加電力のときの温度上昇から，熱抵抗θ［℃/W］を$\theta=T/P$と求めて，印加電力を変えたときの温度上昇は簡単に計算できます．

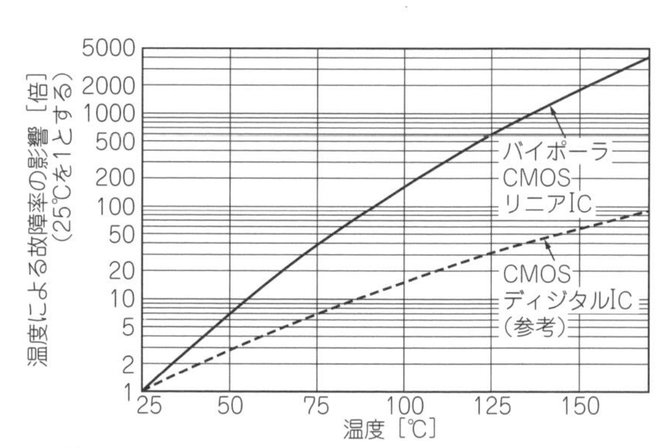

図1[1] **温度と故障率の関係**
縦軸はログ・スケールであることに注意

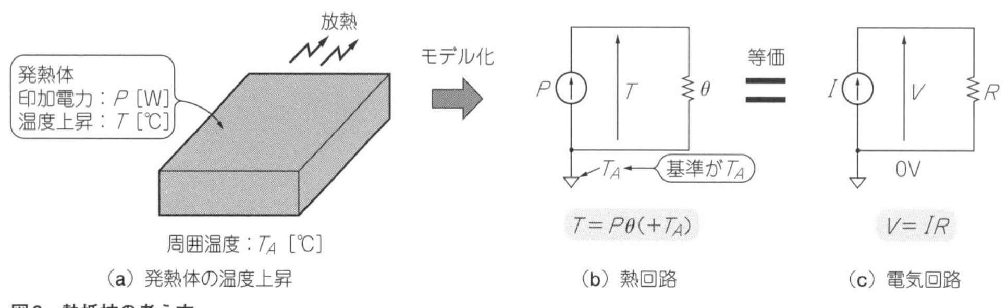

(a) 発熱体の温度上昇　(b) 熱回路　(c) 電気回路

図2 熱抵抗の考え方
熱抵抗で考えると測定しにくい部分の温度上昇の推定が可能となる

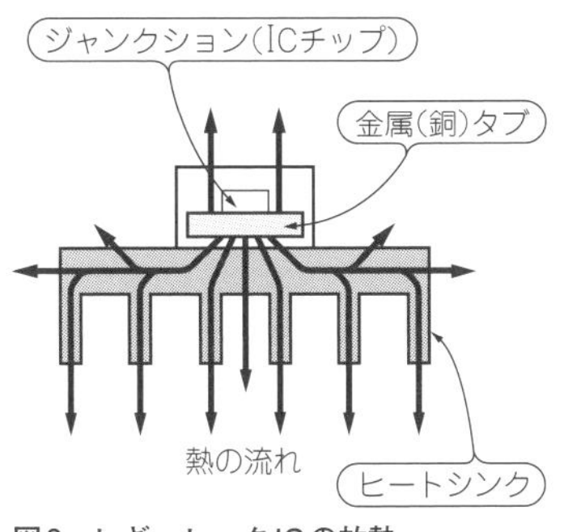

図3 レギュレータICの放熱
大部分の放熱はヒートシンクによる

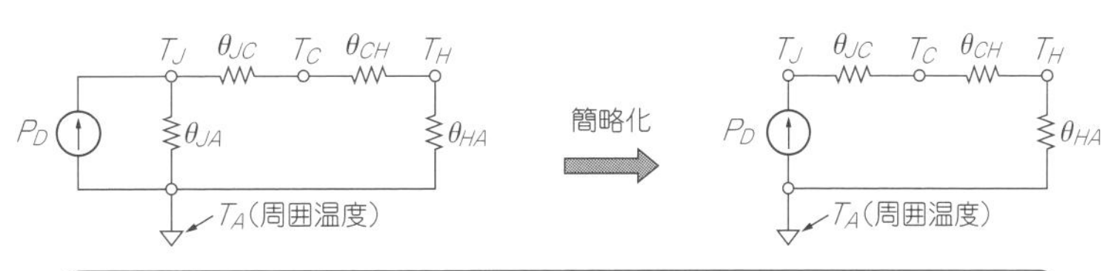

$$T_J = P_D\{\theta_{JA} // (\theta_{JC} + \theta_{CH} + \theta_{HA})\} + T_A \cdots\text{(A)}$$
$$\fallingdotseq P_D(\theta_{JC} + \theta_{CH} + \theta_{HA}) + T_A \cdots\cdots\cdots\cdots\text{(B)}$$

図4 ジャンクション温度の計算方法
ヒートシンクを使用するときはθ_{JA}は省略可

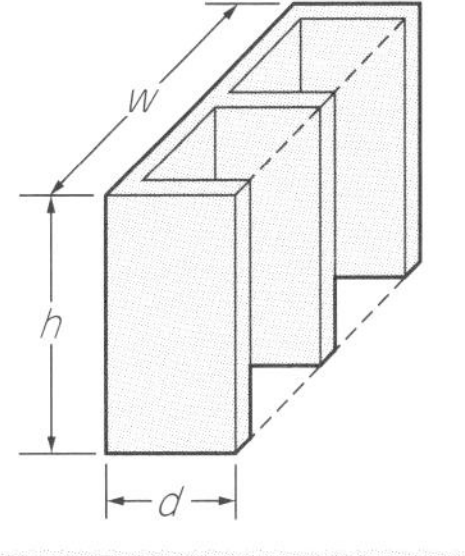

包絡体積$= h \times w \times d$ [mm³]

図5 放熱器の包絡体積の求め方
フィン部が充填された直方体として求める．フィンにより表面積は増加するが，熱抵抗は表面積の増加に影響されにくいため包絡体積により熱抵抗を求める

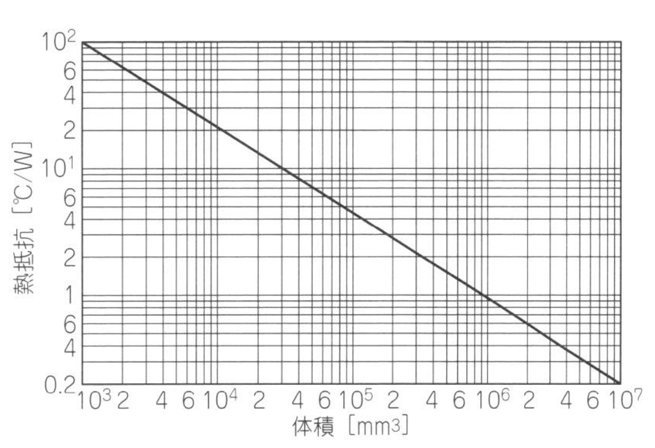

図6 ヒートシンクの包絡体積と熱抵抗の関係(自然空冷の場合)

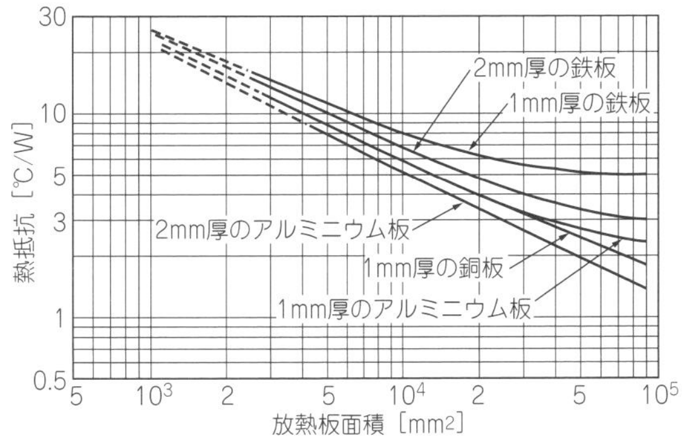

図7 放熱板の面積と熱抵抗の関係
金属板をヒートシンクに使う場合

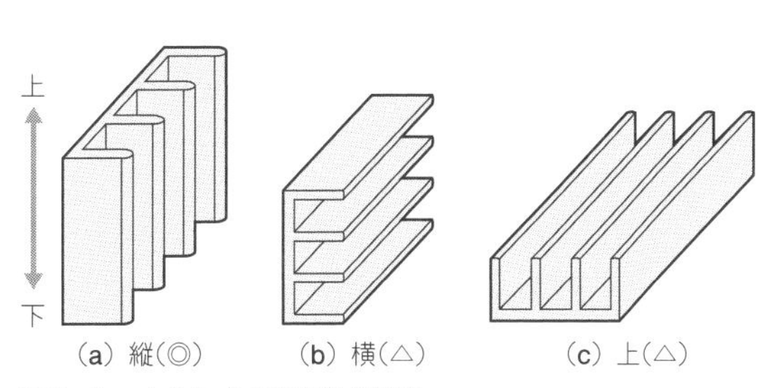

図8 ヒートシンクの取り付け方向
自然空冷のときは縦方向に取り付けると対流によって熱抵抗が下がる

図3にヒートシンクに取り付けたレギュレータICの構造を示します．これを**図4**の熱回路図で計算すると，図中の式(A)のようにジャンクション温度T_Jは簡単に求められます．損失がある程度大きくてヒートシンクが必要なときは，θ_{JA}は無視できて**図4**中の式(B)でT_Jは求められます．

ヒートシンク3つの放熱作用…「伝導」「対流」「放射」

レギュレータICを取り付けたヒートシンクの熱は外気中に放散されます．そのとき，

(1) 伝導，(2) 対流，(3) 放射(輻射)

の3つの作用によって放熱が行われます．伝導は，ジャンクション-ヒートシンク間の熱伝達に寄与しています．対流は主としてヒートシンク-外気間の放熱に寄与し，放射も主としてヒートシンク-外気間の放熱に寄与しています．放射による外気中への放熱を大きくするには，ヒートシンクの体積を大きくする必要があります．例えば，**図5**のようなフィンが付いているときに，並んだフィン同士は互いに熱を放射しあって放熱には効果がありませんから，最大外形から計算した包絡体積を考えて，**図6**から熱抵抗を求めます．アルミ，鉄などの金属板をヒートシンクとして使用するときは，**図7**によって熱抵抗を求めます．

自然空冷で対流による放熱を期待するときには，**図8(a)**のようにヒートシンクのフィンを縦方向に向け

長さL [mm]	実測熱抵抗 [℃/W]	測定時の処理	包絡体積 [mm³]	計算熱抵抗 [℃/W]
50	4.9	黒アルマイト	42,500	8.0
100	3.8	ヒートシンク縦	85,000	5.0
150	3.3	自然空冷	127,000	3.9

（a）熱抵抗

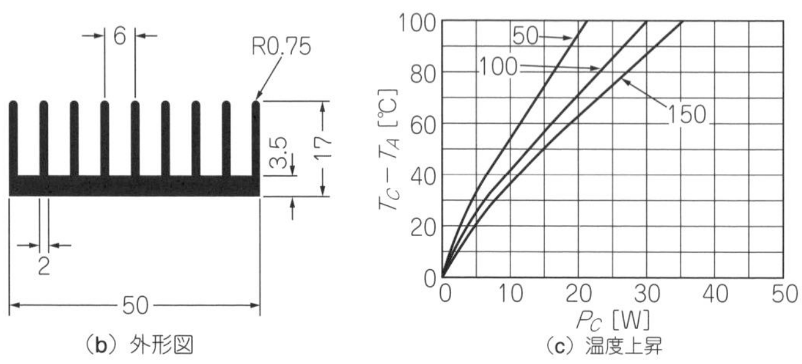

（b）外形図　（c）温度上昇

図9[2] **ヒートシンクの仕様と特性例**（17FB50，放熱器のオーエス）
対流による放熱のため，包絡体積から計算する熱抵抗よりも実測の熱抵抗は低い

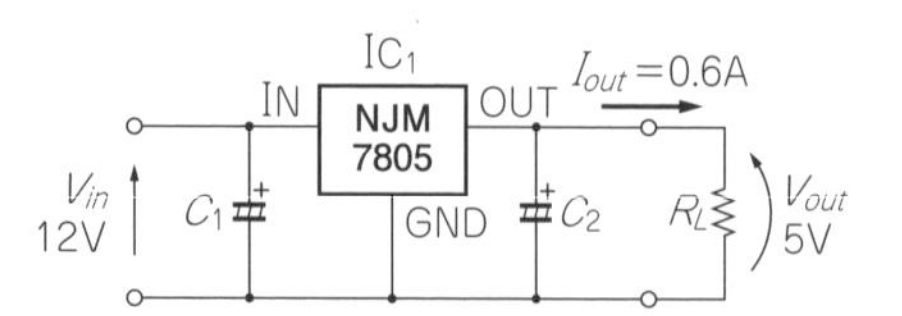

図においてIC₁の損失P_Dは，

$$P_D=(V_{in}-V_{out})I_{out}=(12-5)\times0.5=3.5\text{W}$$

$T_{J\max}$=100℃，T_A=60℃とすると，

$$T_J \fallingdotseq P_D(\theta_{JC}+\theta_{CH}+\theta_{HA})+T_A$$

から，

$$\theta_{HA}=\frac{T_J-T_A}{P_D}-\theta_{JC}-\theta_{CH}$$

$$=\frac{100-60}{3.5}-\underset{\text{仕様}}{5}-\underset{\text{本文参照}}{0.5}$$

$$=5.9℃/\text{W}$$

よって，**図9**の17FB50（θ_{HA}=4.9℃/W）を使用すればよい

図10　実際の3端子レギュレータの熱設計
ジャンクション温度が設定値以下になるような熱抵抗のヒートシンクを決定する

ます．フィンを下向きにすることは，暖められた空気が下から上に移動し，上部にあるレギュレータICを暖めますから勧められません．ファンによる強制空冷のときは風の流れの方向にフィンを向けます．

技① 自然空冷時のフィン間隔は6～12 mm

図9に実際のヒートシンクの一例を示します．型名17FB50のヒートシンクは，黒アルマイト加工されていて，フィン間隔は6 mmになっています．長さL＝50 mmで縦方向に置いたときの熱抵抗は4.9℃/Wです．包絡体積から**図6**によって求めた熱抵抗は8.0℃/Wです．この差3.1℃/Wが対流による放熱分です．縦に長くなると対流による放熱が少なくなることがわかります．長くしたときにはフィン間隔を8 mm～10 mm程度に広げたほうがよいでしょう．

筆者の経験上，自然空冷時のフィン間隔は6 mm～12 mmが適当です．17FB50（L＝50 mm）のような小型ヒートシンクで6 mm，中型で8 mm～10 mm，熱抵抗が1℃/W以下の大型ヒートシンクで12 mm程度にします．フィンに凹凸の付いたローレット加工がされているものもありますが，自然空冷のときは不要というよりも無意味です．放熱にはヒートシンク表面の状態が大きく影響します．黒色でなくてもアルマイト加工だと熱抵抗は下がります．

強制空冷のときはアルマイト加工は不要です．放熱はヒートシンクに接する空気流によりますから，包絡体積ではなく表面積が問題になります．強制空冷専用のヒートシンクはフィン間隔を狭くして表面積を大きくしてあります．ローレット加工も有効です．ただし，フィン間隔のあまり狭いところに強風を吹き付けると，風切り音がうるさいこともありますから要注意です．

実際の3端子レギュレータの熱設計

図10に実際の熱設計の一例を示します．入力電圧12 V，出力電圧5 V，出力電流0.5 A，損失3.5 Wのときの設計例です．入力電圧は商用電源をトランスで降圧した場合を考えています．入力電圧の変動を9～12 Vとして，最大入力電圧のときの熱設計です．最低入力電圧を9 Vとしたのは，入力リプルの最低点でも8 V以上は確保して，安定化するためです．

周囲温度は，室温を40$℃_{max}$とし，筐体内温度を60$℃_{max}$とするのが，通常の電子機器では一般的です．

ケース-ヒートシンク間の熱抵抗θ_{CH}を0.5℃/Wとしていますが，このときの条件は，ケース-ヒートシンク間にシリコーン・グリスを塗布することと，M3ねじの締め付けトルクを0.3～0.5 N･m（≒3～5 kgf･cm）にすることです．ケースやヒートシンク表面には細かい凹凸があり，そのまま取り付けると間に入った空気が断熱層となって大幅に熱抵抗が大きくなります．ケース-ヒートシンク間にシリコーン・グリスを塗布して凹凸を埋めて熱抵抗を下げます．締め付けトルクは，0.6 N･m（≒6 kgf･cm）を超えるとICに大きなストレスがかかりますから，トルク・ドライバで締め付けトルクを確認しながら作業することを勧めます．

◆引用文献◆

(1) MIL - HDBK - 217F Reliability of Electronic Equipment, December 1991, United States Department of Defence.
(2) 17FB50ヒートシンク・データシート，放熱器のオーエス．

第22章 ピッタリの冷却器選びに欠かせない

パワー・モジュール内部のチップ温度を調べる

山田 順治 Junji Yamada

パワー・モジュールに装着する冷却器は，放熱能力によって大きさが異なります．大きな冷却器ほど高い放熱能力を持ちますが，スリム化が難しくなります．逆に冷却器が小さすぎると，放熱能力の不足によりチップ温度が上昇し，破壊に至ります．

パワー・モジュール内のチップ温度が分かれば，大きさや形状がちょうどいい冷却器が選べます．実際の製品はケースに覆われているので，直接内部のチップ温度を測ることはできません．

チップ温度は，電力損失と，パワー・モジュールのケースと冷却器を合わせた放熱能力(熱抵抗)が分かれば計算で求まります．本稿では，この2つからチップ温度を推定する方法を紹介します．

パワー・モジュール内部の熱回路の基本構成

● 温度の変化量の基本式

温度変化は，熱の移動によって起こります．熱の発生量と放出量がわかれば，温度の変化が推定できます．パワー・モジュールでは，電力損失(熱の発生量)と冷却器(熱の放出量)で変化を計算します．電力損失をP[W]，熱の逃げにくさをR[K/W]とすると，温度上昇ΔT[K]は次のとおり計算できます．

$$\Delta T = P \times R \quad \cdots\cdots (1)$$

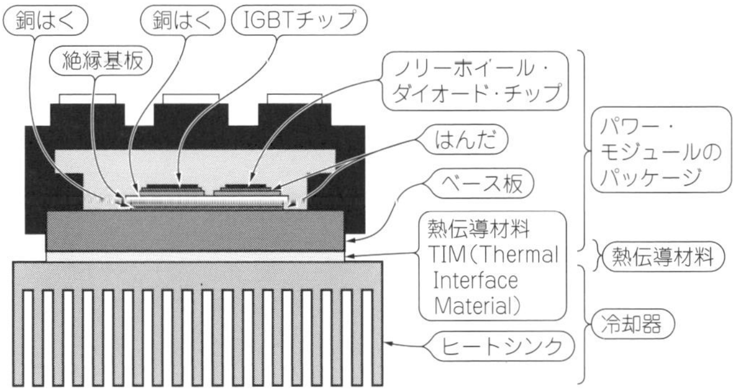

図1 パワー・モジュール(IGBTモジュール)と冷却器の断面
チップから発生した熱は，パッケージの底面を抜けて冷却器に伝わり，空気中へ放散する

● 発生源と放出経路

図1に示すのは，パワー・モジュールのパッケージと冷却システムの断面です．パワー半導体チップから発生した熱は，パッケージの底面を抜けて冷却フィンに伝わり，空気中へ放散します．

熱の逃げ道は，次の3つがあります．

① パワー・モジュールのパッケージ
② 熱伝導材料(Thermal Interface Material，TIM)
③ 冷却器

図2に示すのは，**図2**のパワー・モジュールの熱の伝達経路です．それぞれの熱の逃げにくさをR_{th}として表しています．電子回路に例えると，それぞれ電位差＝温度差，電流＝熱(電力損失)，電気抵抗＝熱抵抗に対応します．

● 具体的な推定方法

各点の温度をT_J，T_C，T_S，T_Aと定義すると，チップ温度と雰囲気温度の差は次のとおり計算できます．

$$T_{J(IGBT)} - T_A = P_{IGBT} \times R_{th(J-C)} + (P_{IGBT} + P_{FWD}) \times R_{th(C-S)} + (P_{IGBT} + P_{FWD}) \times R_{th(S-A)} \quad \cdots\cdots (2)$$

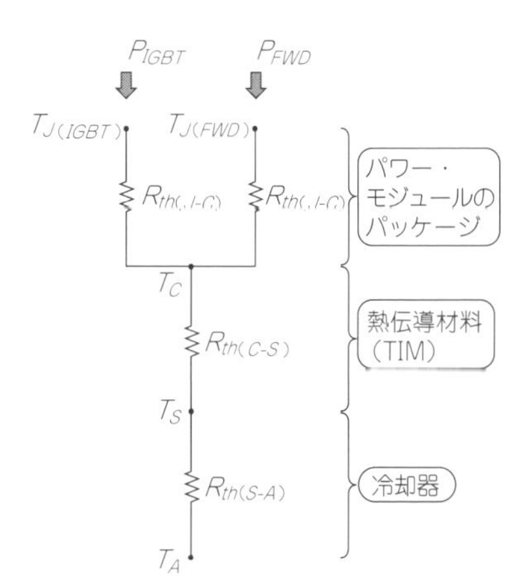

図2 図1のパワー・モジュールと冷却器を組み合わせた熱の伝達経路(熱回路)

式(2)より，次の2つがわかればパワー・モジュールの温度変化が推定できます．

▶推定要素①：熱の発生量(チップの電力損失)

- P_{IGBT}：IGBTチップで発生する電力損失
- P_{FWD}：FWD(Free Wheel Diode，フリーホイール・ダイオード)チップで発生する電力損失

▶推定要素②：熱の放出量(冷却器の熱抵抗)

- $R_{th(J-C)}$：半導体パッケージの熱抵抗
- $R_{th(C-S)}$：熱伝導材料TIMの熱抵抗
- $R_{th(S-A)}$：ヒートシンクの熱抵抗

チップの発熱量を決めるパワー・モジュールの「電力損失」

● 基本的な発生メカニズム

パワー・モジュールの電力損失は，どのように発生するのでしょうか．IGBTを例に，実際の電力損失の発生メカニズムを解説します．IGBTは，ON/OFFを繰り返すスイッチとして使われます．理想的なスイッチではないので，ON/OFF切り換えの度に電力損失が発生します．スイッチには次の4つの状態があります．

① OFF→ONへの移行期間
② 定常ON状態
③ ON→OFFへの移行期間
④ 定常OFF状態

図3(a)に示すのは，理想的なスイッチがON/OFF動作したときの電圧Vと電流Iの変化です．理想的なスイッチでは，②では一切の電気抵抗が発生せず，④では漏れ電流がなく，①，③では瞬時にON/OFFが切り替わります．①～④のいずれでも損失が発生しません．

図3(b)に示すのは，実際のIGBTがON/OFFしたときの電圧Vと電流Iの変化です．②ではわずかな抵抗成分により電圧が発生します．④ではわずかな漏れ電流があります．①，③ではON/OFFの切り替わりに時間がかかります．①～④のいずれでも損失が発生します．それぞれの電力損失は，次のように呼びます．

① ターン・オン損失(スイッチング損失)
② 定常損失(または導通損失)
③ ターン・オフ損失(スイッチング損失)
④ 漏れ電流による損失

図4に示すのは，インバータ動作を模した誘導負荷スイッチング回路です．**図5**に示すのは，**図4**の$IGBT_2$をスイッチングさせたときの電流，電圧をオシロスコープで測定した波形です．

● ON/OFFの切り換え時に発生する損失(スイッチング損失)

▶ターン・オン損失

IGBTをONすると，OFF時に保持していた電圧が低下し，電流が流れ始めます．このとき，数百nsと短いですが，切り替えに時間がかかります．この期間の過渡的な電流と電圧の積が，ターン・オン損失です．ターン・オン損失の大きさは，誘導負荷に流れる電流や，母線電圧の大きさによって変化します．

ターン・オン損失の大きさは，電流が立ち上がるまでにかかるスイッチング時間も影響します．スイッチング時間は素子温度や駆動回路(ゲート電圧やゲート抵抗)によって変化します．ゲート抵抗を大きくする

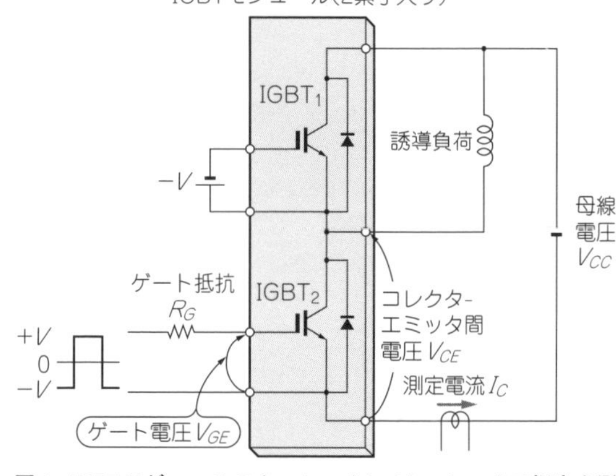

図4 IGBTモジュールのターン・オン／ターン・オフ損失を測定する回路
インバータでの動作を模した誘導負荷スイッチング回路

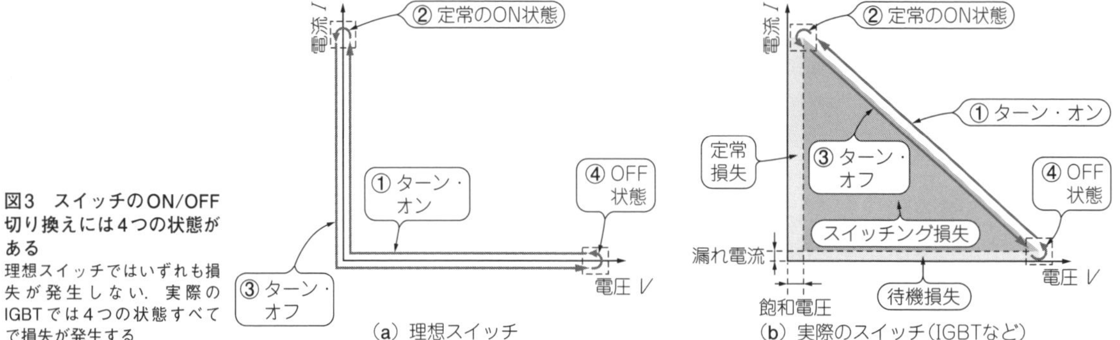

図3 スイッチのON/OFF切り換えには4つの状態がある
理想スイッチではいずれも損失が発生しない．実際のIGBTでは4つの状態すべてで損失が発生する

製品名：CM300DX-24T1
ゲート抵抗R_G：1.6 Ω
定格コレクタ電流I_C：300 A
母線電圧V_{CC}：600 V
接合温度T_{VJ}：25℃

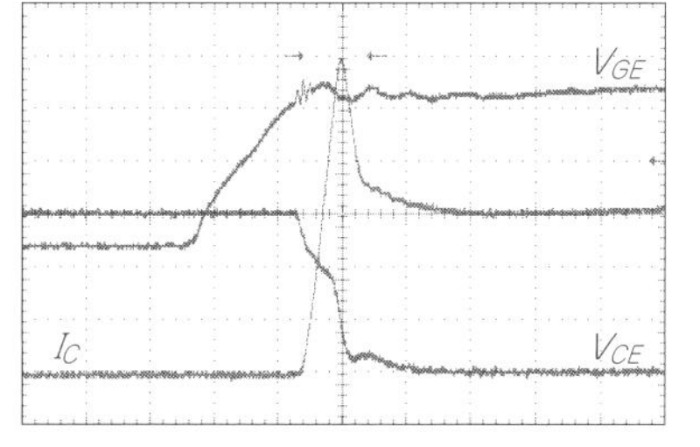

I_C：100 A/div　V_{CE}：200 V/div
V_{GE}：10 V/div　Time：200 ns/div

(a) ターン・オン波形

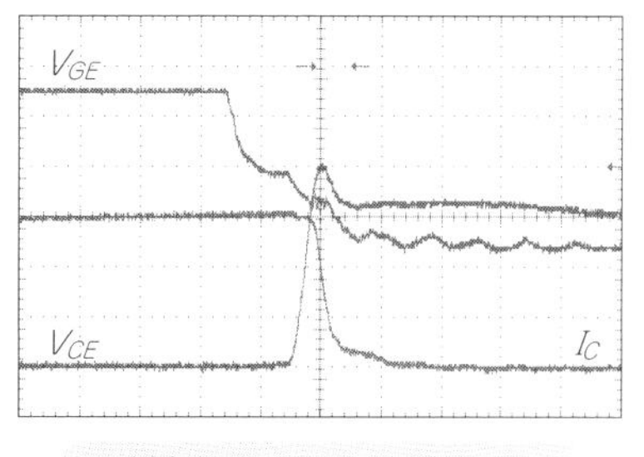

I_C：100 A/div　V_{CE}：200 V/div
V_{GE}：10 V/div　Time：200 ns/div

(b) ターン・オフ波形

図5　図4の$IGBT_2$におけるターン・オン/ターン・オフ波形
ON/OFFの切り替わりに時間がかかっている．それが損失となる

製品名：CM300DX-24T1
定格コレクタ電流I_C：300 A
母線電圧V_{CC}：600 V
接合温度T_{VJ}：25℃

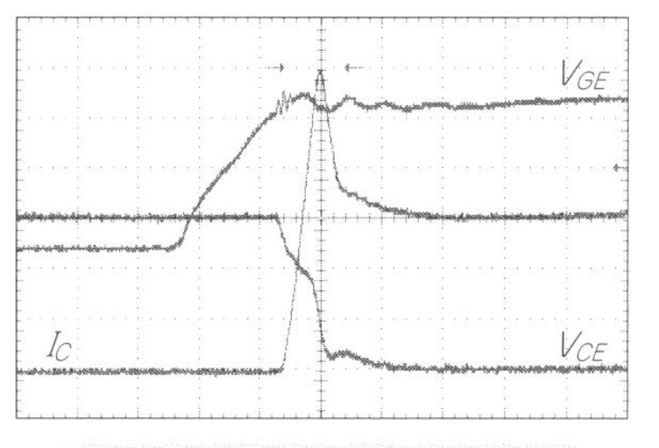

I_C：100 A/div　V_{CE}：200 V/div
V_{GE}：10 V/div　Time：200 ns/div

(a) ターン・オン波形(R_G＝1.6 Ω)

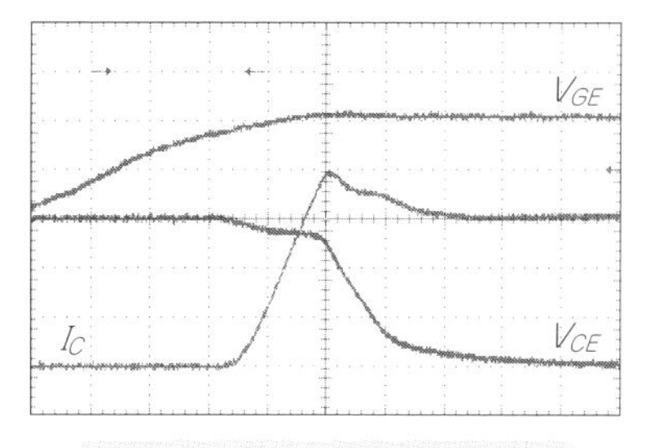

I_C：100 A/div　V_{CE}：200 V/div
V_{GE}：10 V/div　Time：200 ns/div

(b) ターン・オン波形(R_G＝8.2 Ω)

図6　図4の$IGBT_2$のゲート抵抗R_Gの値を変えたときのIGBTターン・オン波形
ゲート抵抗の大きさによって損失の大きさも増減する．ゲート抵抗が大きいほど損失は大きくなる

と，電流の立ち上がりが遅くなるので，**図6**のようにターン・オン損失が増えます．パワー・モジュールの温度設計では，最適なゲート抵抗を選定することが重要です．

▶ターン・オフ損失

IGBTをOFFして電流を遮断したとき，ターン・オン時と同様に数百nsの切り替え時間が発生します．この期間の過渡的な電流と電圧の積が，ターン・オフ損失です．

ターン・オフ損失の大きさは，ターン・オン損失と同じように，オシロスコープで測定した電流，電圧波形から求めます．大きさは，誘導負荷に流れる電流や母線電圧によって変化します．素子温度や駆動回路の影響も受けます．

● ON時に発生する損失(定常損失)

ON状態のIGBTに電流が流れるとき，構造的に除去できない素子内の抵抗成分によって発生する電力損失です．このとき発生する電圧は，飽和電圧と呼びます．飽和電圧の大きさは，電流量とゲート電圧，素子温度によって変化します．定常損失の測定には，カーブ・トレーサを使います．

● フリーホイール・ダイオードで発生する損失

フリーホイール・ダイオードでも同様のメカニズムで損失が発生します．定常損失とスイッチング損失の2種類があります．フリーホイール・ダイオードだと，スイッチング損失は逆回復損失またはリカバリ損失と呼ばれます．測定方法もIGBTと同様で，定常損失はカーブ・トレーサ，リカバリ損失はオシロスコープを使います．

リカバリ損失はIGBTがターン・オンするときに発生します．ターン・オンするIGBTの駆動条件によってリカバリ損失の大きさも変わります．

リカバリ損失の測定回路はIGBTと同じですが，電流と電圧の測定ポイントが異なります．**図7**に測定回路と電流，電圧の測定ポイントを示します．**図8**に示すのは，**図8**の回路で測定した電流，電圧の波形です．

チップ温度を計算で推定する

■ ステップ1：電力損失を求める

● 手順1：計算に使う値をデータシートから拾う

IGBTやフリーホイール・ダイオードの電力損失は，代表的な値がデータシートに記載されています．それぞれ次のように記載されています．

▶スイッチング損失

- IGBTターン・オン：E_{on}-I_C特性，E_{on}-R_G特性
- IGBTターン・オフ：E_{off}-I_C特性，E_{off}-R_G特性
- フリーホイール・ダイオード：E_{rr}-I_C特性，E_{rr}-R_G特性

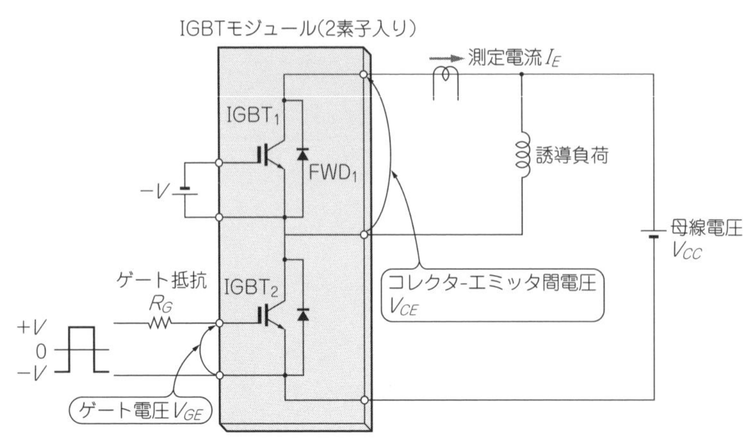

図7　IGBTモジュールに搭載されているフリーホイール・ダイオードのリカバリ損失を測定する回路

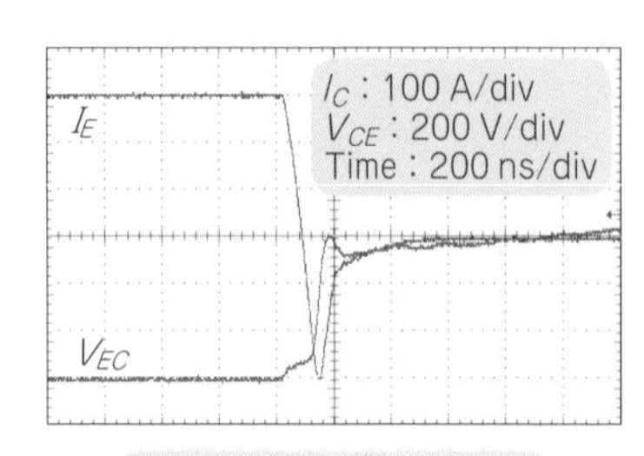

製品名：CM300DX-24T1
ゲート抵抗R_G：1.6 Ω
定格コレクタ電流I_C：300 A
母線電圧V_{CC}：600 V
接合温度T_{VJ}：25℃

図8　図7のFWD$_1$のリカバリ波形
IGBTのターン・オン時の波形．ON/OFFの切り替わりに時間がかかっている．それが損失となる

▶定常損失

- IGBT：V_{CEsat}-I_C特性
- フリーホイール・ダイオード：V_{EC}-I_E特性

● 手順2：1パルス分の電力損失を計算する

データシートに記載されている数値を使って，実際にインバータ動作をさせたときに発生するパワー・モジュール全体の損失を計算してみます．

図9に示す1パルス分の電力損失を計算していみます．定常損失とスイッチング損失は，次のとおり計算します．

- 定常損失：$E_{sat} = I_C \times V_{CEsat}@I_C \times t_W$ ……(3)
- スイッチング損失：$E_{sw} = E_{on}@I_C + E_{off}@I_C$ ……………………(4)

ここでは，パルス電流値I_Cを中間値の300 Aとして計算してみます．**図10**に示す損失特性カーブから，300 Aのときの値を読み取って式に代入します．

- 定常損失：$E_{sat} = 300\ \mathrm{A} \times 1.9\ \mathrm{V} \times 100\ \mu\mathrm{s} = 57\ \mathrm{mJ}$ ……………………(5)
- スイッチング損失：$E_{sw} = 35\ \mathrm{mJ} + 30\ \mathrm{mJ} = 65\ \mathrm{mJ}$ ……………………(6)

1パルスの電力損失は次のとおり計算できます．

$E = E_{sat} + E_{sw} = 122\ \mathrm{mJ}$ ……………………(7)

● 手順3：全体の電力損失を計算する

インバータ動作では，**図9**のパルスが正弦波状にIGBTに流れます．それぞれのパルス波における損失を積算していけば，全体の電力損失が算出できます．

出力電流や母線電圧のほかに，パワー・エレクトロニクスの回路設計者が把握しておくべきパラメータを次に整理しました．

▶出力電圧V_{out}(変調率M)

定常損失に影響を与えます．PWM制御では，パル

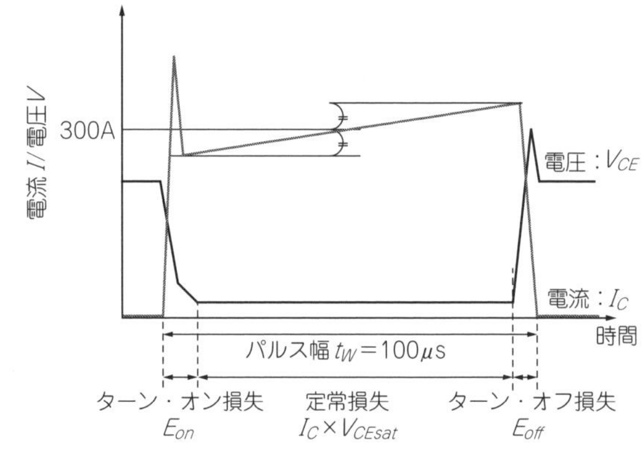

図9　IGBTのターン・オンからターン・オフまでの1パルス(模擬波形)
この波形1パルス分の電力損失を実際に計算してみる

ス幅を周期的に変化させることで，出力電圧を変化させています．出力電圧によって，IGBTもしくはフリーホイール・ダイオードの導通時間が変わります．

力行動作では，出力電圧が高くなるとIGBTの導通損失が増え，フリーホイール・ダイオードの導通損失が減ります．回生動作では，IGBTの導通時間が減り，フリーホイール・ダイオードの導通時間が増えます．

▶スイッチング周波数f_C

1秒間にIGBTをON/OFFする回数です．スイッチング損失に影響を与えます．スイッチング周波数が2倍になれば，損失も2倍になります(**図11**)．

▶力率$P.F.$

出力電圧と出力電流の位相差をϕとしたときの，$\cos\phi$が力率です．IGBTとフリーホイール・ダイオードの電力損失比を左右します．$\cos\phi$が1であれば，ほとんどの電流がIGBTに流れます．$\cos\phi$が−1に近づくほどフリーホイール・ダイオードに流れる電流が増えます．

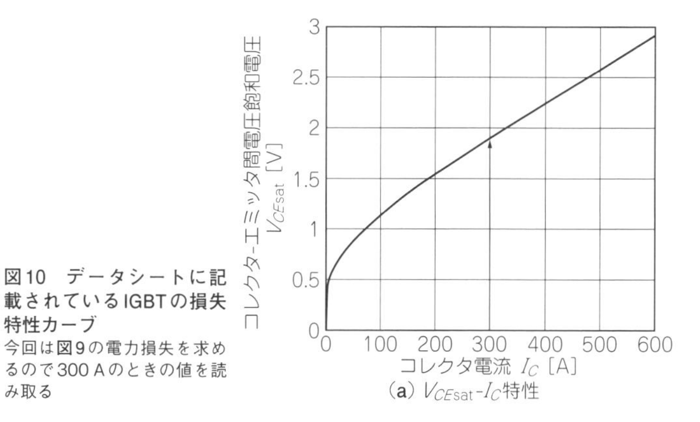

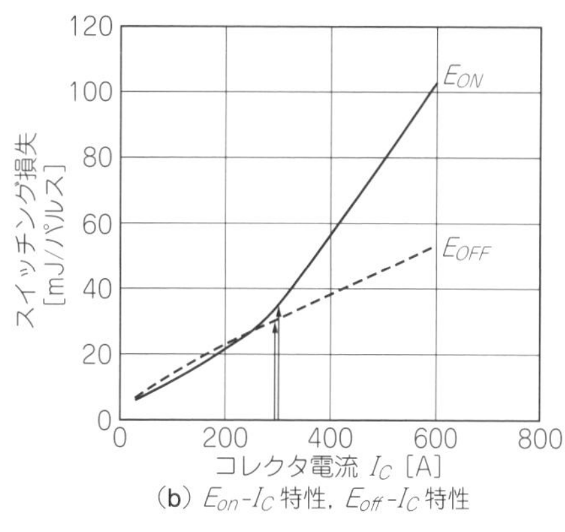

図10 データシートに記載されているIGBTの損失特性カーブ
今回は図9の電力損失を求めるので300 Aのときの値を読み取る

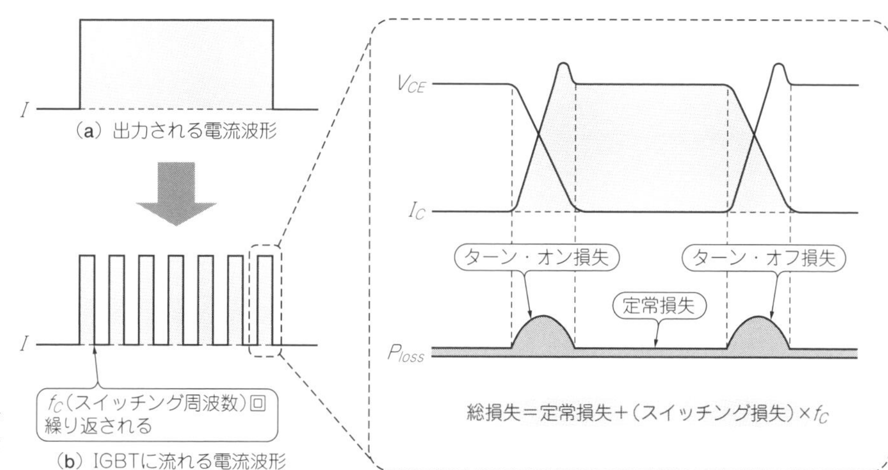

図11 損失計算のイメージ
スイッチング周波数が高くなればなるほど損失も多くなる

■ ステップ2：熱抵抗を求める

● その1：チップ-ケース間熱抵抗$R_{th(J-C)}$

$R_{th(J-C)}$は，チップからベース板までの半導体パッケージ内部の熱抵抗です．図12に示すのは，チップで発生した熱が半導体パッケージから逃げていくようすです．

熱の逃げやすさは，「放熱できる面積」と「放熱経路の熱の通しやすさ」でおおよそ決まります．チップの面積が大きいほど$R_{th(J-C)}$は小さくなります．

T_JとT_Cの間には，はんだや絶縁基板などが何層にもわたって挟まっています．これらのパッケージ部材の熱の通しやすさ(熱伝導率)と厚みでも$R_{th(J-C)}$が変わります．チップ面積とパッケージ部材の選定によって熱抵抗$R_{th(J-C)}$が決まります．

パッケージ部材は，アルミナや窒化アルミなどのセラミックが絶縁層に使われることが多いです．パワー・モジュールのメーカによって材質が異なります．

$R_{th(J-C)}$の具体的な値は，パワー・モジュールのデータシートに記載されています．

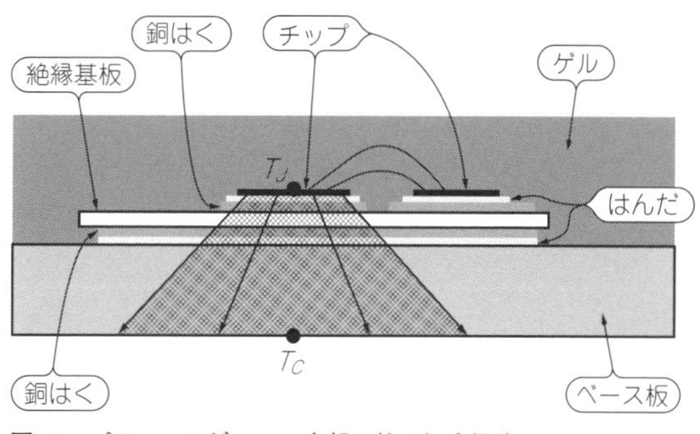

図12 パワー・モジュール内部の熱の伝達経路
チップで発生した熱は，ベース板の方向に逃げていく

● その2：ケース-ヒートシンク間熱抵抗$R_{th(C-S)}$

パワー・モジュールとヒートシンクの間に熱伝導材料(TIM)を挟むと，冷却効率が上がります．$R_{th(C-S)}$は，TIMの熱抵抗です．

$R_{th(C-S)}$の標準的な値は，パワー・モジュールのデータシートに記載されていますが，実際はTIMの種類や厚さによって異なります．

▶熱伝導材料(TIM)のはたらき

熱の逃げ道にTIMのような物体を挟むと，熱抵抗

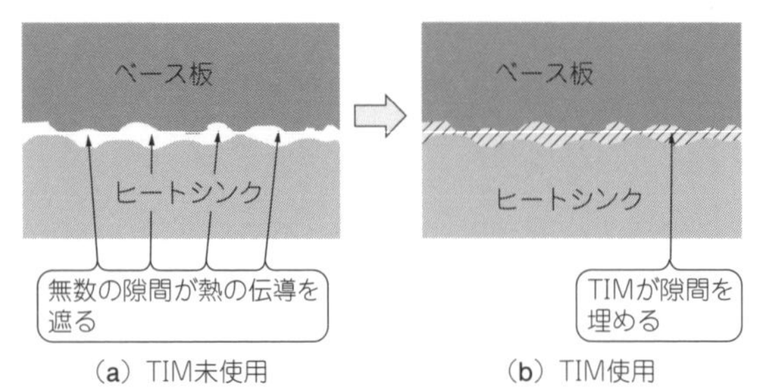

(a) TIM未使用　(b) TIM使用

図13　ベース板とヒートシンク間の界面には小さな凹凸がある
熱伝導材料(TIM)を使うと凹凸による隙間が埋まって熱が伝わりやすくなる

が増えるように思えますが，実際には逆に減ります．パワー・モジュールとヒートシンクの金属表面には，**図13**のように小さな凹凸があります．一見すると金属同士が接触しているように見えますが，実際には数多くの隙間があります．TIMを挟むと隙間が埋まるので，熱の逃げ道が増えます．

TIMには，シリコーン・グリースを使うことが多く，種類によって熱伝導率が異なります．

▶TIMを塗布する方法

ローラやスクリーン・プリントを使って，ペースト状のシリコーン・グリースを塗布します．塗布するグリースの厚みが薄すぎると金属間の隙間が埋まり切りません．厚すぎると熱抵抗が悪化したり，締め付け時にパッケージが割れたりします．グリース材やベース板，フィン表面の反り具合にもよりますが，厚みは50～100 μmが目安です．グリースの塗布には，厚みを適正に管理しつつ均一に保つために，印刷機を使います．

塗布工程を簡略化するために，あらかじめフェイズ・チェンジ材を塗布したパワー・モジュール製品も販売されています．フェイズ・チェンジ材は，温度によって固相と液相が変化する熱伝導材料です．**写真1**のように，常温だと固相ですが，動作時の熱によって高温になると液相に変化します．

▶そのほかのTIM材料

グラファイト材を紙状に加工したシート・タイプの放熱材も登場しています．パワー・モジュールとヒートシンクの間にグラファイト・シートを挟むだけなので，フェイズ・チェンジ材と同様に工程を簡略化できます．

● その3：ヒートシンク-雰囲気間熱抵抗$R_{th(S-A)}$

ヒートシンクには，空冷タイプやヒート・パイプ・タイプ，水冷タイプなどがあります．後者ほど冷却能力が高い(熱抵抗が低い)です．

電流/電圧定格が小さいパワー・モジュールは，電力損失も小さいので，自然空冷か強制空冷が一般的です．

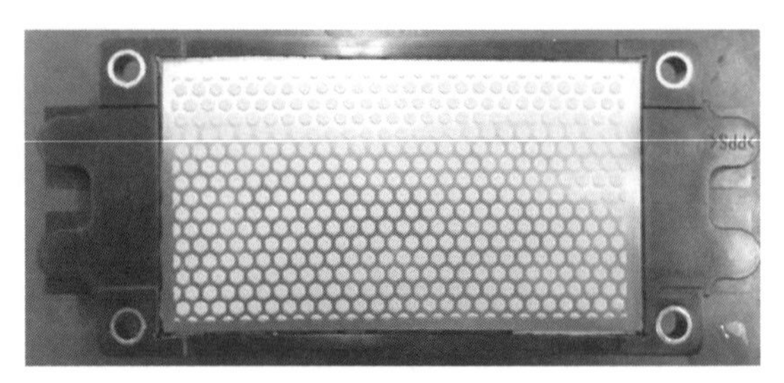
(a) 常温時(固相)

(b) 高温時(液相)

写真1　塗布工程を簡略化するTIM材料：フェイズ・チェンジ材
ガラス板に締め付けたフェイズ・チェンジ材の相変化のようす．動作時の熱によって液相に変化し，隙間を埋める

電流/電圧定格が大きいほど電力損失も大きいので，冷却能力の高いヒートシンクを使います．

パワー・モジュールのパッケージは小型化が進んでいます．その分，放熱面積が小さくなるので，冷却が難しいです．パワー・モジュールの性能を使い切るためには，最適な冷却システムを選ぶことが重要です．

$R_{th(S-A)}$の具体的な値は，ヒートシンクのメーカから提供されます．フィンの形状や冷媒(風や水)の流量で値が変化します．

■ ステップ3：電力損失と熱抵抗からチップ温度を求める

電力損失と熱抵抗がわかれば，チップの温度が推定できます．ただし計算量は膨大です．電力損失の正確な値を手計算で算出するのは大変です．

パワー・モジュール・メーカから電力損失とチップ温度を簡易的に計算するソフトウェアが提供されていることがあります．チップ温度は，このようなソフトウェアを使ってシミュレーションするのがおすすめです．

チップ温度を実測する

チップ温度は，計算やシミュレーションである程度推定できますが，実測で確認することも重要です．チップ温度を実測すればより高精度に熱設計ができます．

● 方法1：熱電対でベース板温度を測定する

熱電対を使って，最もチップに近いポイントで温度

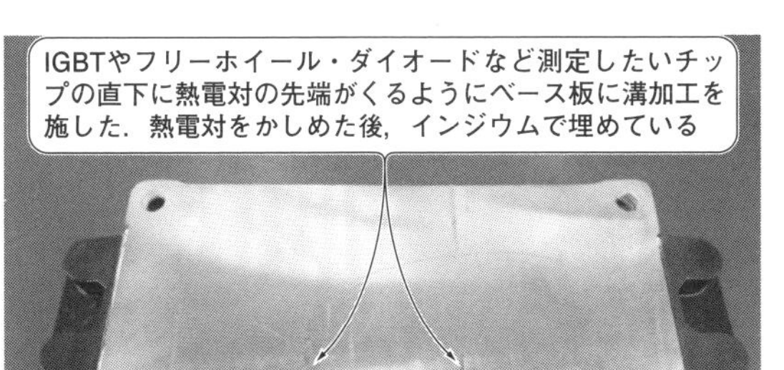

写真2　チップ温度を実測する方法…ベース板に熱電対を付ける

を測定します．パワー・モジュールでは，チップ直下のベース板温度を測定します．**写真2**のようにベース板に溝加工を施して，熱電対をかしめます．これでヒートシンクに取り付けた状態で測定できます．ベース板温度が分かれば，チップ温度T_Jは，電力損失と熱抵抗$R_{th(J-C)}$から次のとおり推定できます．

$$T_{J(IGBT)} = P_{IGBT} \times R_{th(J-C)} + T_C \cdots\cdots\cdots\cdots (8)$$

● 方法2：内蔵センサの出力値を読む

パワー・エレクトロニクス回路の設計では，機器の信頼性を向上させるために，チップ温度が上がりすぎたときに自動でシステムが停止するような過熱保護機能を組み込みます．

実際の製品では，**写真2**のように熱電対を取り付けられないので，ベース板以外の温度で判断します．

▶① NTCサーミスタ搭載モジュール

一部のパワー・モジュール製品には，**写真3**のように基板上にサーミスタが搭載されています．サーミスタは，温度によって抵抗値が変化する抵抗器です．IGBTチップと同一基板上に搭載されているので，おおよその温度が取得できます．

搭載位置はメーカによって異なります．チップ温度とサーミスタ温度の関係は，動作モードによっても変化します．サーミスタ温度から精度よくチップ温度を取得するには，詳細な事前検証が必要です．

▶② 過熱保護制御IC搭載モジュール

パワー・モジュールのパッケージ内部に制御基板を搭載したIPM(Intelligent Power Module)には，温度測定機能または過熱保護機能を備えています．

「DIPIPM」では，パッケージ内部の制御ICの温度をモニタしています．この温度情報は，外部に出力し

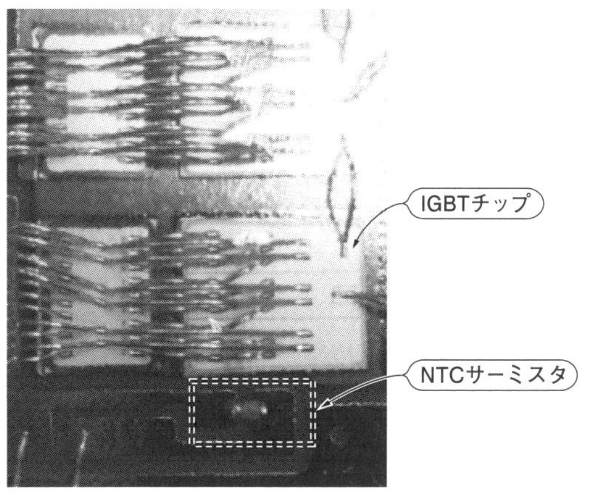

写真3　センサ内蔵製品①：NTCサーミスタ搭載モジュール

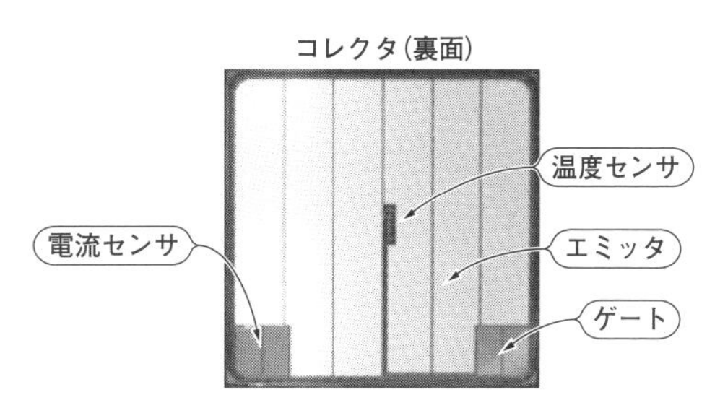

写真4　センサ内蔵製品②：温度センサ付きIGBTチップ

たり，過熱保護(Over Temperature protection，OT)機能に使われたりします．サーミスタと同様に，チップそのものの温度ではないので，チップ-制御IC間の温度差や，熱伝達の遅れ時間の考慮が必要です．

▶③ 温度センサ付きIGBTチップ搭載モジュール

最も信頼性が高いのは，チップそのものの温度情報です．ケース・タイプのIPMでは，表面に温度センサを備えたIGBTチップを使っています．**写真4**に示すとおり，IGBTチップの中心に温度センサが作り込まれています．IPM内部には，この温度情報を使った過熱保護機能が組み込まれています．温度上昇を検知したら，パワー・モジュール自体が動作を停止します．チップ中心の温度を直接測定しているので，熱伝達の応答性も高いです．パワー・モジュールの性能を最も使い切ることのできる製品です．

◆参考文献◆

(1) <IGBTモジュール>CM225DX-24T/CM225DXP-24T大電力スイッチング用絶縁形，データシート，2017年9月，三菱電機．

第23章 猛暑と極寒の繰り返しは要注意! メカニズムと対策技術

パワー・モジュールの寿命を決める「熱疲労」

山田 順治 Junji Yamada

人と同じように，パワー・モジュールにも寿命があります．寿命の長さは，使用環境によって変わります．特に，大きな温度変化を何度も繰り返す環境で使うと，内部の接合部に熱疲労が蓄積し，寿命が短くなります．本稿では，熱疲労による劣化のメカニズムや，寿命の計算方法を紹介します．

モジュールが寿命を迎えるメカニズム

● 半導体にもちゃんと機械的な寿命はある

パワー・モジュールは，半導体スイッチなので機械スイッチよりも機械的接点がなく，寿命がないと言われます．実際には，パワー・モジュールそのものの発熱により，内部の接合部が熱疲労で劣化します．接合部の劣化がパワー・モジュールの寿命となって現れます．

接合部の熱疲労は，**図1**のように熱膨張特性の異なる物質を複数接合しているために発生します．物質は通常，温度が高くなると膨張し，低くなると収縮します．温度による膨張収縮の度合いは，物質によって異なります．パワー・モジュールの内部には，膨張収縮の度合いが異なる物質が多数存在し，相互に接合されています．

● よく見ると2.6 μm/℃で膨らんだり縮んだり

半導体の主要物質であるシリコンの線膨張係数は，2.6 ppm/℃です．これは，全長1 mの物質の温度が1℃上がると，長さが2.6 μm増加することを示します．チップに接続するワイヤに使うアルミニウムの線膨張係数は，23.1 ppm/℃です．同じだけ温度が上昇すると，シリコンに比べてアルミニウムは約10倍膨張します．

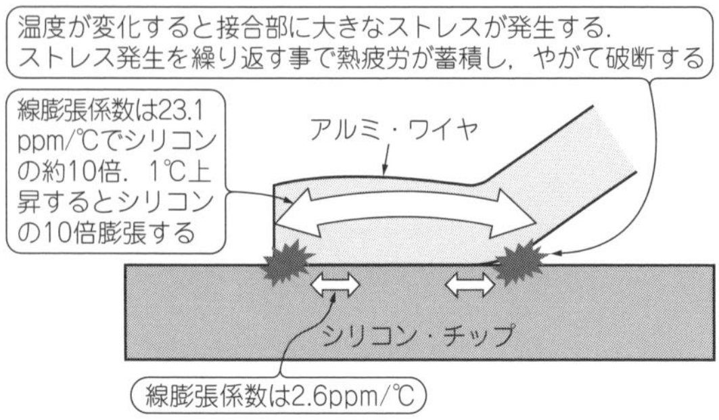

温度が変化すると，**図1**のようにシリコンとアルミニウムの接合部に大きなストレスがかかります．パワー・モジュールは，通電時には発熱しますが，停止時は温度が低下します．その繰り返しが熱疲労として蓄積し，パワー半導体の寿命として現れます．

図1 熱疲労によりモジュールが寿命を迎えるメカニズム
パワー・モジュール内部のチップとアルミ・ワイヤの接合部の例．シリコンとアルミニウムの線膨張係数の違いにより，温度が変化する度に接合部にストレスがかかり，その繰り返しが熱疲労として蓄積する

モジュールの寿命延長技術最前線

技① 線膨張係数の近い部材を使う

パワー・モジュールでは，それぞれの部材の線膨張係数が異なるため，熱疲労が発生します．そのため，使う部材の線膨張係数を合わせれば，寿命が向上します．パワー・モジュールには，必ず内部にシリコンが存在します．他の部材も，シリコンの線膨張係数に近ければ，寿命が向上します．

冷却機能を持つベース板には，銅がよく使われます．線膨張係数は16.5 ppm/℃で，シリコンの約6倍です．より長寿命が求められる電鉄向けのパワー・モジュールでは，AlSiCという複合材料が使われます．線膨張係数はシリコンの約3倍の7.6 ppm/℃で，銅よりも差が小さく，長寿命化を実現しています．

● 寿命延長技術①：周辺部品の線膨張率を合わせる

最近では，チップの周辺にシリコンに近い線膨張係数を持つ部材を使って，寿命向上を図る技術が提案されています．**図2**に示すSLC(SoLid Cover)技術では，パワー・モジュール内部の封止材として，従来のシリコーン・ゲルの代わりに硬質樹脂を使います．硬質樹脂の線膨張係数は，冷却板の銅と同じ16.5 ppm/℃になるように調整します．その他プラスチック・ケースや絶縁樹脂材料など，すべての周辺部品の線膨張係数

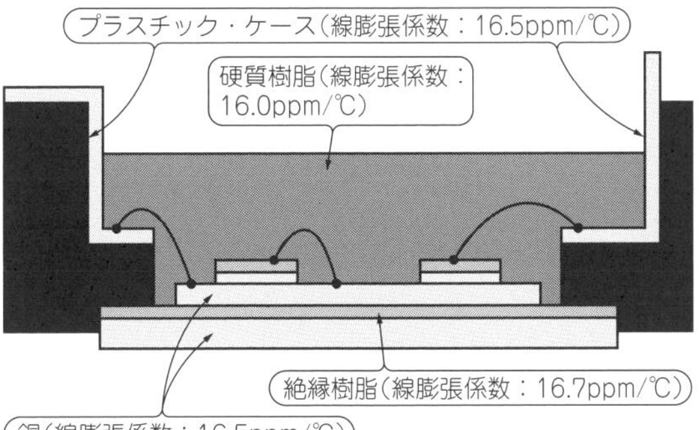

図2 寿命延長技術①:寿命7倍! モジュール内部の周辺部品の部材の線膨張係数をそろえる
SLC(SoLid Cover)技術.パワー・モジュール内部の封止材として,従来のシリコーンゲルの変わりに硬質樹脂を使用.その他の周辺部材の線膨張係数も合うように調整

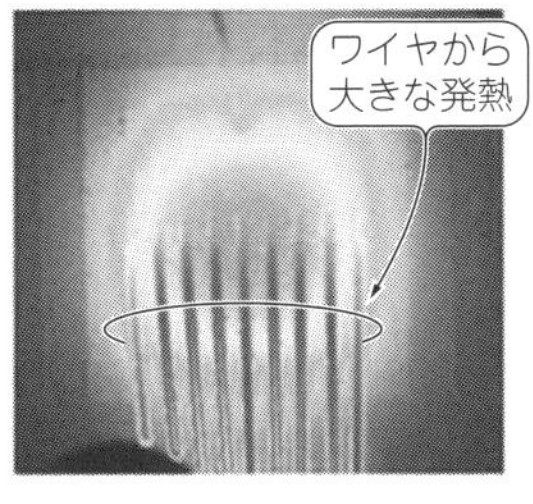

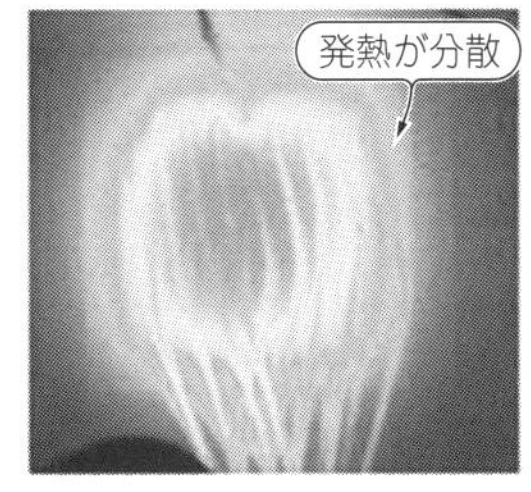

(a) ワイヤ本数が少ないとき　(b) ワイヤ本数が多いとき

図4 寿命延長技術③:アルミ・ワイヤを短くして本数を増やす

が同等になるように調整し,従来品より約7倍の長寿命化を実現しています.

● 寿命延長技術②:はんだ接合部をなくす

パワー・モジュールの絶縁基板とベース板の間は,はんだで接合するのが一般的です.最近では,はんだ接合部をなくして,寿命向上を図る手法が提案されています.その1つが,**図3**に示すMCB(Metal Casting direct Bonding)と呼ばれる技術です.従来の構造では,各部材の線膨張係数の違いにより,はんだ層にストレスが加わっていました.MCBでは,はんだ層がないので,ストレスによる劣化を回避できます.

技② とにかく発熱を抑制する

パワー・モジュールの寿命は,熱疲労の大きさで決まります.発熱を抑制すれば,パワー・モジュールの寿命を延長できます.そのため,素子の熱抵抗を小さくする技術が多く開発されています.

前述のMCB(Metal Casting direct Bonding)技術もその1つです.放熱経路にはんだ層がないので,熱抵抗が大きく改善し,長寿命化します.

発熱源は,チップだけではありません.モジュール内でチップ-端子間の配線を行うアルミ・ワイヤも電流を流せば発熱します.長いワイヤを少ない本数で配

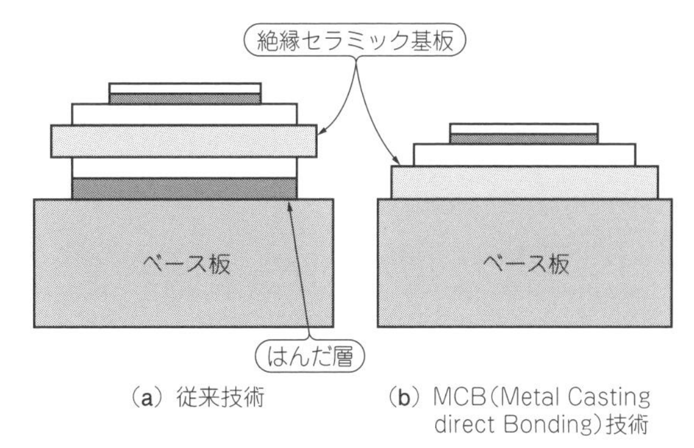

(a) 従来技術　(b) MCB(Metal Casting direct Bonding)技術

図3 寿命延長技術②:はんだ接合部をなくして線膨張係数の違いによるストレスをなくす

線すると,より発熱量が多くなり,接合部の温度が上昇しやすくなって寿命が短くなります.**図4**のように,適切な本数と長さのワイヤで配線することが重要です.

システム設計の際に,適切なパワー・モジュールを選定することも重要です.インバータの出力に対して定格電流が不十分なパワー・モジュールを選定すると,素子からの発熱が大きくなり,寿命が短くなります.冷却器の設計も重要で,十分な冷却性能がないと素子の温度が上昇し,寿命が短くなります.

寿命計算の基本

パワー・モジュールの寿命には,チップ温度T_Jで規定されるパワー・サイクル寿命と,ベース板温度T_Cで規定されるサーマル・サイクル寿命の2種類があります(**図5**).

● チップ温度の変化は「パワー・サイクル寿命」

チップ温度は,負荷変動に対する応答が速く,温度変化が急峻(きゅうしゅん)です.パワー・サイクル寿命は,短時間の温度サイクルの影響が現れやすい傾向があります.パワー・サイクル寿命による劣化は,**図6**のようにチップとワイヤの接合部に現れます.

● ベース板温度の変化は「サーマル・サイクル寿命」

ベース板は,熱容量の大きな放熱フィンに接続されるので,温度変化が緩やかです.サーマル・サイクル寿命は,長時間の温度サイクルの影響が現れやすい傾向があります.サーマル・サイクル寿命による劣化は,**図6**のように絶縁基板とベース板間を接合するはんだ層に現れます.

システム設計の際は,両方の寿命を考慮します.

技③ メーカが公開している寿命カーブからサイクル寿命を求める

パワー・モジュールには,どれくらいの繰り返しス

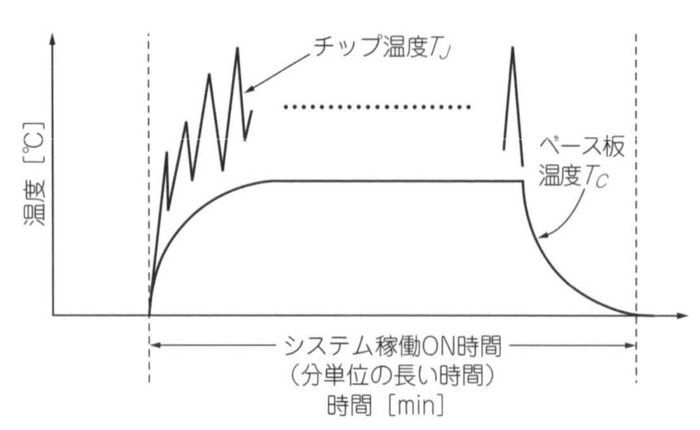

図5　モジュールの寿命計算に使う「チップ温度」と「ベース板温度」の変化

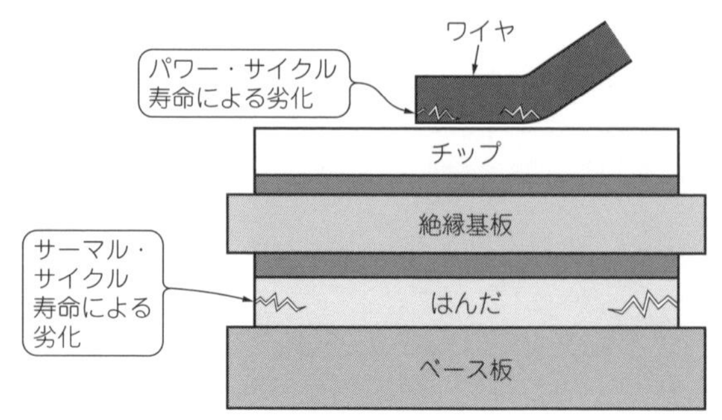

図6　各寿命とモジュールの劣化箇所
チップ温度で規定されるパワー・サイクル寿命の劣化はチップとワイヤの接合部に現れる．ベース板温度で規定されるサーマル・サイクル寿命の劣化は絶縁基板とベース板間を接合するはんだ層に現れる

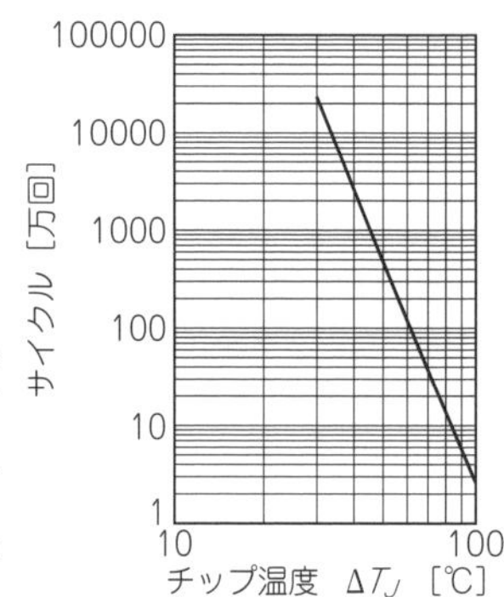

図7　メーカが公開している寿命仕様①：パワー・サイクル寿命カーブ
チップ温度の変化ΔT_Jとサイクル数の関係を示している．温度変化が大きいほど変動に耐えられる回数が少なくなる

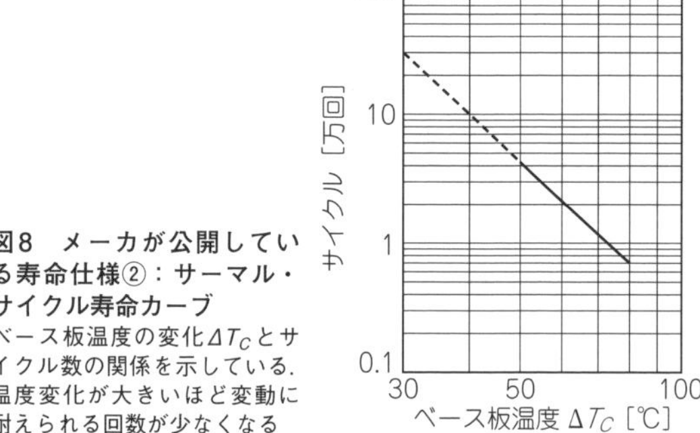

図8　メーカが公開している寿命仕様②：サーマル・サイクル寿命カーブ
ベース板温度の変化ΔT_Cとサイクル数の関係を示している．温度変化が大きいほど変動に耐えられる回数が少なくなる

トレスに耐えられるのかを示す，寿命カーブが公開されています．パワー・サイクル寿命はチップ温度T_Jで規定した指標ですが，具体的にはチップ温度の変動幅ΔT_Jをストレスとします．**図7**に示すのは，ΔT_Jとサイクル数の関係を示したパワー・サイクル寿命カーブです．$\Delta T_J = 70$℃だと約40万サイクルなので，このパワー・モジュールは70℃のチップ温度変動に40万回耐えられます．

サーマル・サイクル寿命は，ベース板温度T_Cで規定した指標ですが，具体的にはベース板温度の変動幅ΔT_Cをストレスとします．**図8**に示すのは，ΔT_Cとサイクル数の関係を示したサーマル・サイクル寿命カーブです．$\Delta T_C = 50$℃だと4.5万サイクルなので，このパワー・モジュールは50℃のベース温度変動に4.5万回耐えます．

寿命計算の実際

システム設計では，パワー・モジュールの寿命カーブと，インバータの動作パターンに基づいた寿命計算を行うことが重要です．

ここでは，実際にシステムを設計する際の寿命計算の方法を解説します．手順は次のとおりです．

● ステップ1：温度プロファイルを求める

インバータの動作パターンから，素子の温度プロファイルを計算します．温度プロファイルが得られたら，温度の変動幅と回数をカウントします．カウントにはレインフロー法を適用するのが一般的です．**図9**のような温度プロファイルであれば，ΔT_{J1}を4回，ΔT_{J2}を1回と数えます．マクロな視点で大きな温度変動をカウントするところがポイントです．本稿ではレインフロー法の詳細な説明は割愛します．

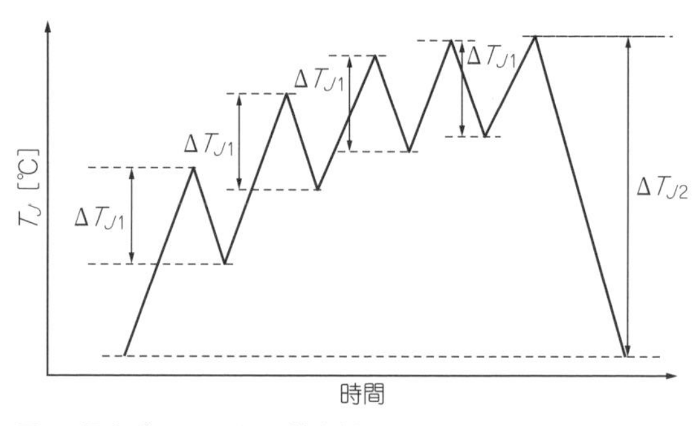

図9　温度プロファイルの算出例
ここではΔT_{J1}を4回，ΔT_{J2}を1回とカウントした

● ステップ2：寿命カーブに当てはめて1年あたりの寿命消費を求める

図9で，$\Delta T_{J1} = 30$℃，$\Delta T_{J2} = 70$℃と仮定して，このサイクルを1万回/年で繰り返すとします．これ

を図7のパワー・サイクル寿命カーブに当てはめれば，おおまかな寿命がわかります．ここでは，ΔT_{J1} = 30℃の温度変化は1年間で4万回発生します．パワー・サイクル寿命は，図7よりΔT_J = 30℃だと約2億回と求められます．ΔT_{J1}は，1年間で寿命の約0.02 %を消費します．ΔT_{J2} = 70℃の温度変化は，1年間で1万回発生します．パワー・サイクル寿命は，図7よりΔT_J = 70℃だと約40万回と求められます．ΔT_{J2}は，1年間で寿命の約2.5 %を消費します．

合計すると，1年間で寿命の約2.52 %を消費しています．この温度プロファイルでは，パワー・モジュールの寿命は約40年と求まります．

● 寿命を延ばすには

システム側で寿命を改善するには，冷却器の性能を改善などでパワー・モジュールの温度上昇を抑制します．前述の温度プロファイルでは，ΔT_{J1} = 30℃の温度変化による寿命消費よりも，ΔT_{J2} = 70℃の温度変化による寿命消費のほうが大きいことがわかりました．この場合は，ΔT_{J2} = 70℃の温度変化幅の低減に注力するほうが効率良く長寿命化できます．

column 01 パワー・モジュールの寿命を縮める熱以外の天敵

山田 順治

● その1：湿度

高温高湿環境下でパワー・モジュールに逆バイアスを加え続けると，乾燥環境下よりも早く寿命を迎えます．耐湿性を検証する手段として，THB (Temperature Humidity Bias)試験などがあります．これは，85℃/85 %RHという実際にはあり得ないほどの高温高湿環境下で逆バイアスを長時間加える試験です．この試験と市場環境との関連を議論するのは難しいですが，製品の耐湿性の実力比較には有効です．

● その2：結露

結露もパワー・モジュールの寿命に影響を与えます．30℃/70 %RHの環境では約6.1℃気温が下がると結露しますが，－20℃/70 %RHの寒冷地環境では，約3.7℃下がっただけで結露します．結露したままパワー・モジュールを使うと，水滴がモジュール外部や内部でトラッキング現象を引き起こし，沿面での絶縁破壊を発生させます．内部で腐食が進展したり，水分に溶け込んだイオン成分などが素子の挙動に悪影響を与える恐れもあります．

システム設計の際は，パワー・モジュールが結露しないよう，十分な配慮が必要です．

● その3：腐食性ガス

NOxやSOx，H_2Sなどの腐食性を持つガスが含まれる環境下でパワー・モジュールを使うと，寿命に影響を与えます．特に高温高湿環境下だと，腐食性ガスが活性化し，イオン・マイグレーションを引き起こす恐れがあります．そのような環境下で使用したからといって，直ちに素子破壊に至るわけではありませんが，腐食を進展させて想定より早く寿命を迎える可能性があります．パワー・モジュールの近傍に，腐食性ガスが侵入しない対策が必要です．

column 02 新幹線の安全性と信頼性を支え続けるパワー・モジュールの進化

山田 順治

300 km/hで走る新幹線を動かすには，約17000 kWの電気エネルギーが必要です．小型乗用車に換算すると約200台分に相当します．この莫大なエネルギーの制御にもパワー・モジュールが使われています．

新幹線にパワー・モジュールが使われるようになったのは，1980年代からです．GTO(Gate Turn-off Thyristor)素子を採用したパワー・モジュールにより，モータのインバータ制御が可能になりました．現在では，IGBT(Insulated Gate Bipolar Transistor)素子を採用したパワー・モジュールが主流になりました．最近では，パワー半導体のSiCが登場し，新幹線で扱うような大パワーに耐えるMOSFET素子を採用したパワー・モジュールが実用化されています．新幹線は，世界最高水準の安全性と信頼性を持つ鉄道システムですが，パワー・モジュールの進化がそれを支えています．

第24章 PICマイコンで静かでエコで長寿命を実現する

回転数は自動調整！高効率・空冷ファン電源の設計

藤田 雄司 Yuji Fujita

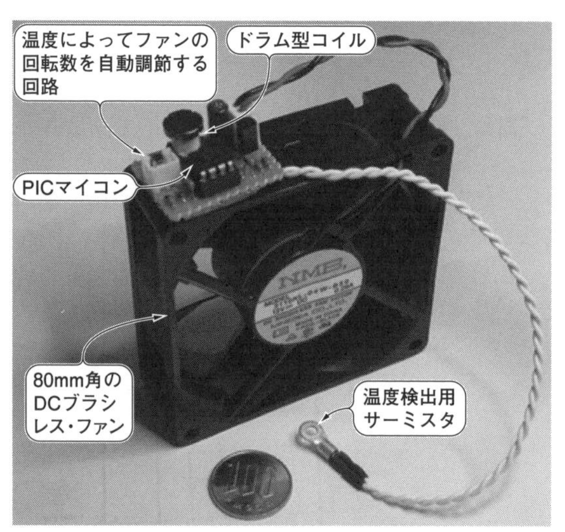

写真1 製作した強制空冷用高効率ドライブDCファン
温度変化に応じてファンの回転をPICマイコンで制御しつつ，高い変換効率でDCファンを回転させる完成した制御基板は，ヒートシンクは未使用で100円玉2枚程度の大きさ

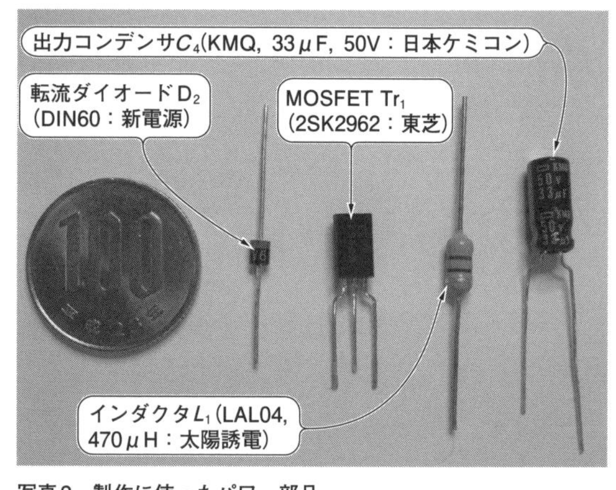

写真2 製作に使ったパワー部品
小型化のためにはむだに余裕のある部品は選ばない．仕様を満たせる範囲で最小のタイプを採用

電子回路を冷やすと寿命が伸びます．特に，電解コンデンサやLEDは，高温下で寿命が短くなりやすい部品です．

電子部品を冷やす手段には，放熱器を使う方法と冷却ファンを使う方法があり，後者のほうが高い冷却効果が得られます．長い製品寿命が期待される産業機器では冷却ファンを選ぶことも多くあります．

冷却ファンは最悪条件を考えて選ぶので，ほとんどの場合は全力で回る必要がありません．適切に駆動して回転数を抑えれば，騒音を小さくできて，消費電力を減らせるうえに，ファンの寿命も伸びます．そこで，PICマイコンを使って，ファンの回転数が温度で自動的に調節される可変直流電源回路を作りました(**写真1**)．

電源回路は，変換効率が低いと大きな損失，つまり熱が発生して，装置内と電子部品の温度を高めます．冷却器なのに，自分自身が放熱板を必要とするようでは本末転倒です．冷却ファンの電源は高い変換効率をもっていることが必須です．

1次試作回路とキーパーツ

■ 仕様

● 可変直流電源

図1に示すように，基本回路は降圧型DC-DCコンバータです．使用した部品を**写真2**に示します．温度はサーミスタRT_1(103AT，SEMITEC)で測ります．回転数をPICマイコンで制御します．PICマイコンから直接MOSFETを駆動するので，Tr_1はロー・サイド側でスイッチングするように配置しています．

本電源回路は，定格電圧12～24 VのDCブラシレス・ファンに対応します．今回使用するDCファンは12 V定格のものですが，24 V定格のものも使用できるように目標スペックを決めました．

入力電圧：DC24 V
想定負荷：DCブラシレス・ファン(12～24 V)
最大出力電流：0.3 A

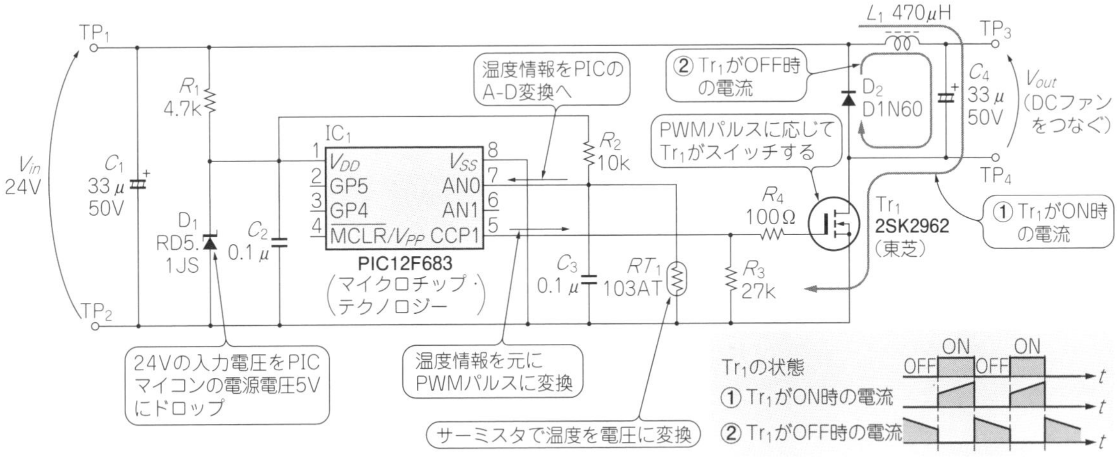

図1 1次試作用のDCファン・ドライブ用電源回路
サーミスタで温度検出して，降圧型DC-DCコンバータをPICで制御する．PICで直接MOSFETを駆動するために，降圧コンバータのスイッチングはローサイド側で行う

出力電圧可変範囲：入力電圧の5～99％
変換効率：90％以上(PWMのONデューティが50％以上)
出力リプル電圧：20 mV$_{RMS}$以下
サーミスタの測定温度範囲：－10～＋100℃
動作周囲温度上限：50～60℃

● PWM周波数

PWM周波数は高くするほどインダクタやコンデンサを小型化できますが，MOSFETや転流ダイオードのスイッチング損失が増加します．

今回使うPICマイコンの内部クロック周波数は最高8 MHzなので，あまり高い周波数のPWMでは制御分解能が低下します．今回は，PWM周波数を100 kHzとしました．

■ キーパーツ

● ①DCブラシレス・ファン

負荷のファンには，産業用の長寿命冷却ファンとして一般的なDCブラシレス・タイプを使います．動作電圧範囲はDC6.0～13.8 Vのものを選びました．

DC-DCコンバータは，電圧の変換比が大きいと高い効率が得にくくなります．入力電圧DC24 Vと動作電圧が近く，制御に使うPICマイコンの電源電圧 5 Vからも動作電圧が近いことが選択の理由です．

使用したDCブラシレス・ファンの仕様を次に示します．

型名：3110NL-04W-B50(ミネベア)
動作電圧範囲：DC6.0～13.8 V
最大消費電流：0.29 A
回転数：3400 rpm
風量：1.20 m^3/min
静圧：47.0 Pa
騒音：38 dBA

今回使用するDCファンの動作電圧範囲はDC6.0～13.8 Vですが，後述の実験によるデータ収集のために，PICマイコンのファームウェアでデューティ比の可変範囲を5～50％(DC1.2～12 V)に設定しました．

● ②インダクタと出力のコンデンサ

インダクタL_1や出力コンデンサC_4の値は，余裕をもたせすぎると無駄にサイズが大きくなります．ファンの消費電流や出力電圧のリプルをどこまで小さくするかによって定数を決めます．

初めにインダクタに流れる三角波のリプル電流の最大値から，必要なインダクタンス値を算出します．リプル電流はPWMのデューティが50％，つまり出力電圧が入力電圧の半分のときに最大となります．

リプル電流I_Rは，最大出力電流の1/8～1/6くらいになるようにします．I_R = 40 mAとするとインダクタL_1は，式(1)で求まります．

$$L_1 = \frac{V_{out}(V_{in} - V_{out})}{\sqrt{12}\, I_R f_{sw} V_{in}} = \frac{12\ \mathrm{V} \times (24\ \mathrm{V} - 12\ \mathrm{V})}{3.464 \times 40\ \mathrm{mA} \times 100\ \mathrm{kHz} \times 24\ \mathrm{V}} \fallingdotseq 433\ \mu\mathrm{H} \quad \cdots\cdots (1)$$

ただし，f_{sw}：スイッチング周波数(100 k) [Hz]

実験では，小型アキシャル・リード・インダクタLAL04シリーズ(太陽誘電)の470 μHとしました．次に，出力のリプル電圧値V_Rから必要な出力コンデンサC_4の容量を，式(2)で算出します．

$$C_4 = \frac{I_R}{8 f_{sw} V_R}$$
$$= \frac{40\ \mathrm{mA}}{8 \times 100\ \mathrm{kHz} \times 20\ \mathrm{mV}}$$
$$\fallingdotseq 2.5\ \mu\mathrm{F} \cdots\cdots (2)$$

リプル電流が小さいので，C_4の等価直列抵抗成分ESRや等価直列インダクタンス成分ESLの値は無視します．この容量であれば高周波特性の優れたセラミック・コンデンサを使うこともできます．しかし，小型大容量のセラミック・コンデンサは，直流電圧を加えると容量が減る特性をもつため，電解コンデンサを使います．

容量は2.5 μF以上あればよいのですが，L_1に流れるリプル電流は出力コンデンサにも流れます．したがって，コンデンサの定格リプル電流は40 mA以上必要です．KMQシリーズ(日本ケミコン)の中で外形が最も小さく，定格リプル電流が2倍以上余裕のある33 μF，50 Vとしました．

● ③MOSFETと転流ダイオード

入力電圧は24 Vなので，転流ダイオードD_2の逆方向耐圧は24V以上必要です．最大順方向電流I_Fは次式で求まる電流が流れます．

$$I_F = I_{Omax} + \sqrt{3} I_R$$
$$= 0.3\ \mathrm{A} + 1.732 \times 40\ \mathrm{mA}$$
$$\fallingdotseq 0.369\ \mathrm{A} \cdots\cdots (3)$$

ただし，I_{Omax}：最大負荷電流［A］，I_R：リプル電流［A］

1 Aクラスまでは大きさに大差はないので，少し余裕がありますが600 V/1 AのD1N60(新電元)を使います．

MOSFET Tr_1は，PICマイコンの出力で直接ゲートを駆動するので，ゲートしきい値電圧が2 V程度のものが必要です．最大ドレイン電流I_{Dmax}は転流ダイオードに流れる電流と同じになるので1 Aあれば十分です．

最大ドレイン電圧V_{DSS}は多少のサージを考慮しても50 V以上であればよいです．効率を良くするために，オン抵抗の低い品種がベターです．

以上の理由から，2SK2962を選びました．パッケージは小型のTO-92MOD，V_{DSS}は100 V，I_Dは1 A，$R_{DS(on)}$は0.65 Ωです．

1次試作回路の温度上昇と発熱の原因

技① 赤外線カメラで部品の発熱のようすを調べる

図2は実験ボードに組み立てた状態です．

サーミスタの代わりに半固定抵抗を使って出力変化の実験をしやすくしました．PWMのデューティ比に応じてファンの回転は制御されます．

回路の変換効率はPWMデューティ 50 %時で49.5 %と低い値になりました．レギュレータをドロッパ型にしたときと同じ程度の損失があり，完全に失敗です．

どこかで電力が無駄に熱になっています．原因を探るために赤外線カメラで撮影してみました［**図2(b)**］．転流ダイオードD_2，インダクタL_1，MOSFET Tr_1の順でかなり発熱していました．特にD_2は167℃にもなっています．

● 発熱の原因① ダイオードに逆方向の電流が流れることによる損失

図3(a)は，転流ダイオードD_2に加わる電圧と流れている電流の波形です．**図3(b)**は，MOSFET Tr_1がONした付近を拡大した波形です．

MOSFETがONしてダイオードに逆電圧が加わった瞬間，ピークで3 A以上の電流が流れます．徐々に電流は減るものの流れ続けています．

波形データから計算すると転流ダイオードD_2での損失電力は，2 Wを超えていました．順方向電圧分による損失だけなら0.24 W程度のはずでしたが，8倍以

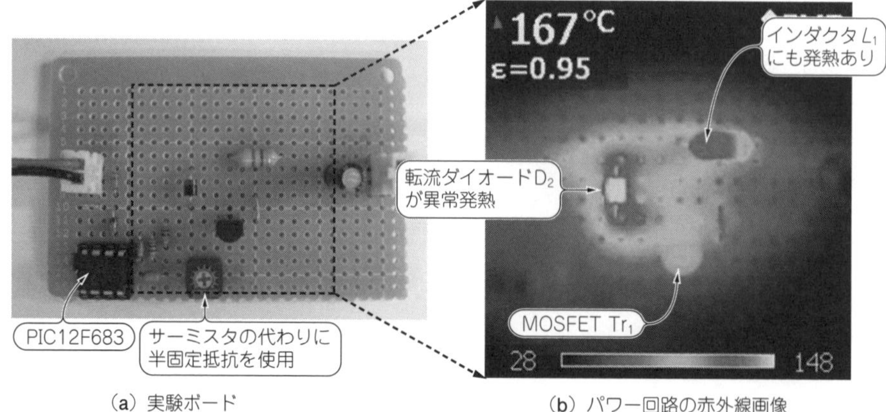

(a) 実験ボード　(b) パワー回路の赤外線画像

図2 一般整流ダイオードを使った1次試作基板の温度上昇のようす
変換効率が上がらない原因は転流ダイオードの異常発熱，破壊寸前！ 転流ダイオードの表面温度が絶対最大定格の150℃を超えてしまっている

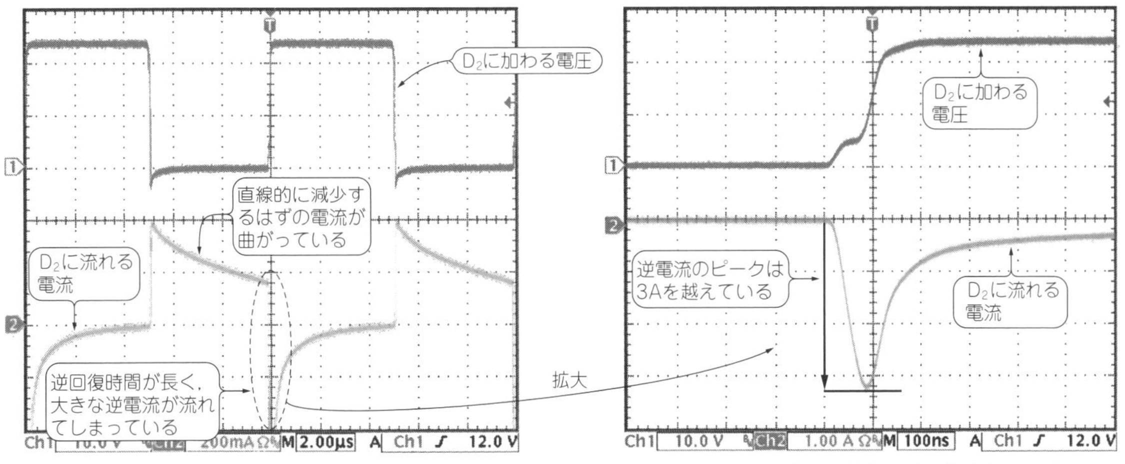

(a) 電圧と電流の波形(ch1：10 V/div，ch2：200 mA/div，2.00 μs/div)

(b) 電流スケール1/5倍，時間軸20倍に拡大(ch1：10 V/div，ch2：1 A/div，100 ns/div)

図3　1次試作回路の転流ダイオードの電圧と電流の波形，右は拡大した波形
逆方向になった瞬間からしばらく電流が流れ続けている．転流ダイオードでの損失は加える電圧と逆電流の積になる．これが大きな損失となっている

上の損失が発生しました．ここでの損失が変換効率悪化の最大原因でした．

使った一般整流用のパワー・ダイオードは商用周波数(50/60 Hz)の整流が目的なので，100 kHzのスイッチング電流の整流には使えません．

● 発熱の原因② インダクタに流れる電流が定格をオーバーすることによる損失

図4に示すのは，インダクタL_1に加わる電圧と流れている電流の波形です．

インダクタL_1には，MOSFET Tr_1のスイッチによって矩形波の電圧が加わります．電流は積分されると，直線状に変化する三角波になるはずですが，この波形は電流が増えたときに，傾きが増しています．

PWM信号のONデューティは50 %なので，インダクタに加わっている電圧は5 μs間一定です．その間に電流の傾きが増える理由は，電流が増えたときにインダクタンスが減少しているからです．

インダクタL_1を使うときは，流せる定格電流を確認しなければなりません．LAL04シリーズの470 μHは最大電流が126 mAです．これに対して平均290 mAの電流を流しているので，リプル電流のピーク付近ではインダクタのコアが飽和して，急激にインダクタンスが小さくなった結果，電流が急増していました．電流が増加すると，インダクタの直流抵抗分で損失が増します．同時にMOSFETのオン抵抗分での損失も増します．

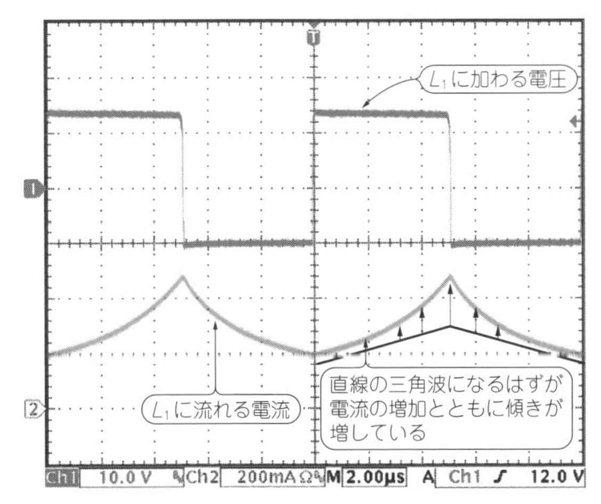

図4　1次試作回路のインダクタに流れる電流は定格をオーバーしている(ch1：10 V/div，ch2：200 mA/div，2.00 μs/div)
きれいな三角波になるはずが，電流の増えると曲がってくる．原因はインダクタのコア飽和によってインダクタンスが減少したため

ダイオードとインダクタの変更による発熱改善

技② 低損失整流回路に利用されるショットキー・バリア・ダイオードを使う

転流ダイオードD2は，スイッチング特性に優れるショットキー・バリア・タイプのRA13(サンケン電気，30 V/2 A)に変更します．ショットキー・バリア・ダイオードは逆回復時間による損失がほとんどありません．PN接合タイプに比べて順方向電圧も低いので，順方向損失も低下します．

ショットキー・バリア・ダイオードは金属と半導体の接合によって生じるショットキー障壁を利用して整流特性を得ています．このため順方向電圧がPN接合と比較して低く，PN接合のような少数キャリアによる逆回復時間は存在しません．スイッチング電源などには，低損失整流回路として広く利用されています．

技③ ダイオードにパルス状の逆電圧が加わる損失限界と耐圧を確認する

図5，**表1**，**表2**に，ショットキー・バリア・ダイオード RA13の仕様を示します．

絶対最大定格のピーク繰り返し逆電圧(V_{RM})は30 Vで，V_{RM} = 30 Vを加えたときのリーク電流は最大3.0 mAです．この数値だけを見ると，24 V電源に使うことに問題はなさそうです．条件をよく見ると，このリーク電流は，周囲温度T_Aが25℃のときの値です．

効率アップを期待して実験に使うショットキー・バリア・ダイオード RA13のデータシートには，パルス状の逆電圧が加わるときの最大定格(T_J = 125℃)が示されています．

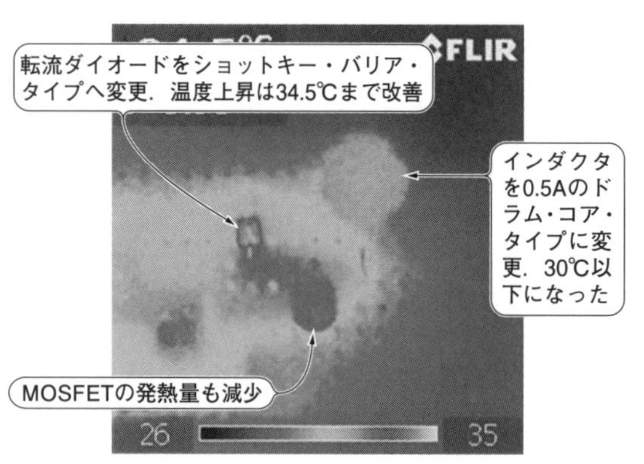

写真3　転流ダイオードとインダクタ変更後のパワー回路赤外線画像
逆回復電流低減でMOSFETでの発熱も低下．転流ダイオードの損失はそのほとんどが順方向電圧と順方向電流の積となり，大幅に温度は低下した

表1　ショットキー・バリア・ダイオードRA13の絶対最大定格

No.	項　目	記号	単位	定 格	条　件
1	ピーク非繰返し逆電圧	V_{RSM}	V	30	－
2	ピーク繰返し逆電圧	V_{RM}	V	30	－
3	平均順電流	$I_{F(AV)}$	A	2	－
4	サージ順電流	I_{FSM}	A	50	10 msの正弦半波単発
5	I^2t 限界値	I^2t	A^2s	12.5	1 ms≦t≦10 ms
6	接合部温度	T_J	℃	－40～＋125	－
7	保存温度	T_{stg}	℃	－40～＋125	－

表2　ショットキー・バリア・ダイオードRA13の電気的特性

No.	項　目	記号	単位	特性［最大値］	条　件
1	順方向降下電圧	V_F	V	0.36	I_F = 2.0 A
2	逆方向漏れ電流	I_R	mA	3.0	V_R = V_{RM}
3	高温逆方向漏れ電流	$I_{R(HT)}$	mA	140	V_R = V_{RM}, T_J = 100℃
4	熱抵抗	$R_{th(j\text{-}l)}$	℃/W	15	接合部と本体リードの付け根の間

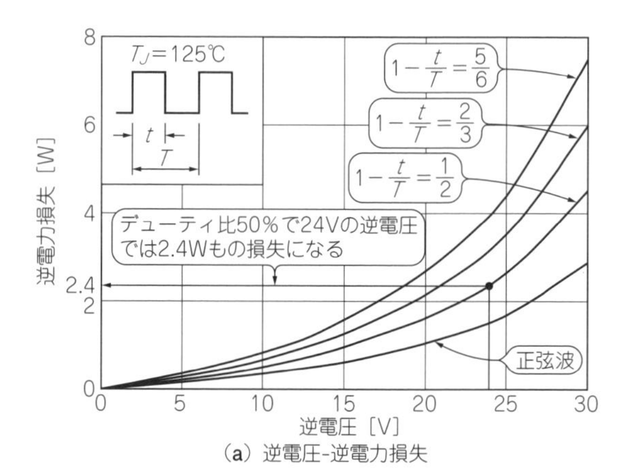

(a) 逆電圧-逆電力損失

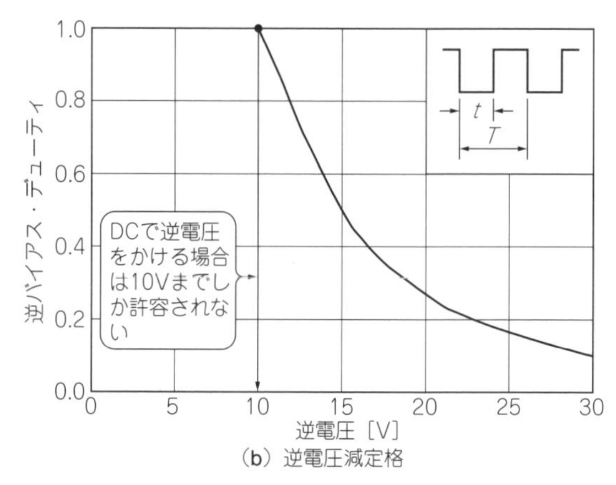

(b) 逆電圧減定格

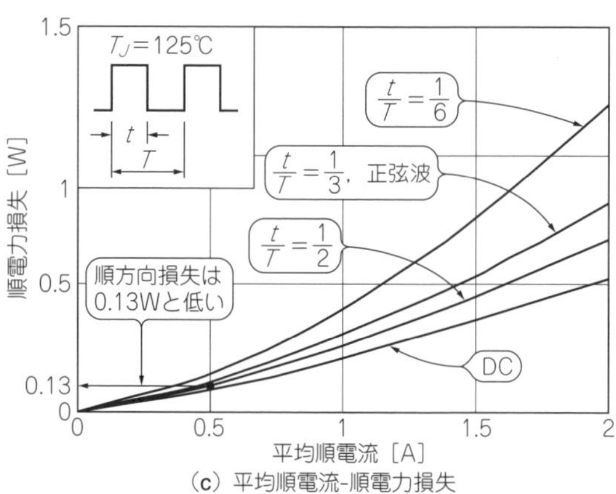

(c) 平均順電流-順電力損失

図5　ショットキー・バリア・ダイオードRA13の絶対最大定格と電気的特性
条件や諸特性から自分の使用条件を満たせることを確認する

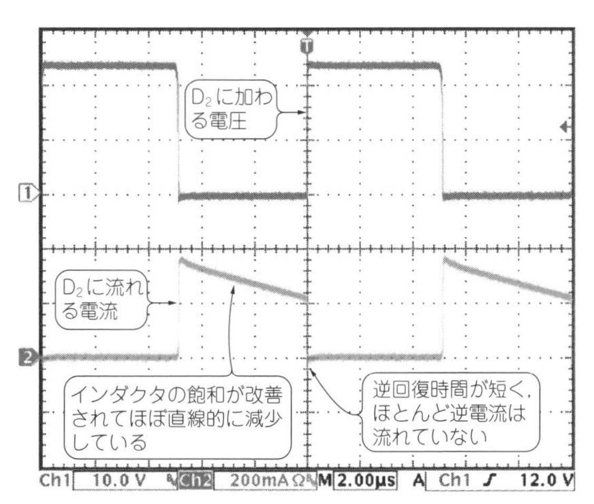

図6　転流ダイオードをショットキー・バリア・ダイオード変更した後の転流ダイオードに加わる電圧と電流(ch1：10 V/div，ch2：200 mA/div，2.00 μs/div)
逆回復時間がほぼ0なので，逆電流は流れない．逆回復時間による逆電流が流れないので損失はほとんどゼロになっている

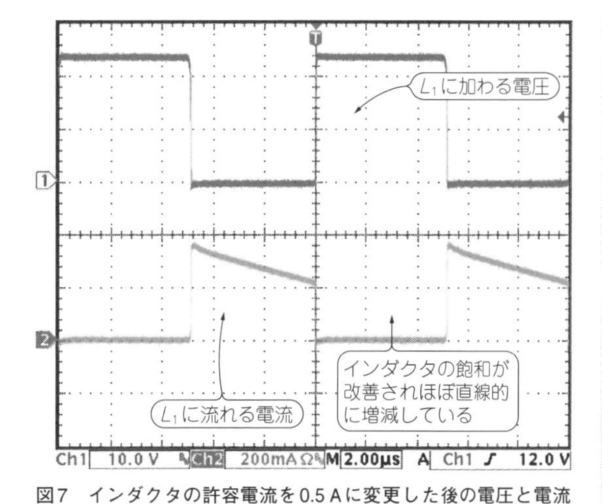

図7　インダクタの許容電流を0.5 Aに変更した後の電圧と電流(ch1：10 V/div，ch2：200 mA/div，2.00 μs/div)
コアの飽和がなくなりきれいな三角波になる．電流の大きさによってインダクタンスが変化しないので，方形波の電圧を加えれば電流は積分されて三角波になる

column 01　シリコン・ダイオードは電流の急転直後，逆方向に大電流が流れる

藤田 雄司

PN接合ダイオードは，P型半導体とN型半導体を接合して整流特性を得ています．

順方向に電圧を印加したときは**図A**のようにホールと電子がそれぞれの極から供給され続け，入り乱れながら相手の極へ向かって移動し続けます．これが順方向で電流が流れるときの動作です．

逆方向に電圧を加わると，**図B**のようにホールと電子はそれぞれ注入極に引き寄せられ，接合部付近はキャリアのほとんどない空乏層となって電流が流れません．これが逆方向時の動作です．

順方向に流れている状態から逆方向に切り替わると，入り乱れていたホールと電子は元の極に向かって移動します．この移動が完了して空乏層が形成されるまでは電流が流れ続けます．これがダイオードの逆回復時間(リカバリ・タイム)です．

一般整流用ダイオードは商用交流電源の50/60 Hzで使うことが前提なので，逆回復時間が規定されていない(データがない)こともあります．

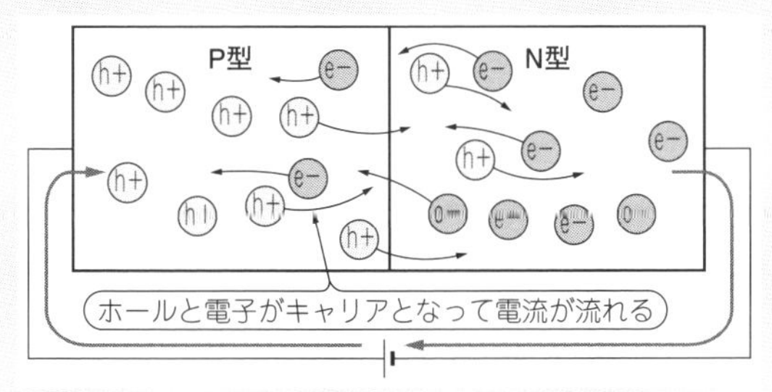

図A　シリコン・ダイオードに順方向電圧を加えたときのホールと電子のようす
ホールと電子は相手側の極に移動して電流が流れる

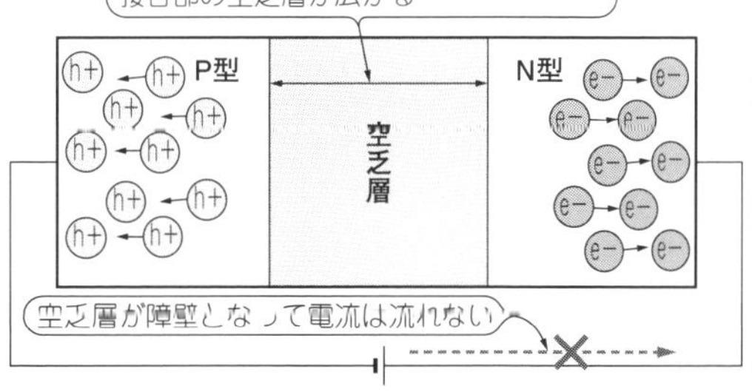

図B　シリコン・ダイオードに逆方向電圧を加えたときのホールと電子のようす
ホールと電子は注入側の極に集まり，空乏層が広がって電流は流れない．順方向から逆方向に切り替わる過渡状態が逆回復時間で，この間導通状態が維持される．一般整流用では逆回復時間を規定していない場合が多い

(1) デューティ50％のパルス逆電圧を加えたときの逆電力損失の最大定格［図5(a)］
(2) デューティと加えられる逆電圧の最大定格（逆電圧減定格グラフ）［図5(b)］

ONデューティが50％のとき24Vの逆電圧を加えたときの損失は2.4Wです．逆電圧減定格グラフから，24Vの逆電圧を加えたときは約17％のONデューティしか許容されていません．100％のONデューティ，つまり直流の逆電圧を加え続けられるのは最大10Vです．

24Vの逆電圧を加え続けるには，約3倍(70V以上)の逆方向耐電圧をもつショットキー・バリア・ダイオードが必要です．この値は，シリコンのショットキー・バリア・ダイオードの目安です．

しかし逆方向耐電圧の大きいショットキー・バリア・ダイオードほど，その長所といえる低い順方向電圧が高くなる傾向があります．

● 大幅に発熱は低下し効率93％を達成

インダクタは，多少サイズがアップしますが，許容電流0.5Aのドラム・コア・タイプのものに変更しました．

以上のダイオードとインダクタを改良した回路で再実験しました．

図6は転流ダイオードに加わる電圧と電流の波形で，図7はインダクタに加わる電圧と電流の波形です．

転流ダイオードでの損失は，順方向電圧低下の効果もあり0.15Wまで減っています．

インダクタに流れるリプル電流も正常な三角波になり，パワー回路の赤外線画像(写真3)を見てもダイオードの温度は34.5℃，インダクタは30℃以下になりました．

ここでPWMデューティ50％時の変換効率は93％を超え，リプル電圧も約14 mV_{RMS}となり，目標仕様を達成しました．

表3 各メーカのダイオードの代表的な性能を比較する
逆電圧が高い用途では，ショットキー・バリア・ダイオードよりもファスト・リカバリ・ダイオードのほうが有利になる．ショットキー・バリア・ダイオードはリーク電流が大きく，高耐圧のものほど順方向電圧も高くなる

仕様＼型名	D1N60(一般整流用)	RA13	D1NS4	D1NS6	D1FJ8	D1NL20U	RF101A2S
接合部構造	PN	ショットキー	ショットキー	ショットキー	ショットキー	PN	PN
逆方向耐電圧	600V	30V	40V	60V	80V	200V	200V
最大順方向電流	1A	2A	1A	1A	2A	1A	1A
順方向電圧降下(※1)	1.05V	0.36V	0.55V	0.58V	0.74V	0.98V	0.815V
逆回復時間	750ns(実測値)	−	−	−	−	35ns	12ns
0.5A時の順方向損失(デューティ＝50％時)	0.48W(正弦波)	0.13W	0.23W	0.26W	0.27W	0.38W	0.33W
24V印加時の逆方向損失(※2)	0.96W(※3)	2.4W	0.27W	0.24W	0.10W	0.011W(※3)	0.003W(※3)
メーカ名	新電元	サンケン電気	新電元工業	新電元工業	新電元工業	新電元工業	ローム

※1：I_Fはメーカ規定の電流時，※2：T_Jは最大定格時，※3：リカバリ損失(実測値)

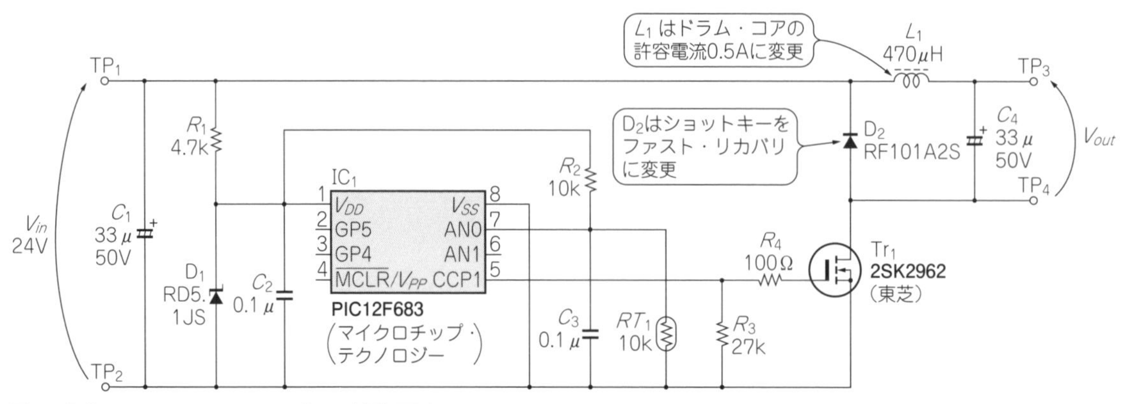

図8 完成したDCファン・ドライブ用可変電源回路
インダクタの電流容量を0.5Aに，転流ダイオードは最終的にファスト・リカバリ・タイプに変更した

ファスト・リカバリ・ダイオードによる効率改善

技④ 逆電圧が高い用途ではファスト・リカバリ・ダイオードを選ぶ

表3に，ダイオードの種類と損失を比べた結果を示します．

ショットキー・バリア・ダイオードは，使用電圧に対して3倍以上の逆方向耐電圧が必要だと考えると，24Vの逆電圧が加わる状況では，順方向電圧が低いというメリットは失われます．

むしろファスト・リカバリ・ダイオードのほうが低損失に抑え込むことができます．そこで最終的に，転流ダイオードはファスト・リカバリ・ダイオードRF101A2S(ローム)を選択しました．

column 02 ショットキー・バリア・ダイオードは熱暴走しやすいので注意

藤田 雄司

● 熱暴走の気がある

一見いいことずくめのショットキー・バリア・ダイオードですが，欠点があります．それは逆方向の耐電圧を高くしにくく，逆方向リーク電流が多いということです．この電流は，温度が上がると指数関数的にグングン増し，止まらなくなります(熱暴走)．

50 mAのリーク電流でも，24 Vの逆電圧が加わると，1.2 Wもの電力が損失(熱)に変わります．この電力はヒートシンクのない部品を熱暴走させるのに十分な値です．リーク電流は，値が大きくないので見落としがちですが，整流回路に使うときは，リーク電流による損失と使用温度の関係を十分に調べておく必要があります．

● 実験中に熱暴走に遭遇

今回作ったDCファン・ドライブ用可変電源で，温度変化の模擬用だった半固定抵抗をサーミスタに戻して，温度を変えながら動作を確認していたときのことです．変換効率が徐々に低下してきたと思った瞬間，突然出力の制御が効かなくなりました．よく見てみると入力24 Vの電流が異常に増加し，転流ダイオードとMOSFETが異常に発熱していました．

部品をチェックしたところ，転流ダイオードが壊れていました．この怪現象の原因を追いかけるために，部品を交換して電圧と電流を監視しました．ところがしばらく動かしていても何も変化なく，壊れる兆しがありませんでした．

試しにドライヤで基板全体を温めてみました．図Cはオシロスコープを重ね描きモードにしておき，温度を上昇させたときの転流ダイオード電圧と電流波形です．初めのうち逆方向リーク電流はほとんどなかったのですが，温度が上がるにつれて少しずつ増していきました．60℃程度になったところで電流増加が加速し始め，アッという間に壊れてしまいました．リーク電流による逆方向時の損失が放熱能力を超えたとき，自体の発熱でさらに損失が増加する正帰還(熱暴走)を起こしたのです．

転流ダイオードが壊れて導通状態になったために，MOSFETに制限のかからない電流が流れてしまいました．MOSFETの異常発熱はこれが原因です．

＊　＊　＊

この失敗例のように，安易に高性能部品を採用すると，思わぬ罠にはまります．高性能と引き換えになっている欠点が必ずあるからです．部品の仕様は目的の部分だけでなく，他に背反する仕様がないかどうかよく確認しましょう．

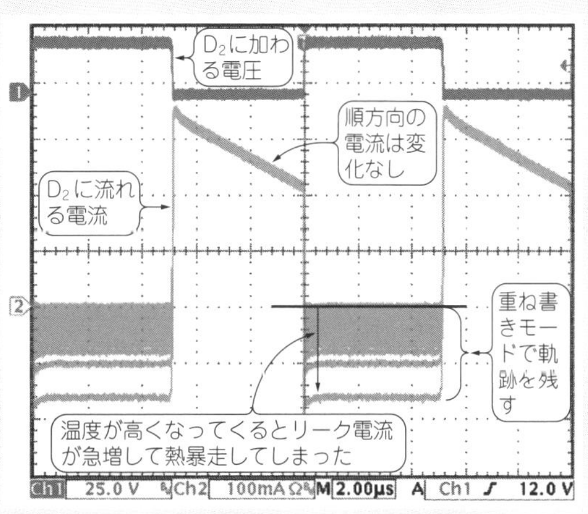

図C 熱暴走寸前の転流ダイオードの電圧，電流波形
重ね書きモードに設定して変化の軌跡を観測する．温度が上昇すると逆方向リーク電流が増加，損失電力が急激に上昇する

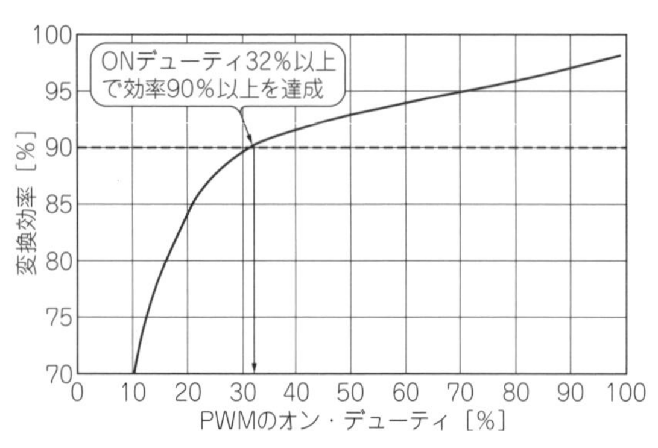

図9　完成した電源回路の変換効率（実測）
PWMのオン・デューティ32％以上の領域で目標変換効率の90％以上を達成．MOSFETのオン抵抗，転流ダイオードの順方向電圧と逆回復時間，インダクタの銅損と鉄損が効率低下の要因

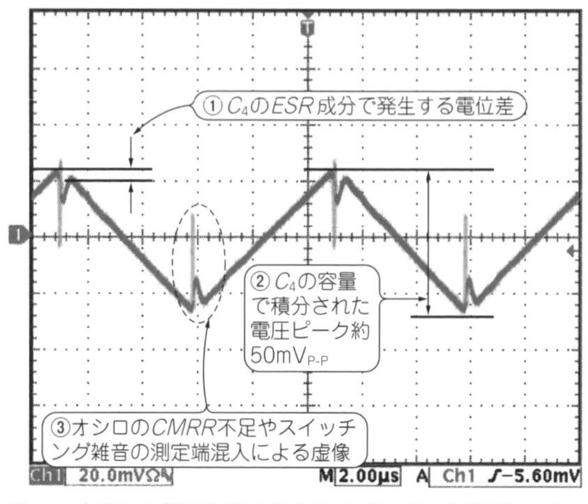

図10　完成した電源回路の出力のリプル電圧波形（20 m/div，2.00 µs/div）
実際には存在しない虚像に惑わされないように注意．オシロスコープのグラウンド側はコンデンサ（Yコン）を通じてACラインとつながりループを構成するので，高域でのCMRRはあまり期待できない

● 完成したDCファン・ドライブ用電源

完成した回路を**図8**に，外観を**写真1**に示します．**図9**は，PWMのONデューティを変化させたときの変換効率グラフです．12 Vのファン定格電流が0.29 Aだったので，測定時の負荷抵抗を41 Ω（＝12 V/0.29 A）にしました．

PWMのONデューティが32％以上の領域で90％以上の変換効率を達成しています．

図10は出力のリプル電圧波形です．出力コンデンサ（C_4）の等価直列抵抗ESRで発生する電圧はリプル電圧の主成分に比べると十分に小さいので，波形を50 mV$_{P-P}$の三角波と仮定するとリプル電圧V_Rは，式(4)の値になり目標仕様を満たしています．

$$V_R = 50\ \mathrm{mV_{P\text{-}P}}/\sqrt{12} \fallingdotseq 14.4\ \mathrm{mV_{RMS}} \quad \cdots\cdots (4)$$

column 03　強力な雑音でまみれたパワー回路の波形観測術

藤田 雄司

本文の**図10**に示すスパイク状のパルスや波形の乱れは，実際の回路の出力信号には存在していません．つまり虚像です．

大電流や高電圧でスイッチングする回路の近くで，オシロスコープの感度を上げて波形を観測すると，実際には存在しない波形が観測されることがあります．これは測定端のループに鎖交する磁束や容量結合で混入したスイッチング雑音が原因です．オシロスコープの$CMRR$が十分大きくなく，接地に対して発生するスイッチングのコモン・モード雑音が見えることもあります．このようなときは，オシロスコープの測定端を短絡した状態で回路に近づけたり，測定端の短絡点を被測定回路に接触させると見分けることができます（**図D**）．観測している波形が正しいと信じ込んでしまうと，解決できるものも解決できなくなります．正確な観測できているかどうかを常に疑う癖をつけることが重要です．

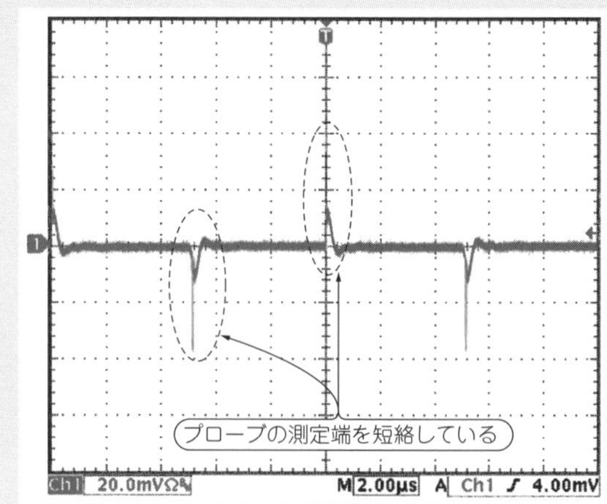

図D　オシロスコープの測定端を短絡して回路出力に接触させたときの波形（20 mV/div，2.00 µs/div）
測定端が短絡されているので観測された波形は虚像．スイッチング矩形波の高域成分におけるCMRR悪化分がそのまま波形として見えている

初出一覧

本書の下記の章項は，「トランジスタ技術」誌に掲載された記事を元に再編集したものです．

第1章 …………… トランジスタ技術 2020年8月号 pp.40-49
第2章 …………… トランジスタ技術 2020年8月号 pp.50-52
第3章 …………… トランジスタ技術 2020年8月号 pp.53-59
第4章 …………… トランジスタ技術 2020年8月号 pp.60-65
第5章 …………… トランジスタ技術 2020年8月号 pp.66-82
第6章 …………… トランジスタ技術 2020年8月号 pp.83-88
第7章 …………… トランジスタ技術 2018年4月号 pp.107-110
第8章 …………… トランジスタ技術 2010年6月号 pp.124-126
第9章 …………… トランジスタ技術 2001年3月号 pp.283-296
第10章 …………… トランジスタ技術 2017年7月号 pp.40-47
第11章 …………… トランジスタ技術 2016年11月号 pp.140-147
第12章 …………… トランジスタ技術 2020年1月号 pp.102-109
第13章 …………… トランジスタ技術 2009年9月号 pp.154-161
第14章 …………… トランジスタ技術 2013年9月号 pp.184-197
第15章 …………… トランジスタ技術 2017年5月号 pp.115-118
第16章 …………… トランジスタ技術 2017年8月号 pp.130-137
第17章 …………… トランジスタ技術 2020年1月号 pp.110-120
第18章 …………… トランジスタ技術 2019年3月号 pp.139-147
第19章 …………… トランジスタ技術 2015年1月号 pp.119-122
第20章 …………… トランジスタ技術 2009年1月号 pp.236-240
第21章 …………… トランジスタ技術 2007年2月号 pp.231-233
第22章 …………… トランジスタ技術 2018年11月号 pp.183-189
第23章 …………… トランジスタ技術 2018年9月号 pp.163-169
第24章 …………… トランジスタ技術 2015年1月号 pp.110-118

〈著者一覧〉 五十音順

大塚 康二
加藤 隆志
国峯 尚樹
志田 晟
高木 円
橘 純一
西 剛伺
馬場 清太郎
原 義勝
深川 栄生
藤田 雄司
宮崎 仁
弥田 秀昭
山田 順治
渡辺 秀次

はじめての回路の熱設計テクニック

編　集　トランジスタ技術SPECIAL編集部
発行人　小澤 拓治
発行所　CQ出版株式会社
〒112-8619　東京都文京区千石4-29-14
電　話　販売 03-5395-2141
広告 03-5395-2132

2022年7月1日発行

定価は裏表紙に表示してあります
乱丁，落丁本はお取り替えします
編集担当者　島田 義人／上村 剛士
DTP・印刷・製本　三晃印刷株式会社
Printed in Japan